Holger Hurtmann · Die Vögel der Stadt Mönchengladbach

Holger Hurtmann

Die Vögel der Stadt Mönchengladbach

Herausgegeben vom

Naturschutzbund Deutschland
Stadtverband Mönchengladbach e.V.
www.nabu-mg.de

© 2005 Holger Hurtmann
Satz und Layout: Buch&media GmbH, München
Umschlaggestaltung: Kay Fretwurst, Spreeau
Umschlagfotos: Münsterkirche (Stadt Mönchengladbach)
Wetscheweller Bruch, Stockente, Rotkehlchen, Graureiher, Nilgans (Holger Hurtmann)
Herstellung und Verlag: Books on Demand GmbH, Norderstedt
Printed in Germany
ISBN 3-8334-2329-3

Inhalt

Anhang

Grußwort des Oberbürgermeisters

Die Vogelwelt in Mönchengladbach ist nicht nur für Ornithologen interessant. Alle Menschen, die hier leben, profitieren von der Artenvielfalt der gefiederten Tiere. Und vielleicht geht es Ihnen manchmal wie mir und Sie fragen sich bei einem Spaziergang: Zu welcher Art mag dieser Vogel gehören? Welche Vögel brüten eigentlich bei uns? In welchen Biotopen lebt welche Art? Wie viele Wasservögel gibt es hier? Und vieles mehr.

Das Buch »Die Vögel der Stadt Mönchengladbach«, das Sie gerade in Händen halten, gibt auf viele Fragen eine Antwort. Es ist gleichzeitig eine Bestandserhebung und Beschreibung der heimischen Vogelwelt. Grundlage dafür ist die stadtweite Erfassung von Daten, die sicherlich viel Zeit und Fachwissen erfordert hat. Ich danke deshalb allen Mitarbeitern des Naturschutzbundes NABU für ihren ehrenamtlichen Einsatz. Diese wertvollen Daten lassen Trends frühzeitig erkennen, so dass man bestimmte Schutzmaßnahmen ergreifen kann, ehe sich eine Vogelart aus unserem Stadtgebiet ganz verabschiedet. Die Daten, die sich in dieser Avifauna wiederfinden, lassen auch Schlüsse auf zukünftige Entwicklungen zu und können Hilfe sein bei Planungsvorhaben der Stadt.

Ich wünsche allen vogelkundigen, aber auch den lediglich laienhaft interessierten Menschen eine erkenntnisreiche und kurzweilige Lektüre. Die Vogelwelt in Mönchengladbach wird von diesem Werk profitieren, denn »schützen« geht nicht ohne »wissen«. Die Fakten sind notwendig, damit wir für Mensch und Tier, Fauna und Flora angemessene Lebensbedingungen schaffen können.

Norbert Bude

Oberbürgermeister der Stadt Mönchengladbach

Vorwort des Autors

Irgendwann war die Idee da: Wir sollten eine Beschreibung der Mönchengladbacher Vogelwelt herausgeben. Etwa Mitte der 90er Jahre war diese Vorstellung noch nicht viel mehr als ein unbestimmter, diffuser Wunsch. Was genau schwebte uns bei dem Gedanken an eine Avifauna vor? Eine kurz kommentierte Artenliste oder doch ein ausführlicheres Werk? Wie sollte der NABU Mönchengladbach das Projekt realisieren können? Schließlich hat ein ehrenamtlich tätiger Naturschutzverein viele Aufgaben und nur begrenzte Ressourcen. Und welche Arbeiten würden im Vorfeld notwendig sein? Klar war nur eines: Es würde eine Riesenaufgabe sein.

Einige Veröffentlichungen über die lokale Vogelwelt gab es schon, insofern betraten wir nicht völliges Neuland. Ansonsten waren die Voraussetzungen eher bescheiden. Mit der zentralen Sammlung von ornithologischen Daten war erst vor einem halben Jahrzehnt begonnen worden. Systematische Kartierungen auf Stadtebene gab es nicht. Die Anzahl der versierten Vogelkundler war, um es nett zu formulieren, recht überschaubar. Aber auch ein langer Weg beginnt mit einem ersten Schritt. Dass wir bis zum Ende der 1990er Jahre viele Menschen zur Mitarbeit gewinnen konnten, dass wir erstmals stadtweite Erfassungen durchführten und dass wir nicht zuletzt unsere Datensammlung erheblich erweitern konnten, das waren erste Erfolge. Es brauchte aber noch viel Arbeit, bis das Ziel erreicht war, denn leider schreibt sich eine Avifauna nicht von selbst.

Sicherlich mag man diskutieren, ob nach einer relativ kurzen Zeit von nur wenigen Jahren schon ein fruchtbarer Boden für eine Avifauna bereitet war. Vieles wäre tatsächlich noch wünschenswert gewesen. Eine flächendeckende Rasterkartierung etwa oder gezielte Erfassungen der häufigen Arten. Bei allen Wünschen darf aber eines nicht aus dem Blick geraten: Der NABU legt hiermit eine Beschreibung der lokalen Vogelwelt vor, wie es sie für Mönchengladbach noch nicht gab. Damit ist zum Ersten der inhaltliche Umfang gemeint. Mit der Synthese von älteren Daten und neuen Erkenntnissen ließen sich vielfach bemerkenswerte Entwicklungen aufspüren. Zum Zweiten gibt es nun endlich eine Avifauna für das *gesamte* Stadtgebiet. Hier wächst ornithologisch zusammen, was seit langem zusammengehört.

Das Werk richtet sich nicht allein an sachkundige Ornithologen. Die dürften an der einen oder anderen Stelle überrascht fragen, warum ihnen schon bekannte Dinge breiter erläutert werden. Da aber auch der naturinteressierte Laie das Buch mit Gewinn lesen und verstehen soll, sind diese Erklärungen kein Ballast, sondern notwendige Ergänzung. Der Drahtseilakt, sowohl Sachkenner als auch Nicht-Ornithologen zufrieden zu stellen, ist vielleicht einer der schwierigsten Punkte bei diesem Projekt gewesen. Ich hoffe, dass dies gelungen und das Buch ein umfassendes, fundiertes Werk über die heimische Vogelwelt geworden ist.

Mönchengladbach, im April 2005

Holger Hurtmann

I Allgemeiner Teil – Einführung

1 Ziel und Umfang des Werkes

1.1 Ziel der Avifauna

Nichts ist so stetig wie der Wandel, das gilt auch für die Vogelwelt. Bestände nehmen zu oder ab, Arten verschwinden oder besiedeln ein Gebiet neu. Eine Avifauna will diese Entwicklungen veranschaulichen. Neben einer Einführung in das Untersuchungsgebiet werden Bestandstrends von Arten, ihr faunistischer Status, ihre Verbreitung und vieles mehr beschrieben.

Damit dient eine Avifauna zunächst dem Erkenntnisinteresse. Der Wunsch, nicht nur aus Passion Vögel zu beobachten, sondern Veränderungen aufzudecken, ist ein erstes Motiv für ein solches Werk. Zugleich leistet es einen Beitrag zum Naturschutz. Dadurch, dass in ihm Trends aufgezeigt werden, wird die Notwendigkeit von Schutzmaßnahmen deutlich. Nur das, was man kennt, kann man auch schützen. Die Bedeutung beschränkt sich dabei nicht nur auf die untersuchte Klasse der Vögel. Eine Avifauna stellt gleichzeitig schutzwürdige Biotope heraus. Vogelarten, die an ihr Biotop ganz bestimmte Anforderungen stellen, übernehmen die Funktion von Leitarten. Kommen sie in einem Gebiet vor, kann auf den Charakter des Lebensraums geschlossen werden. In dieser Hinsicht kann eine Avifauna bei Planungsvorhaben helfen, negative Auswirkungen bei Eingriffen in die Natur zu verhindern oder zumindest zu minimieren.

Neben diesen Aufgaben hat das Buch noch ein weiteres Ziel, das in der Entwicklung der Stadt begründet ist. Das Stadtgebiet in den heutigen Grenzen besteht »erst« seit der kommunalen Neugliederung vor rund 30 Jahren. Bis zum jetzigen Zeitpunkt existierte keine ganz Mönchengladbach umfassende Beschreibung der Vogelwelt. Dieser Zustand sollte endlich überwunden und Mönchengladbach ornithologisch zusammengeführt werden. Nicht zuletzt galt es, die zahlreichen Beobachtungsmeldungen der letzten Jahre aufzubereiten und in einen Gesamtzusammenhang zu stellen. Auch ältere und überregionale Literatur, die mitunter wertvolle Informationen über das Gebiet enthält, sollte erstmals umfassend ausgewertet werden.

1.2 Umfang und Datenbasis

Die Avifauna behandelt das Gebiet der Stadt Mönchengladbach (Abb. 1). Dabei konnte auf bestehende Publikationen zurückgegriffen werden, die allerdings vor dem Hintergrund der früheren kommunalen Gliederung zu sehen sind. Sie beschränken sich meist auf die Teilgebiete, aus denen 1975 die Stadt Mönchengladbach hervorging (Tab. 1). Diese Darstellungen, die teilweise bis zum Ende der 80er Jahre reichen, bilden das Fundament.

Tab. 1: Übersicht über die lokale Basisliteratur

Autor	behandeltes Gebiet	Größe (km²)
MAAS (1948)	Rhein- und Maaslande (zentral: Kreis VIE, MG)	733 (VIE, MG)
BETTMANN (1959)	ehemalige Stadt Rheydt	44
BURGHARDT (1970)	ehemalige Stadt Mönchengladbach (»Alt-Gladbach«)	97
HEINEN et al. (1983)	ehemalige Gemeinde Wickrath	29
BURGHARDT (1989a)	Mönchengladbach (ohne ehem. Gemeinde Wickrath)	141

Eingeflossen sind in dieses Buch Daten bis Ende 2003. Eine Ausnahme wurde allerdings gemacht: Wenn durch gezielte Bestandserfassungen später noch präzisere Daten gewonnen werden konnten, sind auch sie noch in den Artmonographien berücksichtigt. Das gilt beispielsweise für die Wasservögel, deren Brut- und Rastbestände 2004 untersucht wurden (vgl. Kap. 4.1).

Als Zusammenfassung und Fortführung der bestehenden Avifaunen beleuchtet dieses Werk hauptsächlich die Zeit ab den 1990er Jahren. Das geschieht zum Ersten aus Aktualitätsgründen. Zum Zweiten liegt es an der verbesserten Datenbasis. Mit den Ornithologischen Berichten besteht seit 1989 ein breites Forum für vogelkundliche Beobachtungen in der lokalen NABU-Zeitschrift »Steinbrecher«. Die Berichte sind eine erste Säule, auf die sich die Avifauna stützen kann. Neben den mehr oder minder zufällig gewonnenen Beobachtungen der Sammelberichte stehen auch systematisch ermittelte Daten zur Verfügung. Seit Mitte der 1990er Jahre hat der NABU stadtweite Erfassungen forciert. Die methodische Erhebung und deren Ausrichtung auf das gesamte Stadtgebiet machen die Ergebnisse zu einer zweiten wichtigen Stütze. Die dritte Säule stellen Hinweise und Beobachtungsmeldungen aus anderer avifaunistischer Literatur dar. Die intensive Recherche, insbesondere in Veröffentlichungen der Nordrhein-Westfälischen Ornithologengesellschaft (NWO), förderte noch einiges Unbekannte zutage.

Abb. 1: Stadtgebiet von Mönchengladbach

© Geobasisdaten: Landesvermessungsamt NRW, Bonn, 1001/2005

1.3 Danksagung

Eine Avifauna zu verfassen ist ohne profunde Daten vieler Vogelkundler nicht denkbar. Deshalb gilt der Dank allen, die durch ihre Beobachtungsmeldungen das Zustandekommen dieses Werkes ermöglicht haben. Insbesondere gemeint sind damit jene, die Bestandserfassungen mitgetragen haben, namentlich Elisabeth Bargel, Klaus Beines, Barbara Bitzer, Horst Bolten, Reiner Burg, Siegfried Burghardt, Alexandra Ditters, Frank Franken, Silke Friese, Norbert Grünter, Axel van gen Hassend, Uschi van gen Hassend, Regina van Helden, Ariel Jacken, Heiner Jacken, Wolfgang von Kannen, Daniel Kemper, Horst Kirfel, Johannes Kox, Georg Lauscher, Gerhard Maas, Peter Mohr, Gisela Noll, Fritz Rust, Heinz Rütten, Rolf Sachau-Kitte, Johann Sagel, Martin Sasum, Hans Schmitz, Magdalena Schmitz-Wienke, Alfred Schneider, Rüdiger Schreiter, Gerd Seidel, Ruth Seidel, Hans Siebmanns, Wolfgang Spengler, Darius Stiels, Martin Temme, Michael Thissen, Liselotte Uhlig und Astrid Wolfram.

Bei der Erstellung halfen Gerhard Maas und Darius Stiels, Literatur auszuwerten. Beiden danke ich ganz besonders für den konstruktiven Gedankenaustausch während des Verfassens der Artkapitel. Sie haben dazu beigetragen, dass realistische Bestandsschätzungen zustande kamen. Ebenso wichtig war die fachliche Durchsicht, die Siegfried Burghardt, Michael Jöbges, Gerhard Maas, Stefani Pleines (Biologische Station Krickenbecker Seen) und Darius Stiels übernahmen. Zahlreiche Anregungen kamen zudem von Dr. Götz Rheinwald (OAG Bonn). Fotos von Wolfgang Spengler, Gerhard Maas und Horst Kuhlen verleihen dem Buch ansprechende Auflockerungen zwischen Text und Tabelle. Last but not least gilt mein Dank Georg Esser-Rathke von der Unteren Landschaftsbehörde der Stadt Mönchengladbach für die wertvolle Unterstützung.

2 Aufbau und Inhalt der Avifauna

2.1 Zweck und Aufbau der allgemeinen Einführung

Die Avifauna gliedert sich in zwei Teile. Erstens in einen allgemeinen, einführenden Teil und zweitens in die Artmonographien. In den folgenden Kapiteln des ersten Teils wird zunächst eine Einführung in das Untersuchungsgebiet gegeben. Sie ermöglicht, die Angaben der Artbeschreibungen vor dem Hintergrund geographischer oder methodischer Gegebenheiten zu verstehen. Die geographischen Erläuterungen (Kap. 3) mögen insbesondere für jene hilfreich sein, die mit dem Mönchengladbacher Raum nicht sehr vertraut sind. Auf welche Art von Datenmaterial sich die Avifauna stützt – welche Erfassungen etwa im Vorfeld gelaufen sind –, wird mit den methodischen Hinweisen in Kapitel 4 erläutert. Mit der Kurzcharakterisierung der Vogelwelt (Kap. 5) und der Liste nachgewiesener Arten (Kap. 6) nähert sich die Avifauna mit einer ersten, schlaglichtartigen Beschreibung den Vögeln Mönchengladbachs. Das sich anschließende 7. Kapitel möchte die Gefährdung der Vogelwelt zumindest kurz anreißen.

2.2 Aufbau und Inhalt der Artmonographien

Die Artmonographien sind der Hauptteil einer Avifauna. Ihr Umfang variiert bei den einzelnen Arten deutlich. Zu vielen Vogelarten liegt eine beträchtliche Datenmenge vor, so dass konkrete Bestandsangaben und andere detaillierte Beschreibungen möglich sind. Dies betrifft Arten, die im Rahmen von systematischen Erfassungen untersucht wurden bzw. seltenere Vögel, denen Ornithologen erfahrungsgemäß mehr Aufmerksamkeit schenken. Anders sieht es vielfach bei häufigen Arten aus. Die unten angegebene Gliederung ist daher ein Idealtypus, der nicht immer komplett aufgeführt werden kann. Die Reihenfolge der Monographien orientiert sich an der Abhandlung von HERKENRATH (1995). Bei einigen Exoten war es allerdings notwendig, ergänzende Literatur wie DEL HOYO et al. (1992) zurate zu ziehen. Aktuelle Ausnahmeerscheinungen wurden nur dann in vollem Maße berücksichtigt, wenn sie von der Avifaunistischen Kommission der Nordrhein-Westfälischen Ornithologengesellschaft (NWO) anerkannt wurden.

Gliederungsschema der Artmonographien:

2.2.1 Artname

Die Benennung richtet sich nach der Artenliste der Vögel Nordrhein-Westfalens (HERKENRATH 1995), die sich in Systematik und Aufbau an der Artenliste der Vögel Deutschlands orientiert. Nach dem deutschen Namen folgt, wie üblich, der wissenschaftliche in Latein.

2.2.2 Rote-Liste-Status

Rote Listen zeigen, welche Arten in ihrem Bestand gefährdet sind. In den Monographien bestehen die Angaben aus zwei Zahlen. Die erste bezieht sich auf die Gefährdung im Bundesland NRW (GRO & WOG 1997), die zweite auf den Status im gesamten Bundesgebiet (BAUER et al. 2002). Die Kategorien bedeuten im Einzelnen:

0 Ausgestorben oder verschollen (Bestand erloschen)

sind Arten, deren Bestände verschwunden sind. Ein regelmäßiges Brüten ist in den letzten zehn Jahren nicht mehr nachgewiesen worden. Ihre Populationen sind damit

- nachweisbar ausgestorben, ausgerottet oder
- verschollen (begründeter Verdacht, dass die Populationen erloschen sind).

1 Vom Aussterben bedroht

Dazu zählen Arten, deren Bestände so schwer wiegend bedroht sind, dass sie innerhalb der nächsten 20 Jahre voraussichtlich aussterben, wenn die Gefährdungsursachen weiter fortbestehen. Eines der folgenden Kriterien muss erfüllt sein:

- Die Bestände sind durch lang anhaltenden, starken Rückgang auf eine bedrohliche, kritische Größe (in NRW: < 100 Brutpaare) zusammengeschmolzen.
- Arten, die von jeher nur in Einzelvorkommen oder wenigen, isolierten kleinen bis sehr kleinen Populationen auftreten (seltene Arten), sind nun aufgrund gegebener oder konkret absehbarer Eingriffe ernsthaft bedroht.

2 Stark gefährdet

sind Arten, deren Bestände erheblich zurückgegangen oder durch laufende bzw. absehbare menschliche Einwirkungen erheblich bedroht sind. Dazu muss eine der Voraussetzungen gelten:

- Arten, die heute sehr selten bis selten sind, gehen nahezu im gesamten einheimischen Verbreitungsgebiet signifikant zurück.
- Arten mit kleinen Beständen, die aufgrund gegebener oder konkreter, absehbarer Eingriffe aktuell bedroht sind und weiteren Risikofaktoren unterliegen.

3 Gefährdet

Als gefährdet werden Arten eingestuft, wenn ihre Bestände in großen Teilen des Gebietes merklich zurückgegangen und durch laufende bzw. absehbare menschliche Einwirkungen bedroht sind. Das bedeutet, dass

- die Art mäßig häufig bis häufig ist, ihre Bestände aber zurückgegangen sind oder
- die Art regional bzw. vielerorts lokal in den früher von ihr besiedelten Gebieten bereits selten geworden oder verschwunden ist.

R Arealbedingt selten

sind von jeher extrem seltene bzw. sehr lokal vorkommende Arten, die wegen ihrer tiergeographisch bedingten Seltenheit (»rare«) gefährdet sind. Folgende Kriterien müssen erfüllt sein:

- Aktuell ist kein merklicher Rückgang bzw. keine Bedrohung feststellbar.
- Die Art kann im Gebiet aufgrund ihrer Seltenheit durch meist unvorhersehbare menschliche Einwirkungen schlagartig ausgerottet oder erheblich dezimiert werden.

V Vorwarnliste

Mit »V« werden Arten gekennzeichnet, deren Bestände merklich zurückgegangen, aber aktuell noch nicht gefährdet sind. »V« ist keine Kategorie der Roten Liste. Eine der Bedingungen trifft zu:

- Die Bestände der noch häufigen Art sind in großen Teilen des früher von ihr besiedelten Gebietes bereits stark zurückgegangen.
- Die Art ist noch häufig bis mäßig häufig, aber an seltener werdende Lebensräume gebunden.
- Die Art ist noch häufig, die Vielfalt der von ihr besiedelten Standorte bzw. Lebensräume ist aber im Vergleich zu früher eingeschränkt.

Steht bundesweit mittlerweile auf der Vorwarnliste: Türkentaube Foto: H. Hurtmann

2.2.3 Häufigkeitskategorie

Die Häufigkeitsangaben vermitteln, wie groß die Population einer Art in Mönchengladbach ist. Sie beziehen sich jeweils auf den Zeitraum eines Kalenderjahres. Liegen keine konkreten Bestandszahlen vor, die die Einordnung in eine Kategorie stützen, sind Schätzungen vorgenommen worden. In Anlehnung an BURGHARDT (1989a) gelten folgende Einteilungen:

Brutvögel

- sehr selten   1 –   5   Paare
- selten   6 –   20   Paare
- spärlich   21 –   50   Paare
- mäßig häufig   51 – 200   Paare

■ häufig   201 – 500   Paare
■ sehr häufig   > 500   Paare

Durchzügler und (Winter-)Gäste

■ sehr vereinzelt   1 – 10   Exemplare
■ vereinzelt   11 – 100   Exemplare
■ mäßig zahlreich   101 – 1000   Exemplare
■ zahlreich   1001 – 5000   Exemplare
■ sehr zahlreich   > 5000   Exemplare

2.2.4 Faunistische Statusangabe

Behandelt die Häufigkeitskategorie das quantitative Vorkommen von Arten, bezieht sich die faunistische Statusangabe auf den Modus ihres Auftretens. Unterschieden werden vier Formen:

I. Brutvogel

Eine Art brütet im Stadtgebiet und pflanzt sich so fort. Differenziert wird die Einteilung in

■ *regelmäßiger Brutvogel:* Zumindest seit 1991 liegen alljährlich Brutnachweise vor bzw. besteht die begründete Annahme, dass eine Art in jedem Jahr gebrütet hat. Beispiele sind Haubentaucher und Haussperling. In der Artmonographie wird nicht ausdrücklich erwähnt, wenn sich eine Brutvogelart regelmäßig im Beobachtungsgebiet vermehrt. Vielmehr wird durch die beiden folgenden Kategorien auf Abweichungen hingewiesen.

■ *unregelmäßiger Brutvogel:* Als solcher gilt eine Spezies, wenn von ihr seit Beginn der 1990er Jahre nicht alljährlich Bruten beobachtet bzw. angenommen werden konnten, wie beispielsweise beim Zwergtaucher oder Gartenrotschwanz.

■ *ehemaliger Brutvogel:* Wenn eine Art spätestens seit dem Ende der 1980er Jahre offensichtlich nicht mehr in Mönchengladbach gebrütet hat, wird sie zu den ehemaligen Brutvögeln gezählt. Hierzu gehören u. a. Zwergdommel und Tüpfelsumpfhuhn.

II. Rastvogel

Unter diesen Begriff fallen Arten, die auf ihren Wanderungen oder beim Umherstreifen Mönchengladbach überfliegen oder hier rasten. Wie bei den Brutvögeln gibt es unregelmäßig und regelmäßig auftretende Vögel. Unterschieden werden können zudem

■ *Durchzügler:* Auf ihren Wanderungen zwischen Brut- und Überwinterungsgebiet ziehen sie entweder über die Stadt hinweg oder legen einen Zwischenstopp ein, bei dem sie Mönchengladbach als »Tankstelle« nutzen. Die Aufenthaltsdauer von Durchzüglern ist meist kurz. Beispiele hierfür sind Löffelente, Kranich und Braunkehlchen.

■ *Wintergast:* Schellente und Feldlerche sind Arten, die im Winter außerhalb der Brut- und Zugperioden in der Stadt rasten. Für sie stellt das Beobachtungsgebiet nicht Trittstein, sondern Ziel der Reise dar. Viele Wintergäste verweilen auch längere Zeit.

■ *unregelmäßiger Gast:* Ist das Auftreten von Durchzüglern und Wintergästen an feststehende Zeiten geknüpft, sind unregelmäßige Gäste nicht oder weniger stark an Zugabläufe und -zeiten gebunden. Sie erscheinen nicht auf zielgerichteten Wanderungen im Stadtgebiet, sondern beim Umherstreifen. Seeadler und Grauspecht sind Beispiele für diese Kategorie.

Arten können im Jahresverlauf sowohl Durchzügler als auch Wintergast sein (z. B. Zwergtaucher, Reiherente). Zugablauf und Winterrast überschneiden sich – Wintergäste streifen umher, weshalb man sie für Durchzügler halten kann. Bei vielen Vögeln ist eine strikte Unterscheidung folglich nur schwer aufrechtzuerhalten. In den Artmonographien wird deshalb nur dann explizit von einem »Durchzügler«, »Wintergast« oder »unregelmäßigen Gast« – und nicht von einem Rastvogel – gesprochen, wenn die Trennung einwandfrei möglich ist.

III. Ausnahmeerscheinung

In Mönchengladbach nur äußerst sporadisch auftretende Vogelarten, deren natürliches Verbreitungsgebiet oder deren Zugrouten weit entfernt liegen. Zu beachten ist ein größerer räumlicher Kontext. Vögel, die bisher nur sehr selten beobachtet wurden, (über-)regional aber häufiger anzutreffen sind, gelten nicht als Ausnahmeerscheinung (z. B. Prachttaucher, Brandgans). Der Bezugspunkt ist das Rheinland in der Abgrenzung, wie sie bei MILDENBERGER (1982) zu finden ist. Es umfasst die nordrhein-westfälischen Regierungsbezirke Düsseldorf und Köln (Landesteil Nordrhein) und Teile des Landes Rheinland-Pfalz (insgesamt ca. 24 000 km²). Zwei Beispiele für Ausnahmeerscheinungen sind Wellenläufer und Sichler.

IV. Gefangenschaftsflüchtling

Besonders bei Wasservögeln treten neben Wildtieren auch Gefangenschaftsflüchtlinge auf. Sie stammen aus Privathaltungen oder Zoos, aus denen sie entweichen oder freigesetzt werden. Einige ausgewilderte Arten haben sich in der hiesigen Vogelwelt mit überlebensfähigen Populationen etabliert und können mittlerweile als heimisch gelten (z. B. Nilgans, Halsbandsittich). Vögel aus der Gefangenschaft sind nicht immer beringt und zeigen im Freiland häufig natürliche Verhaltensweisen, wie eine hohe Fluchtdistanz oder Anschluss an Wildvögel. Es fällt deshalb mitunter schwer, Gefangenschaftsflüchtlinge von Wildvögeln zu unterscheiden, zumal bei einer Art beide Typen nebeneinander existieren können (z. B. Mandarinente).

2.2.5 Rasterfrequenz

Durch einen Rückgriff auf WINK (1988) ist es möglich, die Verbreitung vieler Brutvögel für das Jahr 1982 anzugeben. Dadurch wird beispielsweise deutlich, welche Arten flächendeckend im untersuchten Messtischblatt (MTB 4804) vorkommen. Dessen Grenzen decken sich indes nicht mit der Stadtgrenze. Zum Ersten zeigt es nicht die gesamte Stadtfläche, zum Zweiten fallen sechs Minutenfelder des Blattes (13 km²) mehrheitlich in die angrenzenden Kreise Neuss und Heinsberg. Die Daten haben G. Erdtmann und H. Schwarthoff bei neun Begehungen zwischen dem 09.05.–10.07. erhoben. Da die Untersuchung erst spät im Jahr begann, die Kartierungen auch tagsüber bei geringer Gesangsaktivität durchgeführt und die Minutenfelder unterschiedlich intensiv kontrolliert wurden, spiegeln die Daten nicht alle Vorkommen wider (G. Erdtmann, schriftl.). Angaben, die aus methodischen Gründen zu wenig aussagekräftig sind, bleiben unberücksichtigt.

2.2.6 Jahreszeitliches Auftreten

In welchen Monaten sich eine Art im untersuchten Gebiet aufhält, wird durch römische Ziffern von I–XII angegeben. Monatsziffern in Klammern bezeichnen ein unregelmäßiges oder vereinzeltes Auftreten. Die Zahlen IV–IX (X) bedeuten folglich, dass eine Vogelart von April bis September, mitunter bis in den Oktober hinein, in Mönchengladbach nachgewiesen werden konnte.

2.2.7 Bestand und Vorkommen

Hier werden Häufigkeit und Verbreitung erläutert. Bei selteneren Arten oder solchen mit besonders bemerkenswertem Hintergrund (Einbürgerung, natürliche Arealerweiterung usw.) wird zunächst eine kurze Einführung gegeben, um ihr lokales Vorkommen besser verstehen zu können. Als geographischer Bezugsraum dient meist das Rheinland in der Definition von MILDENBERGER (1982).

Angaben aus der älteren avifaunistischen Literatur sollen Vergleiche mit der heutigen Situation ermöglichen. MAAS (1948), BETTMANN (1959), HEINEN et al. (1983) und BURGHARDT (1970, 1989a) sind die Grundlage für diesen Abschnitt.

Schließlich wird die Bestandssituation ab den 1990er Jahren erläutert (1991 bis 2003, gegebenenfalls um Angaben aus 2004 erweitert). Angaben aus der ornithologischen Datenbank des NABU sind mit den Namen der jeweiligen Beobachter gekennzeichnet. Sofern ausreichende Informationen aus Revierkartierungen vorliegen, wird auf Siedlungsdichten eingegangen. Angaben hierzu gibt es aus folgenden Gebieten:

- *Bistheide:* 6 ha, zu $^2/_3$ bewaldete Fläche, vorwiegend jüngerer, dichter Laubmischwald, an den Rändern strauchreich, Flachskuhlen (HEINEN 1980)
- *Bistheide:* 28 ha, bodensaure Eichen-Birken- und Eichen-Buchen-Waldbestände, Feuchtwiesen, Kleingewässer (HURTMANN 2004c)
- *Großheide:* 23 ha, bodensaure Eichen-Birken- und Eichen-Buchen-Waldbestände, Grünlandbereiche, temporäre Kleingewässer (HURTMANN 2004c)
- *Kiesgrube Beltinghoven:* 25 ha, Abgrabungsgelände mit Grundwassersee, Wiesenhängen, ca. 20-jähriger Forst mit Laubbäumen (HURTMANN 2002a)
- *Geneickener Nierstal, Volksgarten:* 320 ha, vielfältig strukturierte Laubwaldbestände mit Altholz, Äcker, Wiesen, Kleingärten, Weiher, Gebäude (VAN GEN HASSEND et al. 1991)
- *Hoppbruch:* 115 ha, überwiegend Pappelforst, reliktartig Traubenkirschen-Erlen-Eschenwald, Stieleichen-Moorbirkenbestände (HURTMANN 1999b)
- *Hardter Wald, Südwest:* 120 ha, vorherrschend Laubmischwald, größere Bestände von Waldkiefern, seltener Fichten (HURTMANN 1999b)
- *Gerkerather Wald:* 40 ha, bodensaure Eichen-Birken- und Eichen-Buchen-Waldbestände, kleinflächige Acker- und Grünlandbereiche (HURTMANN 2004c)
- *Genhülsener Wald/Viehstraße:* 27 ha, bodensaure Eichen-Birken- und Eichen-Buchen-Waldbestände auf z.T. stark staunassem Boden (HURTMANN 2004c)
- *Mühlenbachtal:* 105 ha, dominierend Laubmischwald, zu rund $^1/_5$ Feuchtgebiet mit Schilf- und Röhrichtzonen, Erlenbruchwald (UNI DÜSSELDORF et al. 1986)
- *Buchholzer Wald:* 125 ha, Eichen-Birken-Waldgebiet mit eingesprengten Lärchen- und Fichtenforsten, Parzellen mit Altbuchen, Wildäcker (HURTMANN 1999b)
- *Wickrather Schlosspark:* 13 ha, Altholzbestände mit reichem Unterwuchs, Lindenalleen, Gehölze, Grünland, Wallgräben, Gebäude (HUBATSCH 1968)
- *Oberes Nierstal:* 160 ha, Pappelkulturen, Reste von Bruchwald, Grünlandflächen, Äcker, Streuobstwiesen, Fließgewässer, Teiche, Gebäude (JÖBGES 1991)

Bei einigen Arten werden Jagdstrecken genannt (z. B. Rebhuhn, Waldschnepfe). Die Abschusszahlen eines Jagdjahres (01.04.–31.03.) beziehen sich auf den Jagdbezirk Mönchengladbach, dessen Ausdehnung dem Stadtgebiet entspricht. Zu beachten ist, dass die Anzahl erlegter Tiere keine unmittelbare Auskunft über die Bestandsgröße und eventuelle -veränderungen gibt. Freiwilliger Jagdverzicht oder veränderte Schonzeiten bringen andere Streckenzahlen. Da die Bejagungsintensität jedoch auch mit der Populationsentwicklung zusammenhängt, können insbesondere durch den langfristigen Vergleich Veränderungen klar werden.

2.2.8 Kartierungsprogramm

Für eine Reihe von Vogelarten sind ab Mitte der 1990er Jahre Kartierungen durchgeführt worden, die eine ausführlichere Darstellung erlauben (siehe Kap. 4.1). Um die Ergebnisse der jeweiligen Untersuchung von der allgemeinen Beschreibung in »Bestand und Vorkommen« abzuheben, werden sie gesondert erläutert.

2.2.9 Rastbestand

Gibt es neben der Brutpopulation auch Durchzügler oder Wintergäste, wird ihr Auftreten hier erläutert. Dabei gleicht der Versuch, die Größenordnung anzugeben, häufig einem Stochern im Nebel. Bei einer Reihe von Arten, so etwa bei Piepern, Stelzen und Finken, ließe sich vielfach noch ein Eindruck durch Zugbeobachtungen gewinnen. Viele kleine Insektenfresser, wie Rotkehlchen oder Mönchsgrasmücke, ziehen aber fast ausschließlich nachts. Je nach Witterung und Windverhältnissen bleiben auch Tagzieher dem Beobachter völlig verborgen, weil sie zu hoch fliegen und für das Auge nicht mehr sichtbar sind. Untersuchungen in den Niederlanden haben gezeigt, dass selbst bei gezielten Zugplanbeobachtungen bis zu 80% des Zuges unentdeckt bleiben (LWVT & SOVON 2002). Die angegebenen Häufigkeitskategorien sind deshalb überaus vage und können das Problem der »Dunkelziffer« nicht lösen.

2.2.10 Phänologie

Die Phänologie, die Lehre vom Erscheinen, befasst sich mit zeitlich bedingten Verhaltensweisen von Lebewesen. Ornithologen untersuchen in diesem Zusammenhang beispielsweise, wann Vögel die Reise in das Winterquartier antreten oder wann sie mit dem Brutgeschäft beginnen. Die Zeiten können durch Extremwerte abgesteckt werden, also durch das Datum der frühesten und spätesten Beobachtung. Dabei ist die Erst- und Letztbeobachtung freilich nicht gleichbedeutend mit dem tatsächlichen Erscheinen. Gerade weil die meisten phänologischen Daten auf Zufallsfunden beruhen, liegt zwischen faktischem Auftreten und erstem Beobachten unter Umständen einige Zeit. Insbesondere für regelmäßige Durchzügler kann der Zugablauf deshalb besser in Dekadentabellen verdeutlicht werden. Dazu wird ein Monat in drei Abschnitte von je zehn Tagen unterteilt und der jeweiligen Dekade die Anzahl der Nachweise und die Zahl der beobachteten Individuen zugeordnet (Tab. 2):

Tab. 2: Beispiel für eine Dekadentabelle

Monat	Januar			Februar			März			April			Mai			Juni		
Dekade	I	II	III	I	II	III	I	II	III	I	II	III	I	II	III	I	II	III
Nachweise						1	1		2	2	3		8	2	1	1	1	
Individuen						1	2		3	5	6		11	4	2	1	4	

Problematisch sind (potenzielle) Doppelbeobachtungen. Wenn eine Vogelart über einen längeren Zeitraum am selben Ort registriert wird, stellt sich die Frage: Handelt es sich stets um dieselben Vögel oder um »neue« Individuen? Damit in die Auswertung keine Doppelerfassungen einfließen, werden (vermeintliche) Mehrfachbeobachtungen als ein Nachweis gewertet. Ungeachtet dessen werden alle Beobachtungen den unterschiedlichen Zeitfenstern der Dekadentabelle zugeordnet. Ein Beispiel: Zwei Grünschenkel werden in der Kiesgrube Beltinghoven vom 19.08.–25.08. viermal registriert. In der Tabelle würde für die zweite und dritte Augustdekade jeweils ein Nachweis mit zwei Individuen ergänzt.

2.2.11 Maximum

Die Daten beziehen sich meist auf einzelne Trupps oder Ansammlungen. Eine quantitative Angabe für das gesamte Untersuchungsgebiet sind sie dann nicht.

2.2.12 Ringfunde

Hier profitiert die Avifauna in hohem Maße von den Arbeiten, die die OAG Wickrath im Auftrag der Vogelwarte Helgoland durchgeführt hat. Im Niersbruch beringte sie von 1970–1980 mehrere tausend Vögel und konnte so auch zahlreiche Wiederfunde erbringen (vgl. HEINEN et al. 1983). In diesem Werk werden die Daten nochmals aufgegriffen und durch Kilometerangaben (Luftlinie) sowie die Angabe der Himmelsrichtung ergänzt. Nach den Beringungen der OAG Wickrath fanden in Mönchengladbach nur noch vereinzelte Aktionen auf diesem Gebiet statt. In Zusammenarbeit mit der Arbeitsgruppe Neozoen der Universität Rostock wurden von 1998 bis 2001 insgesamt zwei Schwarzschwänen und 25 Kanadagänsen ein

Ring um den Lauf gelegt. Die vollständige Darstellung der Beringungs- und Ablesedaten:

Sitz der Beringungszentrale – Ringnummer
O   Beringungsdatum, Beringungsort (Alter des Vogels)
+   Wiederfunddatum, Ort des Wiederfundes, Entfernung in km, Richtung, Ableseumstände

am Beispiel einer Kanadagans (Auszug):

Deutschland – Hiddensee – BA010229
O   26.06.1999   Wickrath, Mönchengladbach (diesjährig)
+   12.09.1999   Geroweiher, Mönchengladbach   7   km   NNE   aus Entfernung
+   19.09.1999   Geroweiher, Mönchengladbach   7   km   NNE   aus Entfernung
+   01.05.2000   Südpark, Düsseldorf   28   km   ENE   aus Entfernung
+   17.09.2000   Überruhr, Essen   58   km   NE   aus Entfernung
+   24.12.2000   Wickrath, Mönchengladbach   0   km   aus Entfernung

Beringte Kanadagans im Beller Park   Foto: H. Hurtmann

2.2.13 Besonderheiten

Dieser Gliederungspunkt ist aufgeführt, wenn Angaben nicht unter einem der vorangegangenen Punkte untergebracht werden konnten. Beispiele sind Auswilderungen oder ungewöhnliche Verhaltensweisen.

3 Geographie des Untersuchungsgebietes

3.1 Lage und Größe

Die Stadt Mönchengladbach liegt im Westen des Bundeslandes Nordrhein-West-falen, zwischen den beiden großen Flüssen Rhein und Maas (NL). Die geographischen Koordinaten des Stadtmittelpunktes bei Pongs beziffern sich auf 51° 10′ nördlicher Breite und 6° 25′ östlicher Länge. Im Norden und Nordwesten grenzt die Stadt an den Kreis Viersen, im Osten an den Kreis Neuss und im Süden bzw. Südwesten an den Kreis Heinsberg.

Das Stadtgebiet hat eine Gesamtfläche von 170,4 km². Die Längsausdehnung auf der Nord-Süd-Achse misst 18 km, die Breitenausdehnung von Ost nach West 17 km. Mit 263 697 Einwohnern (31.12.1999) gilt Mönchengladbach als Großstadt. Die Einwohnerdichte von 1547 Ew/km² ist etwa dreimal so hoch wie im Mittel im Bundesland NRW (LDS 2000).

3.2 Physische Geographie

Das heutige Vorkommen von Flora und Fauna ist entscheidend geprägt durch lange zurückliegende, teilweise noch fortwirkende geologische Prozesse. Deshalb soll hier auch nicht auf eine kurze Beschreibung der Faktoren Klima, Geomorphologie, Hydrologie und Boden verzichtet werden. Die geologische Einordnung entspricht dabei in weiten Teilen dem Gutachten der TU HANNOVER (1978a).

3.2.1 Naturräumliche Gliederung

Naturräumlich gesehen gehört der überwiegende Teil des Stadtgebietes zum Niederrheinischen Tiefland. Südlich einer Linie Rheindahlen – Hockstein – Giesenkirchen schließt sich die Niederrheinische Bucht an. Eine entsprechende morphologische Grenze ist nicht vorhanden, entscheidend ist die Verbreitungsgrenze einer mächtigen Lössdecke (»Lössgrenze«). Sie nimmt nördlich eines breiten Übergangsstreifens deutlich ab und teilt sich im Stadtgebiet in einzelne geringmächtige Lössplatten und -inseln auf.

3.2.2 Klima

Mönchengladbach liegt im Bereich eines atlantisch geprägten und kontinental abgewandelten Klimas. Es zeichnet sich aus durch feuchte, milde und schneearme Winter sowie mäßig warme Sommer. Die durchschnittlichen Jahresniederschläge liegen bei 700–800 mm, die mittlere Jahrestemperatur beträgt 9,5–10,0 °C (MURL 1989). Zur Brutzeit von Mai bis Juli werden Temperaturen von 15 °C und Niederschlagsmengen von unter 200 mm gemessen (WINK 1988). Damit ist das Klima im Vergleich zu anderen Regionen des Rheinlandes trocken-warm. Angesichts des günstigen Klimas ist auch die jährliche Vegetationsperiode mit 230 bis 240 Tagen relativ lang (vgl. WINK 1988).

In der jährlichen Verteilung der Windrichtungen wird die atlantische Prägung des Klimas deutlich: Mit 49,8 % im Jahresmittel wehen die Winde aus westlichen Richtungen. Mit nur 6,3 % sind die Winde aus Osten am seltensten. Ihre trockenen, kontinentalen Luftmassen können stabile Hochdrucklagen schaffen, die sich im Sommer durch anhaltende Hitzeperioden auswirken. Im Winter bringen sie scharfen Frost, der bei Schneearmut zu Kahlfrösten führt (TU HANNOVER 1978a).

In den 1990er Jahren war das Wetter geringfügig zu warm und ein wenig zu niederschlagsreich, das zeigen Vergleiche zwischen den langjährigen Mittelwerten (1961–1990) und den Daten von 1991–2000 (DWD 2003a, b). An der Wetterstation am Düsseldorfer Flughafen (37 m ü. NN) wurde das langjährige Temperaturmittel von 10,3 °C mit 10,7 °C leicht übertroffen. Bei der durchschnittlichen Jahresniederschlagsmenge konnte ein Plus von 20,0 mm gegenüber dem Normalwert gemessen werden, es fielen 793,0 mm statt 773,0 mm (+2,5 %).

Wärmer und trockener waren die meisten Jahreszeiten, lediglich der Herbst machte hier eine Ausnahme (vgl. DWD 2003a, b). Die Winter (Dezember – Februar) waren seit 1991 in acht von zehn Fällen milder als normal, im Schnitt um +0,6 °C. Lediglich 1995/96 (-2,5 °C) und 1996/97 (-1,2 °C) lagen die Temperaturen unter dem langjährigen Mittel. Auch das Frühjahr (März – Mai) war durchschnittlich um +0,9 °C zu warm, zugleich fiel in dieser Jahreszeit nur 96,9 % der üblichen Niederschlagsmenge. Auf die Sommer (Juni – August) kann das Bild übertragen werden. Hier kletterte das Quecksilber im Mittel auf 18,2 °C und damit um 0,6 °C über den Normalwert. Die Sonnenscheindauer nahm von durchschnittlich 571 Stunden auf 597 Stunden zu. Auch regnete es geringfügig weniger (98,4 %). Besonders im Sommer 1995 fehlte es an Niederschlag, als allein 49 % der üblichen Menge fiel. Im Gegensatz dazu waren die Herbstmonate (September – November) überaus nass. Mit 119 % der langjährigen Menge glich diese Jahreszeit das übrige Defizit nicht allein aus, durch sie erklärt sich auch der Niederschlagsüberschuss der 1990er Jahre. Die Spitze wurde 1998 mit mehr als der doppelten Normalmenge erreicht (214 %). Der Herbst war außerdem die einzige Jahreszeit, die sich in den 1990ern insgesamt kälter zeigte. Anstatt 10,9 °C, wie von 1961–1990, wurden 10,6 °C registriert (-0,3 °C). Für die Vogelwelt besonders wichtig ist das Wetter zur Brutzeit (April – Juni). Hier zeichneten sich die 1990er Jahre durch vergleichsweise günstige Bedingungen aus. Die mittlere Temperatur lag zum Ersten um 0,5 °C höher, sie erreichte 13,6 °C gegenüber 13,1 °C. Zum Zweiten war das Wetter mit allein 93 % der Niederschlagsmenge relativ trocken, auch die Sonnenscheindauer stieg leicht. Allerdings gab es erhebliche Schwankungen. So fielen 1991, 1993 und 1996 weniger als ¾ der langjährigen Niederschläge, 1997 und 1998 waren mit rund 150 % indes ausgesprochen regenreich. Insgesamt wurde in acht von zehn Brutzeiten der normale Regenwert nicht erreicht.

Messdaten aus dem Mönchengladbacher Stadtgebiet gehen aus den Tab. 3 und 4 hervor (NVV, schriftl., STADT MÖNCHENGLADBACH 1996, 1998, 2001). Zu beachten ist, dass die Anlage der NVV bei Rheindahlen im Jahr 2000 für rund 60 Tage ausfiel. Diese Werte sind insofern nur bedingt aussagekräftig. Der Niederschlagswert ist auf 366 Tage hochgerechnet (NVV, schriftl.).

Tab. 3: Temperaturverhältnisse in den 1990er Jahren

Lufttemperatur (°C)	1991	1992	1993	1994	1995
Mittel	8,7	9,5	8,9	9,2	9,7
absolutes Maximum	33,6	33,0	30,7	35,5	35,4
absolutes Minimum	-11,5	-7,0	-10,2	-10,0	-10,4
Anzahl der Frosttage (Minimum unter Null)	58	30	47	27	48
Anzahl der Eistage (Maximum unter Null)	7	2	6	3	7
Anzahl der Sommertage (Maximum mind. 25°)	29	49	27	43	57

Lufttemperatur (°C)	1996	1997	1998	1999	2000
Mittel	7,8	11,2	10,7	12,4	12,8
absolutes Maximum	33,6	33,9	40,3	34,2	39,7
absolutes Minimum	-12,5	-17,4	-11,5	-8,9	-6,1
Anzahl der Frosttage (Minimum unter Null)	91	37	65	52	34
Anzahl der Eistage (Maximum unter Null)	18	11	1	1	0
Anzahl der Sommertage (Maximum mind. 25°)	22	41	60	107	87

Tab. 4: Niederschlagsverhältnisse in den 1990er Jahren

Niederschlag (mm)	1991	1992	1993	1994	1995
Summe	505	727	743	476	631

Niederschlag (mm)	1996	1997	1998	1999	2000
Summe	444	642	846	795	749

3.2.3 Geomorphologie

Der geomorphologische Aufbau des Mönchengladbacher Raumes ist durch die geologische Entwicklungsgeschichte im Rhein-Maas-Gebiet vorgezeichnet. Ausgehend vom Rhein baut sich nach Westen eine Terrassenlandschaft aus drei Terrassenstufen (Nieder-, Mittel- und Hauptterrasse) auf. Das Niveau der Terrassenflächen nimmt in Mönchengladbach insgesamt nach Nordosten von ca. 90 m auf 35 m ab. Auf der Hauptterrasse, die den größten Teil des Stadtgebietes einnimmt, liegt der höchste natürliche Punkt – der Eierberg auf der Kamphausener Höhe mit 91,8 m ü. NN. Höher sind der Nordwald (101 m ü. NN) und die Rheydter Höhe (133 m ü. NN), doch sind sie nicht natürlich entstanden. Sie sind das Ergebnis der Schuttbeseitigung nach dem Zweiten Weltkrieg. Das insgesamt flachwellige Relief der Hauptterrasse fällt nach Nordwesten bis auf 60 m ü. NN ab. Zur unteren Mittelterrasse gehört nur ein sehr kleiner Teil der Stadtfläche. Erst am Stadtrand östlich der Kamphausener Höhe geht die Hauptterrasse bei etwa 70 m ü. NN in die untere Mittelterrasse über. An diese sanftwellige Bedburdycker Lössplatte schließt sich im Norden bei Giesenkirchen und Schelsen die Krefelder Mittelterrasse an. In deren fast reliefloses Niveau haben sich Trietbach und Niers ganz flach eingesenkt, so dass bei ehemals hoch anstehendem Grundwasser weitläufige Niederungen entstehen konnten. Niers- und Nordkanalrinne bilden die Niederterrasse, auf der mit 35 m ü. NN bei Donk auch der tiefste Punkt des Stadtgebietes zu finden ist.

3.2.4 Hydrologie

Mönchengladbach liegt im Einzugsgebiet der Niers, das an die Niederschlagsgebiete der Schwalm (Hauptwasserscheide) und der Nette (Nebenwasserscheide) angrenzt. Die Oberfläche des Stadtgebietes hat demnach natürlichen Abfluss zu Niers, Schwalm und Nette. Die weitaus größte Wassermenge fließt über die Vorfluter der Niers zu, deren Quellen bei Kuckum und Keyenberg liegen (ca. 72 m ü. NN). Durch die Grundwasserabsenkungen im Gebiet der Oberen Niers ist die Eigenwasserführung im Quellbereich allerdings äußerst gering. Die Gesamtlänge des Flusses beträgt ca. 117 km, davon verlaufen etwa 23 km innerhalb der Stadtgrenzen. Seit Ende der 1920er Jahre ist die Niers als kanalisierter Flusslauf ausgebildet (neue Niers). Die alte Niers ist innerhalb des Stadtgebietes nur noch im Bereich von Schloss Rheydt erhalten.

Die Flurabstände des Grundwassers schwanken je nach Art und Mächtigkeit der Terrassenablagerungen und in Abhängigkeit vom Relief zwischen Werten von über 20 m bis wenige Dezimeter. Allerdings war in der Vergangenheit ein ständiges Absinken des Grundwasserspiegels feststellbar. Großräumig wirksame

Einflüsse waren die vermehrte Wasserentnahme, die zunehmende Versiegelung und die Sümpfungsmaßnahmen des Braunkohlentagebaus südlich des Stadtgebietes.

3.2.5 Böden

Bei den Böden kann zwischen terrestrischen und semiterrestrischen Typen unterschieden werden. Terrestrische Böden unterliegen keinem nennenswerten Grundwassereinfluss. Folglich sind semiterrestrische gekennzeichnet durch – zumindest ehemals – hohe Grundwasserstände. An terrestrischen Böden dominieren in Mönchengladbach Parabraunerden aus Löss, Pseudogleye und Braunerden aus Sandlöss. Aus der Kategorie der semiterrestrischen Böden sind Gleye und Niedermoor vertreten.

Die Parabraunerden aus Löss gehören wegen des günstigen Luft-, Wasser- und Nährstoffhaushalts zu den ertragreichsten Böden Mitteleuropas. Im Stadtgebiet trifft man sie in größerer Mächtigkeit vor allem beidseitig des Nierstals an, südlich einer Linie Rheindahlen – Hockstein – Giesenkirchen (»Lössgrenze«). Für die Landwirtschaft weniger geeignet sind Pseudogleye, die flächenhaft z. B. zwischen Rheindahlen, Hehnerholt, und Genhülsen sowie im Norden im Bereich der Bockerter Heide auftreten. Sickerwasser staut sich häufig in der geringmächtigen Lössdecke und wird so als Staunässe zum bestimmenden Faktor. Die wechselfeuchten Standorte können nur mit aufwändigen Meliorationsmaßnahmen ackerbaulich genutzt werden. Aus diesem Grund ist der Anteil der Grünlandnutzung hier auch höher als im Süden der Stadt (REINERS 1994). Braunerden aus Sandlöss, die vor allem im westlichen und nordwestlichen Stadtgebiet verbreitet sind, haben einen höheren Sandanteil als Parabraunerden aus Löss. Infolge des wechselnden Verhältnisses von Lösslehm und Sand variieren ihre Eigenschaften stark, auch die Ertragslage ist sehr unterschiedlich.

Die Gleye gehören mit einem Grundwasserflurabstand von ca. 0,2–1,4 m zu den semiterrestrischen Böden. Ein hoher Wasserstand führt bei konstanter Spiegelhöhe zur Vernässung bis in den Oberboden hinein. Entstanden aus vom Grundwasser geprägtem Lösslehm sowie sandigen Fluss- und Bachablagerungen, begleiten sie die Niers von Keyenberg bis Wanlo. Anzutreffen sind sie auch von Wickrathberg bis Wickrath, zwischen Güdderath und Mülfort oder bei Giesenkirchen. Als Nutzung kommen in der Regel nur Wiesen oder Weiden infrage (REINERS 1994). Entlang der Niers nördlich von Wanlo gibt es, ähnlich wie an anderen Fließgewässern Mönchengladbachs, Niedermoor mit Moorböden. Die landwirtschaftlichen Nutzungsmöglichkeiten sind sehr beschränkt, deshalb ist die natürliche Vegetation mit den Erlenbruchwäldern zumindest stellenweise noch erhalten.

3.3 Naturräume und Flächennutzung

3.3.1 Agrarflächen

Die Beschaffenheit der Böden und die damit zusammenhängende Nutzung durch die Landwirtschaft haben einen entscheidenden Einfluss auf den Landschaftscharakter, denn mit rund 45 % nimmt die Landwirtschaft knapp die Hälfte der Stadtfläche ein (Tab. 6). Im westlichen und südlichen Raum überwiegt die landwirtschaftliche Nutzung sogar deutlich. Angebaut werden vornehmlich Weizen (1716 ha), gefolgt von Zuckerrüben (1516 ha). Mit 763 ha sind weitere Getreidesorten vertreten, größere Bedeutung haben ebenfalls Futterpflanzen (656 ha) und Kartoffeln (654 ha) (LDS 1998). Der Anteil des Dauergrünlands ist von einst 13,1 % (1973, STADT MÖNCHENGLADBACH 1987) auf heute 7,8 % gesunken (LDS 2000). Auch die früher für die Niederungslandschaften charakteristischen Baumreihen und Obstwiesen sind selten geworden (vgl. DIELEN 1986 in STADT MÖNCHENGLADBACH 1987). Einsetzend mit der Flurbereinigung sind weite Bereiche der Landschaft ökologisch verarmt, da strukturierende Elemente wie Hecken oder Feldgehölze weichen mussten. Schon Ende der 1970er Jahre waren 90 % der gesamten Feldflur im Stadtgebiet für den Einsatz großer Maschinen umgestaltet (TU HANNOVER 1978b).

Insgesamt verliert die Landwirtschaft an Bedeutung. So ist die Anzahl der Bauernhöfe deutlich zurückgegangen. Allein im Zeitraum von 1969 bis 1973 sank ihre Zahl um 21,4 % von 440 auf 346. Kleinere Übergangs- und Nebenerwerbsbetriebe waren am stärksten von der Entwicklung betroffen, sie nahmen um 49,2 % ab (LANDWIRTSCHAFTSKAMMER RHEINLAND 1975 in TU HANNOVER 1978b). Heute gibt es im Stadtgebiet 193 landwirtschaftliche Betriebe (LDS 1998). Auch die Anbaufläche ist kleiner geworden. Vielerorts wurden Felder bebaut, Wohn- und Gewerbegebiete ausgeweitet. Das Ausmaß zeigt ein Vergleich der heutigen Flächenanteile mit denen vor rund zwei Jahrzehnten. Mit 88,4 km² machte die Landwirtschaft 1978 noch 51,9 % der Stadtfläche aus. Im Jahr 2000 waren davon 16,3 km² verloren, der Anteil sank auf 42,3 % (STADT MÖNCHENGLADBACH 1979, 2001).

3.3.2 Siedlungsflächen

Das Höfesterben und die Zunahme der Gebäude- und Betriebsflächen wandeln auch die Siedlungsstruktur. In den Dörfern führt die zunehmende Bebauung mit Einzelhäusern oder die Ausweisung ganzer Wohnsiedlungen zu einer Verstädterung (Abb. 2). Die Dörfer haben ihren einstigen bäuerlichen Charakter bis auf wenige Ausnahmen verloren. Im Rheindahlener Raum findet man noch Dörfer oder Weiler mit angrenzenden Weiden und Obstwiesen, so etwa Merreter, Peel oder Hilderath. Im

Westen und Süden der Stadt gibt es einige Einzelhofanlagen in ähnlicher Umgebung (Priorshof, Buscherhof, Kochhof etc.). Östlich der Autobahn 61 – Wickrath schon eingeschlossen – beginnt der Übergang zur dicht besiedelten Stadt. Die vier Bezirke Stadtmitte, Volksgarten, Rheydt-West und Rheydt-Mitte bilden die eigentliche Kernstadt (vgl. TU HANNOVER 1978a). Die Bevölkerungsdichte erreicht hier im Mittel 3586 Ew/km². Zum Vergleich: Im Stadtbezirk Rheindahlen liegt sie bei 689 Ew/km² (STADT MÖNCHENGLADBACH 2001). Ausgehend von Neuwerk im Norden erstreckt sich somit eine zusammenhängende Siedlungsachse in südliche Richtung bis nach Odenkirchen. Allerdings ist sie immer wieder von grünen Inseln durchsetzt. Eine Reihe von Parkanlagen (Bunter Garten, Hans-Jonas-Park, Schmölderpark), diverse Friedhöfe und die – wenn auch kleinflächigen – Gärten machen verständlich, warum Mönchengladbach einst mit dem Slogan einer »grünen Stadt« warb.

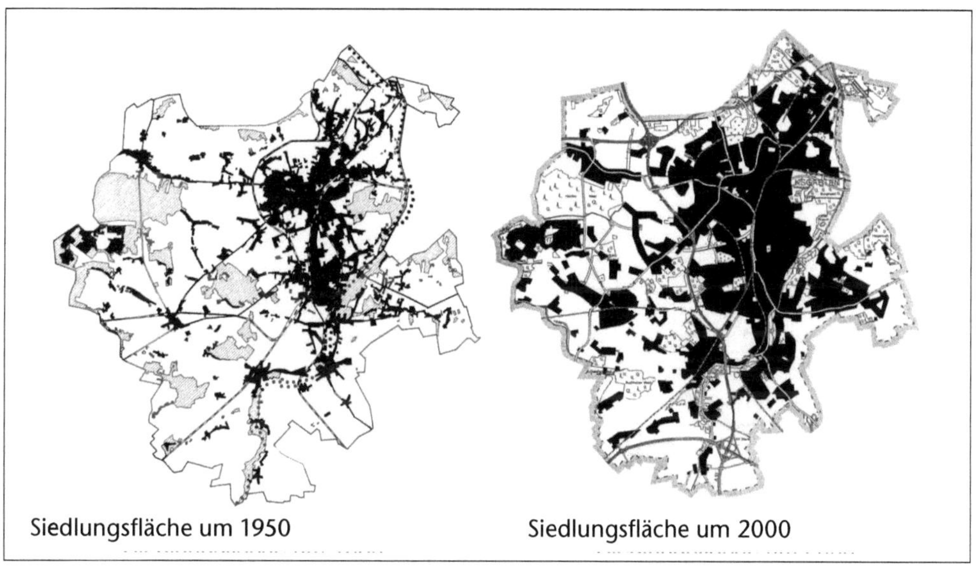

Abb. 2: Zunahme der Siedlungsfläche (schwarz) in den letzten 50 Jahren

3.3.3 Waldflächen

Zum Grün gehören auch die Waldflächen, die mit etwa 15 km² rund 9 % der Stadt ausmachen (Tab. 6). Der größte Wald ist mit 480 ha der Hardter Wald im Westen. Aus Bungtwald, Volksgarten und Elschenbruch setzt sich im Osten ein Gebiet von ca. 150 ha zusammen, in dessen Nähe auch das Hoppbruch (115 ha) liegt. Über

100 ha misst zudem der Buchholzer Wald (125 ha) im Südwesten. Freilich handelt es sich dabei um anthropogen geprägte Wälder, die natürliche Vegetation ist nicht mehr oder nur noch ansatzweise vorhanden. Wälder, die dem ursprünglichen Zustand noch nahe kommen, stehen meist in Bereichen mit hohem Grundwasserniveau. REINERS (1994) nennt in diesem Zusammenhang das Finkenberger und Wetscheweller Bruch sowie die Erlenbruchwälder am Mühlen- und Knippertzbach. Für den überwiegenden Teil der Mönchengladbacher Wälder ist jedoch der forstliche Einfluss prägend. Ganz besonders deutlich wird das an diversen Fichtenanpflanzungen oder den zahlreichen Pappelkulturen entlang der Niers. Die nicht standortheimischen Baumarten tragen dazu bei, die (Boden-)Verhältnisse zu verändern, so dass sich auch die Strauch- und Krautschicht eines Waldes grundlegend wandelt. Für die Niersniederung bedeutet das unter anderem eine flächenhafte Ausbreitung nitrophiler Arten, wie beispielsweise der Brennnessel (*Urtica dioica*) (vgl. LVR 1984a). Trotz des Anbaus von Nadelbäumen überwiegt im Stadtgebiet der Laubmischwald. Ausgedehnten Nadelwaldforst findet man lediglich im westlichen Hardter Wald, wo flächenhaft Waldkiefern (*Pinus sylvestris*) wachsen.

Zur forstlichen Nutzung kommt die Erholungsnutzung. Die Wälder sind von einem engen Wegenetz durchzogen, das insbesondere im Hardter Wald und in den stadtnahen Bereichen (z. B. Bungtwald/Volksgarten) stark von der Bevölkerung frequentiert wird. Etwas weniger davon betroffen sind die Flächen, die im dünner besiedelten Rheindahlener Raum liegen (Buchholzer Wald, Gerkerather Wald, Krapp). Die Ausweitung der Siedlungsfläche führt allerdings dazu, dass auch hier der Erholungsdruck zunimmt. Im Hinblick auf die Vogelwelt ist die stellenweise hohe Dichte an Nistkästen erwähnenswert. Wie in den Parkanlagen und Friedhöfen hängen auch in den Wäldern einige hundert Kästen, die das Angebot an Bruthöhlen künstlich erhöhen (Tab. 5). Der begrenzende Faktor »Nistplatzknappheit«, der gerade in den Wirtschaftswäldern eine Rolle spielt, wirkt hier weniger stark (vgl. JUNKER-BORNHOLDT et al. 2001).

Tab. 5: Anzahl der vom NABU betreuten Nistkästen in Parks und Wäldern

Gebiet	Zahl der Nistkästen	Quelle
Franziskushausgelände	61	J. Kox 2001, schriftl.
Hardter Wald	~600	H. Bolten 2001, mdl.
Hardterwald-Klinik	133	H. Bolten 2001, schriftl.
Hoppbruch (inkl. Wasserwerk)	220	W. Spengler 2001, schriftl.
Städt. Hauptfriedhof	~220	A. van gen Hassend 1992, schriftl.
Sonstige	144	W. Spengler 2001, schriftl.
Summe	~1378	

3.3.4 Wasserflächen

An Oberflächenwasser ist Mönchengladbach arm, gerade einmal 1 km² oder 0,6%
sind Still- oder Fließgewässer (Tab. 6). Dabei gibt es eine Vielzahl von kleinen Tei-
chen, Bächen oder Flachsrösten – allein es fehlen die größeren Gewässer. Mit zusammengenommen rund 9 ha sind die Seen in der Kiesgrube Beltinghoven bereits
am größten. Auf einen relativ beträchtlichen Umfang bringen es auch die Gewässer
im Wickrather Schlosspark mit etwa 5 ha, darunter ein 3 ha großes Rückhaltebecken.
Wie alle anderen Stillgewässer Mönchengladbachs sind auch sie künstlich entstanden. Bis auf wenige Ausnahmen sind die Gewässer der Stadt nicht naturnah. Bebauung bis an das Ufer heran, intensive Freizeitnutzung durch Angelsport und Boots-
fahren sowie die Erschließung durch Wege im Uferbereich sind charakteristisch. Die
klassische Ufervegetation eines Sees mit Tauch- und Schwimmblattzone und dem
sich anschließenden Schilfgürtel findet man – sofern überhaupt – nur in Bruch-
stücken. Einzig in der Kiesgrube Beltinghoven und am Holtmühlenteich hat sich
großflächig eine natürliche Ufervegetation bilden können. Die ökologische Situation der Fließgewässer ist vergleichbar. Die Niers, die als größter Fluss das Stadtgebiet
auf einer Länge von 23 km durchzieht, ist ein Beispiel hierfür. Kennzeichnend ist der
auf weiten Strecken naturferne Ausbau mit Begradigung, Regelquerschnitt, pflegein-
tensiver Rasenböschung und starkem Krautwuchs in der Sohle (LWA 1992). Ökologisch bedeutsamer ist die Niers im Süden, wo sie – seit Beginn dieses Jahrzehnts streckenweise renaturiert – von Erlenbruchwäldern gesäumt wird. Auch im Norden, in
Höhe des Gruppenklärwerks I, sind wieder erste Ansätze eines natürlichen Flusslaufs
erkennbar. Hier ist bereits Anfang der 1990er Jahre ein Teilstück von etwa 600 m
renaturiert worden. Entgegen dem Ausbau von Niers, Gladbach und anderer Fließgewässer sind Mühlenbach und Knippertzbach streckenweise relativ unbeeinflusst
geblieben. Sie mäandrieren im Westen der Stadt noch durch Erlenbrüche.

Neben der Gewässerstruktur ist auch die Qualität des Wassers von Belang. Biolo-
gisch tote Flüsse bieten der Vogelwelt keine Nahrung. Die Gewässergüte wird u. a.
durch das sog. Saprobiensystem (früher: biologische Gewässergüte) von I (unbe-
lastet bis sehr gering belastet) bis IV (übermäßig verschmutzt) klassifiziert. Es gibt
an, wie stark das Wasser mit organischen Stoffen belastet ist, die unter Sauerstoff-
verbrauch von Bakterien, Pilzen und heterotrophen Einzellern zersetzt werden. Je
höher die Belastung bzw. der Saprobienindex, desto weniger lebensnotwendiger
Sauerstoff steht Fischen und anderen Organismen letztendlich zu Verfügung. In
NRW wird für Fließgewässer allgemein die Güteklasse II (mäßig belastet) angestrebt (MURL 2000). Nachdem sich die Situation der Niers insgesamt verbessert
hat, erreicht der Fluss dieses Ziel heute weitestgehend. Mitte der 1990er Jahre noch

Begradigte Niers bei Uedding　Foto: H. Hurtmann

kritisch belastet (II–III, MURL 2000), hat der Index an den Probeentnahmestellen zwischen Wickrathberg und Neuwerk im Jahr 2000 im Bereich der Güteklasse II gelegen (NIERSVERBAND 2001). Das bedeutet, dass die Niers über eine gute Sauerstoffversorgung verfügt und eine große Artenvielfalt und Individuendichte von Algen, Schnecken, Kleinkrebsen und Insektenlarven beherbergt. Wasserpflanzenbestände bedecken größere Flächen und das Gewässer gilt als fischreich. Die relativ geringe Eigenwasserführung führt allerdings bei Belastungsspitzen zu Problemen. Zuflüsse wie der Gladbach, der bei Starkregen den Hauptanteil des Regenwassers abführt, belasten mit ihrem sehr stark verschmutzten Wasser (Güteklasse III–IV) die Niers beträchtlich. Die Folge war mehrfach ein Fischsterben (LWA 1992).

Die gesamte Flächennutzung zeigt nochmals Tab. 6 (STADT MÖNCHENGLADBACH 1996, 2001).

38

Tab. 6: Flächennutzung im Stadtgebiet 1991 und 2000

Nutzungsart der Katasterfläche	Fläche in km²		Anteil in %		Tendenz
	1991	2000	1991	2000	1991–2000
Gebäude- und Freifläche	42,9	46,0	25,2	27,0	+
Betriebsfläche	1,0	1,2	0,6	0,7	+
Erholungsfläche	6,0	7,8	3,5	4,6	+
Verkehrsfläche	19,8	21,0	11,6	12,3	+
Landwirtschaftsfläche	77,6	72,1	45,5	42,3	-
Waldfläche	14,8	15,1	8,7	8,9	+
Wasserfläche	1,0	1,1	0,6	0,6	+
Flächen anderer Nutzung	7,3	6,1	4,3	3,6	-
Summe	170,4	170,4	100,0	100,0	

Im Vergleich zu den umliegenden Kreisen wird der städtische Charakter Mönchengladbachs deutlich (Zahlen vom 31.12.1999, LDS 2000): Im Kreis Viersen liegt beispielsweise der Anteil der Gebäude- und Freiflächen (Häuser, Gärten, Stellplätze) bei nur 13,7 %, die Verkehrsflächen (Straßen, Plätze, Bahndämme) machen dort 7,4 % aus. Ähnlich im Kreis Neuss. Der für diese beiden Nutzungen bebaute Flächenanteil liegt bei 16,0 % bzw. 8,1 %. Ein umgekehrtes Bild entsprechend bei den Landwirtschafts-, Wald- und Wasserflächen. Kommt Mönchengladbach hier insgesamt auf 53,0 %, erreichen die Kreise 76,0 % (Viersen) und 69,8 % (Neuss). Andererseits muss betont werden, dass Mönchengladbach, verglichen mit anderen Städten der Rheinschiene oder des angrenzenden Ruhrgebietes, noch über beträchtliche unbebaute Bereiche verfügt.

3.4 Natur- und Landschaftsschutzgebiete

Um wertvolle Naturräume zu bewahren, werden verbliebene Biotope unter gesetzlichen Schutz gestellt. Dazu können Flächen unter anderem als Natur- oder Landschaftsschutzgebiet bzw. als geschützter Landschaftsbestandteil ausgewiesen werden. Die Schutzzwecke dieser drei Formen unterscheiden sich. Naturschutzgebiete (NSG) werden u. a. festgesetzt, um die »Lebensgemeinschaften oder Biotope bestimmter wild lebender Tier- und Pflanzenarten zu erhalten« (§ 20 Landschaftsgesetz NRW). Beim Landschaftsschutzgebiet (LSG) geht es u. a. darum, die »Leistungsfähigkeit des Naturhaushalts zu erhalten oder wiederherzustellen«. Festgesetzt werden sie auch, wenn eine Landschaft eine »besondere Bedeutung für die Erholung hat« (§ 21 Landschaftsgesetz NRW). Die Leistungsfähigkeit des Naturhaushalts zu bewahren ist auch beim geschützten Landschaftsbestandteil die Absicht. Er soll außerdem zur »Belebung, Gliederung oder Pflege des Orts- und Landschaftsbildes beitragen« (§ 23 Landschaftsgesetz NRW). Entsprechend der Schutzzwecke unterscheiden sich auch die jeweils gültigen Verbote und Gebote. Die weit reichendsten Bestimmungen gelten in Naturschutzgebieten. Der Status des geschützten Landschaftsbestandteils ist mit dem LSG vergleichbar. Allerdings gilt er nicht für mehr oder minder großflächige Gebiete, sondern für Objektgruppen oder Einzelobjekte innerhalb der Landschaft (vgl. STADT MÖNCHENGLADBACH 1995). Zum effektiven Erhalt der Natur tragen also besonders die Naturschutzgebiete bei.

Der erste Landschaftsplan weist 14 Naturschutzgebiete aus, die eine Größe von insgesamt 567 ha haben (Tab. 7). Damit stehen 3,3 % der Stadtfläche unter Naturschutz. Unter Landschaftsschutz fallen 17 Gebiete mit 4283 ha (25,1 %). Als geschützte Landschaftsbestandteile gelten zahlreiche Kleinbiotope, wie etwa Hecken und Gehölzstreifen, Kopfbäume, Obsthochstämme oder Kleingewässer (STADT MÖNCHENGLADBACH 1995).

Tab. 7: Naturschutzgebiete in Mönchengladbach nach dem Landschaftsplan von 1995

Gebiet	Schutzgegenstand
Großheide (23 ha)	Bodensaure, zum Teil staunasse Eichen-Birken- und Eichen-Buchen-Waldbestände mit temporären Kleingewässern, vorgelagerte, zum Teil feuchte Grünlandbereiche sowie Feuchtheide mit Kleingewässern.
Bistheide (28 ha)	Bodensaure Eichen-Birken- und Eichen-Buchen-Waldbestände auf z. T. staunassen Standorten, Feuchtwiesen, Kleingewässer, Acker-Grünland-Bereiche.
Knippertzbachtal (75 ha)	Naturnahes Bachtal von Knippertz-, Hell- und Leloher Bach mit bachbegleitenden Bruchwäldern und feuchten Wiesenbereichen.
Gerkerather Wald (40 ha)	Bodensaure Eichen-Birken-, Eichen-Buchen- und Eichen-Hainbuchen-Niederwaldbestände, Kleingewässer, kleinflächige Acker- und Grünlandbereiche auf z. T. staunassem Boden.
Viehstraße (27 ha)	Bodensaure Eichen-Birken- und Eichen-Buchen-Waldbestände auf z. T. stark staunassem Boden, zahlreiche Kleingewässer.
Mühlenbachtal (18 ha)	Naturnahe Aue des Mühlenbachs mit bachbegleitenden Bruch- und Auenwäldern.
Erlenbruch Sittard (1 ha)	Kleinflächiger Erlenbruchwald mit Übergängen zum Traubenkirschen-Erlen-Eschenwald, ganzjährig Wasser führende Mulden und Flachsgruben (Bodendenkmale).
Niersbruch (20 ha)	Niersaue mit teilweise naturnahen Auenwaldbereichen, ausgedehnten Schilfröhrichten, Wald- und Pioniergebüschen, Kleingewässern und der Karotte mit naturnaher Ufervegetation.

Gebiet	Schutzgegenstand
Finkenberger Bruch (31 ha)	Niersaue mit Bruchwaldresten, Weidengebüschen, Gräben, Quellbereichen und Stillgewässern, Staudenfluren, einzelnen Ackerflächen und großflächigen Grünlandbereichen, z. T. mit Kopfbaumreihen und Obstgehölzen.
Bruchwaldrest Schloss Wickrath (1 ha)	Von der Karotte durchflossenes, naturnahes Sumpfgebiet mit Schilfröhricht, Weidengebüschen und Erlenhorsten.
Röhrichtbestand Schloss Wickrath (1 ha)	Von der Karotte durchflossener, naturnaher Röhrichtbestand.
Wetscheweller/Güdderather Bruch (37 ha)	Natürlicher Auenwald an der Niers, Quellgebiet des Bottbaches, naturnaher Bachverlauf, randständig kleinere, pappelbestandene Grünlandflächen.
Volksgarten-Bungtwald-Elschenbruch (150 ha)	Ausgedehnte, vielfältig strukturierte und zusammengesetzte Waldbestände, Weiher und Fließgewässer im ehem. Überschwemmungsgebiet der Niers.
Hoppbruch (115 ha)	Ausgedehntes, vielfältig strukturiertes und zusammengesetztes Waldgebiet mit Resten der ehemals potenziell natürlichen Auenwaldvegetation, naturfernen Pappelwaldbeständen, Hochstaudenfluren, temporären Fließgewässern, eingestreuten Acker- und Grünlandflächen, Parkanlage und Ringgraben von Haus Horst.

3.5 Gebiete mit besonderer Bedeutung für die Vogelwelt

Ornithologisch interessante Gebiete aufzuzählen birgt aus Naturschutzsicht ein Problem: Es entsteht leicht der Eindruck, als wären allein die genannten Bereiche für die Vogelwelt von großer Bedeutung. Der Umkehrschluss, nicht Genanntes sei nicht schützenswert, wäre aber falsch. Mit Vorliebe werden nämlich Gebiete beschrieben, in denen auf relativ kleinem Raum viele seltene Arten vorkommen. Dabei bleiben Großräume häufig außen vor. In Mönchengladbach würde man etwa die landwirtschaftlichen Flächen um Rheindahlen herum nicht zu den interessanteren Gebieten rechnen. Hier lebt mit dem Steinkauz allerdings eine Vogelart in hoher Dichte, für die Nordrhein-Westfalen eine nationale Schutzverantwortung hat (GRO & WOG 1997). Die folgende Aufstellung ist also keine, die Naturschutzkriterien vollends Rechnung trägt. Dennoch ist das Vorkommen (lokal) seltener Arten, die sich häufig auf der Roten Liste wiederfinden, Auswahlkriterium. Die Zusammenstellung wird durch zahlreiche Beobachtungsmeldungen gestützt. Aus den zehn unten genannten Gebieten stammt rund die Hälfte der Datenbank-Nachweise (vgl. Kap. 4.2).

Die Charakterisierung bietet zunächst die Möglichkeit, die in den Artmonographien häufig genannten Biotope hinsichtlich Größe, Biotoptyp und Arteninventar einzuschätzen. Zum Zweiten wird so der Blick auf besonders erhaltenswerte Biotope gelenkt. Ein Vergleich mit den in Tab. 7 genannten Naturschutzgebieten zeigt die Diskrepanz zwischen Gebieten, die für die Vogelwelt eine große Bedeutung haben, dabei aber nicht über einen hohen Schutzstatus (NSG) verfügen.

I. Renaturierte Niers/Schlammbecken bei Neuwerk

Das Gebiet steht in engem Zusammenhang mit dem unmittelbar angrenzenden Nierssee im Kreis Viersen. Der ca. 25 ha große See, der wegen der Einleitung von Wasser aus der Kläranlage Neuwerk nicht zufriert, hat für Wasservögel überregionale Bedeutung (REYRINK 1995). Was heute für Schwimmvögel gilt, traf bis Ende der 1960er Jahre auch für Limikolen zu (vgl. LÜCKER 1970). Bevor 1968 der See jenseits der Stadtgrenze entstand, befanden sich dort zehn untiefe Klärteiche. Mit dem Nierssee bzw. den damaligen Becken als Anziehungspunkt, nutzen die Vögel auch die Gewässer auf Mönchengladbacher Seite. Dies sind die Niers von der Cloermündung bis zur Niersdonker Straße (1100 m) und das rund 1 ha große Schlammbecken am Rand der Kläranlage. Ein Teil der Niers, rund 600 m, ist Anfang der 1990er Jahre renaturiert worden. Wie bei natürlichen Fließgewässern variiert hier die Breite des Flussbetts. Besiedlungsfeindliche Steinschüttungen mit Bruchstein, die sonst das Ufer sichern, sind der Vegetation gewichen. Bewachsene Inseln und temporär bei Niedrigwasser hervortretende Schlammflächen reichern die Gewässerstruktur an. Die Ufervegetation setzt sich unter anderem aus Weiden (*Salix spec.*) und Schwarzerlen (*Alnus glutinosa*) zusammen, fragmentarisch sind Pflanzen der Röhrichtgesellschaft vorhanden. Weiter außen wachsen nach dem Muster eines Waldmantels verschiedene Sträucher. Die umgeben auch das Schlammbecken. Hier ist es vornehmlich der Holunder (*Sambucus nigra*), der das vor Störungen geschützte, eingezäunte Gelände umgibt. Kennzeichnend für das Becken sind die starken Wasserstandsschwankungen, die bis zur Austrocknung reichen. Schlammflächen sind Rastbiotope für Limikolen. Für sie hat das Gebiet mit neun nachgewiesen Arten in den 1990er Jahren lokale Bedeutung. Ähnlich ist es bei den Entenvögeln (Anseriformes), von denen sich 18 Arten zeigten. Durch systematische Wasservogelzählungen der Biologischen Station Krickenbecker Seen seit 1991 (z. B. REYRINK 1995) ist die Datenlage für dieses Gebiet ausgesprochen gut.

II. Kiesgrube Beltinghoven

Ab 1973 ist westlich von Beltinghoven Kies abgebaut worden, bis Ende 1998 der Nutzungsvertrag zwischen dem Betreiber und der Stadt als Flächeneigentümerin auslief. Das heute rund 25 ha große Gelände ist seitdem ein Erholungsgebiet, in dem ruhige Naherholung und Belange des Naturschutzes vereinbart werden sollen (STADT MÖNCHENGLADBACH 1995). Im Jahr 2003 erfolgte die einstweilige Sicherstellung als Naturschutzgebiet. Verschiedene Sukzessionsstadien prägen das Bild der Abgrabung, die im Laufe der Jahre etappenweise voranschritt. Das unterschiedliche Alter zeigt sich an den Gewässern, die insgesamt etwa 9 ha messen. An dem Grundwassersee und den diversen Kleingewässern ist der Uferbewuchs mit Binsen, Röhricht und Weiden unterschiedlich weit fortgeschritten, gehört mittlerweile aber zu den umfangreichsten in Mönchengladbach. Auf dem kiesigen Boden reicht die Spanne von lockerer Primärvegetation bis hin zu ausgeprägten Beständen von Weiden und Hängebirken (*Betula pendula*). Neben der natürlichen Sukzession bestimmt die gezielte Neugestaltung durch den Menschen das Aussehen des Gebiets. Bereits weit vor 1998 wurde mit Rekultivierungsmaßnahmen begonnen. Eines der ältesten Anzeichen hierfür ist ein schätzungsweise 20-jähriger Roteichenforst (*Quercus rubra*) im Nordteil. Die dicht nebeneinander wachsenden Bäume einer einzigen Altersstufe und der nur spärliche Unterwuchs in der Strauch- und Krautschicht bilden indes nur einen strukturarmen Wald. Wiesengesellschaften bedecken einen Großteil der Hänge. Durchsetzt sind sie mit lockeren Strauchpflanzungen. Die Strauchvegetation setzt sich zum äußeren Rand hin fort und geht in der Süd- und Westhälfte in einen dichten, artenreichen Gehölzsaum über. Eine derartige Pufferzone fehlt im Südosten, wo sich direkt die Hehner Felder anschließen. Mit ihren naturnahen Wasserflächen, den Steilufern und anderen Lebensräumen ist die Kiesgrube Beltinghoven eines der bedeutendsten Gebiete in der Stadt (vgl. HURTMANN 2002a). Hier finden Zwerg- und Haubentaucher, Graugans und Flussregenpfeifer ihren wichtigsten Brutplatz. Im Röhricht brüten Teichrohrsänger und Rohrammer, hohe Dichten erreichen auch Sumpfrohrsänger und Dorngrasmücke. Als Rastplatz ist die Grube lokal relevant für Entenvögel und Limikolen (16 bzw. elf Arten in den 1990er Jahren).

Kiesgrube Beltinghoven, der Westteil im Mai 2004   Foto: H. Hurtmann

III. Hardter Wald, Westteil

Mit ca. 480 ha ist der Hardter Wald das größte zusammenhängende Waldgebiet in Mönchengladbach. Er liegt zwischen dem Ortsteil Hardt und dem Hauptquartier und erstreckt sich von der westlichen Stadtgrenze bis zur Ortschaft Hehn im Osten. Durchzogen wird das Gebiet in Nord-Süd-Richtung von einer Landstraße, die den Wald in einen Ost- und einen Westteil spaltet. Der westliche Bereich gehört zum internationalen Naturpark Maas-Schwalm-Nette, auch landschaftlich unterscheiden sich beide Teile. Während im Ostteil Laub- bzw. Laubmischwald dominiert, findet man im etwa 305 ha großen Westen ausgedehnte Kiefernbestände. Hier dominieren in der Baumschicht ± 50 Jahre alte Waldkiefern, die in der Krautschicht mit Pfeifengras (*Molinia caerulea*) unterstanden sind. Stellenweise wachsen Blaubeeren (*Vaccinium myrtillus*) und Heidekraut (*Calluna vulgaris*). Eingestreut sind größere Aufforstungen mit Roteichen und Fichten. In jüngster Zeit geht man verstärkt dazu über, die Rotbuche (*Fagus silvatica*) als dominierende Baumart zu etablieren. Der Umbau zum naturnahen, bodenständigen Laubmischwald erfolgt sichtbar bei der Verjüngung von Nadelholzbeständen oder durch Pflanzung von Laubbäumen unter dem Schirm des Nadelaltholzes. Die nennenswerten Kahlschläge, die noch zum Beginn der 1990er Jahre bestanden, sind mittlerweile aufgeforstet. Ein vom vorherrschenden Waldtyp abweichendes Biotop ist die ehemalige, nunmehr sich selbst überlassene Abgrabung von 3,5 ha Größe. Zudem gibt es im Norden Bebauung und Gartengrundstücke mit Rasenflächen und fremdländischen Gehölzen. Angesichts von teils erheblichen Reviermindestgrößen (z. B. Schwarzspecht) hat der Hardter Wald wegen seines Umfangs für die Vogelwelt eine besondere Bedeutung. Der Pfeifengras-Kiefernwald im Westen beherbergte im letzten Jahrzehnt eine Reihe von lokal wichtigen Vorkommen, so etwa vom Habicht, Schwarzspecht, Baumpieper oder Trauerschnäpper. Die an Nadelwald gebundenen Arten, wie Hauben- oder Tannenmeise, haben hier ihr Hauptvorkommen.

IV. Hoppbruch/Haus Horst

Das ausgedehnte Waldgebiet im Osten Mönchengladbachs (ca. 115 ha) besteht zwar überwiegend aus Pappelforst, der allerdings ist vielerorts mit Erlen und Eschen (*Fraxinius excelsior*) unterbaut. Der Artenreichtum der Strauch- und Krautschicht variiert sehr stark und reicht bis zur naturnahen Ausprägung eines Traubenkirschen-Erlen-Eschenwaldes. Nördlich von Taubenhütte wachsen neben Stieleichen-Moorbirkenbeständen auch sehr alte Eichen und vereinzelt Buchen in weitem Verband. Etwa im Zentrum des Hoppbruchs liegt mit dem Wasserwerk ein ca. 100 m breiter und 1 km langer, eingezäunter und deshalb ungestörter Waldbereich. Der abschnittsweise naturnahe Trietbach und der Fluitbach durchziehen ebenso wie ein System von Wassergräben das Gebiet. Im südlichen Bereich liegt mit Haus Horst ein ehemaliger Herrensitz, dessen Ringgraben eine weitere Wasserfläche von rund 3 ha bietet (LVR 1984c). Der Graben ist allerdings durch den unmittelbar am Ufer verlaufenden Weg durch Erholungsnutzung beeinträchtigt. Die steil abfallenden Ufer lassen nur einen schmalen und fragmentarisch ausgebildeten Schilfgürtel zu. Dennoch ist das Gewässer für eine Reihe von Wasservögeln interessant. Als Brutgebiet dient das Hoppbruch unter anderem Eisvogel, Grünspecht und Nachtigall.

V. Holtmühlenteich/Mühlenbachtal

Das rund 18 ha große Gebiet erstreckt sich als schmales Band entlang des Mühlenbachs von Schriefersmühle bis zum Holtmühlenteich. Südlich des Fließgewässers setzt sich das Biotop auf Heinsberger Kreisgebiet fort (Gesamtgröße 80 ha), auch der Holtmühlenteich gehört nur zum Teil zur Stadt Mönchengladbach. Der stellenweise noch natürlich mäandrierende Mühlenbach wird gesäumt von Erlenbruchwald, auf den wasserferneren Standorten der Talhänge trifft man auf Stieleichen (*Quercus robur*) und seltener auf Rotbuchen. Neben den dominierenden Waldgesellschaften (Bach-Eschen-Wald, Erlenbruch) ist vor allem die Röhrichtgesellschaft (*Scirpo-Phragmitetum*) für die Vogelwelt von Bedeutung. Im Verlandungsbereich des Holtmühlenteichs wachsen Schilf (*Phragmites australis*), verschiedene Seggenarten und Torfmoose (MICHELS 1982, UNI DÜSSELDORF et al. 1986). Bei einer Revierkartierung 1983 konnten im Gebiet Brutpaare u. a. von Krickente, Habicht, Wasserralle, Kleinspecht und Pirol festgestellt werden. Als Rastvögel tauchten Rohrdommel, Bekassine und Waldschnepfe auf (UNI DÜSSELDORF et al. 1986). Aktuell ist das Gewässer als regelmäßiger Brutplatz für Haubentaucher, Graugans, Teichrohrsänger und Rohrammer interessant. Die Krickente findet hier einen ihrer wichtigsten Rastplätze im Stadtgebiet.

VI. Kamphausener Höhe/Galgenberg

Im Südosten des Stadtgebiets, zwischen Giesen- und Odenkirchen, liegt die Kamphausener Höhe. Das rund 140 ha große Gebiet ist Teil einer weit reichenden Bördenlandschaft. Auf Mönchengladbacher Seite wird die Fläche im Norden und Süden von der Mülforter und Kamphausener Straße eingefasst. Im Westen markiert die Bebauung von Odenkirchen und Mülfort die Grenze, der Ostrand wird zunächst an der Stadtgrenze, in Höhe des Ahrener Feldes an der Mülforter Straße erreicht. Im Gegensatz zu den oft monotonen, großflächigen Ackerwüsten der Börden ist die Kamphausener Höhe durch eine Vielzahl von Biotoptypen reich strukturiert. Dennoch sind für ihren Charakter zu etwa 80 % Felder bestimmend, auf denen überwiegend Getreide und Rüben angebaut werden (J. Kamphausen 2002, mdl.). Im Süden liegen Schmitz- und Lenßenhof. Alte Obstbaumbestände, Kleingewässer und Hecken aus beerentragenden Sträuchern prägen ihr Umfeld. Ein geschützter

Landschaftsbestandteil ist die angrenzende Wiese mit locker verstreuten Althölzern (Stieleichen), die zu einem Eichenwäldchen überleiten (insgesamt ca. 3 ha). Mit der Sandgrube Schmitz schließt sich eine Trockenabgrabung an, die Ruderalflächen bietet. Am Galgenberg, einem Hohlweg mit Trockenrasenvegetation, sind blumenreiche Wiesen angelegt und mit Gehölzen ergänzt worden (vgl. STADT MÖNCHENGLADBACH 1995). Weitere Elemente sind Brachflächen, verwilderte Kleingärten, Hecken- und Gehölzstreifen sowie vereinzelt Bebauung. Neben typischen Vogelarten der offenen Landschaft wie Rebhuhn, Wachtel oder Kiebitz, kommen auf der Kamphausener Höhe Turteltaube, Schleiereule und Steinkauz als Brutvögel vor. Auf dem Durchzug rasten vielfach Braunkehlchen und Steinschmätzer, Rohr- und Kornweihe nutzen die weiten Felder als Jagdgebiet.

VII. Wickrather Schlosspark

Der rund 27 ha große Wickrather Schlosspark wird im Norden und Westen durch die Niers und im Osten durch die Autobahn 61 eingegrenzt. Im Süden bzw. Südosten reicht er bis zur Wickrathberger Straße und dem sich anschließenden Wassergraben. Damit umfasst er neben den Schlossweihern auch das ca. 3 ha große Rückhaltebecken, bis in die 1970er Jahre ein großflächiges Sumpfgebiet. Mit der Umgestaltung verschwanden zahlreiche Brutvogelarten, die HUBATSCH (1968) noch für die Mitte der 1960er Jahre nennt. Entsprechend seiner Entwicklung und heutigen Nutzung ist der Park stark anthropogen geprägt. Gärtnerisch gestaltet, dominieren Rasenflächen, vereinzelt findet man auch exotische Baumarten. Relikte der natürlichen Vegetation sind mit zwei jeweils 1 ha messenden Feuchtzonen nur sehr kleinflächig ausgeprägt. Hierbei handelt es sich um Sumpfgebiete, die von der Karotte durchflossen werden und mit Schilfröhricht, Weidengebüschen und Erlenhorsten bewachsen sind. Bemerkenswert sind die alten Lindenalleen entlang der Wege, die nach HEINEN et al. (1983) aus ca. 930 Einzelbäumen bestehen. In ihrem Alter bieten sie vielen Höhlenbrütern, wie etwa Dohlen oder Hohltauben, Unterschlupf. Für die Vogelwelt haben daneben die Wasserflächen Bedeutung. Werden vor allem die Schlossweiher von Neozoen (u. a. Schwarzschwan, Kanadagans) genutzt, ist das Rückhaltebecken für die heimischen Arten von größerem Belang. Eine baumbestandene Insel gewährleistet Störungsarmut. An ihrem Rand brüten Haubentaucher und Eisvogel, außerdem werden auf dem Becken verhältnismäßig hohe Zahlen rastender Tauchenten (Reiher- und Tafelente) erreicht (HURTMANN 1998a). Als Nahrungsgäste treten neben Graureihern auch Kormorane auf.

VIII. Niersbruch

Das Niersbruch schließt sich unmittelbar an den Wickrather Schlosspark an und erstreckt sich mit seinen rund 43 ha bis nach Wickrathberg. Niers und Karotte

durchziehen, seit 2002 naturnah umgestaltet, das Gebiet. Neben den beiden Fließgewässern liegt die Kläranlage »Obere Niers«, deren zwei Absatzbecken die größten stehenden Gewässer sind. Die Vegetation auf den feuchten Standorten, die
den größten Teil einnehmen, besteht überwiegend aus Pappelkulturen. In ihrem
Unterbestand findet man noch Restbestände von Weide, Erle und Traubenkirsche.
Derweil haben sich auf den mäßig nassen bis feuchten Böden bruchwaldartige Bestände erhalten. Neben Traubenkirschen-Erlen-Eschenwald wächst im Niersbruch
Weidenwald und -gebüsch mit ausgedehntem Schilfröhricht und Großseggenrieden (LVR 1984a). Nutzungsflächen sind neben vereinzelten Wohnhäusern ein
Sportplatz im Süden und die Fischzuchtanlage nördlich der Kläranlage. Anfang
der 1990er Jahre siedelten sich im Niersbruch Graureiher an, deren Kolonie seither
gewachsen ist. Für die Art lag hier lange Zeit der einzige Brutplatz in Mönchengladbach. Einen ähnlichen Status hat das Gebiet für die Reiherente, die ansonsten nur
noch im Bereich des Neuwerker Schlammbeckens angemessene Brutbedingungen
vorfindet. Bruten von Zwergtaucher und Eisvogel unterstreichen die Relevanz für
seltene und teilweise in ihrem Bestand gefährdete Wasservögel. Eine lokale Bedeutung hat das Gebiet zur Zugzeit auch für verschiedene Entenarten, wie Nachweise
von Pfeif- und Krickente zeigen.

IX. Buchholzer Wald

Großes Eichen-Birken-Waldgebiet von ca. 125 ha, das der potenziellen natürlichen
Vegetation weitestgehend entspricht. Kleine, wenig vitale Lärchen- und Fichtenforste sind allerdings eingesprengt, auch Ahornaufforstungen und Wildäcker sind
kleinflächig zu finden. Bemerkenswert sind die Parzellen mit Altbuchen, deren Alter 200 Jahre erreicht. Feuchte, staunasse Standorte und trockenere mit Adlerfarnhorsten im Unterwuchs wechseln sich ab. Der Waldrand ist mit Arten, wie etwa
Schwarzem Holunder, Vogelkirsche (*Prunus avium*) und Rotem Hartriegel (*Cornus
sanguiena*), strukturreich ausgebildet. Das weitgehende Fehlen von Erholungsnutzung, ein nur grobmaschiges Wegenetz und der vielstöckige »urwaldartige« Aufbau machen den Wald zum wertvollen Biotop (MICHELS 1982). An Brutvögeln sind
hier unter anderem Wespenbussard, Schwarzspecht, Nachtigall, Gartenrotschwanz
und Waldlaubsänger festgestellt worden. Letzterer hat im Buchholzer Wald sein
wohl bedeutendstes Brutgebiet in Mönchengladbach (HEINEN et al. 1983, HURT
MANN 1999b).

X. Finkenberger Bruch

Waldbestände nehmen auch den größten Teil des Finkenberger Bruchs ein, das
südwestlich von Wickrathberg liegt. Angesichts der feuchten bis nassen Böden an
der Niers wäre ein Auen- bzw. Bruchwald für das rund 40 ha große Gebiet eigentlich

typisch. Durch menschliche Eingriffe hat sich allerdings ein Biotop entwickelt, das neben Relikten der natürlichen Vegetation auch Pappelforst, landwirtschaftliche Flächen, Hofanlagen und Schrebergärten umfasst. Zu den am wenigsten abgewandelten Wäldern zählt das Erlenbruch östlich des Quastenhofs. In der Krautschicht trifft man die hierfür typische Flora an. Am häufigsten vertreten ist im Gebiet Weidenwald und -gebüsch mit starkem Unterwuchs von Brennnesseln, aber auch Schilf. Unter den lichten Kronen der Pappeln wächst eine zum Teil artenreiche Strauchschicht, bestehend z. B. aus Hasel (*Corylus avellana*), Schneeball (*Viburnum opulus*) und Holunder. Die landwirtschaftlichen Flächen werden als Viehweiden (Glatthaferwiesen), Äcker oder Obstwiesen genutzt (LVR 1984a). Grundwasserabsenkungen haben dazu geführt, dass die Pflanzenarten der Röhrichtgesellschaft in der Vergangenheit deutlich zurückgegangen sind. Schilfzonen von 2 ha Größe, wie es sie Mitte der 1970er Jahre noch gab, sind verschwunden und mit ihnen gleichzeitig die charakteristischen Vogelarten (vgl. HEINEN et al. 1983). Trotz künstlicher Wassereinleitung in das Bruch sind Schilf- und Teichrohrsänger oder andere Schilf bewohnende Arten (noch) nicht zurückgekehrt. Immerhin bieten die Waldbestände noch Brutraum für verschiedene Spechtarten, darunter Grün- und Kleinspecht. Für den Pirol gibt es aus den 1990er Jahren zumindest Brutverdacht. Im Winter ist das Gebiet Nahrungsraum für Erlenzeisigtrupps.

4 Methode

Die Wahl der Methode hat Einfluss auf die Art des späteren Untersuchungsergebnisses. Dies gilt auch für faunistische Bestandserfassungen. Beschränkt sich die Datengrundlage auf eine noch so beeindruckende Fülle von mehr oder weniger zufällig gemachten Einzelbeobachtungen (»Zufallsfunde«), so wird man aller Erfahrung nach zwar die Bestände der selteneren Arten gut dokumentieren können, nicht jedoch die der häufigeren Brutvögel. Aus diesem Grund basieren die Angaben dieser Avifauna auf drei Säulen: den systematischen Erfassungsprogrammen, den sog. Zufallsbeobachtungen und den Angaben aus (überregionaler) avifaunistischer Literatur.

4.1 Daten auf der Basis von Erfassungsprogrammen

Im Zusammenhang mit der Neufassung der Avifauna hat der NABU seit Mitte der 1990er Jahre verschiedene Erfassungsprogramme realisiert. Diese sollten eine systematische und räumlich umfassende Grundlage für Bestandsangaben bilden. Eine erste Kartierung fand bereits 1991 statt, wenn damals auch noch nicht mit dem Ziel einer neuen Avifauna.

4.1.1 Bestandserfassung in der Niersaue 1991

Die »Schnittstelle Ökologie« (Bochum) beauftragte 1991 den NABU, eine ornithologische Bestandserfassung in der Niersaue durchzuführen (Auswertung: VAN GEN HASSEND et al. 1991, JÖBGES 1991). Die Kartierung von April bis Juli beschränkte sich nicht nur auf die Brutvogelarten, sondern umfasste auch Durchzügler und Nahrungsgäste. Zu beachten ist, dass der NABU erst spät mit der Untersuchung beauftragt wurde und die Erfassung erst Ende April, mitten in der Brutsaison, starten konnte. Das Gebiet gliederte sich in zwei Teilbereiche: zum einen in ein relativ schmales Band entlang der Niers von Wickrath (Wickrathberger Straße) bis nach Keyenberg. Dieser Bereich war rund 160 ha groß und deckt sich weitestgehend mit der Abgrenzung, die HEINEN et al. (1983) für das Obere Nierstal vornehmen. Das zweite Teilgebiet erstreckte sich vom Bungtwald (Korschenbroicher Straße) im Norden bis nach Geneicken an die Zoppenbroicher Straße. Dabei wurde der Volksgarten/Bungtwald sowie der Bereich um Schloss Rheydt einbezogen. In seine Gesamtfläche von etwa 430 ha fiel auch der Neersbroicher Busch (ca. 110 ha) im Kreis Neuss. Bei der Aufbereitung der Daten wurden die Zahlen des Neusser Gebiets ausgeblendet, (Siedlungsdichte-)Angaben beziehen sich entsprechend allein auf die rund 320 ha große Untersuchungsfläche im Stadtgebiet.

4.1.2 Erfassung des Steinkauzes 1996

In den Monaten März und April lief eine umfassende Kartierung des Brutbestandes. Mit Hilfe von Klangattrappen konnten nach Sonnenuntergang in den potenziellen Bruthabitaten die Reviere festgestellt und lagegetreu in eine Karte übernommen werden. Ein deutlicher Schwerpunkt lag dabei auf den ländlichen Gebieten, die nahezu vollständig untersucht werden konnten. Um möglichst auszuschließen, dass äußere Faktoren, wie z. B. schlechte Witterung, die Rufbereitschaft der Käuze einschränkten und somit das Ergebnis verfälschten, standen im Normalfall zwei bis drei Begehungen auf dem Programm. Dennoch konnten mit dieser Methode erfahrungsgemäß nicht alle Käuze erfasst werden, da sie nicht restlos auf die Klangattrappe reagierten. Ergänzend zu dieser Kartierung fanden langjährige Nisthilfenkontrollen statt, die die ermittelten Bestandszahlen komplettierten und insgesamt einen guten Überblick über die Brutsituation vermittelten (vgl. HURTMANN 1997).

4.1.3 Zählung der Wasservögel 1997

Arten, die unmittelbar an Gewässer gebunden sind, standen im Mittelpunkt der Zählungen. Bei den einmal im Monat zur Monatsmitte durchgeführten Untersuchungen wurden an nahezu allen stehenden und fließenden Gewässern sämtliche Wasservögel erfasst, die sich auf dem Gewässer bzw. im Uferbereich aufhielten oder das Gebiet überflogen. Bereiche, die entweder durch private oder betriebliche Nutzung nicht begehbar waren, mussten in einigen Fällen aus dem Zählprogramm ausgeklammert werden. Die so entstandene Ungenauigkeit mag man in der Summe bei noch unter 5 % ansiedeln (HURTMANN 1998a). Letztendlich umfasste die Untersuchung 23 Gebiete. In den Monaten September (2000) und Dezember (1999, 2001–2003) erfolgte ein stichprobenartiger Vergleich des Rast- und Winterbestandes. Dabei unberücksichtigt blieben fünf Kleinstgewässer, auf denen 1997 nahezu keine Vögel festgestellt werden konnten (im Jahresmittel < 3 Individuen).

Teichhühner gehören in der Stadt zu den häufigen Wasservögeln   Foto: H. Hurtmann

4.1.4 Kartierung von Waldvogelarten 1998

Durch eine Revierkartierung ermittelte der NABU 1998 die Bestände ausgewählter Waldvogelarten. Wegen der jahreszeitlichen Streuung der Ankunfts- und Gesangstermine war ein dreimonatiger Erfassungszeitraum von Mitte März bis Mitte Juni notwendig. In dieser Zeit waren sechs morgendliche Begehungstermine vorgesehen, die durch drei weitere (abendliche) Begehungen ergänzt wurden. Zwei davon galten im März bzw. Juni den beiden Eulenarten Waldkauz und Waldohreule. Die dritte Exkursion im August diente dem Nachweis von Baumfalken- und Wespenbussardbruten (vgl. BIBBY et al. 1995). Die Interpretation der Felddaten erfolgte nach HUSTINGS et al. (1985) und WINK (1988). Besonders bei den Greifvögeln muss man in puncto Genauigkeit einige Abstriche machen, da die Methode bei den wenig ruffreudigen Arten an ihre Grenze stößt. Die notwendige Ergänzung, eine gezielte Kontrolle von bereits bekannten Horstplätzen, blieb indes aus, so dass wohl besetzte Brutplätze unentdeckt blieben. Mit einigen Nachträgen im folgenden Jahr ist es gelungen, die Wälder der Stadt bis auf wenige Ausnahmen

(Dohrer Busch, Mühlenbachtal, Genhülsener Wald) flächendeckend zu untersuchen (HURTMANN 1999b).

Neben der Kartierung in den Waldgebieten stand gleichzeitig eine stadtweite Erfassung von selteneren Vogelarten auf dem Programm. Grundlage waren Zufallsfunde im Laufe der Brutzeit. Durch eine »Meldepflicht« und das gezielte Zusammentragen von Beobachtungen ist auch hier eine Abschätzung der Bestandssituation (Mindestbestand) möglich (HURTMANN 1999b).

4.1.5 Ermittlung des Schwalbenbestandes 1999

Wurden im Jahr 1998 verschiedene Kiesgruben auf Uferschwalbenvorkommen kontrolliert, standen 1999 mit der Rauch- und Mehlschwalbe die beiden anderen Schwalbenarten im Vordergrund. Um den Brutbestand der Rauchschwalbe zu ermitteln, wurden von Anfang Juni bis Mitte Juli potenzielle Brutgebiete gezielt auf besetzte Nester überprüft. Dies geschah durch Nachfragen auf möglichst allen Bauernhöfen, Reitställen etc. Der Mehlschwalbe galten von Mitte Juli bis Mitte August zwei Begehungstermine. In dieser Zeit wurde das Stadtgebiet durch ein enges Netz von Kontrollstrecken durchzogen, auf denen nach besetzten Nestern Ausschau gehalten wurde (vgl. STIELS 2000).

4.1.6 Erfassung des Blässhuhn-Brutbestands 2001

Die Vogelschutzwarte der LÖBF und die AG Wasservögel der NWO organisierten 2001 eine landesweite Erfassung von Wasservögeln (vgl. SUDMANN & JÖBGES 2001). Im Mittelpunkt stand dabei auch der Brutbestand des Blässhuhns, von dem bis dato noch keine genauen Zahlen für das Bundesland existierten. Der NABU beteiligte sich an der Erfassung und zählte von April bis Mai (Juni) die Brutpaare an Mönchengladbacher Gewässern. Bei der Methode und der anschließenden Interpretation der Daten wurde der von SUDMANN & JÖBGES (2001) ausgearbeitete Leitfaden verwendet. Dank der Wasservogelzählung von 1997 konnte im Vorfeld eine Eingrenzung der potenziellen Brutgebiete vorgenommen werden. So blieben einige (Kleinst-)Gewässer außen vor, gezählt wurde letztendlich in 15 Gebieten. Neben den in der Artmonographie (Tab. 42) erwähnten Gewässern waren das: Beller Park, Eichhofweiher, Kreuzweiher (Odenkirchen), Rheindahlener Rückhaltebecken, Rheydter Stadtwaldweiher.

4.1.7 Revierkartierung in der Kiesgrube Beltinghoven 2001

Die Kiesgrube Beltinghoven zählt für die Vogelwelt zu den bedeutendsten Gebieten. Sie beherbergt eine Reihe von Rote-Liste-Arten sowie einige lokal bedeutsame Populationen. Was aus vielen Jahren zufällig gewonnener Beobachtungen bekannt war, wurde 2001 mit einer systematischen Revierkartierung untermauert (HURTMANN 2002a). Die Daten konnten als Argumentationshilfe zu einem besseren Schutz des Gebietes beitragen. Wie bei der Kartierung der Waldvogelarten erstreckte sich die Untersuchung von Mitte März bis Mitte Juni. In dieser Zeit wurden sechs morgendliche Begehungen durchgeführt, bei denen neben den Brutvögeln auch Rastvögel und Nahrungsgäste notiert wurden. HUSTINGS et al. (1985) und WINK (1988) gaben die Leitlinien bei der abschließenden Interpretation vor. Ergänzend zur Revierkartierung wurden von Januar bis Dezember zur Monatsmitte die Wasservögel erfasst.

4.1.8 Kartierung des Kiebitzes 2002

Im Jahr 2002 wurden auf allen landwirtschaftlichen Flächen der Stadt (72,1 km²) die Kiebitz-Vorkommen kartiert (vgl. MAAS 2002). Neben der Populationsgröße wurde auch die Habitatpräferenz der Art untersucht. Die Erfassung erfolgte über zwei (drei) Begehungen im April und Mai (sowie im Juni), bei denen alle Felder mit dem Fernglas nach Vögeln abgesucht wurden. Eine Nestersuche durch Abschreiten der Flächen war ausdrücklich nicht gewollt, um die Brutvögel nicht zu stören und Gelege zu gefährden. Die Revierzahlen konnten meist genau ermittelt werden, da die Siedlungsdichte der Kiebitze überwiegend gering war. In einigen Zählgebieten gab es aber Dichtezentren, in denen die Verteilung der Paare und Reviere nicht mehr eindeutig zu erkennen war. In diesen Fällen musste die Bestandszahl über die Summe der anwesenden Altvögel ermittelt werden. Mit verschiedenen Ansätzen und Rechenformeln (vgl. BIBBY et al. 1995, BLÜHDORN 2001, SUDMANN et al. 2002) erhielt man so Angaben über die Bestandsgröße. Andere Arten der Feldflur wurden auf der Basis von Zufallsfunden ergänzend mitkartiert. Für Rebhuhn, Wachtel, Schafstelze und Grauammer kamen so Ergebnisse über Mindestzahl und Verbreitung zustande.

4.1.9 Erfassung der Elster 2003

Da sich die Elster teilweise von Eiern und Jungvögeln ernährt, wird sie von einer breiteren Öffentlichkeit kritisch gesehen. Eine Gefahr für die Singvogel-Population sei die Art, nicht zuletzt, weil sich ihr Bestand enorm erhöht habe. Stellenweise ist sogar von einer »Plage« die Rede (RP vom 20.09.2003). Dabei war bis zur Untersuchung des NABU der aktuelle Bestand in Mönchengladbach überhaupt nicht untersucht, die Diskussion über Bestandszahlen fand ohne Zahlen statt. Im Jahr 2003 galt es herauszufinden, wie die Population lokal im historischen Vergleich und im synchronen Vergleich mit anderen Orten in NRW einzuschätzen ist. Dazu wurden von März bis in den April hinein auf Probeflächen mit einer Mindestgröße von 1 km² die Brutpaare über besetzte Nester und revieranzeigende Vögel ermittelt. Um statistisch verwertbare Daten zu gewinnen, war die Untersuchung von 15 % der Stadtfläche (= 25,6 km²) notwendig. Diese Anforderung konnte mit effektiv 33 % (56,1 km)² weit übertroffen werden. Auf den menschlichen Siedlungsbereich (z. B. Gebäude- und Freiflächen, Betriebs-, Erholungs- und Verkehrsflächen) entfielen 22,3 km², auf das Umland (z. B. Landwirtschafts- und Waldfläche) 33,8 km². Für die beiden Lebensraumtypen »Stadt« und »Land« wurden die Daten hochgerechnet, mittels Chi-Quadrat ließen sich Angaben über den Gesamtbestand mit bis zu 95 %iger Sicherheit treffen (G. Maas, schriftl.).

4.1.10 Waldohreulen-Kartierung 2003

Die Waldohreule gehört zu den Vogelarten, deren Bestand in NRW rückläufig ist (GRO & WOG 1997). Für das Stadtgebiet gibt es aus der Vergangenheit allein Bestandsschätzungen, denen 2003 eine Erfassung der Brutpopulation gegenübergestellt werden sollte. Im Juni und Juli wurden ab der Dämmerung bis nach Mitternacht Brutpaare lokalisiert. Zähleinheit waren rufende Jungvögel. Sowohl die aufgewendete Zeit wie auch die Wahl der Route blieb den neun beteiligten Kartierern selbst überlassen. Zumindest einmal kontrolliert wurden viele Brutorte, die durch Zufallsfunde in den vorangegangenen Jahren bekannt geworden waren. Kritisch muss angemerkt werden, dass Untersuchungen anhand rufender Jungvögel nur die Untergrenze des Bestands widerspiegeln. Revierpaare ohne Brut oder Paare mit völligem Brutverlust bleiben außen vor. Der Bruterfolg hängt stark vom Nahrungsangebot ab, in ungünstigen Fällen kommt es zu vollständigen Ausfällen. Nistkastenkontrollen bei der Schleiereule legen nahe, dass 2003 zumindest kein »gutes Mäusejahr« war (HURTMANN 2004a).

4.1.11 Zählung der Wasservögel 2004

In der Durchführung glich die Erfassung der Zählung 1997. Gegenüber dem vorangegangenen Programm gelang es, die Anzahl an Untersuchungsgewässern auszuweiten. Ausgeklammert blieben Gebiete, die nicht begehbar, langfristig ausgetrocknet oder wegen ihrer Gestaltung per se ungeeignet waren. Auch Gewässer, bei denen der Aufwand in keiner Relation zum Ergebnis gestanden hätte, wurden mehrfach ausgespart (Bungtbach, Flachsrösten, Bistheide etc.). Einen Effekt auf die Gesamtzahlen hatte die Ausdehnung kaum. Die 1997 berücksichtigten Gewässer beherbergten in 2004 durchschnittlich 94 % der Wasservogelfauna. Allein zur

Brutzeit ergeben sich durch die methodische Abweichung größere Unterschiede. Mit der Ausprägung des ersten Programms wären von April bis August 2004 nur 87–92 % der Wasservögel erfasst worden. Dies ist beim Vergleich der absoluten Zahlen beider Jahre zu beachten (vgl. HURTMANN 2005b). Die Untersuchung in 2004 umfasste zudem eine Brutbestandskartierung einiger Arten. Im Mittelpunkt standen Teich- und Blässhuhn sowie die Gebirgsstelze. In dem Zusammenhang wurde die Palette an Untersuchungsgebieten nochmals vergrößert (vgl. HURTMANN 2005b). Die Durchführung der Erfassung und die Interpretation der Daten geschah nach SUDMANN et al. (2002).

4.1.12 Revierkartierung in fünf Naturschutzgebieten 2004

Für die Erstellung von Pflegekonzepten im Rahmen des städtischen Landschaftsplanes wurden Daten in fünf Naturschutzgebieten erhoben. Im Einzelnen waren dies die Gebiete Großheide (23 ha), Bistheide (28 ha), Gerkerather Wald (40 ha), Viehstraße (27 ha) und Erlenbruch Sittard (1 ha). Inhalt der Untersuchung war eine Revierkartierung von in ihrem Bestand landes- oder bundesweit gefährdeten Brutvogelarten inklusive Arten der Vorwarnliste (vgl. BAUER et al. 2002, GRO & WOG 1997). Es galt zudem, lokal bedeutsame Vogelarten zu erfassen – Arten, die in Mönchengladbach nicht häufig sind bzw. bei denen ein Rückgang vermutet wird. Schließlich wurden auch Zeigerarten für Alt- oder Totholzwälder kartiert. Somit stand eine Punktkartierung von theoretisch 192 Arten an. Daneben wurden alle anderen Brutvogelarten qualitativ erfasst, ebenso Durchzügler und (Nahrungs-)Gäste notiert. Vom 01. April bis zum 26. Juni fanden in jedem Gebiet sechs morgendliche Begehungen statt, die in der Regel 15–30 Minuten vor Sonnenaufgang begannen. Ergänzt wurden sie um abendliche Begehungen für Waldkauz und Waldohreule, in einigen Gebieten gab es Kontrollen zum Vorkommen von Waldschnepfe und Wachtelkönig (HURTMANN 2004c).

4.2 Daten auf der Basis von Zufallsfunden

Zu dieser Kategorie gehören Daten, die nicht auf der Grundlage systematischer Erfassungen gewonnen wurden. Erkenntnisse über Bestände sind nicht gezielt – und insofern zufällig – zustande gekommen. Da naturgemäß eher das Außergewöhnliche Beachtung findet, ist diese Datenbasis recht unausgewogen. Seltene Arten wie durchziehende Limikolen sind gegenüber den häufigen Vogelarten überrepräsentiert. Hinzu kommt die unterschiedliche Frequentierung von Beobachtungsgebieten. Gebiete, in denen man mehr ornithologische Highlights erwarten kann, werden stärker aufgesucht als weniger interessante. Mit dem Ornithologischen Sammelbericht entstand 1989 in der örtlichen NABU-Vereinsschrift »Steinbrecher« eine Rubrik, in der Daten erstmals in regelmäßigen Abständen veröffentlicht wurden. Hierzu wurden die Meldungen in einer elektronischen Datenbank zentral gesammelt. Bis Ende 2003 umfasst diese Datenbasis rund 12 500 Meldungen von etwa 250 Beobachtern.

4.3 Avifaunistische Literatur

Ziel war, neben den älteren Mönchengladbacher Avifaunen oder Artenlisten sämtliche Literatur auszuwerten, die ornithologische Daten über die Stadt enthält. Neben einigen lokalen Untersuchungen (z. B. JÖBGES 1991, MALKUSCH 1969) gehörten dazu alle Ornithologischen Berichte der hiesigen NABU-Zeitschrift »Steinbrecher« (seit Ausgabe 2/1989). Eingeflossen ist auch überregionale Literatur. Die Werke der NWO bzw. die der GRO sind hier an erster Stelle zu nennen. Ihre Zeitschrift »Charadrius« wurde ab dem ersten Jahrgang 1965 durchforstet, ebenso die Bände 1–3 zu den Vögeln des Rheinlandes (MILDENBERGER 1982, 1984, WINK 1988). Mit LE ROI (1906), LE ROI & GEYR VON SCHWEPPENBURG (1912) und NEUBAUR (1957) konnten auch Quellen genutzt werden, die teilweise bis in das späte 19. Jahrhundert zurückreichen. Allerdings musste weitestgehend darauf verzichtet werden, die bei LE ROI (1906) häufig zitierten Anmerkungen von FARWICK (1883) zu übernehmen. FARWICK (1883) behandelt in »Die Vögel des Viersener Gebietes und Umgebung« zwar den Kreis Gladbach, dessen Ausdehnung deckt sich aber vielfach nicht mit dem heutigen Stadtgebiet.

Avifaunen aus angrenzenden Kreisen und Städten liefern neben interessanten Vergleichsdaten mitunter auch Beobachtungen aus den gemeinsamen Grenzräumen. Deshalb wurden auch die Werke von HUBATSCH (1996) für den Kreis Viersen, KNORR (1967) für den Kreis Heinsberg oder VON KANNEN et al. (1993) für die Stadt Korschenbroich berücksichtigt. Mit den Ornithologischen Jahresberichten der Biologischen Station Krickenbecker Seen (BSKS 1998–2003) lagen weitere aktuelle Veröffentlichungen für den Grenzraum Mönchengladbach/Viersen vor.

5 Kurzcharakterisierung der Vogelwelt

Bis zum Ende des Jahres 2004 sind in Mönchengladbach 235 Vogelarten nachgewiesen worden. Das sind rund $^2/_3$ der in NRW beobachteten Arten (HERKENRATH 1995) – dabei macht das Stadtgebiet gerade einmal 0,5 % der Landesfläche aus. Gemessen an den Zahlen der gesamtdeutschen Liste (BARTHEL 1993 in HERKENRATH 1995) ließ sich im Stadtgebiet die Hälfte der 470 bundesdeutschen Arten wahrnehmen. Beschränkt man den Blick auf die letzten rund 50 Jahre, konnten in Mönchengladbach 222 Arten notiert werden. Alle registrierten Arten gliedern sich in folgende Ordnungen auf (Tab. 8):

Tab. 8: Systematische Zugehörigkeit der festgestellten Arten

Ordnung	Artenzahl	Anteil (in %)
Seetaucher (Gaviiformes)	1	0,4
Lappentaucher (Podicipediformes)	4	1,7
Röhrennasen (Procellariiformes)	1	0,4
Ruderfüßer (Pelecaniformes)	2	0,9
Schreitvögel (Ciconiiformes)	9	3,8
Entenvögel (Anseriformes)	37	15,7
Greifvögel (Accipitriformes)	13	5,5
Falken (Falconiformes)	4	1,7
Hühnervögel (Galliformes)	7	3,0
Kranichvögel (Gruiformes)	7	3,0
Wat-, Möwen-, Alkenvögel (Charadriiformes)	27	11,5
Tauben (Columbiformes)	5	2,1
Papageien (Psittaciformes)	1	0,4
Kuckucke (Cuculiformes)	1	0,4
Eulen (Strigiformes)	7	3,0
Schwalmvögel (Caprimulgiformes)	1	0,4
Segler (Apodiformes)	1	0,4
Rackenvögel (Coraciiformes)	3	1,3
Spechtvögel (Piciformes)	8	3,4
Sperlingsvögel (Passeriformes)	96	40,9
Summe	235	100,0

Von den nachgewiesenen Arten haben 128 in Mönchengladbach gebrütet, bei weiteren drei Arten ist ein Brüten wahrscheinlich, aber nicht ausreichend belegt (Wachtelkönig, Mittelspecht, Fichtenkreuzschnabel). Der Anteil der Brutvögel an der Gesamtavifauna liegt bei 54 %. Dieser Wert entspricht ziemlich genau dem des Landes NRW, hier konnten 57 % der Arten brütend festgestellt werden (HERKENRATH 1995). Aus der aktuellen Brutvogelliste Mönchengladbachs müssen allerdings viele Vögel gestrichen werden. Seit den 1990er Jahren fehlen 20 Arten, die zuvor mindestens einmal gebrütet haben (in Klammern das letzte Brutjahr):

- Zwergdommel (1955)
- Höckerschwan (1977)
- Krickente (1983)
- Knäkente (1950)
- Rohrweihe (1950er)
- Kornweihe (ca. 1900)
- Wiesenweihe (1950er)
- Tüpfelsumpfhuhn (1966)
- Flussuferläufer (1969)
- Ziegenmelker (1950er)
- Bienenfresser (1982)
- Wiedehopf (1950er)
- Wendehals (1953)
- Braunkehlchen (1979)
- Schwarzkehlchen (1965)
- Steinschmätzer (1979)
- Schilfrohrsänger (1977)
- Drosselrohrsänger (1950er)
- Neuntöter (ca. 1975)
- Rotkopfwürger (ca. 1900)

Von den verschwundenen Arten sind zehn auf Feuchtbiotope angewiesen. Weitere neun Arten sind Brutvögel der offenen Kulturlandschaft. Auffällig ist, dass Arten aus den menschlichen Siedlungsbereichen nicht in die Liste aufgenommen werden mussten. Mit Ausnahme des Wendehalses sind auch Vögel der Wälder, Feldgehölze, Gärten und Parkanlagen nicht betroffen.

Auf der anderen Seite besiedelten neun Arten das Stadtgebiet im letzten Jahrzehnt erstmalig (in Klammern das erste Brutjahr):

- Graureiher (1991)
- Schwarzschwan (1997)
- Kanadagans (1994)
- Nilgans (1999)
- Moschusente (1997)
- Mandarinente (1992)
- Reiherente (1997)
- Wasseramsel (1995)
- Beutelmeise (1997)

Ob sich diese Arten in Mönchengladbach fest etabliert haben, ist fraglich. Bei der Wasseramsel und der Beutelmeise war die Ansiedlung offenbar nur ein kurzes Intermezzo. Hingegen haben Graureiher, Kanada- und Nilgans sowie die Reiherente seit ihrer Neuansiedlung regelmäßig gebrütet. Bei Moschus- und Mandarinente sind alljährliche Bruten zumindest wahrscheinlich. Der Großteil der neuen Brutvögel stammt aus der Gruppe der Neozoen.

Seit 1991 konnten 105 Brutvogelarten nachgewiesen werden. Mit Wasserralle, Waldschnepfe, Mittelspecht und Wiesenpieper gibt es zudem vier Arten, bei denen ein Brüten möglich bzw. wahrscheinlich gewesen ist. Bei 87 Arten (= 83 %) ließen sich

Die Reiherente zählt zu den neuen Brutvögeln der Stadt   Foto: G. Maas

alljährlich Bruten feststellen bzw. annehmen. Entsprechend nisteten 18 Arten (= 17 %) nur unregelmäßig im Stadtgebiet.

Die Aufgliederung der aktuellen Brutvogelarten (n = 105) nach Lebensräumen zeigt die Artendiversität von verschiedenen Biotopen (Tab. 9), allerdings mit einer Einschränkung. Die vier Biotoptypen, die in Anlehnung an WINK (1995) gewählt wurden, sind in der Landschaft nicht immer klar voneinander zu trennen. Viele Arten könnten zudem mehreren Lebensraumtypen zugeordnet werden – hier wurde weitestgehend der Interpretation von WINK (1995) gefolgt.

Tab. 9: Anzahl der Brutvogelarten (BV) in verschiedenen Biotoptypen

Biotop	Anzahl BV	Anteil (in %)
Wälder, Feldgehölze, Gärten, Parkanlagen	45	43
offene Kulturlandschaft (Felder, Wiesen, Weiden)	27	26
Feuchtbiotope, stehende und fließende Gewässer	21	20
menschlicher Siedlungsbereich	12	11
Summe	105	100

Verhältnismäßig artenreich sind Flächen, die Baumbewuchs aufweisen. Über 40 %
der Brutvogelarten sind in diesem Lebensraum zu finden. Im Gegensatz dazu zeigt
sich das Offenland relativ artenarm. Während rund 42 % der Stadt landwirtschaftlich geprägt sind (STADT MÖNCHENGLADBACH 2001), kommt hier nur ein Viertel
der Brutvogelfauna vor. Ähnlich verhält es sich mit dem menschlichen Siedlungsbereich. Überproportional stark besiedelt werden Gewässer. Sie nehmen nur 0,6 %
von Mönchengladbach ein, allerdings brüten 20 % der Vogelarten hier.

Im Hinblick auf die Schutzbedürftigkeit seltener Arten verschiebt sich das Bild.
Für die meisten Rote-Liste-Arten hat die offene Kulturlandschaft die größte Bedeutung. Von den 23 lokalen Brutvogelarten, die auf der Roten Liste des Landes NRW
stehen (vgl. Kap. 7), sind zehn unmittelbar auf diesen Landschaftstyp angewiesen.
In Wäldern bzw. waldähnlichen Lebensräumen sowie in Feuchtbiotopen und an
Gewässern brüten je sechs gefährdete Arten. Der menschliche Siedlungsbereich
beherbergt mit der Rauchschwalbe allein eine Rote-Liste-Art, deren Vorkommen
zudem noch eng mit der Kulturlandschaft verknüpft ist.

Als Durchzügler oder (Winter-)Gäste sind insgesamt 194 Arten überliefert, darunter viele Brutvogelarten. Ausschließlich als Rastvögel traten 83 Arten auf. Darüber hinaus konnten zehn Ausnahmeerscheinungen festgestellt werden (in Klammern das Jahr des letzten Nachweises):

- Wellenläufer (1983)
- Basstölpel (1959)
- Sichler (1949)
- Schreiadler (1953)
- Birkhuhn (1961)
- Sperlingskauz (1920er)
- Wanderdrossel (1913)
- Seidensänger (1975)
- Schlagschwirl (1980)
- Halsbandschnäpper (1953)

6 Liste nachgewiesener Arten

Die Artenliste nennt alle Vögel, die in Mönchengladbach seit den ersten überlieferten Aufzeichnungen 1866 beobachtet werden konnten. Nachweise von seltenen Arten sind allerdings nicht uneingeschränkt übernommen worden. Raritäten, die auf der Meldeliste für NRW stehen (GRO & WOG 1996), mussten zunächst von der Avifaunistischen Kommission der NWO geprüft werden. Fehlt bei einer Art die Nummer, so ist die Beobachtung noch nicht anerkannt worden. Dieses Prinzip konnte aber nur bei Meldungen seit den 1980er Jahren vollständig angewandt werden. Eine gründliche Revision älterer Notizen steht seitens der Kommission noch aus (HERKENRATH 1995). Ergänzt wird die Aufzählung durch den faunistischen Status seit den 1990er Jahren:

BV = Brutvogel	GF = Gefangenschaftsflüchtling	R = regelmäßig
RV = Rastvogel	( ) = Vorkommen nicht gesichert	U = unregelmäßig
AE = Ausnahme- erscheinung	X = Vorkommen (ohne Spezifizierung)	E = ehemalig

Tab. 10: Liste der nachgewiesenen Arten

Nr.	Artname (dt.)	Artname (lat.)	BV	RV	AE	GF
1	Prachttaucher	*Gavia arctica*		U		
2	Zwergtaucher	*Tachybaptus ruficollis*	U	R		
3	Haubentaucher	*Podiceps cristatus*	R	R		
4	Rothalstaucher	*Podiceps grisegena*		U		
5	Schwarzhalstaucher	*Podiceps nigricollis*		U		
6	Wellenläufer	*Oceanodroma leucorhoa*			X	
7	Basstölpel	*Sula bassana*			X	
8	Kormoran	*Phalacrocorax carbo*		R		
9	Rohrdommel	*Botaurus stellaris*		U		
10	Zwergdommel	*Ixobrychus minutus*	E	U		
11	Nachtreiher	*Nycticorax nycticorax*		U		
	Seidenreiher	*Egretta garzetta*		U		
12	Silberreiher	*Egretta alba*		U		
13	Graureiher	*Ardea cinerea*	R	X		

Nr.	Artname (dt.)	Artname (lat.)	BV	RV	AE	GF
14	Purpurreiher	Ardea purpurea		U		
15	Schwarzstorch	Ciconia nigra		U		
16	Weißstorch	Ciconia ciconia		R		
17	Sichler	Plegadis falcinellus			X	
18	Höckerschwan	Cygnus olor	E	R		X
19	Schwarzschwan	Cygnus atratus	U	X		X
20	Singschwan	Cygnus cygnus		U		
21	Schwanengans	Anser cygnoides				X
22	Saatgans	Anser fabalis		U		
23	Kurzschnabelgans	Anser brachyrhynchus		U		
24	Blässgans	Anser albifrons		U		
	Zwerggans	Anser erythropus				X
25	Graugans	Anser anser	R	X		
26	Streifengans	Anser indicus				X
27	Weißwangengans	Branta leucopsis				X
28	Kanadagans	Branta canadensis	U	U		
29	Nilgans	Alopochen aegyptiacus	U	U		
30	Rostgans	Tadorna ferruginea		U		X
31	Brandgans	Tadorna tadorna		U		X
32	Moschusente	Cairina moschata	U			X
33	Rotschulterente	Callonetta leucophrys				X
34	Brautente	Aix sponsa		X		X
35	Mandarinente	Aix galericulata	U	X		X
36	Pfeifente	Anas penelope		R		
37	Schnatterente	Anas strepera		U		
38	Krickente	Anas crecca	E	R		
39	Stockente	Anas platyrhynchos	R	R		
40	Spießente	Anas acuta		U		
41	Bahamaente	Anas bahamensis				X
42	Rotschnabelente	Anas erythrorhyncha				X
43	Knäkente	Anas querquedula	E	R		
44	Löffelente	Anas clypeata		R		
45	Kolbenente	Netta rufina		U		
46	Tafelente	Aythya ferina		R		
47	Moorente	Aythya nyroca		U		X
48	Reiherente	Aythya fuligula	U	U		
49	Bergente	Aythya marila		U		
50	Trauerente	Melanitta nigra		U		

Nr.	Artname (dt.)	Artname (lat.)	BV	RV	AE	GF
51	Samtente	*Melanitta fusca*		U		
52	Schellente	*Bucephala clangula*		U		
53	Zwergsäger	*Mergellus albellus*		U		
	Kappensäger	*Lophodytes cucullatus*				X
54	Gänsesäger	*Mergus merganser*		U		
55	Wespenbussard	*Pernis apivorus*	U	R		
56	Schwarzmilan	*Milvus migrans*		U		
57	Rotmilan	*Milvus milvus*		R		
58	Seeadler	*Haliaeetus albicilla*		U		
59	Rohrweihe	*Circus aeruginosus*	E	R		
60	Kornweihe	*Circus cyaneus*	E	R		
61	Wiesenweihe	*Circus pygargus*	E	U		
62	Habicht	*Accipiter gentilis*	R	X		
63	Sperber	*Accipiter nisus*	R	X		
64	Mäusebussard	*Buteo buteo*	R	R		
65	Raufußbussard	*Buteo lagopus*		U		
66	Schreiadler	*Aquila pomarina*			X	
67	Fischadler	*Pandion haliaetus*		U		
68	Turmfalke	*Falco tinnunculus*	R	R		
69	Merlin	*Falco columbarius*		U		
70	Baumfalke	*Falco subbuteo*	R	R		
71	Wanderfalke	*Falco peregrinus*		U		
72	Birkhuhn	*Tetrao tetrix*			X	
73	Rothuhn	*Alectoris rufa*				X
74	Rebhuhn	*Perdix perdix*	R			
75	Wachtel	*Coturnix coturnix*	U	U		
76	Fasan	*Phasianus colchicus*	R			
77	Goldfasan	*Chrysolophus pictus*				X
78	Blauer Pfau	*Pavo cristatus*				X
79	Wasserralle	*Rallus aquaticus*	(X)	R		
80	Tüpfelsumpfhuhn	*Porzana porzana*	E	U		
81	Wachtelkönig	*Crex crex*	(E)	U		
82	Teichhuhn	*Gallinula chloropus*	R	R		
83	Blässhuhn	*Fulica atra*	R	R		
84	Kranich	*Grus grus*		R		
85	Großtrappe	*Otis tarda*		E		
86	Austernfischer	*Haematopus ostralegus*		U		
87	Säbelschnäbler	*Recurvirostra avosetta*		U		

Nr.	Artname (dt.)	Artname (lat.)	BV	RV	AE	GF
88	Flussregenpfeifer	*Charadrius dubius*	U	R		
89	Sandregenpfeifer	*Charadrius hiaticula*		U		
90	Mornellregenpfeifer	*Charadrius morinellus*		U		
91	Goldregenpfeifer	*Pluvialis apricaria*		U		
92	Kiebitz	*Vanellus vanellus*	R	R		
93	Alpenstrandläufer	*Calidris alpina*		U		
94	Kampfläufer	*Philomachus pugnax*		U		
95	Zwergschnepfe	*Lymnocryptes minimus*		U		
96	Bekassine	*Gallinago gallinago*		R		
97	Waldschnepfe	*Scolopax rusticola*	(X)	R		
98	Uferschnepfe	*Limosa limosa*		U		
99	Regenbrachvogel	*Numenius phaeopus*		U		
100	Großer Brachvogel	*Numenius arquata*		U		
101	Dunkler Wasserläufer	*Tringa erythropus*		U		
102	Rotschenkel	*Tringa totanus*		U		
103	Grünschenkel	*Tringa nebularia*		U		
104	Waldwasserläufer	*Tringa ochropus*		R		
105	Bruchwasserläufer	*Tringa glareola*		U		
106	Flussuferläufer	*Actitis hypoleucos*	E	R		
107	Lachmöwe	*Larus ridibundus*		R		
108	Sturmmöwe	*Larus canus*		R		
109	Heringsmöwe	*Larus fuscus*		U		
110	Silbermöwe	*Larus argentatus*		R		
111	Flussseeschwalbe	*Sterna hirundo*		U		
112	Trauerseeschwalbe	*Chlidonias niger*		U		
113	Straßentaube	*Columba livia f. domestica*	R	R		
114	Hohltaube	*Columba oenas*	R	R		
115	Ringeltaube	*Columba palumbus*	R	R		
116	Türkentaube	*Streptopelia decaocto*	R			
117	Turteltaube	*Streptopelia turtur*	R	R		
118	Halsbandsittich	*Psittacula krameri*		U		
119	Kuckuck	*Cuculus canorus*	R	R		
120	Schleiereule	*Tyto alba*	R	R		
121	Uhu	*Bubo bubo*		U		(X)
122	Sperlingskauz	*Glaucidium passerinum*			X	
123	Steinkauz	*Athene noctua*	R			
124	Waldkauz	*Strix aluco*	R			
125	Waldohreule	*Asio otus*	R	X		

Nr.	Artname (dt.)	Artname (lat.)	BV	RV	AE	GF
126	Sumpfohreule	*Asio flammeus*		U		
127	Ziegenmelker	*Caprimulgus europaeus*	E	U		
128	Mauersegler	*Apus apus*	R	R		
129	Eisvogel	*Alcedo atthis*	R	X		
130	Bienenfresser	*Merops apiaster*	E	U		
131	Wiedehopf	*Upupa epops*	E	U		
132	Bunttukan	*Ramphastos dicolorus*				X
133	Wendehals	*Jynx torquilla*	E	U		
134	Grauspecht	*Picus canus*		U		
135	Grünspecht	*Picus viridis*	R			
136	Schwarzspecht	*Dryocopus martius*	R			
137	Buntspecht	*Dendrocopos major*	R	X		
138	Mittelspecht	*Dendrocopos medius*	(U)	U		
139	Kleinspecht	*Dendrocopos minor*	R			
140	Haubenlerche	*Galerida cristata*	U			
141	Heidelerche	*Lullula arborea*		U		
142	Feldlerche	*Alauda arvensis*	R	R		
143	Uferschwalbe	*Riparia riparia*	U	R		
144	Rauchschwalbe	*Hirundo rustica*	R	R		
145	Mehlschwalbe	*Delichon urbica*	R	R		
146	Brachpieper	*Anthus campestris*		U		
147	Baumpieper	*Anthus trivialis*	R	R		
148	Wiesenpieper	*Anthus pratensis*	(X)	R		
149	Bergpieper	*Anthus spinoletta*		U		
150	Schafstelze	*Motacilla flava*	R	R		
151	Gebirgsstelze	*Motacilla cinerea*	R	R		
152	Bachstelze	*Motacilla alba*	R	R		
153	Seidenschwanz	*Bombycilla garrulus*		U		
154	Wasseramsel	*Cinclus cinclus*	U	U		
155	Zaunkönig	*Troglodytes troglodytes*	R			
156	Heckenbraunelle	*Prunella modularis*	R	X		
157	Rotkehlchen	*Erithacus rubecula*	R	R		
158	Nachtigall	*Luscinia megarhynchos*	R	R		
159	Blaukehlchen	*Luscinia svecica*		U		
160	Hausrotschwanz	*Phoenicurus ochruros*	R	R		
161	Gartenrotschwanz	*Phoenicurus phoenicurus*	U	R		
162	Braunkehlchen	*Saxicola rubetra*	E	R		
163	Schwarzkehlchen	*Saxicola torquata*	E	U		

Nr.	Artname (dt.)	Artname (lat.)	BV	RV	AE	GF
164	Steinschmätzer	*Oenanthe oenanthe*	E	R		
	Erddrossel	*Zoothera dauma*			X	
165	Ringdrossel	*Turdus torquatus*		U		
166	Amsel	*Turdus merula*	R	X		
167	Wacholderdrossel	*Turdus pilaris*	R	R		
168	Singdrossel	*Turdus philomelos*	R	R		
169	Rotdrossel	*Turdus iliacus*		R		
170	Misteldrossel	*Turdus viscivorus*	R	R		
171	Wanderdrossel	*Turdus migratorius*			X	
172	Seidensänger	*Cettia cetti*			X	
173	Feldschwirl	*Locustella naevia*	U	U		
174	Schlagschwirl	*Locustella fluviatilis*			X	
175	Schilfrohrsänger	*Acrocephalus schoenobaenus*	E	U		
176	Sumpfrohrsänger	*Acrocephalus palustris*	R	R		
177	Teichrohrsänger	*Acrocephalus scirpaceus*	R	R		
178	Drosselrohrsänger	*Acrocephalus arundinaceus*	E	U		
179	Gelbspötter	*Hippolais icterina*	R	R		
180	Klappergrasmücke	*Sylvia curruca*	R	R		
181	Dorngrasmücke	*Sylvia communis*	R	R		
182	Gartengrasmücke	*Sylvia borin*	R	R		
183	Mönchsgrasmücke	*Sylvia atricapilla*	R	R		
	Berglaubsänger	*Phylloscopus bonelli*			X	
184	Waldlaubsänger	*Phylloscopus sibilatrix*	R	R		
185	Zilpzalp	*Phylloscopus collybita*	R	R		
186	Fitis	*Phylloscopus trochilus*	R	R		
187	Wintergoldhähnchen	*Regulus regulus*	R	R		
188	Sommergoldhähnchen	*Regulus ignicapillus*	R	R		
189	Grauschnäpper	*Muscicapa striata*	R	R		
	Zwergschnäpper	*Ficedula parva*			X	
190	Halsbandschnäpper	*Ficedula albicollis*			X	
191	Trauerschnäpper	*Ficedula hypoleuca*	U	R		
192	Sonnenvogel	*Leiothrix lutea*				X
193	Bartmeise	*Panurus biarmicus*		U		
194	Schwanzmeise	*Aegithalos caudatus*	R	X		
195	Sumpfmeise	*Parus palustris*	R			
196	Weidenmeise	*Parus montanus*	R			
197	Haubenmeise	*Parus cristatus*	R			
198	Tannenmeise	*Parus ater*	R	X		

Nr.	Artname (dt.)	Artname (lat.)	BV	RV	AE	GF
199	Blaumeise	Parus caeruleus	R	X		
200	Kohlmeise	Parus major	R	X		
201	Kleiber	Sitta europaea	R			
202	Gartenbaumläufer	Certhia brachydactyla	R			
203	Beutelmeise	Remiz pendulinus	U	U		
204	Pirol	Oriolus oriolus	R	R		
205	Neuntöter	Lanius collurio	E	U		
206	Schwarzstirnwürger	Lanius minor		E		
207	Raubwürger	Lanius excubitor		U		
208	Rotkopfwürger	Lanius senator	E			
209	Eichelhäher	Garrulus glandarius	R	R		
210	Elster	Pica pica	R			
211	Tannenhäher	Nucifraga caryocatactes		U		
212	Dohle	Corvus monedula	R	R		
213	Saatkrähe	Corvus frugilegus	R	R		
214	Aaskrähe	Corvus corone	R	R		
215	Star	Sturnus vulgaris	R	R		
216	Haussperling	Passer domesticus	R			
217	Feldsperling	Passer montanus	R	X		
218	Buchfink	Fringilla coelebs	R	R		
219	Bergfink	Fringilla montifringilla		R		
220	Girlitz	Serinus serinus	R	R		
221	Grünling	Carduelis chloris	R	R		
222	Stieglitz	Carduelis carduelis	R	R		
223	Erlenzeisig	Carduelis spinus		R		
224	Bluthänfling	Carduelis cannabina	R	R		
225	Berghänfling	Carduelis flavirostris		U		
226	Birkenzeisig	Carduelis flammea	U	X		
227	Fichtenkreuzschnabel	Loxia curvirostra	(E)	U		
228	Kiefernkreuzschnabel	Loxia pytyopsittacus		U		
229	Gimpel	Pyrrhula pyrrhula	R	R		
230	Kernbeißer	Coccothraustes coccothraustes	R	R		
231	Schneeammer	Plectrophenax nivalis		U		
232	Goldammer	Emberiza citrinella	R	X		
233	Ortolan	Emberiza hortulana		U		
234	Rohrammer	Emberiza schoeniclus	R	R		
235	Grauammer	Miliaria calandra	R			

7 Gefährdung der Vogelwelt

Dass Vogelarten in ihrem Bestand gefährdet sind, ist nicht allein ein Phänomen unserer Tage. Bereits seit der Mitte des 19. Jahrhunderts verschlechtern sich die Lebensbedingungen für eine Vielzahl von Arten radikal. Hatten Eingriffe des Menschen in die Natur bis dato zur Folge, dass sich die Lebensraumvielfalt und damit die Artenzahl erhöhte, setzte mit der Industrialisierung ein Umbruch ein (PLACHTER 1991). Die neuen technischen Möglichkeiten gaben einer stark anwachsenden Bevölkerung Mittel an die Hand, die Umwelt in zuvor nicht gekanntem Maße zu verändern. Die flächendeckende Erschließung der Landschaft, der umfangreiche Ausbau von Wasserwegen, die Nutzungsänderungen in der Landwirtschaft oder die Anreicherung der Natur mit Schadstoffen sind nur einige Ursachen, die zu einer beträchtlichen Gefährdung der Vogelwelt geführt haben. Heute stehen von den 254 Brutvogelarten Deutschlands (ohne unregelmäßige Brutvögel und Neozoen) 110 Arten auf der Roten Liste, das sind 43 % (BAUER et al. 2002, Abb. 3). In Nordrhein-Westfalen ist die Situation noch prekärer. Als ausgestorben oder gefährdet gelten hier 53 % (GRO & WOG 1997). Hinzu kommen weitere 16 Arten (bundesweit: 31 Arten), die in der Vorwarnliste geführt werden. Sollten sich bei ihnen die bestandsreduzierenden Faktoren weiterhin auswirken, müssen wohl auch sie bald in die Rote Liste aufgenommen werden. Damit sind in Nordrhein-Westfalen nahezu zwei Drittel der Brutvogelarten (62 %) entweder ausgestorben, gefährdet oder stehen am Rand einer Gefährdung (GRO & WOG 1997), im Bundesgebiet sind es 56 % (BAUER et al. 2002).

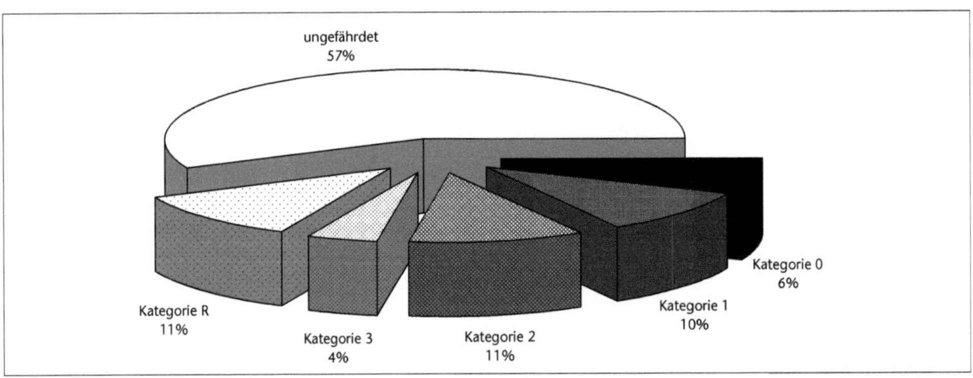

Abb. 3: Gefährdungsstufen der Brutvögel in Deutschland (zu den Kategorien s. Kap. 2.2.2)

Parallelen zwischen NRW und dem Bundesgebiet zeigen sich bei der Zusammensetzung der Roten Liste. Arten, die einst durch direkte menschliche Verfolgung selten geworden waren, konnten sich dank Schutzmaßnahmen erholen (z. B. Habicht, Sperber, Kolkrabe). Bei einigen Arten mit enger Habitatbindung, wie etwa Schwarzstorch und Rohrweihe, griffen Artenschutzprogramme, und manche Arten profitierten von einem insgesamt verbesserten Nahrungsangebot (Haubentaucher, Graureiher, Saatkrähe). Sowohl auf Landes- als auch auf Bundesebene hat sich aber die Situation für Vögel der offenen Kulturlandschaft verschlechtert. Rebhuhn, Haubenlerche und Grauammer mussten in den 1990er Jahren höher gestuft werden. In der Vorwarnliste finden sich mit Feldlerche, Feldsperling und Goldammer weitere Vögel der Feldflur. Ebenfalls schlecht bestellt ist es um Brutvögel, die auf Feuchtwiesen und Schilfgebiete angewiesen sind (Rohrdommel, Bekassine, Großer Brachvogel, Schilfrohrsänger etc.). Vögel der Wälder und Gärten sind in relativ geringer Zahl in der Roten Liste und der Vorwarnliste vertreten. Rückläufig bzw. bereits gefährdet sind unter ihnen allerdings einige Langstreckenzieher, wie etwa Gelbspötter oder Waldlaubsänger (GRO & WOG 1997).

Ihr Bestand hat sich erholt: Saatkrähe   Foto: H. Hurtmann

Gibt es in Mönchengladbach vergleichbare Entwicklungen? Hiesige Trends mit den Roten Listen in Verbindung zu bringen ist schwierig. Auf lokaler Ebene können singuläre Ereignisse unverhältnismäßig große (positive wie negative) Wirkung haben, weshalb lokale Bestandsentwicklungen nicht selten von großräumigen Tendenzen abweichen. Ungeachtet dessen zeigen sich viele Übereinstimmungen. Arten, deren Bestände durch direkte Verfolgung rückläufig waren, konnten vom gesetzlichen Schutz weiter profitieren. Der Sperber, dessen Maximalbestand BURGHARDT (1989a) und HEINEN et al. (1983) noch mit insgesamt fünf Paaren angeben, ist häufiger geworden. Die landesweite Erholung des Graureiherbestandes schlug sich Anfang der 1990er Jahre in der Neuansiedlung einer Kolonie nieder. Neben der Aufhebung der Bejagung spielt sicherlich auch eine Rolle, dass sich der Reiher mit der zunehmenden Zahl von Gewässern in Stadt- und Hausnähe neue Nahrungsquellen hat erschließen können. Ein verbessertes Nahrungsangebot, teilweise durch die Entstehung neuer Biotope, hat wassergebundenen Arten wie Haubentaucher, Reiherente und Eisvogel eine Zunahme beschert. Letzterer ist zudem ein Beispiel für die Gruppe von Vögeln, die durch Artenschutzmaßnahmen – etwa der Schaffung von Nistangeboten – erfolgreich gefördert werden konnte. Für den Eisvogel sind einige Brutsteilwände am Nierslauf angelegt worden, die allesamt angenommen wurden. Vom großräumigen Abwärtstrend der Feldflur-Bewohner blieb Mönchengladbach indes nicht verschont. Für Rebhuhn, Kiebitz, Rauchschwalbe und viele andere Arten der Agrarflächen ist die Situation sehr kritisch. Rückgänge sind bereits seit mehreren Jahren oder Jahrzehnten spürbar (z. B. Rebhuhn, Rauchschwalbe).

Seit den 1990er Jahren beherbergte die Stadt 23 Brutvogelarten, die im Land NRW auf der Roten Liste stehen. Sechs Arten mit bundesweiter Gefährdung brüteten im Stadtgebiet. Die letzte Spalte in Tab. 11 gibt den Anteil der Mönchengladbacher Brutpaare an der landesweiten Population wieder (vgl. GRO & WOG 1997).

Tab. 11: Brutvögel der Roten Liste in Mönchengladbach ab 1991

Nr.	Artname	RL NRW	RL D	Bestand MG	% von NRW
1	Zwergtaucher	2		0–8 BP	0–3 %
2	Wespenbussard	3		0–3 BP	0–1 %
3	Baumfalke	3	3	1–5 BP	< 1–1 %
4	Rebhuhn	2	2	50–80 BP	< 1 %
5	Wachtel	2		1–5 BP	< 1 %
6	Flussregenpfeifer	3		0–6 BP	0–1 %
7	Kiebitz	3	2	100–250 BP	< 1–2 %
8	Turteltaube	3		20–40 BP	< 1 %

9	Steinkauz	3	2	40–70 BP	< 1–2 %
10	Eisvogel	3		< 5–9 BP	1–2 %
11	Grünspecht	3		20–30 BP	2–3 %
12	Schwarzspecht	3		1–3 BP	< 1 %
13	Kleinspecht	3		10–20 BP	< 1 %
14	Haubenlerche	1	2	0–10 BP	0–10 %
15	Uferschwalbe	3		0–3 BP	0–< 1 %
16	Rauchschwalbe	3		300–500 BP	< 1 %
17	Schafstelze	3		1–10 BP	< 1 %
18	Nachtigall	3		20–40 BP	< 1 %
19	Gartenrotschwanz	3		0–< 5 BP	0–< 1 %
20	Teichrohrsänger	3		1–15 BP	< 1 %
21	Beutelmeise	R		0–1 BP	0–1 %
22	Pirol	2		1–5 BP	< 1 %
23	Grauammer	2	2	1–3 BP	< 1 %

Aus der Vorwarnliste des Landes NRW fanden sich 15 brütende Arten, aus der bundesdeutschen Vorwarnliste waren es 19 Arten (BAUER et al. 2002, GRO & WOG 1997):

Vorwarnliste NRW

- Teichhuhn
- Kuckuck
- Waldohreule
- Feldlerche
- Mehlschwalbe
- Baumpieper
- Gelbspötter
- Klappergrasmücke
- Dorngrasmücke
- Waldlaubsänger
- Trauerschnäpper
- Dohle
- Feldsperling
- Goldammer
- Rohrammer

Vorwarnliste D

- Zwergtaucher
- Teichhuhn
- Türkentaube
- Turteltaube
- Kuckuck
- Mauersegler
- Eisvogel
- Grünspecht
- Feldlerche
- Uferschwalbe
- Rauchschwalbe
- Mehlschwalbe
- Baumpieper
- Schafstelze
- Gartenrotschwanz
- Pirol
- Haussperling
- Feldsperling
- Bluthänfling

II Spezieller Teil – Artmonographien

Seetaucher (Gaviiformes)

Prachttaucher (*Gavia arctica*)

sehr vereinzelter, unregelmäßiger Rastvogel
XII

Bestand und Vorkommen
Der Prachttaucher erscheint im Rheinland regelmäßig als Durchzügler und Wintergast mit 1–10 Exemplaren (MILDENBERGER 1982). Im Stadtgebiet konnte die Art bisher einmal nachgewiesen werden:

- 1 Ex. rastet am 13.12.1987 kurzzeitig in der Kiesgrube Beltinghoven und fliegt dann in nördliche Richtung ab (S. Burghardt in BURGHARDT 1989a).

Lappentaucher (Podicipediformes)

Brütender Zwergtaucher auf Schwimmnest
Foto: G. Maas

Zwergtaucher
(*Tachybaptus ruficollis*)

Rote Liste: NRW 2
(sehr) seltener, unregelmäßiger
Brutvogel, vereinzelter Rastvogel
I–XII

Bestand und Vorkommen

Als Brutvogel kannten MAAS (1948) und BETTMANN (1959) den Zwergtaucher von mehreren Orten. Sie erwähnen Bruten im Wickrather Schlosspark (»alljährlich«, MAAS 1948), am Holtmühlenteich (MAAS 1948, vgl. später auch KNORR 1967) und von der Niers bei Dohr (»in verschiedenen Jahren«, BETTMANN 1959). Bis 1970 brütete die Art regelmäßig im Stadtbezirk Wickrath, zuletzt im Gelände der Kläranlage Wickrathberg (HEINEN et al. 1983).

In den 1980er Jahren weiß BURGHARDT (1989a) nur noch von unregelmäßigen Bruten zu berichten.

Erst seit Mitte der 1990er Jahre ist der Zwergtaucher wieder regelmäßiger Brutvogel. Die Anzahl lag meist bei unter fünf Paaren. Zum bedeutendsten Brutgebiet hat sich die Kiesgrube Beltinghoven entwickelt. In den Jahren 1989 und 1990 brüteten hier erstmals 1–2 Paare, die das Gebiet jedoch 1991 wieder verließen – der Brutplatz war wegen des sinkenden Wasserspiegels trocken gefallen. Im Jahr 1995 erfolgte die Wiederbesiedlung, seitdem wurden maximal vier Brutpaare festgestellt (H. Hurtmann, H. Maas u.a.). Andernorts gab es nur sporadische Kontrollen, so dass der Bestand nicht lückenlos dokumentiert ist. Für die Kläranlage Wickrathberg bestand 1991 Brutverdacht (BURGHARDT 1992a, JÖBGES 1991), in den beiden Folgejahren konnte jeweils ein Paar nachgewiesen werden (BURGHARDT 1993a, 1994a). Auch 1996 liegt ein Brüten hier nahe (W. von Kannen). In der Kiesgrube »An den

Fichten« in Odenkirchen zog 1998 und 2003 ein Paar Jungvögel groß (G. Erdtmann, H. Hurtmann u. a.). Brutverdacht gab es 2000 für das Rückhaltebecken am Nordrand von Rheindahlen, in 2003 folgte das Rückhaltebecken am Wetscheweller Bruch (H. Hurtmann, G. Maas). Ein umfassendes Bild lieferte die Wasservogelzählung in 2004. Mit acht Paaren wurde ein Maximum festgestellt, wohl auch wegen der besseren Datenlage. Die Territorien verteilten sich auf die Kiesgrube Beltinghoven (vier Paare), die Golfanlage Wanlo (zwei Paare) sowie auf die Kiesgrube »An den Fichten« und das Rückhaltebecken am Wetscheweller Bruch (HURTMANN 2005b).

Rastbestand

Der Status als (sehr) vereinzelter Rastvogel findet sich schon bei den frühen Autoren. Werden in diesem Zusammenhang zahlreiche Beobachtungsgebiete genannt, scheint auch damals die Niers ein bevorzugter Rastplatz gewesen zu sein (vgl. BETTMANN 1959, MAAS 1948). In den 1980er Jahren geben BURGHARDT (1989a) und HEINEN et al. (1983) eine Spanne von rund 20–115 Tieren an. Konkrete Zahlen für Einzelgebiete zeigen, dass der Bestand weit im unteren Bereich lag.

Auch ab den 1990er Jahren war der Taucher vereinzelter Rastvogel. Zur Zugzeit konnte die Art auf den unterschiedlichsten Gewässern registriert werden. Selbst auf einem 600 m² kleinen Teich im stadtnahen Schmölderpark rastete ein Exemplar (18.09.2000, H. Hurtmann). Intensiver genutzt wurde vor allem die Niers nördlich von Neuwerk, mit Abstand auch der Rheydter und Wickrather Niersraum. Der Winterbestand lag nicht in jedem Jahr bei über zehn Tieren, reichte bisweilen aber an die Marke von 30 Individuen heran.

Wasservogelzählung 1997/2004

Nach dem Maximum im Januar ist der Abzug der Wintergäste bereits im Februar spürbar. Noch im März halten sich allerdings Individuen in den Rastgebieten auf, vornehmlich im nördlichen Niersraum. Zugleich werden in diesem Monat die Brutgewässer besetzt, die im Winter nur einen geringen Bestand aufweisen. Im April konzentriert sich der Bestand auf diese Gebiete, schwacher Durchzug findet zugleich noch statt. Eine Maibeobachtung außerhalb der besetzten Gewässer deutet auf Revierwechsel in der Brutperiode hin, allerdings mögen bis in diesen Monat auch Nachzügler auftreten. Von Juni bis einschließlich August konnten Taucher nur in den Brutgebieten nachgewiesen werden. Dort ist der Zuwachs im Spätsommer auf erbrütete Jungvögel zurückzuführen. Die durchweg höheren Zahlen in 2004 spiegeln den größeren Brutbestand wider. Im September sind die Paare teilweise abgezogen. Dass nun auch Herbstzug zu verzeichnen ist, zeigt zumindest die Erfassung aus 2004. Der Trend – das Räumen der Brutgebiete bei gleichzeitigem Durchzug auf einer Vielzahl von Rastgewässern – setzt sich im Oktober fort. In den folgenden Monaten ist die Differenz zwischen den beiden Erfassungsjahren auffällig und zeigt den stark schwankenden Winterbestand.

Abb. 4 zeigt die Entwicklung nochmals im Überblick (Hurtmann 1998a, 2005b).

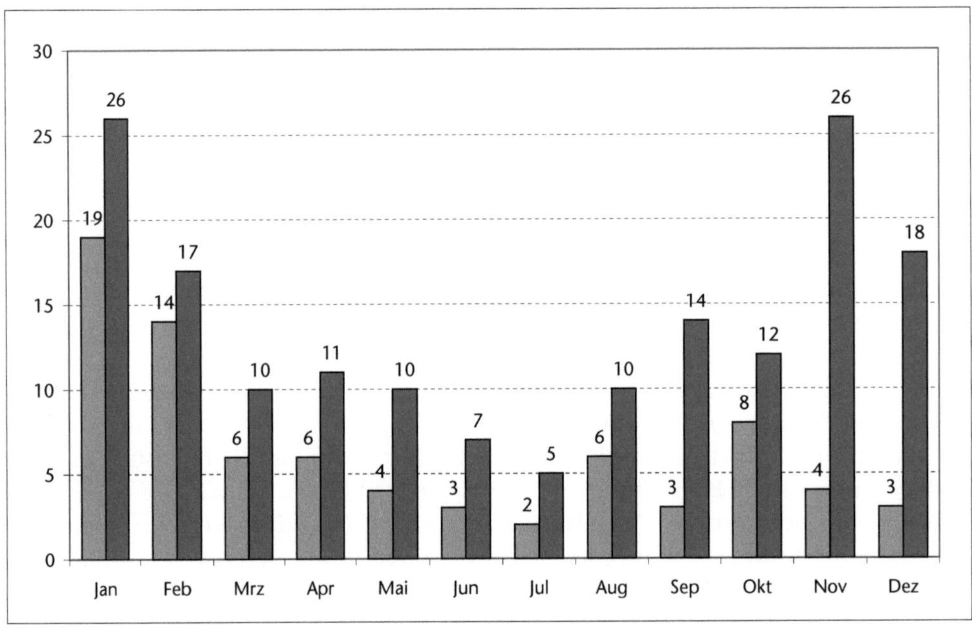

Abb. 4: Bestand des Zwergtauchers 1997 (hell) und 2004 (dunkel)

Phänologie

Nennenswerter Durchzug beginnt im September, ein frühes Datum ist der 02.09. (2003, H. Hurtmann, ähnlich Heinen et al. 1983). Bis in die erste Aprilhälfte tauchen Rastvögel auf, der 15.04. (2004, H. Hurtmann) ist hier ein Eckdatum. Erste Jungvögel wurden am 28.04. (2001, H. Maas) in der Kiesgrube Beltinghoven festgestellt. Außerhalb der Brutgebiete können sie sich beim Umherstreifen bereits Ende Juli zeigen (27.07.2001, G. Maas).

Maximum

Die größte Ansammlung belief sich auf 26 Exemplare am 20.01.2002 auf der Niers in Höhe der Neuwerker Kläranlage (H. Hurtmann, G. Maas).

Haubentaucher (*Podiceps cristatus*)

(sehr) seltener Brutvogel, (sehr) vereinzelter Rastvogel
I–XII

Bestand und Vorkommen

Der Haubentaucher etablierte sich erst spät als Brutvogel im Stadtgebiet. BURG-HARDT erwähnt noch 1970, dass zu einer Besiedlung geeignete Gewässer fehlen würden (vgl. auch HEINEN et al. 1983). Umso bemerkenswerter ist die Angabe von LE ROI (1906), nach dem bereits um die Jahrhundertwende »einzelne Paare in der Gegend von Wickrath brüteten«. Erst bei BURGHARDT (1989a) wird die Art als regelmäßiger, sehr seltener Brutvogel bezeichnet. Ein Paar könne »seit Jahren« auf dem Holtmühlenteich beobachtet werden. Gibt es erste Hinweise auf ein Vorkommen aus dem Jahr 1976 (vgl. WINK 1988), war von 1978 bis 1980 ein Paar auf dem Mühlenteich vertreten (KLEIN 1979, 1980a, 1981). In der Kiesgrube Beltinghoven brüteten ab 1985 1–2 Paare (BURGHARDT 1989a), im selben Jahr ist auch die erste Brut für das Wickrather Rückhaltebecken datiert (ein Paar, H. Siebmanns).

Seit Anfang der 1990er Jahre beläuft sich der Bestand auf fünf (± 2) Paare. Die Brutplätze blieben auf die Kiesgrube Beltinghoven, den Holtmühlenteich und das Rückhaltebecken am Wickrather Schlosspark beschränkt (Tab. 12). Weitere Gewässer mit einer ausreichenden Größe und natürlicher Vegetation fehlen in Mönchengladbach. In der Beltinghovener Grube sind indes durch zunehmende Auskiesung und Sukzession im Laufe der Zeit vermehrt Brutmöglichkeiten entstanden. Auch hierdurch ist der Bestandsanstieg zum Ende der 1990er Jahre zu erklären. Weniger optimal ist das Wickrather Rückhaltebecken, hier konnte seit 1998 kein Bruterfolg mehr festgestellt werden.

Tab. 12: Brutbestand des Haubentauchers seit 1995

Jahr	Kiesgrube Beltinghoven		Holtmühlenteich		Rückhaltebecken Wickrath		Gesamtbestand	
	Paare	Bruten	Paare	Bruten	Paare	Bruten	Paare	Bruten
1995	3	4	2	mind. 2	1	mind. 1	6	mind. 7
1996	2	3	1	1	1	1	4	5
1997	1	2	1	1	2	2	4	5
1998	2	2	1	1	1	1	4	4
1999	3	5	1	1	1	1	5	7
2000	5	8	1	1	1	1	7	10

Jahr	Kiesgrube Beltinghoven		Holtmühlenteich		Rückhaltebecken Wickrath		Gesamtbestand	
	Paare	Bruten	Paare	Bruten	Paare	Bruten	Paare	Bruten
2001	4	6	1	1	1	1	6	8
2002	4	6	1	2	1	1	6	9
2003	4–5	6	1	1	1	1	6–7	8
2004	4	4	1	3	1	1	6	8

Rastbestand

MAAS (1948), BETTMANN (1959) und KNORR (1967) nennen die Art einen sehr vereinzelten Durchzügler, der auf dem Rheydter Stadtwaldweiher (max. drei Exemplare) und dem Holtmühlenteich rastet. Im Stadtbezirk Wickrath trat der Haubentaucher ebenfalls nur sehr vereinzelt und sporadisch auf (HEINEN et al. 1983). Ende der 1980er Jahre notiert BURGHARDT (1989a) 1–10 Rastvögel und gibt erste Hinweise auf Überwinterungen.

Als Durchzügler und Wintergast trat der Haubentaucher in den letzten Jahren (sehr) vereinzelt auf. Die Brutgewässer sind dann auch die bevorzugten Rastplätze, eine Trennung zwischen Durchzüglern und Brutvögeln ist insofern schwer möglich. Zu längeren Überwinterungen zwischen Mitte November und Mitte Februar kam es in den 1990er Jahren zunächst unregelmäßig, meist beschränkten sich Nachweise in den Wintermonaten auf sporadische Einzelbeobachtungen von 1–2 Individuen. Seit etwa 1997/98 steigt allerdings die Anzahl wie auch die Verweildauer der Haubentaucher im Winter an. So wurden 1999/2000 bis zu sieben Exemplare registriert, fünf davon in der Kiesgrube Beltinghoven (H. Hurtmann, H. Maas).

Wasservogelzählung 1997/2004

Im Gegensatz zum Zwergtaucher erreicht der Haubentaucher sein Maximum in der Brutzeit, ein nennenswerter Rastbestand fehlt. Besonders deutlich war das im kalten Januar 1997. Der Anstieg ab Februar zeigt die allmähliche Etablierung der Brutreviere, noch im März kommt es zu Ortswechseln und Verschiebungen. Erste Jungvögel sorgen im April 2004 für einen weiteren Zuwachs. Das Maximum wird im Mai erreicht, wenn die Brutpaare allesamt Jungvögel führen. Von Zweit- oder Spätbruten hängt die Entwicklung in den Sommermonaten ab. In 1997 gleichen sie den Verlust von Jungvögeln und den beginnenden Abzug aus, so dass der Bestand relativ stabil bleibt. In 2004 prägen hohe Verluste und ausbleibende Zweitbruten das Bild im wichtigsten Brutgebiet, der Kiesgrube Beltinghoven. Entsprechend sinkt die Anzahl deutlich. Der Herbst- und Winterbestand schwankt ab September um vier (± 2) Exemplare. Stadtweite Vergleichszählungen im Dezember (1999, 2001–2003) zeigten einen Bestand von 1–4 Individuen (HURTMANN 2005b).

Den gesamten Verlauf in 1997 und 2004 verdeutlicht Abb. 5 (HURTMANN 1998a, 2005b).

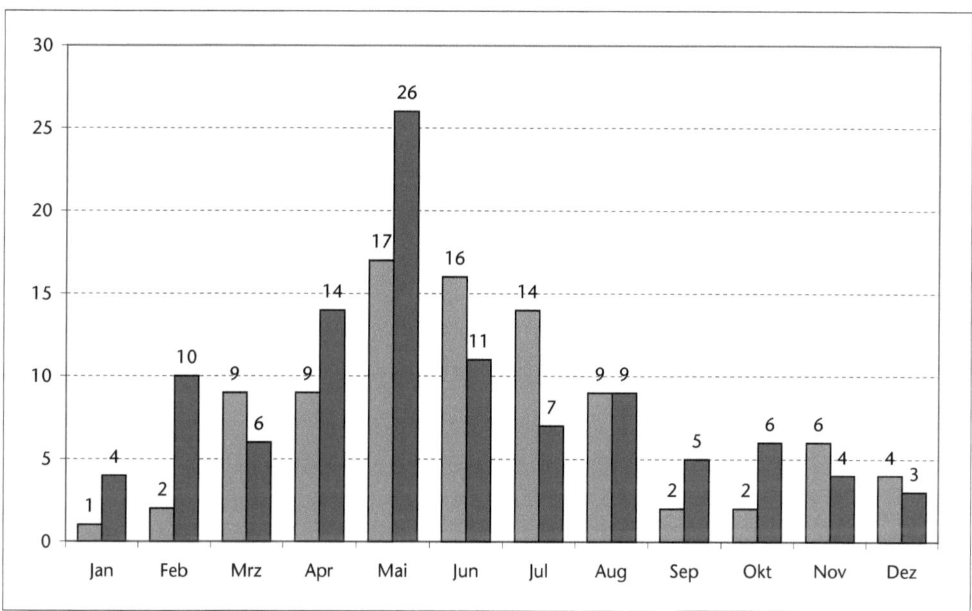

Abb. 5: Bestand des Haubentauchers 1997 (hell) und 2004 (dunkel)

Phänologie

Bevor der Trend zur Überwinterung einsetzte, konnten Haubentaucher ab der ersten Februardekade auf den Brutgewässern angetroffen werden. Die Ankunft verzögerte sich mitunter bis Anfang März (H. Hurtmann, H. Maas). Zu diesem Zeitpunkt war der Nestbau in den letzten Jahren gelegentlich schon absolviert. So baute ein Paar am 02.02. auf dem Rückhaltebecken Wickrath am Nest (2002, H. Hurtmann). Erste Jungvögel konnten seit 1996 durchschnittlich am 20.04. (n = 9) registriert werden, das früheste Datum war der 10.04. (H. Hurtmann, H. Maas, M. Temme u. a.). Durch Zweitbruten können bis in den September/Oktober hinein bettelnde

Jungvögel beobachtet werden. Besonders spät war eine Brut im Jahr 2002 in der Kiesgrube Beltinghoven. Dort führte ein Paar noch am 08.10. vier pulli im Alter von rund einer Woche (H. Hurtmann, H. Maas).

Maximum

Zur Brutzeit zählte H. Maas in der Beltinghovener Grube am 17.07.2000 mit fünf Paaren und deren Jungvögeln 26 Exemplare. Im selben Gebiet rasteten am 07.02.2004 kurzzeitig 21 Vögel (H. Maas).

Besonderheiten

Ungewöhnlich waren drei erfolgreiche Jahresbruten eines Paares am Holtmühlenteich in 2004 (H. Hurtmann, M. Temme in HURTMANN 2005a). Nach GLUTZ & BAUER (1966) tätigen Haubentaucher in Mitteleuropa in der Regel nur eine Jahresbrut.

Rothalstaucher (*Podiceps grisegena*)

sehr vereinzelter, unregelmäßiger Durchzügler
III–IV / VIII–XI

Bestand und Vorkommen

Rasten nach MILDENBERGER (1982) alljährlich 1–10 Rothalstaucher im Rheinland, gibt es aus Mönchengladbach Nachweise erstmals in den 1990er Jahren. Sie gelangen alle in der Kiesgrube Beltinghoven:

- 3 Ex. im 1. KJ am 31.08.1997. Am 06.09. sind es noch 2 Taucher, am 14.09. konnte die Art zum letzten Mal im Gebiet mit 1 Vogel nachgewiesen werden (G. & H. Maas, G. Seidel).
- 1 Ex. vom 17.03.–17.04.2001 (H. Hurtmann, H. Maas, K. Veckes).
- 1 Ex. vom 07.10.–28.10.2002 (H. Hurtmann, G. & H. Maas).
- 1 Ex. vom 16.10.–05.11.2003 (H. Maas).
- 1 Ex. am 11.10.2004 (H. Maas).

Schwarzhalstaucher (*Podiceps nigricollis*)

Rote Liste: NRW R
sehr vereinzelter, unregelmäßiger Durchzügler
III / VIII–IX

Während des Durchzugs können im Rheinland regelmäßig 1–10 (100) Schwarz-halstaucher beobachtet werden (MILDENBERGER 1982). Aus dem Stadtgebiet gibt es zwei Nachweise:

- 1 Ex. vom 27.08.–20.09.1988 in der Kiesgrube Beltinghoven (S. Burghardt, K.-H. Greve, M. Jöbges in BURGHARDT 1989a). Mit 24 Tagen hielt sich der Vogel ungewöhnlich lange auf dem Rastgewässer auf, die meisten Schwarzhalstaucher ziehen nach 1–5 Tagen weiter (MILDENBERGER 1982).
- 1 Ex. am 28.03.2003 in der Kiesgrube Beltinghoven (H. Maas).

Röhrennasen (Procellariiformes)

Wellenläufer (*Oceanodroma leucorhoa*)

Ausnahmeerscheinung

Bestand und Vorkommen

An den Felsküsten des Nordatlantiks brütet der Wellenläufer, der sich außerhalb der Brutsaison auf der Hochsee aufhält. Im Binnenland erscheint er nur sehr selten, meist wird er durch schwere Stürme hierher getragen. Auch die Beobachtung eines Vogels im Stadtgebiet gelang nach einer Nacht mit »fast orkanartigem Sturm« (HUBATSCH 1984). Im Rheinland gab es vor diesem Nachweis, der von der Seltenheitskommission der GRO anerkannt wurde (PRZYGODDA 1985), nur vier Meldungen (MILDENBERGER 1982). Zum fünften Nachweis schreibt der Beobachter HUBATSCH (1984):

■ »Am Abend des 03.09.1983 gelang mir die Beobachtung eines Wellenläufers in Mönchengladbach. Bemerkenswert erscheint mir dabei Ort und Zeit der Beobachtung: das Bökelbergstadion während eines Flutlichtspiels. Während der zweiten Halbzeit sah ich [...] den Vogel in geringer Höhe (ca. 25 cm) minutenlang über den Rasen des Stadions fliegen. Einige Minuten später sah ich den Wellenläufer noch im Licht eines anderen Flutlichtmastes, dann verschwand er in der Dunkelheit.«

Ruderfüßer (Pelecaniformes)

Basstölpel (*Sula bassana*)

Rote Liste: D R
Ausnahmeerscheinung

Bestand und Vorkommen

Ähnlich wie der Wellenläufer ist auch der Basstölpel ein Brutvogel des Nordatlantiks. Nachweise in Mitteleuropa sind allerdings häufiger, da es zum einen Vorkommen auf Helgoland gibt, zum anderen die Art mitunter bis an das Mittelmeer und vor die Küste Westafrikas zieht. Im Rheinland ist der Basstölpel trotzdem eine Ausnahmeerscheinung. Aus dem Stadtgebiet gibt es einen Nachweis (WILLE 1970a):

- Am 25.10.1959 wurde 1 Ex. über dem Bresges Park von H. Bettmann beobachtet. Weiter heißt es, dass derselbe Vogel einen Tag darauf abends bei Jülich ermattet gefangen und zum Odenkirchener Tierpark gebracht worden sei. Dort konnte er »nach zweieinhalb Jahren entfliegen«.

Der Fundort ist wohl nicht Jülich, sondern Jüchen (Kreis Neuss) gewesen. BETTMANN erläutert den Fund 1960. Danach verhielt sich der immature Basstölpel in den Jüchener Feldern »dem Menschen gegenüber recht vertraut und verschlang gierig die ihm zugeworfenen Fische«.

Kormoran (*Phalacrocorax carbo*)

Rote Liste: NRW R
sehr vereinzelter bis mäßig
zahlreicher Rastvogel
I–XII

Bestand und Vorkommen

Bis in die 1970er Jahre fehlen jegliche Hinweise für ein Vorkommen des Kormorans in Mönchengladbach. Der erste – und für viele Jahre offenbar einzige – Nachweis im Jahr 1972 steht im Zusammenhang mit dem Nierssee (Kreis Viersen): Vom 15.03.

Kormoran trocknet Flügel nach Tauchgang
Foto: H. Hurtmann

bis zum 25.03. rasteten 2–6 Exemplare am See, von dem sie auch zu Flügen über die Neuwerker Donk starteten. Aus den 1980er Jahren gibt es drei weitere Nachweise. Das damalige Maximum lag bei 27 Vögeln, die am 17.04.1986 den Rheindahlener Raum überflogen (BURGHARDT 1989a).

Ab den 1990er Jahren ist ein Bestandsanstieg unübersehbar, die Anzahl der Nachweise und Individuen hat sich deutlich erhöht. Neu ist auch, dass die Art an den Gewässern rastet, während sie früher die Stadt nahezu ausnahmslos überflog. Zu ersten längeren Aufenthalten kam es 1992, als bis zu acht Exemplare vom 12.09.–11.10. in der Kiesgrube Beltinghoven verweilten (H. Hurtmann, D. Stiels u. a.). Im Jahr 1996 konnte die Art dann auch verstärkt außerhalb der Zugzeit beobachtet werden. Vom 09.07.–11.11. hielten sich regelmäßig Kormorane in der Kiesgrube Beltinghoven auf (H. Hurtmann, H. Maas). Seitdem ist die Art nahezu regelmäßig in Mönchengladbach anzutreffen, meist mit unter fünf Exemplaren.

Zur Zugzeit im März/April und Oktober/November können überfliegende Exemplare überall festgestellt werden. Rastende Vögel sind jedoch eng an Gewässer gebunden. Das mit Abstand bedeutendste Gebiet ist die Kiesgrube Beltinghoven, hier werden auch die höchsten Zahlen erreicht. Einen bedeutenden Stellenwert haben noch das Rückhaltebecken am Wickrather Schlosspark und der Holtmühlenteich.

Phänologie

Die Art kann mittlerweile das gesamte Jahr über beobachtet werden (Abb. 6, S. 87):

Die exakte Festlegung von Zugzeiten ist angesichts der Entwicklung zum Jahresvogel schwer möglich. Anhand der Truppgrößen und der Beobachtungsorte kann auf Schwerpunkte geschlossen werden. Danach konzentriert sich das Zuggeschehen im Frühjahr auf den Monat März (spätestes Datum im Jahr 1990: 01.04., 5 Kormorane, H. & S. Hurtmann, M. Thissen). Der Herbstzug ist deutlich stärker ausgeprägt und reicht über einen Zeitraum von Ende September bis Ende November. Die Eckdaten dieses Zuges: 27.09. (1992, 12 Exemplare, E. & S. Burghardt, H. Hurtmann u. a.) sowie 25.11. (1990, 3 Exemplare, BURGHARDT 1991c).

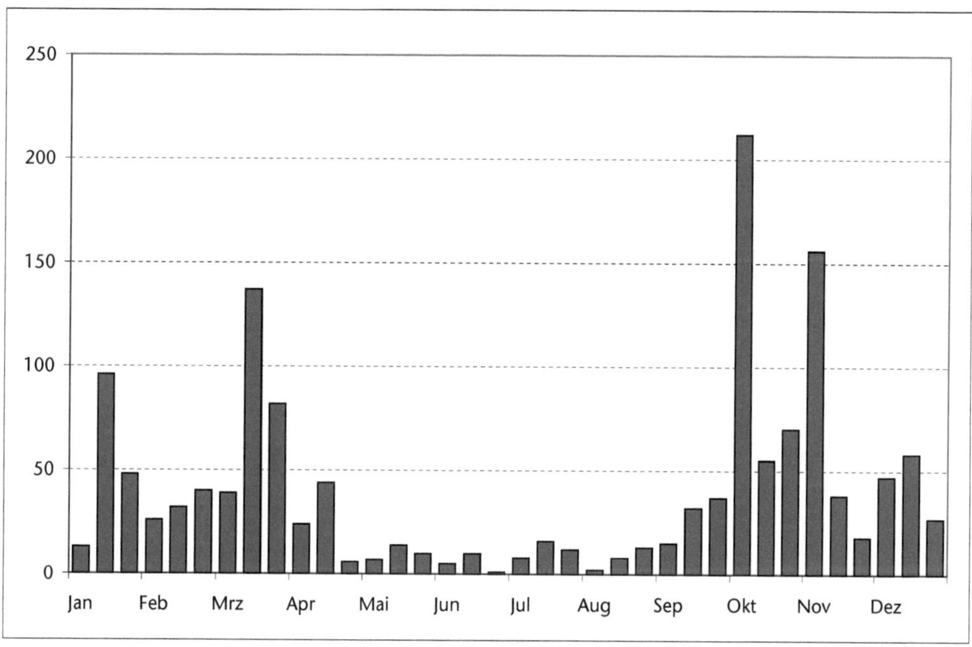

Abb. 6: Summe nachgewiesener Kormorane von 1990–2004

Maximum

Die größte Zahl lag bei ca. 110 Kormoranen, die am 03.10.1996 Hardt in südöstliche Richtung überflogen (H. Hurtmann, D. Stiels). Trupps von über 40 Individuen konnten zur Zugzeit bereits mehrfach über dem Stadtgebiet beobachtet werden. Der höchste Rastbestand an einem Gewässer wurde mit 42 Exemplaren am 05.11.1996 in der Kiesgrube Beltinghoven festgestellt (H. Maas).

Schreitvögel (Ciconiiformes)

Rohrdommel (*Botaurus stellaris*)

Rote Liste: NRW 1, D 1
sehr vereinzelter, unregelmäßiger Rastvogel
X / I, V

Bestand und Vorkommen

MAAS (1948) berichtet davon, die Rohrdommel sei »früher im Nierstal« Brutvogel gewesen. Diese Angabe muss sich allerdings nicht auf das Mönchengladbacher Stadtgebiet beziehen. Den Rast- und Winterbestand dieser Art schätzt MILDENBERGER (1982) für das Rheinland auf 1–10 (100) Exemplare. Ein Rastvogel war wohl auch die Dommel aus der Neuwerker Donk, die als Präparat in eine Neersener Wirtschaft gelangte (undatiert, MAAS 1948). BETTMANN (1959) schreibt, die Art käme »als Irrgast in das Niersbruch«. Auch hier sei ein Exemplar erlegt und ausgestopft worden. Aus den letzten 25 Jahren liegen drei Nachweise vor:

- 1 Ex. am 13.05.1983 im Mühlenbachtal (UNI DÜSSELDORF et al. 1986).
- 1 Ex. am 13.01.1997 im Finkenberger Bruch (Hofer, H. Kirfel).
- 1 Ex. am 01.10.2004 über der Kiesgrube Beltinghoven (H. Maas).

Zwergdommel (*Ixobrychus minutus*)

Rote Liste: NRW 0, D 1
ehemals sehr seltener Brutvogel, sehr vereinzelter, unregelmäßiger Durchzügler
V

Bestand und Vorkommen

Um die Wende vom 19. zum 20. Jahrhundert war die Zwergdommel in der Rheinprovinz vereinzelter Brutvogel. LE ROI & GEYR VON SCHWEPPENBURG notieren 1912, dass sie »bei Rheindahlen« vorkommt. Laut H. Bettmann hat die Zwergdommel noch 1955 im Wetscheweller und Wickrather Bruch gebrütet (in NEUBAUR 1957). In der »Vogelwelt des Stadtkreises Rheydt« schreibt BETTMANN (1959), er habe die Art »vor Jahren, aber nur selten, im Wetschewell angetroffen«. Im angrenzenden Wickrath und Wickrathberg käme sie »häufiger« vor. Nicht nur diese Bestände sind heute erloschen, in ganz Nordrhein-Westfalen kommt die Art seit 1983 nicht mehr als Brutvogel vor (MESSER et al. 1995 in GRO & WOG 1997).

Rastbestand

Früher konnte die Dommel »häufiger« als Durchzügler in der Rheinprovinz festgestellt werden (LE ROI 1906). So rastete am 11.05.1882 »eine Schar von mehreren« bei Odenkirchen (LE ROI 1906). Nach dem Verschwinden der Population tritt die Zwergdommel nur noch sehr selten auf:

- 1 Ex. wurde »im Mai Anfang der 70er Jahre« an Haus Horst von G. Thomas nachgewiesen (BURGHARDT 1989a).
- 1 ♂ beobachtete M. Beyer »Ende Mai« 1998 an einem Weiher von Schloss Rheydt. Die Beobachtung, die durch Fotos belegt ist, wurde von der Avifaunistischen Kommission NRW anerkannt (MÜLLER et al. 1999).

Nachtreiher (*Nycticorax nycticorax*)

Rote Liste: D 2
sehr vereinzelter, unregelmäßiger Gast
II / IX

Bestand und Vorkommen

Der Nachtreiher tritt im Rheinland als unregelmäßiger Gast auf. MILDENBERGER (1982) weiß aus zwei Jahrzehnten von mehr als 20 Nachweisen zu berichten, die sich mehrheitlich von April bis September erstrecken. Aus Mönchengladbach gibt es zwei Meldungen:

- 1 immatures Ex. wurde im Februar 1978 im Botanischen Garten, Bettrather Straße, gefangen. Später ging der Vogel in der Voliere des Gartenamtes ein (BURGHARDT 1989a). Nach GLUTZ & BAUER (1966) sind Nachweise im Winter seltene Ausnahmen, Überwinterungsversuche seien wohl auf freigelassene Gefangenschaftsvögel zurückzuführen.
- 1 Ex. registrierte W. von Kannen vom 09.09.–12.09.1984 bei Wickrath. Diese Beobachtung wurde der Seltenheitskommission der GRO gemeldet und als 28. Nachweis für das Rheinland anerkannt (HUBATSCH & HUBATSCH 1987).

Seidenreiher (*Egretta garzetta*)

sehr vereinzelter, unregelmäßiger Rastvogel
VII

Bestand und Vorkommen

Das Verbreitungsgebiet beschränkte sich nach GLUTZ & BAUER 1966 weitgehend auf Südeuropa. Nach 1970, besonders in den 1990er Jahren, nahmen die Nachweise in Mitteleuropa sprunghaft zu. Hintergrund ist eine Ausbreitung nach Norden, die den angrenzenden Niederlanden eine Population von bis zu 9 BP in den späten 90er Jahren bescherte (BIJLSMA et al. 2001, SOVON 2002). Eine Beobachtung gelang 1999 in Mönchengladbach:

- 2 Ex. rasteten am 26.07.1999 an einem flachen Gewässer der Kiesgrube Beltinghoven (W. Spengler).

Die Meldung wurde der Avifaunistischen Kommission NRW vorgelegt, über eine Anerkennung ist noch nicht entschieden.

Silberreiher (*Egretta alba*)

sehr vereinzelter, unregelmäßiger Rastvogel
V / X

Bestand und Vorkommen

Noch zu Beginn der 1980er Jahre galt die Art im Rheinland als Ausnahmeerscheinung. MILDENBERGER (1982) nennt lediglich zwei Nachweise, einer davon betreffe womöglich einen Gefangenschaftsflüchtling. In den vergangenen zehn Jahren trat der Silberreiher in zunehmender Zahl und Regelmäßigkeit auf. Von 1990 bis 1999 liegen – mit geographischem Bezug auf NRW – 65 Nachweise von ca. 110 Individuen vor (NWO 2000). Aus Mönchengladbach gibt es zwei Meldungen:

- 2 Ex. überfliegen am 29.10.1997 das Gelände der Kläranlage Neuwerk (G. Maas, G. Seidel). Die Beobachtung ist von der Avifaunistischen Kommission NRW anerkannt worden (KRETZSCHMAR et al. 1999).
- 1 Ex. am 05.05.2003 auf dem Schlammbecken der Kläranlage Neuwerk (P. Heitzer). Eine Meldung an die Avifaunistische Kommission erübrigte sich wegen der Zunahme der letzten Jahre (NWO 2000).

Graureiher (*Ardea cinerea*)

sehr seltener bis spärlicher Brutvogel, Rastvogel
I–XII

Bestand und Vorkommen

Hinweise auf Brutvorkommen fehlen
in der Literatur völlig (z.B. BURG-
HARDT 1989a, MAAS 1948). Nachdem erstmals 1990 ein Nistmate-
rial tragendes Paar im Wickrather
Niersbruch aufgefallen war (W. von
Kannen), sind seit dem Beginn der
1990er Jahre Ansiedlungen mit bis zu
44 Brutpaaren belegt (W. von Kannen, S. Pleines, schriftl.). Bis 2001 beschränkte sich das Vorkommen auf
das Wickrather Niersbruch. In 2002
bildete sich im Wetscheweller Bruch
eine zweite Kolonie, die von anfänglich sieben über neun bis schließlich
13 BP anwuchs. Derweil sank die An-

Altvogel bei der Jagd   Foto: W. Spengler

zahl der Horste im Niersbruch von einst 44 (2001) auf 25 BP in 2004. Im Gebiet
sind durch Holzeinschlag mehrfach (potenzielle) Horstbäume entfernt worden. Die
Gesamtentwicklung ist seit 1991 ungeachtet dessen positiv (Abb. 7, S. 92).

Die Ansiedlung ist das Ergebnis mindestens zweier Tendenzen: Zum Ersten hat der
Reiherbestand nach dem Bejagungsverbot 1974 insgesamt zugenommen (z.B. HU-
BATSCH, H. 1993). Zum Zweiten siedeln Paare verstärkt in dezentralen, kleineren Neu-
ansiedlungen, die sie traditionellen Großkolonien vorziehen (JÖBGES et al. 1998a).

Rastbestand

Durch- und Zuzug geht bereits aus der Literatur hervor (z.B. BURGHARDT 1989a,
MAAS 1948). Darüber hinaus können Nahrungsgäste das gesamte Jahr über an vielen Gewässern und auf Feldern beobachtet werden. Auch Gartenteiche inmitten
der Stadt sucht der Reiher in diesem Zusammenhang auf. An größeren Gewässern
kommen bis zu elf Exemplare zusammen, wie mehrfach am Holtmühlenteich (H.
Hurtmann, W. v. Kannen).

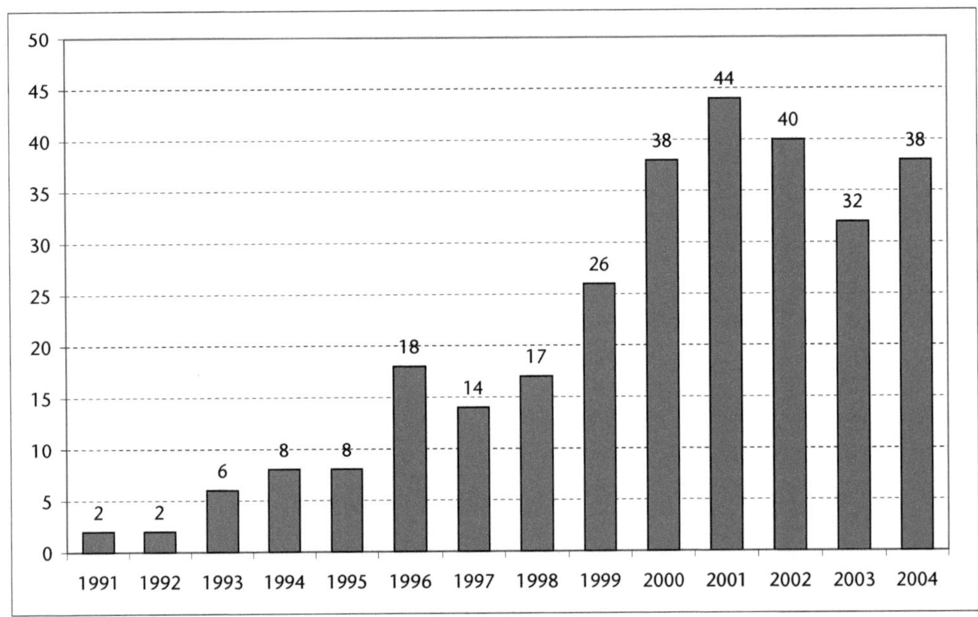

Abb. 7: Anzahl besetzter Graureiher-Horste 1991–2004

Wasservogelzählung 1997/2004

Einen übereinstimmenden Trend zeigen die Erfassungen in den beiden Jahren nicht. Ebenso wenig sind jahreszeitlich bedingte Veränderungen zu erkennen (Tab. 13). Der Bestand schwankte zwischen zehn und 34 Tieren in 1997 bzw. acht und 18 Exemplaren in 2004. Das deutliche Plus im Mai und Juni 1997 stammt aus dem Wickrather Niersraum, womöglich wurde die Brutkolonie im angrenzenden Bruch in die Zählung einbezogen (HURTMANN 1998a, 2005b).

Tab. 13: Bestand des Graureihers 1997 und 2004

Monat	Jan.	Feb.	März	Apr.	Mai	Juni	Juli	Aug.	Sep.	Okt.	Nov.	Dez.	Ø
1997	21	10	12	11	34	32	15	15	14	10	16	18	17,3
2004	17	8	12	13	13	13	11	10	18	13	9	10	12,3

Maximum

21 Graureiher überflogen am 07.08.1989 Waldhausen in Richtung Süden (S. Burghardt in BURGHARDT 1990a). Auf dem Schlammbecken der Kläranlage Neuwerk

kamen am 26.10.2002 19 Reiher zusammen (G. Maas). Mit 17 Exemplaren ähnlich viele am 11.12.1993 in den Feldern nördlich von Wickrathberg (I. Schraut in BURG-HARDT 1995a).

Ringfunde

HEINEN et al. (1983) nennen folgenden Ringfund:

Ringnummer unbekannt

O	02.05.1982	Zonhoven, Limburg, Belgien		
+	01.03.1983	Wickrathberg, Mönchengladbach	72 km ENE	Totfund

Besonderheiten

Längere Frostperioden werden in der Literatur häufiger als Todesursache genannt. MAAS (1948) erwähnt zwei tote Reiher im Winter 1941 bei Schloss Rheydt, HEI-NEN et al. (1983) zählten fünf verendete Exemplare Anfang 1979 bzw. acht Tiere 1981/82.

Purpurreiher (*Ardea purpurea*)

Rote Liste: D 2
sehr vereinzelter, unregelmäßiger Durchzügler
IV / VIII

Bestand und Vorkommen

Nach MILDENBERGER (1982) ist der Purpurreiher Durchzügler und Gast im Rhein-land mit jährlich 1–10 Individuen. Die meisten wurden im April und August beob-achtet. Auch die beiden lokalen Nachweise stammen aus diesen Monaten:

- 1 Ex. am 11.04.1970 im Hoppbruch bei Haus Horst (P. Spitzer in WILLE 1971).
- 1 Ex. am 26./27.08.1972 im Finkenberger Bruch (W. von Kannen in HEINEN et al. 1983).

Schwarzstorch (*Ciconia nigra*)

Rote Liste: NRW 2, D 3
sehr vereinzelter, unregelmäßiger Durchzügler
VIII

Bestand und Vorkommen

Nachdem es 1978 zur Wiederbesiedlung von NRW kam, beziffert sich der Brutbestand mittlerweile auf ca. 30–35 Paare (JÖBGES & CONRAD 1996 in GRO & WOG 1997). Als Durchzügler kommt die Art mit 1–10 Individuen im Rheinland vor (MILDENBERGER 1982). Vom Zug stammt auch die einzige lokale Meldung:

- 3 juvenile Ex. überfliegen am 02.08.2000 den Priorshof bei Wickrathhahn in Richtung Süden (W. von Kannen).

Der Nachweis ist durchaus typisch für den rheinischen Zugablauf. Der August ist der Monat mit den meisten Zugbeobachtungen, etwa die Hälfte aller Meldungen entfällt hierauf (MILDENBERGER 1982).

Weißstorch (*Ciconia ciconia*)

Rote Liste: NRW 1, D 3
sehr vereinzelter Durchzügler
(II) III–VI / VIII–IX (X)

Bestand und Vorkommen

Der Weißstorch war »in früheren Zeiten allgemein Brutvogel am linken Niederrhein« (MAAS 1948). In der unmittelbaren Umgebung von Mönchengladbach, bei Neersen (Kreis Viersen), brütete die Art noch um 1900 (LE ROI 1906). Brutvorkommen im Stadtgebiet sind nicht überliefert.

Rastbestand

Von MAAS (1948) bis BURGHARDT (1989a) wird der Weißstorch unisono als sehr vereinzelter Durchzügler bezeichnet. Dabei spricht allein MAAS (1948) von alljährlichen Beobachtungen. BURGHARDT erwähnt 1989(a) fünf Nachweise mit 1–3 Individuen seit 1971. Deutlich mehr sind es seit den 1990er Jahren. Von 1991 bis einschließlich 2003 liegen 22 Beobachtungen von 1–9 Exemplaren vor (H. Hurtmann, B. Lanphen, M. Thissen u. a.).

Phänologie

Alle datierten Nachweise (n = 35) ergeben folgende Verteilung (Tab. 14):

Monat	Januar			Februar			März			April			Mai			Juni		
Dekade	I	II	III	I	II	III	I	II	III	I	II	III	I	II	III	I	II	III
Nachweise						1	2	1	2	3	4		8	3	2	1	1	
Individuen						1	5	1	3	8	7		11	5	3	1	4	

Monat	Juli			August			September			Oktober			November			Dezember		
Dekade	I	II	III	I	II	III	I	II	III	I	II	III	I	II	III	I	II	III
Nachweise					1	1	1	1	1			2						
Individuen					3	1	9	1	3			2						

Der Durchzug im Frühjahr ist offenbar ungleich stärker ausgeprägt als der Herbstzug. Auf die Monate März bis Juni entfallen 27 Nachweise mit 48 Exemplaren (Hauptzugmonat: Mai). Von August bis Oktober liegen hingegen nur sieben Nachweise mit insgesamt 19 Weißstörchen vor. Der Nachweis aus dem Februar – aber auch die aus der ersten Märzdekade – fällt deutlich aus dem gewöhnlichen Zugschema der Art heraus (vgl. z. B. MILDENBERGER 1982). Womöglich handelte es sich um Störche, die in der Region überwinterten. Das ist in der Provinz Limburg (Niederlande) ebenso vorgekommen (S. Burghardt, H. Hurtmann, D. Stiels u. a.), wie an Rhein und Erft (AMEN 1993). Auch mag man diskutieren, ob diese Vögel von Auswilderungsstationen stammten und kein natürliches Zugverhalten mehr aufwiesen (vgl. CONRAD & JÖBGES 1999).

Maximum

Am 03.09.2003 rasteten neun Störche auf einem frisch gepflügten Acker südlich von Wickrath (O. Kamerichs).

Besonderheiten

Im Jahr 1935 versuchte man, den Storch in Rheydt anzusiedeln – allerdings ohne Erfolg. Im Sommer hatte man einige Jungstörche, die von der Vogelwarte Rossitten in Ostpreußen stammten, auf Schloss Rheydt aufgezogen. Man hoffte, die standorttreuen Störche würden nach der Überwinterung in ihr Aufzuchtgebiet zurückkehren. Allerdings fanden sich die Vögel nicht mehr in Rheydt ein (MAAS 1948).

Sichler (*Plegadis falcinellus*)

Ausnahmeerscheinung

Bestand und Vorkommen

Der hauptsächlich in Südosteuropa beheimatete Sichler konnte bis zum Anfang der 1980er Jahre etwa zwölf Mal im Rheinland nachgewiesen werden (MILDENBERGER 1982). Dabei stammen einige (fünf?) Beobachtungen aus Mönchengladbach (BETTMANN 1959, NEUBAUR 1957, WILLE 1970a):

- 3 Ex. im Frühjahr 1946 über Rheydt (H. Bettmann in WILLE 1970a).
- 25 bzw. 27 Ex. beobachteten H. Bettmann und M. Kamphausen am 23.10.1946 über Rheydt (BETTMANN 1959, NEUBAUR 1957, WILLE 1970a). Trotz der unterschiedlichen Zahlenangaben handelte es sich um denselben Trupp (H. Bettmann in WILLE 1971).
- 3 Ex. wurden im Frühjahr 1949 über dem Rheydter Stadtgebiet von H. Bettmann beobachtet (BETTMANN 1959, NEUBAUR 1957).
- 4 Ex. ebenfalls im Frühjahr 1949 über Rheydt, der Beobachter war wohl M. Kamphausen (BETTMANN 1959, WILLE 1970a).
- 4 Ex. sah M. Kamphausen am 13.10.1949 über Rheydt (NEUBAUR 1957).

Die einzelnen Autoren führen lediglich jeweils drei Nachweise auf, die sich allerdings nur teilweise decken. Ob es sich tatsächlich um fünf Beobachtungen handelt, ist fraglich. Die Darstellungen von NEUBAUR (1957) und WILLE (1970a) basieren jeweils auf brieflichen Beobachtungsmeldungen von H. Bettmann, einige Daten könnten durch Übertragungsfehler vertauscht worden sein. Im Werk von BETTMANN (1959) sind die Angaben nicht eindeutig zuzuordnen. Doppelbeobachtungen sind, insbesondere was den dritten und vierten Nachweis anbelangt, nicht auszuschließen.

Entenvögel (Anseriformes)

Höckerschwan (*Cygnus olor*)

ehemals sehr seltener Brutvogel,
sehr vereinzelter Rastvogel,
Gefangenschaftsflüchtling
I–XII

Bestand und Vorkommen

Beim Höckerschwan ist zwischen
Wildvögeln, Parkvögeln und deren
halbwilden Nachkommen zu unterscheiden. Wildvögel treten nur
in strengen Wintern unregelmäßig
auf (vgl. z.B. MILDENBERGER 1982).
Ungleich häufiger sind Schwäne,
die in Parkanlagen gehalten werden und sich dort anfüttern lassen.
Anfang der 1950er Jahre wurden

Foto: G. Maas

sie verstärkt im Rheinland eingebürgert (MILDENBERGER 1982). Als deren Nachkommen etablierten sich halbwilde Schwäne, die sich dem direkten menschlichen
Einfluss entzogen und Brutgebiete außerhalb der Parks besetzt haben. In Mönchengladbach beschränken sich Nachweise wohl auf Parkvögel und halbwilde Tiere. Allein NEUBAUR (1957) vermutet im Zusammenhang mit einem im Dezember
1914 »bei Mönchengladbach« erlegten Schwan einen Wildvogel.

Zu Bruten ist es in der Vergangenheit gelegentlich gekommen, so dass BURG-
HARDT (1989a) den Schwan als vereinzelten Brutvogel bezeichnet. Konkrete Daten
liegen nur wenige vor. Bei MALKUSCH (1969) lässt sich ein nicht näher datierter
Nachweis aus den 1960er Jahren finden, aus dem eine Brut am Volksgartenweiher
hervorgeht. Am Geroweiher hat der Höckerschwan zumindest um 1970 gebrütet
(G. Maas, schriftl.). Im Wickrather Schlosspark waren es 1965 drei Paare, 1969 und
1971 je ein Paar (HEINEN 1971). Hier wurde 1977 auch der letzte Brutnachweis für
den Stadtbezirk Wickrath erbracht (HEINEN et al. 1983). Spätestens seit den 1990er
Jahren fehlt der Schwan als Brutvogel in Mönchengladbach.

Rastbestand

Außerhalb der Brutzeit konnte die Art regelmäßig mit 1–10 Individuen beobachtet werden (BURGHARDT 1989a). Nach HEINEN et al. (1983) hielten sich ganzjährig 1–5 Exemplare in Wickrath auf.

Diese Beschreibungen treffen heute noch weitgehend zu. Halbwilde Höckerschwäne ließen sich seit 1991 regelmäßig nachweisen, meist mit 1–2 Vögeln. Auch wenn die Monate Januar und Mai die meisten Nachweise lieferten, lässt sich kein eindeutiger Schwerpunkt im Jahresverlauf erkennen. Auffällig ist jedoch, dass von Juni bis August relativ wenig Beobachtungen gelangen. Auch in den Niederlanden ist in diesem Zeitraum eine etwas geringere Verbreitung festgestellt worden, was mit der Sammlung an zentralen Mauserplätzen erklärt wird (BIJLSMA et al. 2001). Einen deutlichen Nachweisschwerpunkt bildete der Niersraum. Fernab des Flusstals wird die Art seltener wahrgenommen, doch treten auch hier kleinere Gruppen auf – maximal sechs Exemplare in der Kiesgrube Beltinghoven (14.05.1998, 17.02.2001, H. Maas). Neben den halbwilden Schwänen hielten sich bis 2001 1–2 eingebürgerte Tiere ganzjährig im Wickrather Schlosspark auf (H. Hurtmann, R. Seidel, D. Stiels u. a.). Der Heimatverein Wickrath hat 1993 zwei Paare im Park angesiedelt, später ein weiteres. Allerdings gibt es Verluste unter den flugunfähigen Vögeln. Ein Paar war bereits am Folgetag nach der Ansiedlung verschwunden (E. Heinen, mdl.).

Wasservogelzählung 1997/2004

Die Erfassungen zeigen folgende Entwicklung (Tab. 15, HURTMANN 1998a, 2005b):

Tab. 15: Bestand des Höckerschwans 1997 und 2004

Monat	Jan.	Feb.	März	Apr.	Mai	Juni	Juli	Aug.	Sep.	Okt.	Nov.	Dez.	Ø
1997	4	2	2	3	3	2	2	2	2	3	3	2	2,5
2004	4	3	0	2	4	2	2	3	0	5	1	3	2,4

Ein Trend im Jahresverlauf ist ähnlich schwer zu erkennen wie Parallelen zwischen beiden Jahren. Die Beobachtungen beschränkten sich auf den Niersraum und den Volksgartenweiher. Nachweisschwerpunkt war 1997 der Wickrather Schlosspark, aus dem 93 % aller gemeldeten Individuen stammen. Weniger deutlich war die Gebietspräferenz in 2004, als die renaturierte Niers mit 55 % die meisten Vögel band. Stadtweite Vergleichszählungen im Dezember 1999 und 2001–2003 erbrachten 2–7 Höckerschwäne (HURTMANN 2005b).

Maximum

Neun Exemplare halten sich am 21.11.1999 im Wickrather Schlosspark bzw. auf dem angrenzenden Rückhaltebecken auf. Darunter ist eine Familie mit fünf Schwänen im 1. KJ (H. Hurtmann).

Schwarzschwan (*Cygnus atratus*)

sehr seltener, unregelmäßiger Brutvogel, sehr vereinzelter Rastvogel, Gefangenschaftsflüchtling
I–XII

Bestand und Vorkommen

Die ursprünglich in Australien verbreitete Art wird vielerorts in Parkanlagen als flugunfähiger Ziervogel gehalten. Frei fliegende Tiere wurden allerdings wiederholt im Rheinland beobachtet (MILDENBERGER 1982). Der Brutbestand dieser »wilden« Schwäne liegt in Nordrhein-Westfalen nach KRETZSCHMAR (1999) bei drei Paaren, ihre Reproduktionsrate blieb bisher allerdings gering. Deshalb könne noch nicht von einer dauerhaften Ansiedlung in NRW gesprochen werden.

Bis in die 1990er Jahre wird die Art in der ornithologischen Literatur Mönchengladbachs nicht genannt. Das ist aber nicht darauf zurückzuführen, dass der Schwarzschwan fehlte. Neozoen oder frei fliegende Gefangenschaftsflüchtlinge werden nicht immer ausreichend berücksichtigt. Tatsächlich findet sich bei MALKUSCH (1969) ein Bildnachweis aus dem Dezember 1964, der vier Exemplare auf dem Vorwärmer am Freibad im Volksgarten zeigt.

Im Jahr 1997, womöglich bereits 1996, bürgerte der Heimatverein Wickrath zwei Schwarzschwäne im Wickrather Schlosspark ein. Wie der damalige Vorsitzende des Vereins, Ernst Heinen, mitteilte, sollte damit das Landschaftsbild angereichert werden. Wohl entgegen der ursprünglichen Absicht blieb der Eingriff in die Fauna nicht auf den Park beschränkt. Durch erfolgreiche Bruten bildete sich ein Ausgangspunkt für die weitere Expansion des Neozoons. Dazu trug auch bei, dass die Entwicklung der Parkvögel aktiv begleitet wurde. Zum Ersten kompensierte der Heimatverein Verluste unter den flugunfähigen Tieren mit neuen Vögeln. Zum Zweiten wurde die Überlebenschance von geschlüpften Jungvögeln durch die künstliche Aufzucht auf einer Hühnerfarm gesteigert (E. Heinen, mdl.). Auf der anderen Seite wurde der Bruterfolg offenbar dadurch gesteuert, dass Eier gezielt aus dem Nest genommen wurden. Womöglich ist so zu erklären, warum seit 2000 keine juvenilen Schwarzschwäne mehr registriert werden konnten (Tab. 16).

Tab. 16: Brutbestand des Schwarzschwans seit den 1990er Jahren

Jahr	Anzahl BP	Bemerkung; Quelle
1997	1	BP am 09.05. mit 1 pullus im Schlosspark, zuvor sollen es einem Passanten nach noch 3 pulli gewesen sein; H. Hurtmann, D. Stiels
1998	1	BP mit 4 Jungvögeln am 11.04. im Schlosspark. Die Jungvögel konnten noch am 20.06. alle beobachtet werden; H. Hurtmann, G. Maas, D. Stiels
1999	1	BP am 16.05. mit 3 pulli auf der Niers in Höhe der Fischzuchtanlage bei Wickrathberg; H. Hurtmann, G. Lauscher
2000	2	2 Exemplare brüten zwischen August und Oktober im Schlosspark; H. Hurtmann
2001	1	1 Exemplar ab 12.04. auf Nest im Schlosspark; H. & S. Hurtmann
2002	1	1 Exemplar ab 19.03. auf Nest im Schlosspark; H. Hurtmann
2003	1	1 Exemplar ab 13.04. auf Nest im Schlosspark, am 21.04. mit 5 Eiern. Bruterfolg blieb einem Passanten zufolge deshalb aus, weil von Vertretern des Heimatvereins Wickrath die Eier aus dem Nest genommen worden seien; H. Hurtmann, G. Maas.

Die Beobachtungsorte sind typisch für die Verbreitung der Art im Stadtgebiet. Bis einschließlich 2004 beschränken sich alle Nachweise auf den Wickrather Schlosspark bzw. dessen unmittelbare Umgebung (H. Hurtmann, G. Maas, R. Seidel u. a.).

Wasservogelzählung 1997/2004

Die systematischen Erfassungen zeigen folgendes Bild (Tab. 17, HURTMANN 1998a, 2005b):

Tab. 17: Bestand des Schwarzschwans 1997 und 2004

Monat	Jan.	Feb.	März	Apr.	Mai	Juni	Juli	Aug.	Sep.	Okt.	Nov.	Dez.	Ø
1997	0	0	0	1	3	0	0	1	2	3	3	3	1,3
2004	1	2	2	2	2	2	2	0	2	2	2	2	1,8

Maximum

Neun Exemplare wurden am 29.05.1999 am Wickrather Schloss gezählt, darunter das Brutpaar mit drei Jungvögeln (H. Hurtmann).

Ringfunde

Im Juni 1998 beringte die Arbeitsgruppe Neozoen der Universität Rostock zwei

Jungvögel. Insgesamt gelangen 34 Wiederfunde, 21 von BA009479 und 13 von BA009480. Aufgeführt werden hier die jeweils letzten Funddaten:

Deutschland – Hiddensee – BA009479
O 17.06.1998   Wickrath, Mönchengladbach (diesjährig)
+ 18.06.2004   Wickrath, Mönchengladbach   o km aus Entfernung

Deutschland – Hiddensee – BA009480
O 17.06.1998   Wickrath, Mönchengladbach (diesjährig)
+ 26.02.2001   Wickrath, Mönchengladbach   o km aus Entfernung

Besonderheiten
Drei Totfunde sind bis einschließlich 2004 aus dem Park überliefert. Zumindest in einem Fall wurde das Tier wohl von einem Hund gerissen (E. Heinen, mdl.).

Singschwan (*Cygnus cygnus*)

Rote Liste: D R
sehr vereinzelter, unregelmäßiger Rastvogel
X–III (V)

Bestand und Vorkommen
Am Niederrhein ist der Singschwan regelmäßiger Wintergast mit 11–100 (1000) Exemplaren. Südlich davon tritt er nur gelegentlich auf (MILDENBERGER 1982). Aus dem Stadtgebiet gibt es mindestens sechs Nachweise, die sich auf die letzten Jahre konzentrieren. Womöglich schlägt sich darin der allgemeine Zuwachs des Rastbestandes nieder. Auf dem europäischen Kontinent hat sich die Winterpopulation Mitte der 1990er Jahre im Vergleich zu 1975 mehr als verdreifacht (LWVT & SOVON 2002).

- Bei LE ROI (1906) findet sich unter Berufung auf FARWICK (1883) der kurze Hinweis, dass die Art einst »bei Odenkirchen« gesehen wurde.
- 4 Ex. rasten im kalten Winter 1962/63 auf der Niers, wo sie an der Kläranlage Neuwerk (03.02.) und bei Lürrip (16.02.) beobachtet wurden. Einen Schwan griff man später ermattet auf, um ihn auf dem Volksgartenweiher auszusetzen. Hier ließ er sich bald anfüttern und flog »nach einigen Wochen« davon (BURGHARDT 1970).
- 1 Ex. am 16.11.1998 in der Kiesgrube Beltinghoven (H. Maas).
- 4 Ex. überfliegen am 05.03.1999 rufend die Felder bei Wickrathhahn in Richtung Nordwest (I. Schraut).

- 1 Ex. schwimmt am 10.05.1999 in der Kiesgrube Beltinghoven (H. Maas). Dies ist ein später Nachweis, MILDENBERGER (1982) gibt als Extremwert für das Rheinland den 12.05. an.
- 1 Ex. am 01.10.2004 in der Kiesgrube Beltinghoven (H. Maas). Angesichts des ungewöhnlich frühen Datums (vgl. MILDENBERGER 1982) stellt sich die Frage, ob der Vogel nicht ein Gefangenschaftsflüchtling war.

Schwanengans (*Anser cygnoides*)

Gefangenschaftsflüchtling
I–XII

Bestand und Vorkommen

Bekannt ist die domestizierte Form der Schwanengans, die Höckergans. Die Stammform ist in Ostasien (China, Mongolei, Russland) beheimatet. MILDENBERGER (1982) führt die Schwanen- oder Höckergans nicht als frei fliegende Art für das Rheinland auf.

Die lokalen Autoren nennen die Schwanengans ebenfalls nicht. Es ist zu vermuten, dass dies nicht auf ein tatsächliches Fehlen, sondern auf die Auswahl der Arten zurückzuführen ist. Erst die stadtweite Wasservogelzählung 1997 lieferte Bestandszahlen. Das Vorkommen beschränkte sich auf 3–4 Individuen am Volksgartenweiher, die dort ganzjährig anzutreffen waren (HURTMANN 1998a). Bruten sind bis heute nicht überliefert. Ohnehin geriet die Art nach der Erfassung wieder aus dem Blickfeld, so dass nur wenige Angaben vorliegen. Neben den Beobachtungen am Volksgartenweiher sind auch Gänse sehr vereinzelt am Geroweiher festgestellt worden (H. Hurtmann). Bei der Wasservogelzählung 2004 gelang kein Nachweis (HURTMANN 2005b).

Saatgans (*Anser fabalis*)

sehr vereinzelter bis mäßig zahlreicher, unregelmäßiger Rastvogel
XI–II

Bestand und Vorkommen

MAAS (1948) spricht davon, dass »wiederholt Saatgänse bei Odenkirchen und Wickrath« beobachtet wurden. Nach BETTMANN (1959) sind überwinternde Saatgänse »bei den Rheydter Sumpfgebieten nicht allzu selten«. Im strengen Winter 1955/56 seien zudem mehrfach Trupps von bis zu 50 Individuen über Rheydt gezogen. HEINEN et al. (1983) nennen vier Beobachtungen von 12–90 Exemplaren aus den Wickrather Feldern. BURGHARDT (1989a) berichtet ebenfalls von sehr vereinzelten Saatgänsen im Lürriper Feld. Liegt die Maximalzahl rastender Gänse bei unter 100 Individuen, ist die Anzahl überfliegender Vögel offenbar deutlich höher. So zogen im Winter 1985/86 etwa 300 Exemplare über Lürrip (BURGHARDT 1989a). In dem Trupp seien allerdings wohl auch Blässgänse gewesen, so dass die genaue Anzahl von Saatgänsen unklar bleibt.

Dass bei überfliegenden Gänsetrupps die Artzusammensetzung häufig unbestimmt bleibt, ist auch aus den letzten Jahren bekannt. Aus mehreren Wintern liegen Meldungen ziehender Gänse vor, die bis zu 600–1000 Exemplare reichen (31.12.2001, K. Klaus). Sollte die Zusammensetzung den Rastbeständen am Niederrhein entsprechen, müsste in diesen Trupps die Saat- gegenüber der Blässgans deutlich in der Minderheit sein. Andere Arten wären angesichts der geringen Häufigkeit (< 1–2 %) kaum zu erwarten (vgl. z. B. WILLE 1998). Belegt sind seit 1991 vier Nachweise:

- 1 Ex. der Unterart *A. f. rossicus* (»Tundrasaatgans«) vom 20.12.1998 bis zum 08.01.1999 in der Kiesgrube Beltinghoven (G. & H. Maas u. a.).
- 1 Tundrasaatgans am 28.01.2002 auf dem Holtmühlenteich (M. Temme).
- Etwa 50 Ex. überfliegen am 30.12.2003 den Holtmühlenteich (W. von Kannen).
- 6–7 Ex. ziehen am 13.02.2004 in einer Gruppe von Graugänsen über den Holtmühlenteich (W. von Kannen).

Kurzschnabelgans (*Anser brachyrhynchus*)

sehr vereinzelter, unregelmäßiger Wintergast
XII

Bestand und Vorkommen

In jedem Winter können einzelne Kurzschnabelgänse im Rheinland beobachtet werden (MILDENBERGER 1982). Auch WILLE (1998) geht von alljährlich bis zu zehn Tieren am Niederrhein aus. Für Mönchengladbach findet sich der bisher einzige Nachweis bei BURGHARDT (1989a):

- 5 Ex. rasten am 16.12.1967 im Rasselner Feld bei Kühlenhof (S. Burghardt).

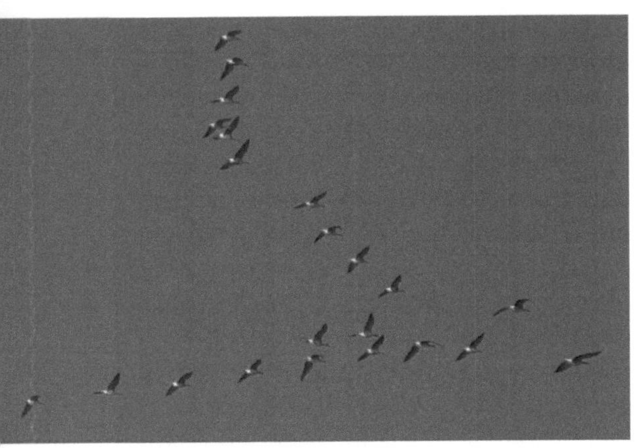

Foto: H. Hurtmann

Blässgans (*Anser albifrons*)

sehr vereinzelter bis mäßig zahlreicher,
unregelmäßiger Rastvogel
XI–II

Bestand und Vorkommen
Ähnlich wie bei der Saatgans hängt das
Auftreten dieser Art mit den Winterbe-
ständen am Niederrhein zusammen.
Bis zum Ende der 1970er Jahre fehlen
jegliche Nachweise der Blässgans aus
Mönchengladbach. Angesichts der
niederrheinischen Rastzahlen überrascht das nicht, denn die Bestände
waren zu dieser Zeit verhältnismäßig niedrig. Seitdem hier ein deutlicher Anstieg
zu verzeichnen ist (vgl. AG WILDGÄNSE 1993), gibt es immer wieder auch Beobachtungen im Stadtgebiet. Am 16.01.1979 zogen etwa 80–100 Individuen über Hardterbroich (M. Jöbges). Auf dem Rheydter Stadtwaldweiher schwamm ein Exemplar
am 01.11.1980 (T. Brenner in BURGHARDT 1989a). Beobachtungsort und das frühe
Datum lassen allerdings vermuten, dass es sich um einen Gefangenschaftsflüchtling handelte. Bis zum Anfang der 1990er Jahre gibt es mindestens einen weiteren
Nachweis: Am 04.01.1986 überflogen 16 Individuen Windberg (BURGHARDT 1989a).
Diese Meldungen spiegeln das tatsächliche Auftreten allerdings nur ungenau wider. Bei einem Gänsekeil von rund 300 Exemplaren am 09.01.1986 über Lürrip
etwa vermutet BURGHARDT (1989a), dass darunter auch Blässgänse waren.

Die Reihe unbestimmter Gänsetrupps setzte sich in den 1990er Jahren fort. Bei
14 Winternachweisen blieb die Artzusammensetzung unbekannt. Die Größe der
Trupps reichte von 10–1000 Exemplaren, wobei im Mittel rund 150 (n = 13) Vögel über die Stadt zogen. Vorausgesetzt die Zusammensetzung ist ein Spiegelbild
der niederrheinischen Winterbestände, dominierte die Blässgans in diesen Trupps
deutlich vor der Saatgans. Am Niederrhein lag die Relation Mitte der 1990er bei
15:1 (WILLE 1998). Genau quantifiziert sind seit 1991 vier Nachweise, wobei sich die
beiden letzten auf denselben Vogel beziehen könnten:

- 5 Ex. beobachtete H. Schmitz am 01.01.1993 im Bresges Park.
- 40 Ex. am 01.01.1994 über Großheide (E. & S. Burghardt, H. Diederichsen).
- 1 Ex. am 13.02.2004 mit 37 Graugänsen vergesellschaftet, Kiesgrube Beltinghoven (H. Maas).

- 1 Ex. am 18.02. und 21.02.2004 auf dem Holtmühlenteich (H. Hurtmann, W. von Kannen, M. Temme u. a.).

Zwerggans (*Anser erythropus*)

Gefangenschaftsflüchtling
III–IV

Bestand und Vorkommen

Obwohl nicht ganz ausgeschlossen werden kann, dass die Zwerggans als seltene Ausnahmeerscheinung im Rheinland auftritt (MILDENBERGER 1982), wird das folgende Tier ein Gefangenschaftsflüchtling gewesen sein. Darauf deutet bereits der Beobachtungsort hin:

- 1 Ex. hält sich Mitte März und Mitte April 1997 am Volksgartenweiher auf (HURTMANN 1998a). Laut W. Hecker (zitiert nach G. Maas, schriftl.) war die Gans bereits 1996 an dem Parkgewässer zu beobachten.

Die Meldung wurde der Avifaunistischen Kommission NRW vorgelegt, über eine Anerkennung ist noch nicht entschieden.

Graugans (*Anser anser*)

(sehr) seltener Brutvogel, sehr vereinzelter bis mäßig zahlreicher Rastvogel
I–XII

Bestand und Vorkommen

Das Vorkommen der Graugans ist verknüpft mit den Einbürgerungen seit den 1960er Jahren. Die natürliche Verbreitung beschränkte sich in Deutschland bis dato auf Schleswig-Holstein und auf Gebiete östlich der Elbe. Westlich davon gab es

Foto: H. Hurtmann

bis etwa zum Anfang des 20. Jahrhunderts einzelne kleine, vorgeschobene Brutvorkommen (GLUTZ & BAUER 1968). Im Jahr 1961 wurden durch die Forschungsstelle für Jagdkunde in Bonn erste Junggänse am Niederrhein ausgesetzt. Hierzu nahm man Eier von dänischen und holsteinischen Gänsen, brütete sie künstlich aus und zog die Tiere von Menschenhand auf. Danach sah das Programm vor, die Gänse durch das Stutzen der Flügel, durch Artgenossen und durch Beifütterung an die Aussetzungsgewässer zu binden (SPITTLER 1985). Ergebnis von künstlicher Aufzucht und stetigen Eingriffen war indes, dass sich das Verhalten dieser Vögel von dem wilder Gänse deutlich unterschied. Auch ihre Nachkommen zeigen heute kein natürliches Flucht- und Zugverhalten. Weitere Einbürgerungen durch Jagdberechtigte folgten im Laufe der Jahre, auch in der näheren Umgebung der Stadt – etwa 1977 am Borner See im Kreis Viersen (SPITTLER 1985). Bis sich ein Bestand etablierte, der auch in Mönchengladbach auftrat, dauerte es einige Zeit. Das mag an den erheblichen Verlusten liegen, die es in der zunächst flugunfähigen Population gab (vgl. MILDENBERGER 1982).

Entsprechend der früheren Verbreitung können MAAS (1948) und BETTMANN (1959) keine Brutnachweise aufführen. Doch auch nach den Ansiedlungen am Niederrhein fehlen bei HEINEN et al. (1983) und BURGHARDT (1970, 1989a) entsprechende Hinweise. Letzterer verzichtete allerdings auf eine Darstellung, weil es sich bei der Graugans um eine eingebürgerte Art handelt (S. Burghardt, schriftl.). So bleibt das Jahr der ersten Besiedlung unklar. Erstmals datiert sind Bruten 1989 am Holtmühlenteich (2 BP, S. Burghardt, schriftl.). Dass die Ansiedlung in den (späten) 1980er Jahren erfolgte, ist wahrscheinlich. Bei einer Kartierung 1976 blieben Brutnachweise am Holtmühlenteich noch aus (vgl. WINK 1988); im angrenzenden Kreis Viersen wuchs der Bestand erst Ende der 1980er Jahre deutlich an (HUBATSCH 1996). Der Mühlenteich blieb bis zur Besiedlung der Kiesgrube Beltinghoven 1995 das einzige Brutgebiet (Tab. 18). Mit den beiden Gebieten beschränkt sich die Verbreitung der Graugans auf größere, naturnahe Gewässer.

Tab. 18: Anzahl der Graugansbrutpaare ab 1991 (in Klammern die Anzahl der juv.)

Gebiet	1991	1992	1993	1994	1995	1996	1997
Kiesgrube Beltinghoven	0	0	0	0	1 (0)	1 (0)	2 (4)
Holtmühlenteich	1 (2)	2 (8)	3 (5)	1 (4)	mind. 1	4 (22)	3 (9)
Summe	1 (2)	2 (8)	3 (5)	1 (4)	mind. 2	5 (22)	5 (13)

Gebiet	1998	1999	2000	2001	2002	2003	2004
Kiesgrube Beltinghoven	1 (8)	3 (15)	2 (5)	5 (22)	3 (14)	5 (27)	6 (28)
Holtmühlenteich	3 (9)	2 (8)	4 (12)	1 (5)	3 (14)	5 (26)	4 (17)
Summe	4 (17)	5 (23)	6 (17)	6 (27)	6 (28)	10 (53)	10 (45)

Vom Holtmühlenteich liegen Daten nur lückenhaft vor. Im Gegensatz zur Kiesgrube basieren sie zudem nur auf sichtbaren Bruterfolgen, d. h. auf Paaren mit Jungvögeln. Da auf diese Weise Paare mit Gelege- oder völligem Jungenverlust unberücksichtigt bleiben, spiegelt die Anzahl nur den Mindestbestand wider (vgl. dazu BSKS 2003).

Rastbestand

Vor der Einbürgerung ließ sich die Art als unregelmäßiger Durchzügler feststellen (MAAS 1948). BETTMANN (1959) schreibt im Artkapitel von »Wildgänsen, die in großen Scharen im Niersbruch und auf den Feldern des Stadtgebiets übernachten«. Die Einschätzung ist fragwürdig, da die Graugans damals nur seltener Durchzügler im Rheinland war (NEUBAUR 1957). Nach der Ansiedlung fällt eine Abgrenzung von tatsächlichen Durchzüglern und halbwilden, eingebürgerten Gänsen schwer. Daher muss offen bleiben, ob die beiden folgenden Nachweise Wildvögel betreffen: Am 02.11.1986 ziehen Graugänse (Anzahl?) über Waldhausen (BURGHARDT 1989a). Ebenfalls Anfang November, am 01.11.1989, sah H. Schmitz 68 Exemplare über Schloss Rheydt. Für den Heimzug schon recht spät ist die (allerdings verletzte) Graugans, die sich vom 03.–12.04.1963 in der Bistheide nördlich von Venn aufhielt (BURGHARDT 1970, 1989a).

Ab den 1990er Jahren wird der Anteil der heimischen Brutpopulation am Herbst- und Winterbestand allmählich gestiegen sein. Graugänse bleiben bis zur jeweils nächsten Brut im Familienverband zusammen. Seit etwa 2000 hat der Bestand außerhalb der Brutzeit besonders stark zugenommen. Wurden bis in die späten 1990er Jahre von Juli bis März selten mehr als 30 Gänse im Stadtgebiet gezählt, sind in neuester Zeit Ansammlungen von mehr als 80 Individuen keine Seltenheit. Holtmühlenteich und Kiesgrube Beltinghoven bleiben die bevorzugten Gewässer. Außerhalb dieser Gebiete ist die Art nur sporadisch anzutreffen. Von den niersnahen Parkanlagen liegen seit 1991 vereinzelte Beobachtungen mit bis zu vier Exemplaren vor (H. Hurtmann, H. Schmitz u. a.). Hier lassen sich die Tiere auch gerne anfüttern. Ob sich unter den Graugänsen heute überhaupt noch Rastvögel aus Skandinavien oder Osteuropa befinden, muss letztendlich offen bleiben.

Wasservogelzählung 1997/2004

Die mittlerweile deutlich höhere Präsenz im Winter verdeutlichen die Ergebnisse aus 1997 und 2004 (Abb. 8, HURTMANN 1998a, 2005b):

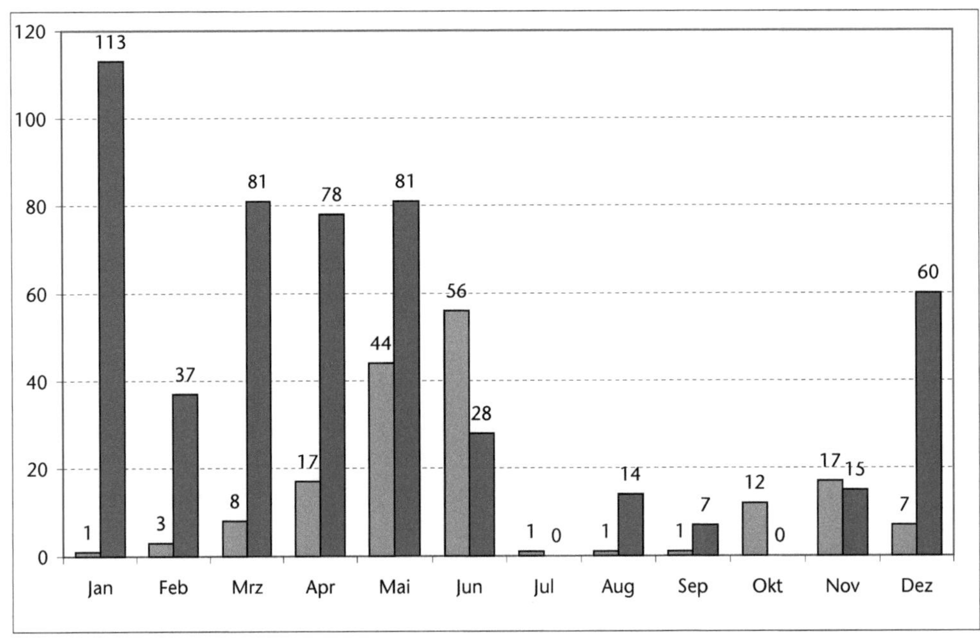

Abb. 8: Bestand der Graugans 1997 (hell) und 2004 (dunkel)

Baut sich 1997 durch die allmähliche Belegung der Territorien bis in den April hinein langsam die Brutpopulation auf, sind in 2004 hohe Bestände typisch. Das Gros entfällt dabei im Januar und März auf den Holtmühlenteich, wo sich doppelt so viele Gänse aufhielten wie in der Kiesgrube. Im Februar fehlten sie auf dem Mühlenteich, womöglich ästen sie auf umliegenden Feldern. Ab April beeinflussen Jungvögel das Bild. Im Mai 2004 machten Paare mit Jungvögeln knapp 60 % des Bestandes aus. Der Abzug aus den Brutgebieten ist im Juli zu erkennen, bis in den Spätherbst bleiben die Zahlen auf relativ geringem Niveau. Dass Graugänse im Oktober 2004 nicht fehlten, zeigen ergänzende Beobachtungen. H. Maas zählte am 16.10. in der Kiesgrube 28 Exemplare. Die Dezemberdaten bekräftigen die beschriebenen Veränderungen des Winterbestands.

Phänologie

Erste Jungvögel konnten seit 1997 im Mittel am 09.04. registriert werden (n = 8). Die Eckwerte waren der 01.04. (2001, H. Maas) und der 13.04. (1997, 2003 G. & H. Maas u. a.). Im angrenzenden Kreis Viersen führten Altvögel frühestens am 27.03. pulli (BSKS 1998–2003, HUBATSCH 1996).

Maximum

Mit 138 Exemplaren wurde das Maximum am 18.01.2002 auf dem Holtmühlenteich erreicht (M. Temme). Ähnlich viele waren es dort am 21.01.2004 mit 112 Individuen (M. Temme). In der Kiesgrube Beltinghoven werden solche Zahlen nicht erreicht, hier lag die Höchstzahl bei 76 Gänsen (03.10.2004, H. Maas).

Streifengans (*Anser indicus*)

Gefangenschaftsflüchtling
VIII

Bestand und Vorkommen

Von der Streifengans, die in den Hochebenen Zentralasiens brütet, sind im Rheinland wiederholt frei fliegende Exemplare beobachtet worden (MILDENBERGER 1982). Der Gefangenschaftsflüchtling hat unter anderem in Deutschland (maximal 7 BP) wie auch in den Niederlanden gebrütet (maximal 11 BP) (KRETZSCHMAR 1999). In Mönchengladbach konnte die Art einmal festgestellt werden:

■ 1 Ex. lässt sich am 30.08.1999 im Bresges Park anfüttern (H. Hurtmann).

Weißwangengans (*Branta leucopsis*)

Rote Liste: D R
Gefangenschaftsflüchtling
II, IV–V / IX–X

Bestand und Vorkommen

Wildvögel treten als Wintergast mit 1–10 (100) Exemplaren am Niederrhein auf (MILDENBERGER 1982). Parallel dazu hat sich eine Population aus frei fliegenden Gefangenschaftsflüchtlingen etabliert, die inzwischen in Mitteleuropa brütet. KRETZSCHMAR (1999) schätzt für Deutschland maximal 50 Paare, in den Niederlanden werden für das Jahr 2000 750–1100 Paare angegeben (SOVON 2002). Aus der Gefangenschaft entflohene Gänse wurden sechsmal im Stadtgebiet registriert:

■ 2 Ex. am 19.02.1985 über Wickrathberg (W. von Kannen).
■ 1 Ex. am 08.02.1996, Niers an der Odenkirchener Beller Mühle (H. Schmitz).

- I Ex. am 02.09.2000 im Beller Park (H. Hurtmann).
- I Ex. am 14.10.2000 am Geroweiher (H. Hurtmann). Dieser Nachweis liegt zeitlich nah bei der vorigen Beobachtung. Womöglich handelt es sich um denselben Vogel.
- I Ex. am 15.05.2001 auf dem Holtmühlenteich (M. Temme).
- I Ex. vom 23.04.–11.05.2003, Kiesgrube Beltinghoven (P. Deussen, H. Maas, K. Veckes).

Kanadagans (*Branta canadensis*)

(sehr) seltener, unregelmäßiger Brutvogel, (sehr) vereinzelter, unregelmäßiger Rastvogel
I–XII

Bestand und Vorkommen

In der älteren avifaunistischen Literatur bleibt die Kanadagans unerwähnt. Das kann aber nicht auf ein Fehlen zurückgeführt werden. In MALKUSCH (1969) findet sich ein undatierter Bildnachweis mit drei Exemplaren am Volksgartenweiher. Auch beobachteten S. Burghardt und M. Thissen am 20.04.1987 eine Gans in der Kiesgrube Beltinghoven. Unberücksichtigt blieb die Art wohl deshalb, weil sie zu den Neozoen zählt. Ursprünglich in weiten Teilen Nordamerikas verbreitet, wurde die Kanadagans schon vor über 200 Jahren insbesondere in Großbritannien und Schweden eingebürgert. Diese Populationen ziehen als Überwinterer auch in das Rheinland. Daneben wurden Gänse in Deutschland als Parkvögel ausgesetzt, die schließlich auch brüteten. Ihr Bestand in NRW wird mittlerweile auf deutlich über 100 Paare geschätzt (KRETZSCHMAR 1999).

In den 1990er Jahren tritt die Kanadagans zunächst ebenfalls sehr sporadisch auf. Bis zur Mitte des Jahrzehnts gibt es lediglich zwei Nachweise von 1–2 Gänsen im Neuwerker und Rheydter Niersraum (L. Reyrink, schriftl., H. Schmitz). Erst nach der Brutansiedlung – die erste Brut ist 1994 belegt (Tab. 19) – kann die Gans regelmäßig nachgewiesen werden. Woher die Mönchengladbacher Population stammt, ist nicht bekannt. Im Gegensatz zu anderen Neozoen wurde sie zumindest nicht durch den Heimatverein Wickrath eingebürgert (E. Heinen, mdl.), sondern scheint aus anderen Gegenden zugewandert zu sein.

Tab. 19: Anzahl der Kanadagansbrutpaare seit der ersten Besiedlung 1994

Gebiet	1994	1995	1996	1997	1998	1999	2000	2001	2002	2003	2004
Volksgartenweiher											1
Schloss Rheydt				1	1	1	2	1	2	4	4
Bresges Park						1	1-2	1		1	3
Rheydter Stadtwald					1		1			1	2
Beller Park	1									2	1
Schlosspark Wickrath		1	1		2	1	3	2	4	5	3
Summe	1	1	1	1	4	3	7-8	4	6	13	14

Die Angaben basieren auf direkten Brutnachweisen, insbesondere auf Paaren mit Jungvögeln (H. Hurtmann, D. Kemper, G. Maas u. a.). Obwohl durch viele Begehungen eine umfassende Dokumentation gelungen ist, kann für einzelne Gebiete das Ergebnis unvollständig sein.

Rastbestand

Ein ausgeprägter Rastbestand fehlt, die heimische Brutpopulation und hiesige Nichtbrüter prägen das Bild im gesamten Jahr. Bei 838 Ringablesungen bis einschließlich 2004 machten Gänse von außerhalb nur 2 % aus (siehe unter »Ringfunde«). Eine Kontinuität gibt es bei der Habitatpräferenz. Parks werden eindeutig bevorzugt, von naturnahen Gewässern liegen kaum Beobachtungen vor. So wurde das Maximum in der Kiesgrube Beltinghoven bereits bei vier Exemplaren erreicht (05.06.2003, H. Maas). Größere Nahrungsflüge auf Felder sind für den Zeitraum von Anfang August bis Mitte März allerdings belegt (H. Bolten, P. Mohr, I. Schraut u.a.). Der Verbreitungsschwerpunkt ist der Wickrather und Rheydter Raum mit seinen niersnahen Gewässern, an denen sich die Gans vom Menschen anfüttern lässt. Auch der Geroweiher ist in diesem Zusammenhang zu nennen. Die größte Bedeutung hat der Wickrather Schlosspark, in dem die Kanadagans am häufigsten auftritt. Ringablesungen zeigen, dass sich Brutvögel von anderen Mönchengladbacher Gewässern mit den flüggen Jungvögeln hier sammeln. Allerdings gibt es keine Einbahnstraße in Richtung Wickrath, auch die Gänse aus dem Schlosspark streifen umher und suchen verschiedene (Park-)Gewässer in der Region auf. Fest abgrenzbare Zugzeiten und -routen sind dabei nicht auszumachen.

Wasservogelzählung 1997/2004

Tab. 20 zeigt die Bestandsentwicklung bei den stadtweiten Zählungen (HURTMANN 1998a, 2005b):

Tab. 20: Bestand der Kanadagans 1997 und 2004

Monat	Jan.	Feb.	März	Apr.	Mai	Juni	Juli	Aug.	Sep.	Okt.	Nov.	Dez.	Ø
1997	0	7	6	8	13	13	12	7	2	1	0	1	5,8
2004	94	60	74	59	87	116	96	73	79	74	103	84	83,3

Drastisch zeigt sich beim Vergleich die Zunahme der Brutpopulation. Hatte sich die Art bis inklusive 1997 erst vorsichtig etabliert, führte die anschließende Ausbreitung in 2004 zu einem vielfach höheren Bestand. Unterschiedlich ist auch die Präsenz im Jahresverlauf. Fehlten 1997 im Spätherbst und Winter Kanadagänse weitgehend, wurden sie in 2004 durchgängig an den Gladbacher Gewässern registriert. Gemeinsam ist beiden Jahren, dass das Maximum zur Brutzeit im Juni erreicht wird. Die Verbreitung konzentrierte sich jeweils auf den Niersraum zwischen Schloss Rheydt und Schloss Wickrath. Aus diesem Bereich stammen 93 % (1997) bzw. 77 % (2004) aller gemeldeten Individuen. In beiden Jahren ließ sich bestätigen, dass der Wickrather Schlosspark die größte Anziehungskraft für die Gänse besitzt. Stadtweite Vergleichszählungen lieferten im Dezember 1999 und 2001–2003 einen Bestand von 31–64 Exemplaren (HURTMANN 2005b).

Phänologie

Pulli konnten frühestens am 18.04. registriert werden (2002, Schloss Rheydt, G. Maas). Durchschnittlich traten erste Jungvögel seit 1994 am 07.05. auf (n = 10, H. Hurtmann, G. Maas, H. Schmitz u. a.).

Maximum

Das stadtweite Maximum lag Mitte Juni 2004 bei 116 Exemplaren (HURTMANN 2005b). Höchstzahlen von über 50 Individuen in einem Gebiet wurden erreicht am Rheydter Stadtwaldweiher (57 Vögel am 29.10.2004, G. Maas) und mehrfach im Wickrather Schlosspark (bis zu 54 Exemplare am 02.09.2003, H. Hurtmann).

Ringfunde

In den Jahren 1998 bis 2001 sind 25 Exemplare durch die Arbeitsgruppe Neozoen der Universität Rostock beringt worden. Die meisten Gänse wurden im Wickrather Schlosspark markiert, vier Tiere waren es am Rheydter Stadtwaldweiher. Von 23 Kanadagänsen konnten bis Ende 2004 insgesamt 819 Wiederfunde erbracht werden. Mit 788 Ablesungen (96 %) stammen die meisten aus dem Stadtgebiet. Hier entfällt das Gros auf den Wickrather Schlosspark (76 %), zahlreiche Nachweise kommen zudem vom Rheydter Stadtwaldweiher (10 %) und vom Geroweiher (6 %).

Wiederentdeckungen außerhalb der Stadt gelangen bei acht Gänsen. Nachweise gab es in Düsseldorf (Anzahl der Ablesungen: 17), Jüchen (7) Mülheim (3) sowie in Viersen (2) und Essen (2). Eine völlige Loslösung von Mönchengladbach bedeuteten die Ausflüge aber nicht, denn die Gänse konnten mehrfach wieder im Stadtgebiet beobachtet werden. Stellvertretend ein Auszug aus den Ablesedaten eines Tieres (Uni Rostock, schriftl.):

Deutschland – Hiddensee – BA010229

O	26.06.1999	Wickrath, Mönchengladbach (diesjährig)			
+	12.09.1999	Geroweiher, Mönchengladbach	7 km	NNE	aus Entfernung
+	06.12.1999	Wickrath, Mönchengladbach	0 km		aus Entfernung
+	17.02.2000	Wickrath, Mönchengladbach	0 km		aus Entfernung
+	01.05.2000	Südpark, Düsseldorf	28 km	ENE	aus Entfernung
+	01.06.2000	Dycker Schlosspark, Kreis Neuss	10 km	ENE	aus Entfernung
+	14.06.2000	Saarn, Mülheim/Ruhr	46 km	NNE	aus Entfernung
+	17.09.2000	Überruhr, Essen	58 km	NE	aus Entfernung
+	30.09.2000	Wickrath, Mönchengladbach	0 km		aus Entfernung
+	24.12.2000	Wickrath, Mönchengladbach	0 km		aus Entfernung
+	19.08.2001	Wickrath, Mönchengladbach	0 km		aus Entfernung
+	24.02.2002	Südpark, Düsseldorf	28 km	ENE	aus Entfernung
+	02.06.2002	Südpark, Düsseldorf	28 km	ENE	aus Entfernung
+	25.01.2004	Saarn, Mülheim/Ruhr	46 km	NNE	aus Entfernung

So wie sich die im Stadtgebiet markierten Gänse als ortstreu erwiesen, gab es nur geringen Zuzug von andernorts beringten Vögeln (insgesamt über 1400 Tiere im Bundesgebiet, GEITER 2001). Eine Kanadagans, die am 12.07.2003 in Neuss-Weißenberg beringt worden war, zeigte sich rund einen Monat später im Wickrather Schlosspark (19 km SW) und brütete in 2004 am Volksgartenweiher (G. Maas). Zwei weitere Ringträger, im Jahr 2000 im Düsseldorfer Südpark gekennzeichnet, ließen sich mehrfach im Stadtgebiet ablesen (28 km SWS). Angesichts der Wanderungsbewegungen und der Beringungsumstände vermutet GEITER (2001), dass es sich bei den beiden ursprünglich um Vögel aus Mönchengladbach handelt, die beim Umherstreifen ihren Ring in Düsseldorf bekamen.

Besonderheiten

Eine Mischbrut Kanada- x Hausgans gab es 2000 im Wickrather Schlosspark. Die vier Nachkommen weisen Kennzeichen beider Arten auf, wobei die jeweilige Ausprägung stark differiert. Sind bei drei Jungvögeln die Gefiedermerkmale der Kanadagans deutlich erkennbar, gleicht der vierte mit seinem vorwiegend weißen Gefieder phänotypisch der Hausgans. Der Kanadagans-Elter war parallel mit einer Kanadagans verpaart, aus dieser Konstellation ging ein Jungvogel hervor. In der Aufzuchtphase werden die fünf Jungvögel gemeinsam von den beiden Kanadagänsen und der Hausgans betreut (O. Geiter, S. Homma, H. Hurtmann u.a.). Bigamie kommt offensichtlich nicht häufig vor, nach GLUTZ & BAUER (1968) leben Kanadagänse monogam.

Foto: H. Hurtmann

Nilgans (*Alopochen aegyptiacus*)

sehr seltener, unregelmäßiger Brutvogel, sehr vereinzelter, unregelmäßiger Rastvogel
I–XII

Bestand und Vorkommen

Auch die Nilgans gehört zu den Neozoen. Ihr ursprüngliches Brutgebiet liegt in Afrika südlich der Sahara mit Ausläufern nach Norden bis in das Nildelta. In Europa mindestens seit dem 17. Jahrhundert als Parkvogel eingebürgert (GLUTZ & BAUER 1968), entwickelten sich insbesondere in England frei fliegende Populationen. In Nordrhein-Westfalen begann sich die Art Anfang der 1980er Jahre zaghaft zu etablieren. Eine verstärkte Besiedlung setzte in den 1990ern ein und erfolgte von Nordwesten (Niederlande) aus. Die Flüsse Rhein und Rur dienten dabei als Leitlinien (HÜPPELER 2000).

Mönchengladbach ist im Jahr 1999 besiedelt worden, seitdem brütet die Gans mit 1–4 Paaren (Tab. 21). Die Verbreitung beschränkt sich bisher auf naturnahe oder zumindest störungsarme Gewässer. Ein heftig balzendes Paar am Odenkirchener Kreuzweiher (24.03.2004, H. Hurtmann) mag jedoch eine Besiedlung von städtisch geprägten Parkanlagen ankündigen, auch wenn eine Brut letztendlich ausblieb.

Tab. 21: Brutbestand der Nilgans (in Klammern die Anzahl der pulli)

Gebiet	1999	2000	2001	2002	2003	2004
Schlammbecken Neuwerk					1 (7)	
Kiesgrube Beltinghoven	1 (11)	1 (9)	1 (7)	1 (11)	1 (7)	1 (9)
Holtmühlenteich					1 (10)	1 (1+7)
Wickrather Schlosspark					1 (5)	
Summe	1 (11)	1 (9)	1 (7)	1 (11)	4 (29)	2 (17)

Insgesamt wird der Bestand komplett erfasst sein (H. Hurtmann, H. Maas, M. Temme u.a.). Während eine Jahresbrut die Regel ist, hat in 2004 ein Paar am Holtmühlenteich offenbar ein Zweit- oder Ersatzgelege getätigt (W. von Kannen, M. Temme). Mit 8,4 geschlüpften Küken pro Brutpaar (n = 10) ist die Anzahl deutlich höher als ein landesweiter Vergleichswert aus 1998 (4,2 pulli/ BP, HÜPPELER 2000). Methodisch bedingt dürften beide Zahlen eher die Untergrenze angeben. Für die Kiesgrube Beltinghoven lässt sich dank der guten Datenlage auch die Überlebensrate der Jungvögel errechnen. Von den 54 erbrüteten pulli wurden 51 flügge (H. Maas u.a.). Auch dieser Wert von 94 % liegt über den von HÜPPELER (2000) für NRW angegebenen Zahlen. Hier erreichten 58 % (1997) bzw. 87 % (1998) die Flugfähigkeit.

Rastbestand

Bis zum Ende der 1990er Jahre trat die Nilgans nur sehr sporadisch auf. Die lokalen Autoren bis einschließlich BURGHARDT (1989a) nennen keine Nachweise. Die Erstbeobachtung gelang am 20.12.1992 in der Kiesgrube Beltinghoven, wo sich ein Exemplar für kurze Zeit aufhielt (H. Hurtmann). Nach einer weiteren Beobachtung am 10.04.1993 im Bresges Park (H. Schmitz) ließ der nächste Nachweis fünf Jahre auf sich warten. Mitte April 1998 sah K. Klaus zwei Individuen an der Kläranlage Neuwerk. Seit der Besiedlung 1999 ist die Nilgans zur regelmäßigen Erscheinung geworden. Dabei dürfte sich die Mehrzahl der Beobachtungen außerhalb der Brutzeit auf die Vögel der lokalen Brutpopulation beziehen. Die größeren Brutgewässer, allem voran die Kiesgrube Beltinghoven, bleiben im Herbst und Winter die bevorzugten Gebiete. Umherstreifende Vögel, darunter auch brutwillige Paare auf der Suche nach Territorien, können sehr vereinzelt im gesamten Stadtgebiet beobachtet werden.

Wasservogelzählung 1997/2004

Fehlte die Art 1997, wurden 2004 bis zu 17 Vögel gezählt (Tab. 22, HURTMANN 1998a, 2005b).

Tab. 22: Bestand der Nilgans 1997 und 2004

Monat	Jan.	Feb.	März	Apr.	Mai	Juni	Juli	Aug.	Sep.	Okt.	Nov.	Dez.	Ø
1997	0	0	0	0	0	0	0	0	0	0	0	0	0,0
2004	5	4	9	17	12	7	5	9	2	2	4	4	6,7

Beobachtungen konzentrierten sich auf die beiden Brutgebiete. Aus der Beltinghovener Grube und vom Holtmühlenteich stammen 85 % aller gemeldeten Individuen. Daneben ließen sich je 2 Exemplare am Odenkirchener Kreuzweiher (Februar), am Wickrather Schlosspark (April – Juni), auf der Golfanlage Wanlo (November) und im Bresges Park (Dezember) blicken. Die vergleichsweise hohen Zahlen von März bis Mai lassen sich durch die erfolgreichen Bruten erklären. Tatsächlich bleibt der Bestand bis in den Juli hinein recht stabil, wie ergänzende Beobachtungen von H. Maas zeigen. Danach zieht ein großer Teil der Population aus dem Stadtgebiet ab. Regelmäßige Nachweise beschränken sich ab August auf die Kiesgrube Belting-hoven, auch hier sinkt der Bestand im Herbst deutlich.

Phänologie

Ein fest umrissenes Brutzeitfenster ist bei nordrhein-westfälischen Nilgänsen nicht zu erkennen. Die früheste aller bislang gemeldeten Bruten wurde in der dritten Januardekade begonnen, die späteste ist auf die erste Septemberdekade zu datieren (HÜPPELER 2000). In Mönchengladbach wurden erste Jungvögel zwischen dem 05.03. (2004, H. Maas, K. Veckes) und dem 12.06. (2003, M. Temme) beobachtet. Der Brutbeginn schwankte entsprechend von der ersten Februar- bis zur zweiten Maidekade. Im Mittel konnten pulli bei n = 10 ab dem 13.04. registriert werden (H. Hurtmann, H. Maas, M. Temme u. a.).

Maximum

H. Maas zählte im März und April 2002 mehrfach 15 Exemplare in der Kiesgrube Beltinghoven, darunter ein Paar mit elf Jungvögeln.

Rostgans (*Tadorna ferruginea*)

sehr vereinzelter, unregelmäßiger Rastvogel bzw. Gefangenschaftsflüchtling
I–XII

Bestand und Vorkommen

Die Rostgans ist in Nordrhein-Westfalen Brutvogel, nachdem sie, aus Zentralasien und dem äußersten Südosten Europas stammend, eingebürgert wurde. KRETZSCHMAR (1999) schätzt den landesweiten Bestand mittlerweile auf fünf Brutpaare. Außerdem wurden wiederholt frei fliegende Exemplare im Rheinland beobachtet (MILDENBERGER 1982).

Für Mönchengladbach nennt von MAAS (1948) bis BURGHARDT (1989a) keiner der lokalen Autoren Beobachtungen. Der Erstnachweis gelang am 16.03.1993 auf dem Schlammbecken der Kläranlage Neuwerk (2 Exemplare, L. Reyrink, schriftl.). Bis einschließlich 2004 folgten elf weitere Nachweise, die bis auf eine Ausnahme alle 1–2 Individuen betreffen. Mit je fünf Nachweisen stammen die meisten aus dem Bresges Park und vom Neuwerker Schlammbecken (H. Hurtmann, L. Reyrink, schriftl. u. a.). Hier wurde auch das bisherige Maximum von vier Individuen erreicht (23.04.1998, L. Reyrink, schriftl.). Eine »leichte Häufung« der Beobachtungen im Spätsommer und Frühherbst, wie es sie nach NWO (2000) aufgrund von Zugbewegungen gibt, ist für Mönchengladbach nicht erkennbar. Hielten sich die Vögel meist nur kurzzeitig in den Gebieten auf, verweilten im Wickrather Schlosspark zwei Exemplare von Mitte Juli 1997 bis in den März 1998 hinein (G. Erdtmann, HURTMANN 1998a, G. Maas u. a.).

Brandgans
(*Tadorna tadorna*)

Rote Liste: NRW R
sehr vereinzelter, unregelmäßiger Durchzügler, Gefangenschaftsflüchtling
(II) III–IV / VIII–XII

Bestand und Vorkommen
Am Niederrhein brütet die Art seit Beginn der 1960er Jahre (MILDENBERGER 1982). Nicht weit entfernt sind auch die Brutplätze an der Maas

Foto: H. Hurtmann

bei Roermond (SOVON 2002). Aus dem Stadtgebiet gibt es sechs Nachweise, bis auf die letzten drei stammen alle vom Schlammbecken der Neuwerker Kläranlage. Neben Wildvögeln muss auch mit Gefangenschaftsflüchtlingen gerechnet werden.

- 1 ♂ beobachtete S. Burghardt am 15.04.1972 (BURGHARDT 1989a).
- 1 Ex. vom 27.02. bis zum 20.03.1993 (H. Hurtmann, D. Stiels).
- 1 Ex. im 1. KJ vom 28.08. bis zum 11.09.1993 (H. Hurtmann, D. Stiels).
- 1 Ex. am 21.03.2000 bei Schloss Rheydt (H. Schmitz).
- 4 Ex. am 15.04.2002 in der Kiesgrube Beltinghoven (H. Maas).
- 1 Ex. vom 08.10. bis mindestens zum 15.12.2004 auf dem Volksgartenweiher (H. Hurtmann, G. Maas). Der mit einem schmalen Aluring gekennzeichnete Vogel lässt sich anfüttern, es handelte sich um einen Gefangenschaftsflüchtling.

Moschusente (*Cairina moschata*)

sehr seltener, unregelmäßiger Brutvogel, Gefangenschaftsflüchtling
I–XII

Bestand und Vorkommen

Von der in Süd- und Mittelamerika beheimateten Moschusente ist hier die domestizierte Form als Flug- oder Warzenente bekannt. Als Parkgeflügel wird die Art von vielen Ornithologen nicht beachtet. Dabei wird übersehen, dass sich die Moschusente dem direkten menschlichen Einfluss entzogen hat und frei fliegende Exemplare brüten. KRETZSCHMAR (1999) vermutet, dass es in Nordrhein-Westfalen »nahezu alljährlich einzelne Bruten« gibt.

Für Mönchengladbach sind Nachweise bis in die späten 1980er Jahre nicht überliefert. Das wird auf das Desinteresse an der Art zurückzuführen sein (vgl. den Umgang mit anderen eingebürgerten Arten, S. Burghardt, schriftl.). Unwahrscheinlich ist deshalb, dass die früheste Meldung aus dem Oktober 1989 vom Bresges Park (H. Schmitz) tatsächlich das erste Auftreten widerspiegelt. Ähnlich verhält es sich mit den Brutnachweisen. Die erste Brut datiert aus dem Jahr 1997, sie fand am Volksgartenweiher statt (HURTMANN 1998a). Seitdem konnten in nahezu allen Jahren sehr vereinzelte Bruten festgestellt werden, die sich auf die Mönchengladbacher Parkanlagen beschränken. Am Volksgartenweiher fand G. Maas in vier weiteren Jahren 1–2 nistende Enten, ohne jedoch Bruterfolg registrieren zu können. Im Wickrather Schlosspark brütete die Moschusente 2000 (2 BP) und 2002 (1 BP) erfolgreich (H. Hurtmann, G. Maas). Ein weiterer Brutort war die Niers bei Dohr in 2004 (1 BP, H. Hurtmann). Die Anzahl der Jungvögel lag bei 4–5 (n = 3).

Rastbestand

Wegen der spärlichen Daten lässt sich bis zur Mitte der 1990er Jahre nur ein gelegentliches Auftreten an der Rheydter Niers belegen (1992, 1993, 1996, H. Schmitz). Spätestens seit 1999 gibt es regelmäßige Nachweise aus allen Monaten. Sie stammen vornehmlich aus dem Niersraum von Rheydt bis Wickrath, vom Volksgarten und Rheydter Stadtwaldweiher (H. Hurtmann, G. Maas, H. Schmitz u. a.). Meist wurden Einzelvögel gemeldet, von denen offenbar ein nicht geringer Teil ortstreu ist.

Wasservogelzählung 1997/2004

Die Erfassungen erbrachten folgende Zahlen (Tab. 23, HURTMANN 1998a, 2005b):

Tab. 23: Bestand der Moschusente 1997 und 2004

Monat	Jan.	Feb.	März	Apr.	Mai	Juni	Juli	Aug.	Sep.	Okt.	Nov.	Dez.	Ø
1997	1	8	8	5	4	5	2	1	7	9	7	7	5,3
2004	4	3	3	8	6	5	5	1	4	4	6	6	4,6

Die Größenordnungen beider Jahre gleichen sich, weniger offensichtlich sind Parallelen im Jahresverlauf. Zu jeweils unterschiedlichen Zeitpunkten beeinflussen Bruten das Bild. In 1997 ab September, in 2004 ab April. Auffällig ist jedoch die allmähliche Abnahme ab dem Frühjahr, die im Spätsommer in einem Bestandsminimum mündet. Bis in den Winter nimmt die Population wieder zu. Ob diese Trends auf feste Wanderungen zurückzuführen sind, ist offen. Stadtweite Vergleichszählungen im Dezember 1999 und 2001–2003 zeigten einen Bestand von 6–14 Exemplaren (Hurtmann 2005b).

Phänologie

Die Brutzeit der Moschusente erstreckt sich über einen breiten Zeitraum. Pulli führten die Enten von März bis in den August hinein: Am 24.03.2004 wurde an der Niers bei Dohr ein Paar mit Jungvögeln beobachtet, deren Alter H. Hurtmann auf rund eine Woche schätzte. Am Volksgartenweiher sah G. Maas Mitte September 1997 etwa drei Wochen alte Jungvögel (HURTMANN 1998a). In den Niederlanden sind Jungvögel zwischen Juni und Oktober bekannt. Das späte Auftreten wird dort mit Anpassungsschwierigkeiten an die mitteleuropäischen Verhältnisse in Verbindung gebracht (SOVON 2002).

Maximum

Bei der stadtweiten Wasservogelzählung Mitte September 2000 wurden 17 Vögel notiert (H. Hurtmann). Mit elf Exemplaren hatten die beiden Brutpaare im Wickrather Schlosspark und deren Jungvögel großen Anteil an der hohen Zahl.

Rotschulterente (*Callonetta leucophrys*)

Gefangenschaftsflüchtling
I–V / X–XII

Bestand und Vorkommen

Die in Südamerika beheimatete Entenart wird regelmäßig in Gefangenschaft gehalten und gezüchtet. Nachweise von Gefangenschaftsflüchtlingen haben in Nordrhein-

Westfalen schon eine längere Tradition und gehen womöglich auch auf frei fliegend gehaltene Vögel zurück (KRETZSCHMAR & OSTERMANN 1999). Bruten im Freiland sind indes bisher eine Ausnahme. Die erste Brut in Deutschland wurde 1999 in Dortmund nachgewiesen (KRETZSCHMAR & OSTERMANN 1999). Im Stadtgebiet zeigte sich die Art seit 1994 mehrfach, teilweise dürfte es sich um denselben Vogel gehandelt haben:

- 1 Ex. am 19.05.1994, Schlammbecken der Kläranlage Neuwerk (L. Reyrink, schriftl.).
- 1 ♂ am 10.03.2001, Wickrather Schlosspark (H. Hurtmann, D. Stiels).
- 1 ♂ vom 28.04.–12.05.2001, Holtmühlenteich (H. Hurtmann, M. Temme).
- 1 ♂ am 26.10.2003, Rheydter Stadtwaldweiher (H. Hurtmann).
- 1 ♂ am 15.11.2003, Holtmühlenteich (M. Temme).
- 1 ♂ vom 14.12.2003–23.04.2004, Volksgartenweiher (G. Maas).
- 1 ♂ vom 25.03.–16.05.2004, Rheydter Stadtwaldweiher (D. Kemper, G. Maas).

Männchen Foto: H. Hurtmann

Brautente (*Aix sponsa*)

(sehr) vereinzelter Rastvogel, Gefangenschaftsflüchtling
I–XII

Bestand und Vorkommen

Die aus Nordamerika stammende Brautente kannte MILDENBERGER (1982) im Rheinland als frei fliegenden Gefangenschaftsflüchtling. Seit den letzten Jahren tritt die Art in Nordrhein-Westfalen nach KRETZSCHMAR (1999) offenbar deutlich häufiger auf, im Jahr 1995 ist die erste Brut belegt. Zwei Jahre später seien landesweit vier Brutpaare bekannt geworden.

Keine Hinweise auf Vorkommen liefert die lokale Literatur von MAAS (1948) bis BURGHARDT (1989a). Das liegt zumindest in den 1980er Jahren nicht an einem Fehlen, sondern an der Artenauswahl (S. Burghardt, schriftl.). Die erste Meldung ist aus dem Jahr 1987 überliefert, als H. Schmitz im Mai und Juni gelegentlich Exemplare im Bresges Park sah. Bis zum

Ende des Jahrzehnts gelang ein weiterer Nachweis. Im März 1988 hielten sich 1 ♂, 1 ♀ für längere Zeit im Bresges Park auf (H. Schmitz).

Auch in den 1990er Jahren ist zunächst nur ein sporadisches Auftreten dokumentiert. Im Rheydter Niersraum fand H. Schmitz die Ente 1991 und 1996 wenige Male. Ab 1997 ist eine deutliche Häufung zu erkennen. Seither wird die Brautente (sehr) vereinzelt, aber relativ regelmäßig im Stadtgebiet nachgewiesen (H. Hurtmann, G. Lauscher, H. Schmitz u. a.). Ob die festgestellte Zunahme mit erfolgten Aussetzungen, mit Zuwanderung oder schlicht mit der verbesserten Datenlage zu tun hat, muss offen bleiben. Auffällig ist die Dominanz der ♂♂ beim Geschlechterverhältnis, das im Durchschnitt bei 5 : 1 liegt. Die Beobachtungen konzentrieren sich auf den südlichen Niersraum von Schloss Rheydt bis zum Wickrather Schlosspark. Im Jahresverlauf deuten schwankende Zahlen darauf hin, dass die Brautente umherstreift und im Sommer zeitweise das Stadtgebiet verlässt (Abb. 9). Offensichtlich gibt es diesen Trend auch landesweit (MÜLLER et al. 1999).

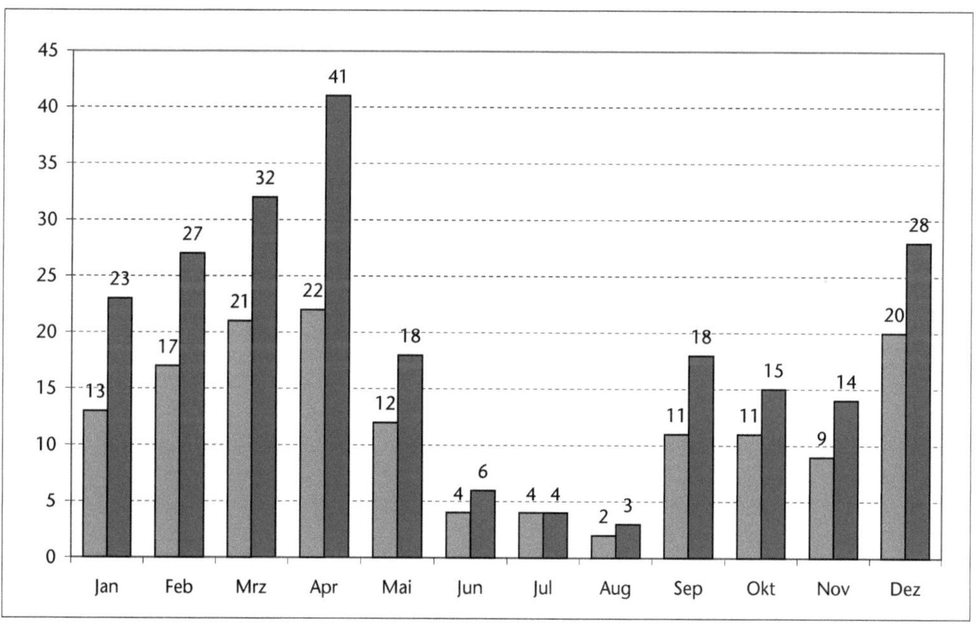

Abb. 9: Summe der Brautentenbeobachtungen (hell) und -anzahl (dunkel) seit 1991

Da die Angaben (n = 146) überwiegend auf Zufallsfunden basieren, wird die Anzahl auch von der Beobachtungshäufigkeit beeinflusst. Eine Ungenauigkeit entsteht zudem durch (potenzielle) Mehrfacherfassungen derselben Vögel. Auf methodische Ursachen lässt sich das »Sommerloch« aber nicht reduzieren, da auch in dem Zeitraum von Juni bis August Kontrollen stattfanden.

Wasservogelzählung 1997/2004

Auch bei den systematisch durchgeführten Zählungen zeigte sich ein Rückgang während der Sommermonate (Tab. 24, HURTMANN 1998a, 2005b):

Tab. 24: Bestand der Brautente 1997 und 2004

Monat	Jan.	Feb.	März	Apr.	Mai	Juni	Juli	Aug.	Sep.	Okt.	Nov.	Dez.	Ø
1997	11	3	4	4	3	2	0	1	4	6	4	1	3,6
2004	5	3	4	6	2	2	2	2	2	3	0	3	2,8

Nachweise gelangen in beiden Jahren nur an einigen Parkgewässern, vornehmlich im Bresges Park, im Wickrather Schlosspark und am Geroweiher. Die Vergleichszählung im September (2000) ergab einen Bestand von drei Brautenten, in den Dezembermonaten der Jahre 1999 und 2001 bis 2003 waren es 3–6 Individuen (HURTMANN 2005b).

Maximum

Mit elf Vögeln wurde Mitte Januar 1997 eine ungewöhnlich hohe Anzahl im Stadtgebiet erreicht (HURTMANN 1998a). Voraus ging eine dreiwöchige Dauerfrostperiode mit Temperaturen von bis zu –17°C.

Mandarinente (*Aix galericulata*)

sehr seltener, unregelmäßiger Brutvogel, (sehr) vereinzelter Rastvogel, Gefangenschaftsflüchtling
I–XII

Bestand und Vorkommen

Die mit der Brautente nah verwandte Mandarinente ist ursprünglich in Südost-Asien beheimatet. In der ersten Hälfte des 18. Jahrhunderts wurde sie in Europa, insbesondere in Großbritannien, eingebürgert. An vielen Parkgewässern gehalten, etablierte sich die Art auch in Nordrhein-Westfalen als Brutvogel. Im Jahr 1960 wurde der erste Brutnachweis erbracht, mittlerweile schätzt KRETZSCHMAR (1999) den landesweiten Brutbestand auf maximal 30 Paare. Darüber hinaus kann die Mandarinente auch als

Nichtbrüter frei fliegend beobachtet werden (MILDENBERGER 1982).

Nachweise finden sich in der lokalen Literatur bis einschließlich BURGHARDT (1989a) nicht. Mit Sicherheit liegt das an der Auswahl durch die Autoren, nicht aber am tatsächlichen Fehlen der Art. Im Bresges Park sollen, bevor er in die öffentliche Hand überging, neben anderem Parkgeflügel auch Mandarinenten gehalten worden sein (H.-W. Jacobs, mdl.). Die erste Meldung vom 30.04.1987 (H. Schmitz) stammt aus dem Bresges Park und könnte mit diesem Privatzoo zusammenhängen. Bis zum Ende der 1980er bleiben die wenigen überlieferten Beobachtungen (n = 19) auf den Park beschränkt.

Männchen   Foto: H. Hurtmann

In den 1990er Jahren etablierte sich die Mandarinente als Brutvogel. Seit 1992 konnten mehrfach 1–3 Bruten nachgewiesen werden (Tab. 25). Die Vorkommen beschränken sich auf einen kurzen Niersabschnitt zwischen Schloss Rheydt und Bresges Park. Weitere Beobachtungen von ♀♀ mit Jungvögeln auf der Niers bei Lürrip (z. B. 1998, G. Maas) sind wohl einem Brutort bei Myllendonk im Kreis Neuss zuzuordnen (vgl. VON KANNEN et al. 1993). Die Art profitiert als Höhlenbrüter von den angebrachten Nistkästen.

Tab. 25: Anzahl nachgewiesener Mandarinenten-Bruten seit den 1990er Jahren

Jahr	Anzahl BP	Bemerkung; Quelle
1992	1	Bresges Park: 1 ♀ mit 13 juv. am 23.04.; H. Schmitz in BURGHARDT (1992b)
1994	1	Bresges Park: 1 ♀ mit 1 pullus am 11.06.; H. Schmitz
1995	1–2	Schloss Rheydt: 1 ♀ mit 6 pulli ab dem 19.05.; H. Schmitz
		Niers zwischen Bresges Park und Uedding: 1 ♀ mit 5 pulli am 19.06., Brutort womöglich im Kreis Neuss; H. Schmitz
1996	3	Rheydter Niersraum: Ergebnis der Nistkastenkontrolle; W. Spengler, schriftl.
1997	1	Rheydter Niersraum: Ergebnis der Nistkastenkontrolle; W. Spengler, schriftl.
1998	1–2	Niers zwischen Bresges Park und Schloss Rheydt: 1 ♀ mit 10 pulli am 19.05.; H. Schmitz
		Niers Höhe Lürrip: 1 ♀ mit 1 pullus am 05.07., Brutort womöglich im Kreis Neuss; G. Maas
2000	1	Bresges Park: 1 ♀ mit 6 pulli am 28.06.; H. Schmitz

Darüber hinaus trat die Art als Jahresvogel auf. Das Vorkommen konzentriert sich auf den Niersraum vom Rheydter bis zum Wickrather Schloss und auf Haus Horst. Daneben wird die Art offenbar halbwild an einem Gewässer bei Giesenkirchen und auf dem Vollmühlenweiher bei Gatzweiler gehalten (HURTMANN 2005b). Nachweise außerhalb von Parkanlagen gibt es nur sehr vereinzelt. Im Jahresverlauf schwanken Anzahl und Beobachtungshäufigkeit (Abb. 10):

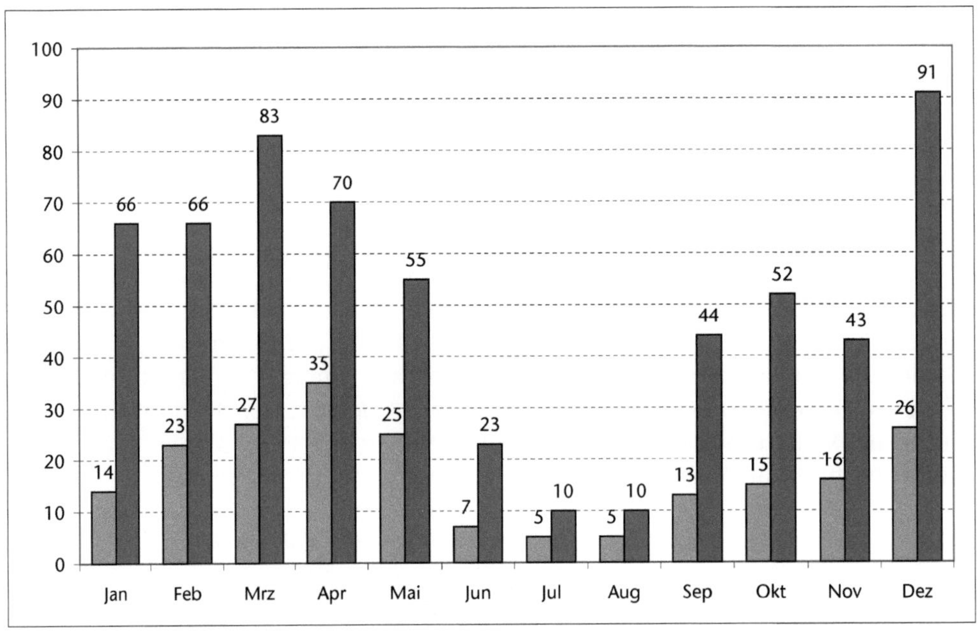

Abb. 10: Summe der Mandarinentenbeobachtungen (hell) und -anzahl (dunkel) 1996–2004

Auf der Basis der 211 Funde seit 1996 ist erkennbar, dass die Mandarinente im Sommer weitestgehend das Stadtgebiet verlässt. Ähnlich wie bei der Brautente müssen allerdings methodisch bedingte Einschränkungen gemacht werden (siehe dort).

Wasservogelzählung 1997/2004
Systematisch fundiert sind die Daten aus der Wasservogelzählung. Danach ergibt sich folgende jahreszeitliche Verteilung (Tab. 26, HURTMANN 1998a, 2005b):

Monat	Jan.	Feb.	März	Apr.	Mai	Juni	Juli	Aug.	Sep.	Okt.	Nov.	Dez.	Ø
1997	20	9	11	11	3	8	1	4	5	9	3	5	7,4
2004	16	3	5	6	2	4	9	2	7	4	8	2	5,7

Obwohl erst bei der Zählung in 2004 die beiden Gebiete an der Vollmühle und das Gewässer am Ahrener Feld (Giesenkirchen) integriert wurden, lag die Anzahl 1997 im Mittel höher. Beim Vergleich der beiden Jahre lassen sich Parallelen erkennen, so die Abnahme nach einem Maximum im Januar oder – zeitversetzt – das Minimum im Spätsommer. Verbreitungsschwerpunkte waren, wie auch in den übrigen Jahren, der Rheydt-Odenkirchener Niersraum und Haus Horst, aus denen insgesamt 50 % bzw. 23 % aller gemeldeten Enten stammen. Vergleichszählungen im Dezember 1999 und 2001–2003 zeigten 6–18 Individuen (HURTMANN 2005b).

Maximum

20 Vögel im Januar 1997 sind das Maximum. Mit zehn Exemplaren hielten sich damals die meisten Enten an Haus Horst auf (HURTMANN 1998a).

Besonderheiten

Besteht die Nahrung der Mandarinente für gewöhnlich aus Wasserpflanzen und Wirbellosen, versuchte sich ein Exemplar am 08.03.1997 an einem Froschlurch. Auf der Alten Niers nördlich Schloss Rheydt versuchte ein Erpel über mehrere Minuten, ein erbeutetes Erdkröten-♀ zu verschlucken. Die Versuche blieben aber stets erfolglos, da die Beute viel zu groß war (G. Maas) – ♀♀ der Erdkröte erreichen eine Größe von bis zu 15 cm.

Pfeifente (*Anas penelope*)

Rote Liste: D R
(sehr) vereinzelter Rastvogel
I–IV / X–XII

Bestand und Vorkommen

Die Rastbestände der Pfeifente konzentrieren sich in NRW auf den Unteren Niederrhein, wo bis zu 6000 Individuen festgestellt wurden (vgl. MILDENBERGER 1982, SUDMANN 2002). In Mönchengladbach trat die Art bis in die 1980er Jahre sehr spärlich auf. Von den lokalen Autoren nennt allein BURGHARDT (1989a) Beobachtungen: In der Kiesgrube Beltinghoven schwamm ein Exemplar am 13.12.1987 und 23.10.1988.

Seitdem ist eine Zunahme unübersehbar. Ab den 1990er Jahren gelangen 22 Nachweise mit mindestens 61 Individuen (H. Hurtmann, G. & H. Maas u. a.). Meist lag die Anzahl der gemeldeten Rastvögel bei 1–3 Exemplaren, kleinere Trupps mit bis zu 13 Pfeifenten blieben die Ausnahme. Die großen Gewässer, allen voran die Kiesgrube Beltinghoven, wurden bevorzugt genutzt. Auf die Grube entfallen neun Nachweise mit 26 Individuen. Längere Aufenthalte von bis zu einem Monat scheinen nicht ungewöhnlich, allerdings ist eine genaue Abgrenzung schwierig. In dem verstärkten Auftreten spiegelt sich die allgemeine Zunahme der mitteleuropäischen Winterpopulation wider (vgl. VOSLAMBER & KOFFIJBERG 2002).

Phänologie
Die Aufgliederung aller ausreichend datierten Nachweise (n = 23) in Dekaden zeigt Tab. 27.

Tab. 27: Jahreszeitliches Auftreten der Pfeifente

Monat	Januar			Februar			März			April			Mai			Juni		
Dekade	I	II	III	I	II	III	I	II	III	I	II	III	I	II	III	I	II	III
Nachweise		1	1	2	4	2	3	6	1	1		1						
Individuen		2	3	3	18	2	5	15	1	1		1						

Monat	Juli			August			September			Oktober			November			Dezember		
Dekade	I	II	III	I	II	III	I	II	III	I	II	III	I	II	III	I	II	III
Nachweise											1	1	1	2	1	2	1	
Individuen											6	1	1	2	2	5	1	

Maximum
13 Vögel (9 ♂, 4 ♀) schwammen am 13.02.2004 auf dem Holtmühlenteich (W. von Kannen).

Schnatterente (*Anas strepera*)

Rote Liste: NRW R
sehr vereinzelter, unregelmäßiger Rastvogel
I–IV / XII

Die Schnatterente ist im Zuge einer Arealerweiterung seit den späten 1970er Jahren in NRW häufiger geworden. Ihr aktueller Brutbestand liegt bei 50–60 BP (GRO & WOG 1997). Auch die von MILDENBERGER 1982 genannten Rastzahlen, 11–100 Individuen auf dem Durchzug und bis zu zehn Exemplare im Winter, werden heute deutlich übertroffen. Aus Mönchengladbach liegen vier Nachweise vor, alle ab den 1990er Jahren:

- 2 Ex. (1 ♂, 1 ♀) am 01.01.1996 auf dem Schlammbecken der Kläranlage Neuwerk (E. & S. Burghardt).
- 2 Ex. (1 ♂, 1 ♀) am 21.04.1998 in der Kiesgrube Beltinghoven (H. Maas).
- 2 ♂ am 20.12.1998, Rückhaltebecken am Wickrather Schlosspark (H. Hurtmann, D. Stiels).
- 1 ♂ vom 22.01.–28.01.2002 auf dem Holtmühlenteich (M. Temme).

Krickente (*Anas crecca*)

Rote Liste: NRW 2
(ehemaliger?) sehr seltener Brutvogel, vereinzelter Rastvogel
(VII) VIII–V (VI)

Bestand und Vorkommen

MAAS (1948) schreibt, die Krickente brüte »seit Jahren an der Niers bei Odenkirchen«. BETTMANN (1959) berichtet von mehreren Bruten in den 1940er Jahren an Schloss Rheydt. Den für lange Zeit letzten Nachweis erbrachte H. Raßmanns in der Großheide, wo er 1956 eine erfolgreiche Brut registrierte (BURGHARDT 1970). Erst 1983 gelang es wieder, im Mühlenbachtal ein Brutpaar festzustellen (UNI DÜSSELDORF et al. 1986).

Da die Hauptlegezeit Anfang Mai beginnt (GLUTZ & BAUER 1968), führen Beobachtungen in diesem Monat nicht selten zu Brutverdacht – auch in den letzten Jahren. Mit späten Durchzüglern und Übersommerern muss aber gerechnet werden. Insofern sind sporadische Nachweise bis Mitte Mai aus dem Bresges Park (1992, H. Schmitz) und vom Holtmühlenteich (1999, H. Hurtmann, D. Stiels) nur vage Hinweise auf unregelmäßige Vorkommen. Stichhaltiger erscheint eine Beobachtung, nach der ein ♀ am 30.08.2003 auf dem Holtmühlenteich vier Jungvögel führte (W. von Kannen). Neben dem überaus späten Datum (vgl. z.B. GLUTZ & BAUER 1968, MILDENBERGER 1982) wirft der Brutort Fragen auf. Der Meldung nach handelte es sich um schon flugfähige Jungvögel, Beobachtungs- und Brutort müssen nicht identisch sein.

Rastbestand

Alle Autoren geben die Krickente als Rastvogel an. Die Größenordnung reicht von »sehr vereinzelt« (z. B. HEINEN et al. 1983) bis »in größerer Anzahl« (BETTMANN 1959). BURGHARDT (1989a) gibt eine Spanne von 10–100 Durchzüglern bzw. Wintergästen an.

Diese Einschätzung trifft heute noch zu. Wichtigster Rastplatz in den 1990er Jahren war, eng verknüpft mit dem angrenzenden Nierssee, das Schlammbecken der Kläranlage Neuwerk. Auf dem See im Kreis Viersen überwintern mehr als 300 Krickenten (z. B. HUBATSCH 1996, BSKS 2001), im Frühjahr und Herbst ließen sich regelmäßig einige auf dem Becken nieder. Winternachweise waren selten und wohl auf Störungen am Nierssee zurückzuführen. Lagen die Zahlen im Mittel bei etwa 19 Exemplaren (n = 59), wurden am 18.03.1995 85 Vögel gezählt (H. Hurtmann, L. Reyrink, schriftl., D. Stiels). Spätestens seit 2003 hat das Becken seine Bedeutung wegen der Austrocknung eingebüßt. Im Gegensatz dazu rasteten auf dem Holtmühlenteich in den letzten Jahren verstärkt Krickenten. Wurden in den 1990ern durchschnittlich etwa fünf Exemplare gezählt (n = 29), waren es ab 2001 rund 19 Vögel (n = 118). Hier halten sich auch Wintergäste auf, maximal 46 Individuen am 01.01.2003 (W. von Kannen). Neben diesen bedeutendsten Rastgebieten liegen Meldungen mit bis zu acht Individuen auch aus der Kiesgrube Beltinghoven vor. Unregelmäßige Beobachtungen an anderen Gewässern der Stadt gehen über 1–2 Enten meist nicht hinaus.

Wasservogelzählung 1997/2004

Die Zählung ergab folgende Entwicklung (Tab. 28, HURTMANN 1998a, 2005b):

Tab. 28: Bestand der Krickente 1997 und 2004

Monat	Jan.	Feb.	März	Apr.	Mai	Juni	Juli	Aug.	Sep.	Okt.	Nov.	Dez.	Ø
1997	5	8	12	3	0	0	0	0	0	3	1	0	2,7
2004	27	14	23	2	0	0	0	0	0	6	1	4	6,4

Krickenten konnten von Oktober bis April festgestellt werden. Die späte Ankunft und die verhältnismäßig geringen Zahlen verdeutlichen, dass das Stadtgebiet nur eine begrenzte Rolle als Rast- und Überwinterungsgebiet spielt (vgl. z. B. BSKS 2003, LEISTEN 2002). Die Enten nutzten in beiden Jahren vornehmlich den Holtmühlenteich. Von den insgesamt 109 notierten Individuen entfallen 80 % auf dieses Gewässer, die Beltinghovener Grube folgte mit 7 %. Den (ehemals) hohen Stellenwert des Neuwerker Schlammbeckens konnte die Zählung nicht aufdecken. Insgesamt nur 2 % der Vögel stammen von dort, in 2004 blieben jegliche Beobachtungen aus.

Phänologie

Erste Durchzügler erscheinen Ende Juli/Anfang August, der früheste Nachweis datiert vom 27.07. (1999, 2 Exemplare, Schlammbecken der Kläranlage Neuwerk, L. Reyrink, schriftl.). Der Wegzug erstreckt sich bis in die zweite Aprilhälfte. Durchzügler wurden noch am 20.04.1998 auf dem Holtmühlenteich beobachtet (sechs Exemplare, H. Hurtmann, D. Stiels). Einzelvögel sind spätestens im Mai kaum von potenziellen Brutvögeln oder Übersommerern zu trennen. Nachweise aus dem Bresges Park (1 Exemplar am 16.05.1992, H. Schmitz) und vom Mühlenteich (jeweils 1 ♂ am 09.05.1970 und 08.05.1999, BURGHARDT 1970, H. Hurtmann, D. Stiels) sind entsprechend schwer zu interpretieren. Gleiches gilt für den Vogel am 16.06.1994 auf dem Schlammbecken der Kläranlage Neuwerk (L. Reyrink, schriftl.).

Maximum

87 Krickenten schwimmen am 17.01.1998 auf dem Schlammbecken der Neuwerker Kläranlage (S. Burghardt u.a.). Die Enten kommen vom Nierssee, wo an diesem Tag eine Wasservogeljagd stattfindet.

Stockente
(*Anas platyrhynchos*)

(mäßig) häufiger Brutvogel, mäßig zahlreicher Rastvogel
I–XII

Bestand und Vorkommen

Schon zur Zeit von MAAS (1948) war die Stockente die »häufigste Entenart«. BETTMANN (1959) erwähnt regelmäßige Bruten im Rheydter Niersraum. In den 1980er Jahren wurde der Gesamtbestand auf mindestens 250 Brutpaare veranschlagt, die Größenordnung reicht bis > 500 Paare (BURGHARDT 1989a, HEINEN

Männchen   Foto: H. Hurtmann

et al. 1983). Aus Siedlungsdichte-Angaben errechnet sich ein Bestand von 35 Paaren für das Wickrather Nierstal und 20 Paare für den Wickrather Schlosspark (HEINEN et al. 1983). Eine mit 16 Paaren ähnliche Zahl hatte bereits die Kartierung im Park 1965 erbracht (HUBATSCH 1968).

Aus den letzten Jahren gibt es keine Untersuchung, auf deren Grundlage der Brutbestand umfassend beschrieben werden könnte. Beobachtungen von ♀♀ mit Jungvögeln, die es aus vielen Gebieten gibt, sind kein geeignetes Mittel, den tatsächlichen Bestand wiederzugeben. Geschätzt mögen alljährlich 200–300 Paare im Stadtgebiet brüten. Trendaussagen sind auf der Basis der vagen Angaben nicht möglich. Kartierungsergebnisse sind wegen der Unklarheit über die angewandte Methode schwer einzuordnen. Mit rund 25 Brutpaaren im Nierstal (VAN GEN HASSEND et al. 1991, JÖBGES 1991) dürfte der Bestand in dem 480 ha großen Untersuchungsgebiet 1991 zumindest nur in Ansätzen erfasst sein (vgl. auch JÖBGES 1991). Die drastische Diskrepanz für das Wickrather Gebiet zwischen den Angaben von HEINEN et al. (1983) (2,0/10 ha) und JÖBGES (1991) (0,3 BP/10 ha) wird dabei auf methodische Unterschiede zurückzuführen sein. Besiedelt die Art nahezu jedes Gewässer mit ausreichenden Nahrungs- und Deckungsmöglichkeiten, werden anthropogen geprägte Gewässer bevorzugt (vgl. auch MILDENBERGER 1982). Deshalb werden hohe Dichten beispielsweise am Volksgarten- oder Geroweiher bzw. in den Parkanlagen entlang der Niers erreicht.

Rastbestand

Als verbreiteter Rastvogel wird die Stockente bereits bei MAAS (1948) erwähnt. Unter anderem im Nierstal sei sie in jedem Winter »stets in größerer Zahl« zu beobachten. BETTMANN (1959) schreibt von »vielen Hunderten«, die in strengen Wintern in das Niersbruch kämen. Wiederholt habe er bis zu 300 Stockenten über dem Bresges Park kreisen sehen. Als Maximum für den Wickrather Schlosspark führen HEINEN et al. (1983) 250 Enten an. Einschätzungen über die Gesamtgröße des Bestandes fehlen aus den 1980er Jahren.

In den letzten Jahren liefern die Wasservogelzählungen Daten über den Rastbestand (HURTMANN 1998a, 2005b). Danach halten sich im Winter bis zu 1400 Exemplare im Stadtgebiet auf, allerdings dürfte darunter ein erheblicher Anteil hiesiger Brutvögel sein (vgl. GLUTZ & BAUER 1968). Die Stockente ist die mit Abstand häufigste Schwimmvogelart. Sie machte 1997 und 2004 im Jahresmittel rund 60–70 % der Wasservogelfauna aus. Auch außerhalb der Brutzeit haben die stadtnahen Parks eine größere Bedeutung als die naturnahen Gewässer. Bei den sechs Dezemberzählungen zwischen 1997 und 2004 entfiel im Schnitt mehr als die Hälfte des Bestandes auf den stark anthropogen geprägten Volksgarten- und Geroweiher und den Rheydt/Odenkirchener Niersraum. Auf den großen, naturnahen Gewässern der Kiesgrube Beltinghoven und an der Holtmühle hielten sich derweil insgesamt nur 2,5 % auf (HURTMANN 1998a, 2005b).

Die Erfassungen zeigen folgende Entwicklung (Abb. 11, HURTMANN 1998a, 2005b):

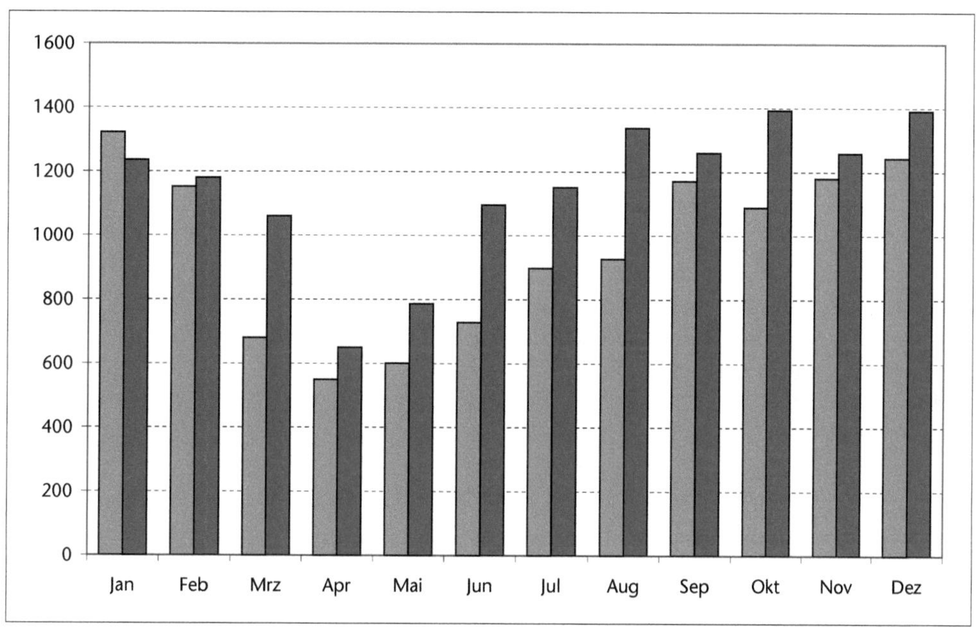

Abb. 11: Bestand der Stockente 1997 (hell) und 2004 (dunkel)

Einen signifikanten Unterschied zwischen beiden Jahren gibt es nicht. In 2004 liegt der Bestand im Jahresmittel um rund 20 % höher, was zum Teil mit der Ausdehnung des Zählprogramms erklärt werden kann (HURTMANN 2005b). Im Jahresverlauf gleichen sich die Entwicklungen. Ein hoher Bestand wird im Januar erreicht, wenn sich neben den hiesigen Brutvögeln auch Wintergäste im Stadtgebiet aufhalten. Eine witterungsbedingte Differenz zwischen dem kalten Jahresbeginn 1997 und dem milden Winter 2004 ist nicht feststellbar. Der Abzug der Rastvögel ist im Februar und März mehr oder minder deutlich spürbar, im April jedoch klar zu erkennen. An einigen Gewässern werden Mitte des Monats bereits die ersten ♀♀ mit Jungvögeln beobachtet, im Mai 2004 machten juvenile Enten etwa ein Viertel des Bestandes aus. Durch die zunehmende Anzahl von Jungvögeln steigt die Gesamtzahl. Bis in den September hinein ist ein stetiger Zuwachs zu erkennen, der dann aber wohl schon durch Rastvögel bestimmt ist. Von Oktober bis Dezember bewegt sich der Bestand ohne eindeutigen Trend mit etwa 1200 (± 200) Enten auf dem Niveau des Jahresanfangs. Stadtweite Vergleichszählungen im Dezember

1999 und 2001–2003 erbrachten mit 1147–1344 Exemplaren ähnlich hohe Zahlen (HURTMANN 2005b).

Phänologie

Meist ab Anfang April können erste Jungvögel beobachtet werden. Das früheste Datum ist der 31.03. und stammt vom Geroweiher (2001, H. Hurtmann). Im Durchschnitt ergibt sich ihr frühestes Auftreten seit 1989 am 06.04. (n = 16, H. Hurtmann, G. Maas, H. Schmitz u. a.).

Maximum

Die Höchstzahl für das gesamte Stadtgebiet wurde mit 1393 Exemplaren Mitte Oktober 2004 erreicht (HURTMANN 2005b). Nur wenig beisteuern kann zu Maximalzahlen die Kiesgrube Beltinghoven. Die höchste jemals notierte Anzahl lag hier bei 37 Individuen (27.04.1991, H. Hurtmann).

Besonderheiten

Ungewöhnlich spät führt Anfang Dezember 2000 ein ♀ auf der Niers in Rheydt Jungvögel. In Höhe der Beller Mühle konnte H. Schmitz am 01.12. und 09.12. die Familie mit sechs pulli nachweisen. Nach GLUTZ & BAUER (1968) endet die Legetätigkeit in Mitteleuropa im Juni, frisch geschlüpfte pulli könnten demnach bis Juli, spätestens jedoch bis Mitte August beobachtet werden. Winterbruten gebe es in Mitteleuropa (bei zahmen Enten) sehr vereinzelt.

Die Mönchengladbacher Jagdstrecke lag in den 1990er Jahren (Jagdjahre 1991/92 bis 2000/01) bei 3108 Stockenten. In der Jagdzeit zwischen dem 01. September und dem 15. Januar wurden alljährlich zwischen 107 und 476 Exemplare erlegt (LÖBF, schriftl.).

Spießente (*Anas acuta*)

Rote Liste: D 2
sehr vereinzelter, unregelmäßiger Durchzügler
X–III

Bestand und Vorkommen

Die Spießente rastet mit 100–1000 Exemplaren im Rheinland, wobei sie vor allem in den Kreisen Kleve und Wesel in größerer Zahl auftritt (MILDENBERGER 1982). In Mönchengladbach beschränken sich die Nachweise auf sieben Beobachtungen von Durchzüglern:

- ■ 2 Ex. (1 ♂, 1 ♀) im März 1944 auf einem Fischteich an der Kläranlage Neuwerk (MAAS 1948).
- ■ 1 ♂ am 20.03.1993 auf dem Becken der Kläranlage Neuwerk (H. Hurtmann, D. Stiels).
- ■ 1 Ex. fliegt am 17.10.1995 zur Niers an der Neuwerker Kläranlage, nachdem es zuvor auf dem Nierssee gerastet hatte (H. Hurtmann, D. Stiels).
- ■ 1 Ex. beobachtete H. Schmitz vom 29.12.2000–03.01.2001 im Bresges Park.
- ■ 1 ♂ am 14.02.2001 im Bresges Park (H. Hurtmann). Nicht auszuschließen, dass es sich um den Vogel handelte, der bereits zum Jahresanfang hier beobachtet worden war.
- ■ 1 Ex. am 15./16.11. und 14.12.2003 in der Kiesgrube Beltinghoven (H. Hurtmann, D. Kemper).
- ■ 1 Ex. am 17.10.2004, Kiesgrube Beltinghoven (H. Hurtmann).

Bahamaente (*Anas bahamensis*)

Gefangenschaftsflüchtling
III–VI

Bestand und Vorkommen

In Südamerika beheimatet, wird die Bahamaente in Mitteleuropa in Zoos oder privat gehalten. Ein Gefangenschaftsflüchtling zeigte sich 1994 im Stadtgebiet:

- ■ 1 Ex. wurde vom 14.03.–01.06.1994 mehrfach im Bresges Park beobachtet (H. Schmitz).

Rotschnabelente (*Anas erythrorhyncha*)

Gefangenschaftsflüchtling
III–IV

Bestand und Vorkommen

Das Verbreitungsgebiet der Rotschnabelente ist das südliche und östliche Afrika. Wie die vorangegangene Art wird auch sie in Gefangenschaft gehalten, aus der sie mitunter entweicht.

- ■ 1 Ex. sah H. Schmitz am 20.03. und 07.04.1994 im Bresges Park.

Knäkente (*Anas querquedula*)

Rote Liste: NRW 1, D 2
ehemaliger Brutvogel, sehr vereinzelter Durchzügler
III–V (VI) / VIII–IX

Bestand und Vorkommen

Brutvogel ist die Art in Nordrhein-Westfalen heute nur noch mit < 40 Paaren (GRO & WOG 1997). Noch in den 1960er Jahren war der Bestand mit über 140 Paaren allein im Landesteil Nordrhein deutlich höher (vgl. MILDENBERGER 1982). Auch in Mönchengladbach gab es bis zur Mitte des letzten Jahrhunderts sporadisch Bruten. Während sich die Einschätzung von MAAS (1948), die Knäkente brüte vereinzelt in den Schilfbeständen der Niers, nicht auf die Stadt beziehen muss, liefert BETT-MANN (1959) einen Brutnachweis: Im Frühjahr 1950 hat ein Paar am Weiher von Schloss Rheydt gebrütet.

Rastbestand

Bei den meisten lokalen Autoren findet sich die Ente als sporadischer Durchzügler. MAAS (1948) nennt einen Nachweis, HEINEN et al. (1983) sprechen für den Stadtbezirk Wickrath von drei Beobachtungen. BURGHARDT (1989a) erwähnt, die Art habe wiederholt auf dem Schlammbecken der Kläranlage Neuwerk gerastet. Die Anzahl rastender Knäkenten lag meist bei 1–2 Exemplaren.

Vornehmlich durch die erhöhte Beobachtungsaktivität wird sich erklären lassen, dass die Ente in den letzten Jahren häufiger wahrgenommen wurde. Von 1991–2004 liegen 18 Nachweise vor, in über 80 % der Fälle wurden ein oder zwei Individuen registriert. Die meisten Beobachtungen entfallen auf die Kiesgrube Beltinghoven (6 Nachweise, H. Hurtmann, H. Maas), mehrfach genutzt wurden auch der Holtmühlenteich und das Neuwerker Schlammbecken.

Phänologie

Unter Einbezug aller datierten Nachweise (n = 25) ergibt sich folgendes Zugschema (Tab. 29):

Tab. 29: Jahreszeitliches Auftreten der Knäkente

Monat	Januar			Februar			März			April			Mai			Juni		
Dekade	I	II	III	I	II	III	I	II	III	I	II	III	I	II	III	I	II	III
Nachweise							1	3	8	4	3	2				1		
Individuen							3	7	15	7	5	4				2		

Monat	Juli			August			September			Oktober			November			Dezember		
Dekade	I	II	III	I	II	III	I	II	III	I	II	III	I	II	III	I	II	III
Nachweise					1		1		1									
Individuen					1		4		2									

Erste Knäkenten konnten am 10.03. festgestellt werden (1983, Niersweiher bei Güd-derath, HEINEN et al. 1983). Sehr spät ist der Nachweis in der ersten Junidekade, normalerweise erstreckt sich der rheinische Durchzug bis Anfang Mai (MILDEN-BERGER 1982). Die Beobachtung bezieht sich auf ein Paar am 04.06.1990 in der Kiesgrube Beltinghoven (H. Hurtmann). Womöglich hatte es nach einem Gelege-verlust ein Brutgebiet vorzeitig verlassen. Der Herbstdurchzug ist weniger auffäl-lig und beginnt mit ersten Exemplaren im August (19.08.2000, Rückhaltebecken Wetscheweller Bruch, H. Hurtmann). Er endet in der letzten Septemberdekade (28.09.1980, Schlammbecken der Kläranlage Neuwerk, BURGHARDT 1989a).

Maximum

Jeweils vier Knäkenten rasten am 05.09.1970 auf dem Schlammbecken der Kläran-lage Neuwerk (BURGHARDT 1970) und am 23.03.1997 in der Kiesgrube Beltinghoven (H. Maas).

Löffelente (*Anas clypeata*)

Rote Liste: NRW 2
(sehr) vereinzelter, regelmäßiger Durchzügler
(I) III–V (VI) / VIII–X

Bestand und Vorkommen

Mit unter 100 Paaren ist die Löffelente nicht nur Brutvogel in Nordrhein-Westfa-len (GRO & WOG 1997), sie tritt zudem weitaus häufiger als Rastvogel auf. MIL-DENBERGER (1982) spricht von rheinischen Durchzüglern in einer Größenordnung von 100–1000 Exemplaren und von 1–10 (100) Wintergästen. Davon war bis in die 1970er Jahre im Stadtgebiet kaum etwas zu spüren. Außer LE ROI (1906), der von erlegten Enten bei Odenkirchen berichtet, führt keiner der frühen Autoren die Art auf. Erst BURGHARDT (1989a) berichtet von Nachweisen: »Auf dem Schlammbecken der Kläranlage Neuwerk wurden wiederholt Löffelenten beobachtet. Letzte Beob-achtung am 07.04.1973, 5 ♂, 4 ♀ (Burghardt).« Ein Erpel, der vom Frühjahr 1986 bis zum Juni 1987 im Rheydter Niersraum schwamm (BURGHARDT 1989a, H. Schmitz, mdl.), wird ein Gefangenschaftsflüchtling gewesen sein.

Von 1991 bis einschließlich 2004 liegen mit 34 Nachweisen deutlich mehr Meldungen vor. Sie konzentrieren sich auf die Kiesgrube Beltinghoven (18 Nachweise von 1–28 Exemplaren, H. Hurtmann, H. Maas u. a.) und auf das Schlammbecken der Kläranlage Neuwerk (12 Nachweise von 1–8 Individuen, H. Hurtmann, L. Reyrink, schriftl., D. Stiels). Der Frühjahrsdurchzug von März bis Mai (Juni) ist stärker ausgeprägt als der Zug in den Herbstmonaten von August bis Oktober. Dies ist nach MILDENBERGER (1982) auch für weite Teile des Rheinlands typisch. Das Geschlechterverhältnis ist auf dem Heimzug nahezu ausgeglichen, weil die Paarbindung bereits im Winter einsetzt.

Phänologie

Den Ablauf des Zuggeschehens mit allen datierten Nachweisen (n = 38) zeigt Tab. 30:

Tab. 30: Jahreszeitliches Auftreten der Löffelente

Monat	Januar			Februar			März			April			Mai			Juni		
Dekade	I	II	III	I	II	III	I	II	III	I	II	III	I	II	III	I	II	III
Nachweise	1						1	1	3	10	10	2	1	2		1		
Individuen	1						5	3	6	30	74	5	2	3		2		

Monat	Juli			August			September			Oktober			November			Dezember		
Dekade	I	II	III	I	II	III	I	II	III	I	II	III	I	II	III	I	II	III
Nachweise				1	1	1	2				1							
Individuen				1	1	1	2				1							

Das früheste Datum vom Heimzug ist der 05.03. (2001, 2 ♂, 3 ♀, H. Maas), das späteste der 12.05. (2000, 1 ♂, 1 ♀, H. Maas). Aus dem Rahmen fällt die Beobachtung vom 04.06.1991 auf dem Schlammbecken der Kläranlage Neuwerk (2 Exemplare, L. Reyrink, schriftl.). Auch wenn der Nachweis in die Brutzeit fällt, reicht er für einen Brutverdacht nicht aus (vgl. HUSTINGS et al. 1985). Im Herbst sind die Eckwerte der 04.08. (1993, 1 Exemplar, H. Hurtmann) und der 13.10. (1996, 1 Exemplar, G. Maas).

Maximum

28 Löffelenten (14 ♂, 14 ♀) rasteten am 16.04.2004 in der Kiesgrube Beltinghoven (H. Hurtmann).

Kolbenente (*Netta rufina*)

Rote Liste: D 2
sehr vereinzelter, unregelmäßiger Durchzügler
II, IV

Nach MILDENBERGER (1982) kommt die Kolbenente mit 1–10 (100) Durchzüglern und Wintergästen im Rheinland vor. Aus Mönchengladbach gibt es zwei Nachweise:

- 1 ♂ am 30.04.1988 auf dem Schlammbecken in der Neuwerker Donk (S. Burghardt in BURGHARDT 1989a).
- 1 ♂ vom 02.02.–17.02.2002 auf dem Rückhaltebecken am Wickrather Schlosspark (B., E. & H. Hurtmann, L. Ohlig).

Tafelente (*Aythya ferina*)

Rote Liste: NRW 2
(sehr) vereinzelter Rastvogel
IX–IV (V, VI)

Bestand und Vorkommen

Seit 1954 ist die Tafelente Brutvogel im Rheinland. Einen Verbreitungsschwerpunkt hat die Art an den nur etwa 20 km entfernten Netteseen im Kreis Viersen gehabt (MILDENBERGER 1982). Nach einem Bestandsmaximum Ende der 1980er Jahre nimmt die Population mittlerweile ab. Der Brutbestand wird

Männchen   Foto: G. Maas

für 1996 auf landesweit < 50 Paare geschätzt (GRO & WOG 1997). Als Rastvogel tritt die Art in Nordrhein-Westfalen häufig auf, im Winter 2000/01 waren es bis zu 5100 Exemplare (SUDMANN 2002).

Auf Wintergäste oder Durchzügler beschränken sich Beobachtungen in Mönchengladbach. LE ROI (1906) berichtet von einem ersten Exemplar (1 ♂) am 04.03.1893 in Odenkirchen. Bis in die 1980er Jahre liegen nur sehr sporadische Nachweise vor. Ist MAAS (1948) und BETTMANN (1959) die Art unbekannt, nennen HEINEN et al. (1983) und BURGHARDT (1989a) gemeinsam sechs Nachweise. Die Anzahl war stets gering, der größte Trupp umfasste sieben Exemplare (13.12.1987, Kiesgrube Beltinghoven, BURGHARDT 1989a).

Seit den 1990er Jahren tritt die Tafelente deutlich häufiger auf. Zunehmende Nachweise werden zum einen auf die verbesserten Rastbedingungen zurückzuführen sein, sind aber auch durch die gestiegene Beobachtungshäufigkeit erklärbar.

Die Wasserfläche in der Kiesgrube Beltinghoven wurde im Laufe der Zeit enorm ausgedehnt und auch das Rückhaltebecken am Wickrather Schlosspark hat sich als Rastgewässer etabliert. Aus beiden Gebieten stammt mehr als die Hälfte der Beobachtungen. Die Tafelente rastet mittlerweile regelmäßig im Stadtgebiet, die Zahlen schwanken stark. In rund 90 % der Fälle liegt die Truppgröße bei unter zehn Individuen, meist werden Einzelvögel beobachtet. Größere Trupps von bis zu 40 Exemplaren konnten lediglich auf dem Rückhaltebecken am Wickrather Schloss oder in der Kiesgrube Beltinghoven gezählt werden. Nachweise vom Geroweiher (bis zu 4 Exemplare, S. Burghardt u. a.) oder vom Volksgartenweiher (2 ♂ am 08.03.1996, S. Burghardt) zeigen, dass die Ente auch anthropogen geprägte und stark frequentierte Parkgewässer selbst über längere Zeiträume nutzt. Die Bestandsentwicklung im Jahresverlauf wird durch die Summe aller datierten Nachweise deutlich (Abb. 12):

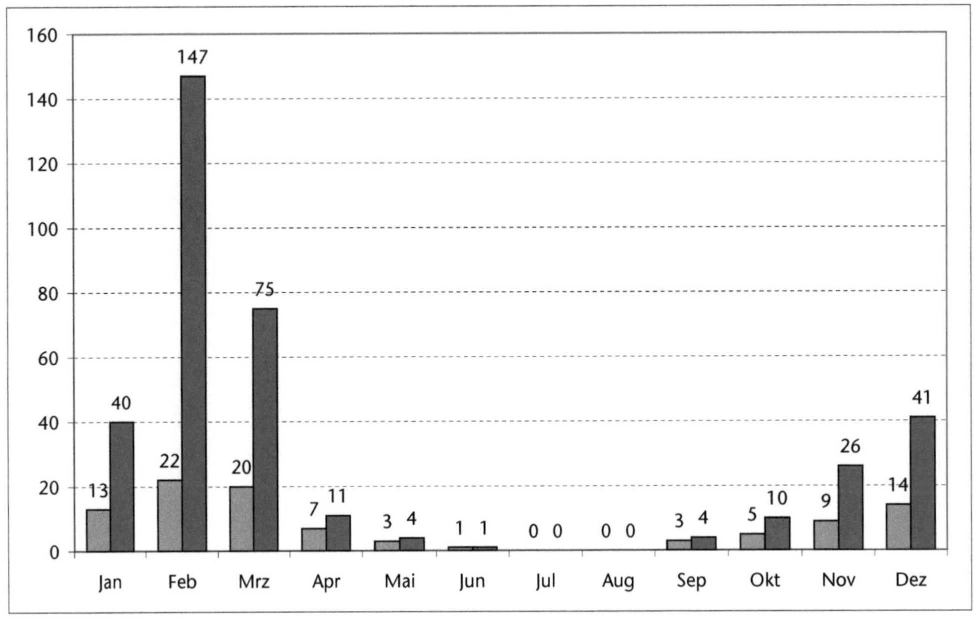

Abb. 12: Auftreten der Tafelente, Summe aller Nachweise (hell) und Individuen (dunkel)

Der Bestand an überwinternden Tafelenten ist am Jahresanfang im Vergleich zum Februar niedrig, wo der Heimzug Maximalzahlen bringt. Durchzug ist – mit abnehmender Intensität – bis in den April hinein erkennbar. Die Nachweise im Mai/Juni sind für Durchzügler (zu) spät (vgl. GLUTZ & BAUER 1969, MILDENBERGER

138

1982). Vielleicht hängen sie mit einer angrenzenden Brutpopulation zusammen, auch Übersommerer oder Gefangenschaftsflüchtlinge sind denkbar. Die Tafelente als Brutvogel, wie es Terminhinweise von WINK (1988) nahe legen, kann für Mönchengladbach aber ausgeschlossen werden. Im Herbst erreichen die Tafelenten erst dann wieder nennenswert das Stadtgebiet, wenn ab Oktober der rheinische Durchzug erneut voll im Gange ist (vgl. MILDENBERGER 1982). Der Bestand baut sich über die Monate bis zum Jahresende leicht auf.

Wasservogelzählung 1997/2004
Tab. 31 zeigt Ergebnisse der systematischen Zählung (HURTMANN 1998a, 2005b):

Tab. 31: Bestand der Tafelente 1997 und 2004

Monat	Jan.	Feb.	März	Apr.	Mai	Juni	Juli	Aug.	Sep.	Okt.	Nov.	Dez.	Ø
1997	9	40	0	0	0	0	0	0	0	0	1	5	4,6
2004	1	6	5	0	0	0	0	0	0	0	2	5	1,6

Die Ergebnisse stützen die obige Beschreibung zum Auftreten weitgehend. Stärker ausgeprägt war in beiden Jahren allerdings die Bindung an das Wickrather Rückhaltebecken. Von den 74 gemeldeten Exemplaren konnten 61 dort nachgewiesen werden. Schwankende Rastbestände im Winter werden durch vergleichende Erfassungen im Dezember 1999 und 2001–2003 deutlich, als stadtweit zwischen 0 und sieben Tafelenten notiert wurden (HURTMANN 2005b).

Phänologie
Die früheste Ankunft von Wegzüglern datiert vom 17.09. (2002, 1 ♂, H. Hurtmann, D. Stiels). Das späteste Datum ist der 27.06. (1994, H. Schmitz) – wie beschrieben nicht zwingend ein Durchzügler.

Maximum
40 Exemplare am 10.02.1997 auf dem Rückhaltebecken Wickrath (H. Hurtmann, D. Stiels).

Moorente (*Aythya nyroca*)

Rote Liste: D I
sehr vereinzelter, unregelmäßiger Rastvogel bzw. Gefangenschaftsflüchtling
I–VIII / X–XII

Die in Deutschland vom Aussterben bedrohte Moorente ist im Rheinland unregelmäßiger Durchzügler und Wintergast (MILDENBERGER 1982). Erschwert wird die Interpretation ihres Auftretens durch Gefangenschaftsflüchtlinge. Nach NWO (2000) treten Wildvögel in Nordrhein-Westfalen heute, wenn überhaupt, nur noch in sehr geringer Zahl auf. Ihnen gegenüber stehen zahlreich entwichene und ausgesetzte Vögel, die in Ballungsräumen ganzjährig angetroffen werden können und in Einzelfällen im Freiland gebrütet haben.

Bis einschließlich BURGHARDT (1989a) wird die Art für das Mönchengladbacher Stadtgebiet nicht genannt. Der erste Nachweis stammt aus dem Jahr 1996 (G. Maas). Seitdem gibt es eine Reihe von Beobachtungen aus nahezu allen Monaten. Die Meldungen lassen sich grob zusammenfassen:

- 1 ♂ vom 14.11.1996–20.06.1998, Wickrather Schlosspark (HURTMANN 1998a, G. Maas u. a.).
- 1 ♂ am 19.10.1998, Kläranlage Wickrathberg (H. Hurtmann, H. Schmitz, W. Spengler).
- 1 ♂ am 24.02.1999, Kiesgrube Beltinghoven (H. Maas).
- 1 ♂ am 04.11.1999, Kiesgrube Beltinghoven (H. Maas).
- 1 ♂ am 21.11.1999, Holtmühlenteich (H. Hurtmann).
- 1 ♂ vom 25.01.–26.08.2000 mit kurzen Unterbrechungen regelmäßig in der Kiesgrube Beltinghoven (H. Hurtmann, H. Maas). Am 23.06. konnte auch 1 ♀ festgestellt werden (H. Hurtmann).
- 2 Ex. (1 ♂, 1 ♀) am 21.10.2002 in der Kiesgrube Beltinghoven (H. Maas).
- 1 Ex. am 12.12.2004, Kiesgrube Beltinghoven (H. Maas).

Auch wenn einige Beobachtungen in die Zugzeit fallen, lassen sich doch wohl alle auf Gefangenschaftsflüchtlinge zurückführen. Darauf deutet die Regelmäßigkeit der Nachweise hin. Womöglich handelt es sich bei dem Erpel stets um dasselbe Exemplar, das seit dem November 1996 im Mönchengladbacher Raum umherstreift. Bis zum Ende der 1990er Jahre sollten Beobachtungen der Avifaunistischen Kommission zur Prüfung vorgelegt werden (GRO & WOG 1996, NWO 2000). Über die eingereichten Meldungen ist noch nicht entschieden.

Reiherente (*Aythya fuligula*)

sehr seltener, unregelmäßiger Brutvogel, (sehr) vereinzelter, unregelmäßiger Rastvogel
I–XII

Im Rheinland ist die Reiherente seit 1952 Brutvogel (MILDENBERGER 1982). Mönchengladbach blieb lange unbesiedelt. Die ersten Brutnachweise stammen aus dem Jahr 1997, seitdem hat die Art alljährlich mit < 5 Paaren gebrütet. Die Vorkommen konzentrieren sich auf zwei Gebiete: auf den Niersraum nördlich von Donk und auf die Kläranlage Wickrathberg. Das erste Gebiet hängt mit der Population am Nierssee (Kreis Viersen) zusammen, wo die Reiherente seit 1990 mit bis zu 22 Paaren brütet (BSKS 1998–2003, HUBATSCH 1996). Auf den angrenzenden Mönchengladbacher Gewässern, dem Schlammbecken und der Niers, ließ sich seit 1997 mehrfach je 1 ♀ mit pulli feststellen. Ebenfalls ab diesem Jahr wurden an der Kläranlage Wickrathberg sehr vereinzelte Bruten registriert. Im Jahr 2000 waren es drei Familien (W. Heinen), in 2003 sind zwei, in 2004 ist eine Familie belegt (H. Hurtmann). Eine erfolgreiche Brut gab es 2000 außerdem im Beller Park (H. Schmitz).

Rastbestand

Die Ente trat bis in die 1980er Jahre sehr vereinzelt und unregelmäßig auf. Die lokalen Autoren von MAAS (1948) bis inklusive BURGHARDT (1989a) nennen etwa zehn Nachweise mit knapp 20 Individuen. Das damalige Maximum wurde an der Odenkirchener Beller Mühle mit sieben Exemplaren erreicht (BETTMANN 1959).

Bis inklusive 1994 war die Art ähnlich unregelmäßig in Mönchengladbach vertreten. Seit 1995, deutlicher ab 1996, steigt die Anzahl der Nachweise, so dass die Art nunmehr regelmäßig beobachtet wird. Im Vergleich zur Tafelente tritt die Reiherente häufiger auf, allerdings ist ihre Truppstärke geringer. Die beiden bedeutendsten Rastgewässer sind die Kiesgrube Beltinghoven und das Rückhaltebecken am Wickrather Schloss. Die jahreszeitliche Entwicklung zeigt im Überblick Abb. 13, (S. 142).

Einen kontinuierlichen Winterbestand gibt es nicht. Im Januar, wenn im Rheinland die Wintermaxima erreicht werden (MILDENBERGER 1982), halten sich im Stadtgebiet sporadisch Reiherenten auf. Durch den Beginn des Zuges nehmen im Februar die Nachweise zu. In den Monaten März und April erreicht der Bestand sein Maximum. Im April endet nach MILDENBERGER (1982) der rheinische Durchzug. Dennoch können nicht selten noch im Mai auch außerhalb der Brutgebiete (meist verpaarte) Reiherenten festgestellt werden. In der Kiesgrube sind Mai-Nachweise ab 1996 eher die Regel als die Ausnahme. Besonders lange hielt sich hier ein womöglich brutwilliges Paar im Jahr 1996 auf (H. Hurtmann, G. & H. Maas u.a.). Im Juni und Juli konzentrieren sich die Nachweise auf die Brutgebiete, Jungvögel sorgen für den Anstieg im Juli. Der beginnende Mauserzug im August wie der Herbstzug ab September sind in der Stadt kaum ausgeprägt, wie man noch im Oktober erkennt. Zuzug aus nordöstlichen Gebieten setzt nach MILDENBERGER (1982) allerdings auch erst im November verstärkt ein. Spürbar ist er mit maximal fünf Exemplaren indes auch nur geringfügig. Im Dezember sind Reiherenten unregelmäßig und sehr vereinzelt auf Mönchengladbacher Gewässern anzutreffen.

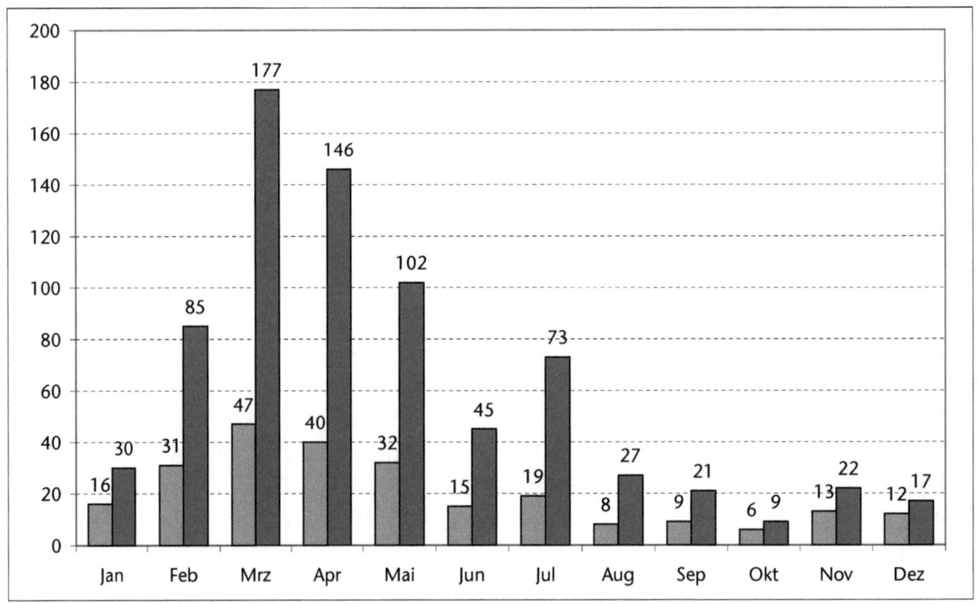

Abb. 13: Auftreten der Reiherente, Summe aller Nachweise (hell) und Individuen (dunkel)

Wasservogelzählung 1997/2004

Die Zahlen der stadtweiten Erfassungen liefert Tab. 32 (HURTMANN 1998a, 2005b):

Tab. 32: Bestand der Reiherente 1997 und 2004

Monat	Jan.	Feb.	März	Apr.	Mai	Juni	Juli	Aug.	Sep.	Okt.	Nov.	Dez.	Ø
1997	0	1	4	8	0	0	1	0	0	0	0	0	1,2
2004	3	19	13	27	23	27	19	5	1	1	3	6	12,3

Deutlich häufiger als noch 1997 zeigte sich die Ente in 2004. Das ist aber kaum auf die Ausdehnung der Zählung zurückzuführen, sondern spiegelt eher die Zunahme der letzten Jahre wider (HURTMANN 2005b). Während sich in 1997 die Verbreitung

vornehmlich auf die Kiesgrube Beltinghoven und den Wickrather Schlosspark beschränkte, war in 2004 das Vorkommen breiter gestreut. Bei Vergleichszählungen
im Dezember 1999 und 2001–2003 lag die Zahl zwischen 0 und drei Exemplaren
(HURTMANN 2005b).

Maximum

Die größte Ansammlung umfasste 25 Exemplare (16 ♂, 9 ♀). Sie wurde am 16.03.2004
im Wickrather Schlosspark registriert, die meisten Enten schwammen auf dem
Rückhaltebecken (H. Hurtmann).

Bergente (*Aythya marila*)

Rote Liste: D R
sehr vereinzelter, unregelmäßiger Rastvogel
XI

Bestand und Vorkommen

Mit 1–10 (100) Exemplaren ist die Bergente Wintergast und Durchzügler im Rheinland (MILDENBERGER 1982). Nachweise in Mönchengladbach beschränken sich auf
eine November-Beobachtung:

■ 1 Ex. am 18.11.1987 in der Kiesgrube Beltinghoven (S. Burghardt in BURGHARDT
   1989a).

Trauerente (*Melanitta nigra*)

sehr vereinzelter, unregelmäßiger Rastvogel
? – V

Bestand und Vorkommen

Die Trauerente war in den vergangenen Jahrzehnten im Rheinland Durchzügler
und Wintergast mit 1–10 (100) Individuen (MILDENBERGER 1982). Um 1900 kam sie
hier sehr vereinzelt und nur gelegentlich vor (LE ROI 1906). Aus dieser Zeit stammt
der bisher einzige Nachweis:

■ 1 adultes ♂ hielt sich noch am 18.05.1883 »bei Odenkirchen« auf. Es gelangte in
   die Sammlung von R. Lenßen in Odenkirchen (LE ROI 1906).

Samtente (*Melanitta fusca*)

sehr vereinzelter, unregelmäßiger Rastvogel
I

Bestand und Vorkommen
Ähnlich wie die Trauerente kommt auch diese Meeresente als Durchzügler und Wintergast mit 1–10 (100) Individuen im Rheinland vor (MILDENBERGER 1982). Die Samtente konnte im Stadtgebiet einmal festgestellt werden:

- 1 Ex. am 14.01.1941 auf der Niers an der Roosenmühle in Odenkirchen (MAAS 1948).

Weibchen   Foto: H. Hurtmann

Schellente (*Bucephala clangula*)

sehr vereinzelter, unregelmäßiger Rastvogel
XI–III

Bestand und Vorkommen
Der Rastbestand der Schellente im Rheinland schwankt stark, was wohl mit der Strenge des Winters zusammenhängt (MILDENBERGER 1982). Das Wasservogelmonitoring in NRW ergab im Winter 2000/01 einen Bestand von maximal rund 700 Exemplaren (SUDMANN 2002). In Mönchengladbach tritt die Art sporadisch auf, neun Nachweise liegen vor:

- LE ROI (1906) erwähnt eine Reihe von Orten in der ehemaligen Rheinprovinz, an denen Schellenten erlegt wurden. Darunter ist auch Odenkirchen.
- 6 Ex. am 09.03.1944 in der Neuwerker Donk (MAAS 1948).
- 1 ♀ vom 03.02.–26.02.1963 auf der Niers in Höhe der Kläranlage Neuwerk (BURGHARDT 1970, 1989a).
- 4 Ex. am 12.12.1981 auf einem Becken der Kläranlage Wickrathberg (HEINEN et al. 1983).
- 2 Ex. am 30.11.1986 in der Kiesgrube Beltinghoven (BURGHARDT 1989a).

144

- 1 ♂ in der Kiesgrube Beltinghoven am 04.02.1990 (E. & S. Burghardt, E. & K.-H. Greve u. a.).
- 1 ♀ vom 21.01.–20.02.1993, Kiesgrube Beltinghoven (S. Burghardt, H. Hurtmann, D. Stiels).
- 1 ♀ am 03.02.1996 auf der Niers nördlich Neuwerk nahe der Stadtgrenze (H. Hurtmann).
- 1 ♀ am 24.01.1997, Niers in Höhe der Neuwerker Kläranlage (H. Hurtmann, J. Trasberger).

Zwergsäger (*Mergellus albellus*)

sehr vereinzelter, unregelmäßiger Wintergast
I–II

Bestand und Vorkommen

Das Gros der rheinischen Wintergäste hält sich am Unteren Niederrhein auf, doch mit den Nette-Seen gibt es auch ein traditionelles Überwinterungsgebiet unweit von Mönchengladbach (MILDENBERGER 1982). Ähnlich wie bei der Schellente sind die Rastzahlen des Zwergsägers von der Härte des Winters abhängig. Im milden Winter 2000/01 blieb der Bestand gering, landesweit wurden ca. 170 Individuen registriert (SUDMANN 2002).

Die Mönchengladbacher Nachweise stehen allesamt in Verbindung mit dem Nierssee (Kreis Viersen). Der See friert auch in harten Wintern nicht zu und ist deshalb Ausweichquartier für Wasservögel. Rasten erstmals 1994 zwei Säger für kurze Zeit auf dem See (HUBATSCH 1996), liegen Anzahl und Verweildauer nach den längeren Frostperioden der Winter 1995/96 und 1996/97 deutlich höher (H. Hurtmann). In diesen Wintern wechseln die Säger regelmäßig zwischen Nierssee und angrenzender Niers:

- Januar/Februar 1996: Drei Nachweise von 1–5 ♀ im Zeitraum vom 26.01.–14.02. auf der renaturierten Niers in Höhe der Kläranlage Neuwerk (H. Hurtmann).
- Januar 1997: Sechs Nachweise mit insgesamt 2 ♂ und 7 ♀ im Zeitraum vom 03.01.–24.01. (E. & S. Burghardt, E. & K.-H. Greve u. a.). Die Säger schwimmen auf der Niers zwischen Kläranlage Neuwerk und der alten Bahnstrecke Neuwerk – Willich, meist halten sie sich auf dem renaturierten Teilstück auf.

Maximum

Mit 7 ♀ wurde das Maximum am 24.01.1997 auf der Niers zwischen Kläranlage

Neuwerk und der Bahnlinie Richtung Willich erreicht (H. Hurtmann, J. Trasberger).

Kappensäger (*Lophodytes cucullatus*)

Gefangenschaftsflüchtling
VIII

Bestand und Vorkommen
Der Kappensäger wird in Gefangenschaft gehalten, aus der mitunter entweicht oder freigesetzt wird. Auf diese Weise gelangen bereits mehrfach Nachweise in NRW (HERKENRATH 1995). In Mönchengladbach zeigte sich die Art einmal:

- 1 Ex. am 16.08.2004 in der Kiesgrube Beltinghoven. Der Vogel trug einen schmalen, einfarbigen (Geflügelzüchter-)Ring und ließ die Fluchtdistanz eines Wildvogels völlig vermissen (H. Hurtmann, D. Kemper).

Eine Beurteilung der Meldung durch die Deutsche Seltenheitskommission steht noch aus.

Gänsesäger (*Mergus merganser*)

Rote Liste: D 3
(sehr) vereinzelter, unregelmäßiger Wintergast
XII–III

Bestand und Vorkommen
In Nordrhein-Westfalen zeigten sich im Winter 2000/01 knapp 800 Gänsesäger. Verbreitungsschwerpunkte waren die Flussauen von Ruhr und Weser sowie die Talsperren im Bergland (SUDMANN 2002). In Mönchengladbach blieben bis zur Mitte der 1990er Jahre Nachweise aus. Seither lassen sich die Meldungen zu fünf Einflügen gruppieren:

- Februar 1996: Nach einer ersten Beobachtung von etwa 5 ♀ auf der Odenkirchener Niers (08.02., H. Schmitz) folgten zwei weitere Nachweise von je 1 ♀ auf der Niers südlich Lürrip (15.02., H. Hurtmann) bzw. auf dem renaturierten Teilstück an der Kläranlage Neuwerk (25.02., H. Hurtmann).

- Januar – März 1997: Vom 07.01.–24.01. wurden insgesamt 1 ♂, 5 ♀ von der Niers zwischen nördlicher Stadtgrenze und Lürrip gemeldet (E. & S. Burghardt, H. Hurtmann, G. Maas). Danach ließen sich Gänsesäger vom 27.01.–13.03. im Bresges Park blicken. Hier hielten sich die Vögel auf einem ungestört liegenden, eingezäunten Gewässer auf. Waren es anfänglich 5 Exemplare (1 ♂, 4 ♀, H. Schmitz), nahm ihre Anzahl bald auf 13 Individuen zu (10.02., H. Hurtmann, D. Stiels). Am 13.03. wurde der letzte Säger im Park beobachtet (1 ♀, H. & S. Hurtmann).

- Januar – März 1999: Im Bresges Park rasteten 2 Exemplare (1 ♂, 1 ♀) am 29.01. und 27.02. (H. Hurtmann, D. Stiels). Ebenfalls dort 3 Vögel (2 ♂, 1 ♀) am 04.03. (H. Hurtmann, D. Stiels).

- März 2001: 3 Säger (1 ♂, 2 ♀) am 10.03. im Bresges Park (H. Hurtmann, D. Stiels).

- Dezember 2001: 1 ♂ am 15.12. auf dem Rückhaltebecken am Wickrather Schlosspark (H. Hurtmann).

Greifvögel (Accipitriformes)

Wespenbussard (*Pernis apivorus*)

Rote Liste: NRW 3
sehr seltener, unregelmäßiger Brutvogel, (sehr) vereinzelter Durchzügler
(IV) V–X (XI)

Bestand und Vorkommen

Bereits LE ROI (1906) erwähnt, teilweise im Rückgriff auf FARWICK (1883), Bruten aus M.-Gladbach und Odenkirchen. Bis zu den 1980er Jahren wurden Vorkommen bekannt im Neersbruch (MAAS 1948), bei Haus Horst (BETTMANN 1959), im Hardter Wald (BURGHARDT 1970), bei Schloss Rheydt (WILLE 1971) und im Buchholzer Wald (HEINEN et al. 1983). Dabei war der Wespenbussard offenbar stets sehr seltener Brutvogel. Im zwischen 1972 und 1998 in 18 Jahren vollständig untersuchten MTB 4804 kamen W. von Kannen, H. Siebmanns und W. Thomas auf maximal drei BP (AG GREIFVÖGEL 2000). Überliefert sind aus den 1980er Jahren Horstfunde von je einem BP im Bresges Park (ab 1984, BURGHARDT 1989a, H. Schmitz), im Buchholzer Wald (1985, W. von Kannen) und im Hardter Wald (1989, M. Jöbges).

Ob der Wespenbussard seit den 1990er Jahren regelmäßig brütete, ist unbekannt. Ab 1994 sank der Bestand in NRW deutlich ab (AG GREIFVÖGEL 2000), dieser Trend mag auch Mönchengladbach erfasst haben. Belegt sind Bruten allein im Bresges Park (1991, 1992, H. Schmitz) und am Flughafengelände (1999, HURTMANN 1999b). Vereinzelte Brutzeit-Beobachtungen etwa über dem Bungtwald, dem Finkenberger Bruch und dem Mühlenbachtal (E. & S. Burghardt, M. Jöbges, M. Temme u. a.) legen indes weitere Vorkommen nahe.

Rastbestand

BETTMANN (1959) schreibt, der Bussard ziehe regelmäßig in Trupps bis zu 30 Stück und mehr über das Stadtgebiet. WILLE (1969) notiert für den Herbst 1968 bei fünf Meldungen im Zeitraum vom 23.08.–19.10. insgesamt 65 Vögel. Aus 1967 gibt es eine September-Beobachtung von 120–150 Wespenbussarden bei Sasserath (BURGHARDT 1989a, WILLE 1968b datiert die Beobachtung auf das Jahr 1965). Für das Frühjahr 1969 schreibt BURGHARDT (1970) von etwa 30 Exemplaren über dem Franziskushaus bei Großheide.

Diese Zahlen werden heute nicht mehr erreicht. Seit 1991 liegen aus den meisten

Jahren Zugbeobachtungen mit nur noch einem Exemplar vor. Eine Ausnahme war die Beobachtung von 40 Wespenbussarden am 01.09.1994 über Neuwerk (L. Schmitz).

Phänologie

Für den Heim- und Wegzug sind der 13.04. (1990, S. Burghardt, S. & H. Hurtmann) und der 03.11. (1990, F. Franken) die Extremwerte. Für gewöhnlich treffen die Wespenbussarde in den ersten Maitagen im Rheinland ein, um es bis Oktober wieder zu verlassen (MILDENBERGER 1982).

Maximum

Die erwähnten 120–150 Vögel, die G. & W. Thomas im September 1967 bei Sasserath zählten (BURGHARDT 1989a), sind das Maximum.

Schwarzmilan (*Milvus migrans*)

Rote Liste: NRW R
sehr vereinzelter, unregelmäßiger Durchzügler
III–V / IX–X

Bestand und Vorkommen

Vom Schwarzmilan gibt es in Nordrhein-Westfalen 10–20 Brutpaare (AG GREIFVÖGEL in GRO & WOG 1997). In diesem Bundesland stößt der Milan an die Nordwest-Grenze seiner Brutverbreitung. Darüber hinaus zieht er mit 1–10 (100) Exemplaren durch das Rheinland (MILDENBERGER 1982). Neben dem kurzen Hinweis von LE ROI (1906), er habe bei M.-Gladbach erlegte Vögel gesehen, gibt es elf Zugbeobachtungen aus dem Stadtgebiet (BURGHARDT 1970, 1989a, F. Franken, M. Temme u. a.). Mit sechs Nachweisen entfallen die meisten auf die Zeit von 1991–2003.

Phänologie

Die lokalen Daten in Tab. 33 (n = 11) lassen Parallelen mit dem Zuggeschehen in den angrenzenden Niederlanden erkennen (vgl. LWVT & SOVON 2002).

Tab. 33: Jahreszeitliches Auftreten des Schwarzmilans

Monat	Januar			Februar			März			April			Mai			Juni		
Dekade	I	II	III	I	II	III	I	II	III	I	II	III	I	II	III	I	II	III
Nachweise								1	1		2	2	2	1				
Individuen								1	1		2	2	2	1				

Monat	Juli			August			September			Oktober			November			Dezember		
Dekade	I	II	III	I	II	III	I	II	III	I	II	III	I	II	III	I	II	III
Nachweise							1			1								
Individuen							2			1								

Rotmilan (*Milvus milvus*)

Rote Liste: NRW 2
sehr vereinzelter Durchzügler
II–V / (VII) IX–XI (XII)

Bestand und Vorkommen

Durch den Landesteil Nordrhein verläuft die westliche Verbreitungsgrenze des Rotmilans, entsprechend konzentrieren sich Vorkommen in NRW auf den westfälischen Raum (vgl. MILDENBERGER 1982). Im gesamten Bundesland waren es 2000/01 geschätzte 512 Paare (BRUNE et al. 2002). Als regelmäßiger Durchzügler ist der Milan im Rheinland mit jährlich 100–1000 Exemplaren zu beobachten (MILDENBERGER 1982).

In Mönchengladbach war der Rotmilan stets nur Durchzügler. LE ROI (1906), der in diesem Zusammenhang auch FARWICK (1883) zitiert, berichtet von Nachweisen bei M.-Gladbach und Odenkirchen, wo er »früher recht häufig ziehend beobachtet wurde«. BETTMANN (1959) sah ihn »mehrfach über unserem Stadtgebiet«, BURGHARDT (1989a) erwähnt alljährlichen Durchzug.

Ab den 1990er Jahren liegen aus nahezu allen Jahren Beobachtungen vor, so dass der Rotmilan als regelmäßiger Durchzügler bezeichnet werden kann. Maximal wurden in einem Jahr elf Wahrnehmungen gemeldet (1991, E. & S. Burghardt, F. Franken u. a.). Überwiegend wurden Einzelvögel festgestellt, nur in etwas mehr als 10 % der Fälle überflogen zwei oder mehr Milane das Stadtgebiet.

Phänologie

Der Zugablauf wird anhand sämtlicher datierten Nachweise (n = 52) deutlich (Tab. 34):

Tab. 34: Jahreszeitliches Auftreten des Rotmilans

Monat	Januar			Februar			März			April			Mai			Juni		
Dekade	I	II	III	I	II	III	I	II	III	I	II	III	I	II	III	I	II	III
Nachweise					2	6	4	5	4	5	8	2	1	1	1			
Individuen					3	6	4	5	4	8	11	2	1	1	1			

Monat	Juli			August			September			Oktober			November			Dezember		
Dekade	I	II	III	I	II	III	I	II	III	I	II	III	I	II	III	I	II	III
Nachweise		1					2			1	4			2	1		1	1
Individuen		1					2			1	4			2	1		1	1

Mit einer Kumulation von etwa Mitte Februar bis Mitte April entsprechen die Zugdaten weitestgehend der Einschätzung von MILDENBERGER (1982). Nach ihm beginnt der Heimzug im Rheinland in der zweiten Februarhälfte, wird Anfang März auffälliger und erreicht Ende März/Anfang April sein Maximum. Vom Wegzug gibt es in Mönchengladbach weniger Beobachtungen, doch liegen auch diese in dem von MILDENBERGER (1982) beschriebenen Rahmen. Früh ist eine Beobachtung vom 28.07. (1991, M. Jöbges). Die Milane beginnen gewöhnlich Mitte bis Ende August mit dem Abzug aus den Brutgebieten (MILDENBERGER 1982), Nichtbrüter streifen allerdings umher. Winternachweise, wie der vom 17.12. (1987, H. Siebmanns), sind im Rheinland zwar selten, aber nichts Außergewöhnliches (vgl. MILDENBERGER 1982).

Maximum

Am 10.04.1991 ziehen drei Rotmilane über Voosen, östlich Rheindahlen (F. Franken).

Seeadler (*Haliaeetus albicilla*)

Rote Liste: D 3
sehr vereinzelter, unregelmäßiger Gast

Bestand und Vorkommen

Wie auch in den vergangenen Jahrzehnten (vgl. MILDENBERGER 1982) kam der Seeadler zum Ende des 19. Jahrhunderts von Zeit zu Zeit, in Zwischenräumen von einigen Jahren, ins Rheinland (LE ROI 1906). Die sporadischen Nachweise gelangen vornehmlich im Niederrheinischen Tiefland in der Zeit von Ende Oktober bis Februar (LE ROI 1906). Darunter sind drei Meldungen aus Mönchengladbach, die allesamt von R. Lenßen stammen. In LE ROI (1906) überliefert ist allein das etwaige Datum:

- Oktober 1878, Odenkirchen.
- April 1892, Odenkirchen.
- im Jahr 1901, Wickrathberg.

Rohrweihe (*Circus aeruginosus*)

Rote Liste: NRW 2
ehemaliger Brutvogel, sehr vereinzelter Durchzügler
(III) IV–X (XI)

Bestand und Vorkommen

Als landesweit stark gefährdete Vogelart war die Rohrweihe Anfang der 1990er Jahre mit 141 Brutpaaren in Nordrhein-Westfalen vertreten, bei weiteren 42 Paaren bestand Brutverdacht. Ist Westfalen stärker besiedelt, brüteten lediglich 16 Paare im Landesteil Nordrhein, darüber hinaus gab es hier viermal Brutverdacht (HÖLKER & JÖBGES 1995). Durchziehende Rohrweihen können regelmäßig mit 11–100 Exemplaren im Rheinland festgestellt werden (MILDENBERGER 1982).

Schon LE ROI (1906) vermutet, dass die Art im Kreis M.-Gladbach Brutvogel sei. Diese Angabe muss sich nicht zwingend auf das heutige Stadtgebiet beziehen, da das damalige Kreisgebiet auch Teile von Viersen umfasste. Allerdings notiert der Autor an gleicher Stelle, dass Rohrweihen bei Odenkirchen und Gladbach erbeutet wurden. BETTMANN (1959) vermerkt kurz, dass die Art in M.-Gladbach brütend festgestellt worden sei. Seitdem sind keine Bruten mehr überliefert. Der in WINK (1988) genannte Nachweis muss vor dem Hintergrund der Feldbeobachtungen (G. Erdtmann, schriftl.) als unzureichend gesichert gelten (vgl. HUSTINGS et al. 1985).

Ähnlich verhält es sich mit neueren Beobachtungen zur Brutzeit im Juni und Juli. Diese gibt es aus den Rasselner Feldern (2002, H. Maas) und aus den Feldern östlich von Odenkirchen. Hier sollen sich einem Jäger zufolge 1993 »das ganze Jahr« Rohrweihen im Sasserather Feld Richtung Hochneukirch (Kreis Neuss) aufgehalten haben (mdl., zitiert nach G. Thomas). Ein weiterer Jäger berichtete 1998, dass sich Vögel schon seit einigen Jahren mehrfach an der Kamphausener Höhe gezeigt hätten (mdl., zitiert nach G. Lauscher). Auch aus dem Jahr 2000 liegt eine Meldung von hier vor (1 ♀, 08.07., G. Lauscher). Diese Meldungen hängen sicherlich zusammen mit Brutvorkommen in den angrenzenden Kreisen Neuss oder Heinsberg. Im MTB 4904 (Titz) wurden 1993 ein Brutpaar und ein Brutverdacht festgestellt (HÖLKER & JÖBGES 1995).

Rastbestand

In den Avifaunen wird die Art zudem als Durchzügler beschrieben. BETTMANN (1959) sah sie »hin und wieder im Wetschewell und im Elschenbruch«. BURGHARDT (1970, 1989a) und HEINEN et al. (1983) notieren insgesamt vier Nachweise mit sechs Vögeln. Seit 1991 gibt es 29 Nachweise, die überwiegend Einzelexemplare betreffen (G. Lauscher, G. Thomas u.a.).

Phänologie

Alle datierten Nachweise (n = 41) bringen folgendes (Zug-)Schema (Tab. 35):

Tab. 35: Jahreszeitliches Auftreten der Rohrweihe

Monat	Januar			Februar			März			April			Mai			Juni		
Dekade	I	II	III	I	II	III	I	II	III	I	II	III	I	II	III	I	II	III
Nachweise								1				1	1	1	2	1	1	1
Individuen								1				1	1	1	2	1	2	1

Monat	Juli			August			September			Oktober			November			Dezember		
Dekade	I	II	III	I	II	III	I	II	III	I	II	III	I	II	III	I	II	III
Nachweise	3		1	1	4	4	7	3	4	2	2		1					
Individuen	3		1	2	5	5	10	3	4	4	2		1					

Nach MILDENBERGER (1982) ist Heimzug im Rheinland von März bis Mai spürbar. Die lokalen Nachweise fallen in diesen Zeitrahmen. Verhältnismäßig spät ist die Weihe am 06.06.1996 in den Rönneter Feldern (E. & S. Burghardt). Die Beobachtungen zur Brutzeit betreffen wohl Übersommerer oder Brutvögel aus angrenzenden Gebieten. Der Wegzug beginnt um die Monatswende Juli/August und erreicht seinen Höhepunkt zwischen der letzten August- und der dritten Septemberdekade, bis er schließlich Mitte/Ende Oktober endet (MILDENBERGER 1982). Ein Nachzügler ist der Vogel, den F. Franken noch am 03.11.1990 bei Buchholz beobachtete.

Maximum

Drei Rohrweihen rasteten am 02.09.1979 in den Feldern zwischen Winkeln und Rasseln (BURGHARDT 1989a, S. Burghardt, schriftl.).

Kornweihe (*Circus cyaneus*)

Rote Liste: NRW 0, D 1
ehemaliger Brutvogel,
sehr vereinzelter Rastvogel
(VIII) XI–IV (V)

Bestand und Vorkommen

Spätestens im Jahr 1967 als Brutvogel im Rheinland ausgestorben, ist die Kornweihe nunmehr Durchzügler und Wintergast mit

Weibchen   Foto: W. Spengler

II–IOO Exemplaren (MILDENBERGER 1982). Bruten sind auch aus dem Stadtgebiet bekannt, LE ROI (1906) erwähnt Dunenjunge »aus der Gegend von Odenkirchen«.

Rastbestand

Als Rastvogel notierte BETTMANN (1959) die Kornweihe wiederholt bei Schelsen und im Elschenbruch. Fraglich, wie die von ihm wiedergegebene Meldung zu bewerten ist, nach der M. Kamphausen noch am 16.07.1955 Kornweihen gesehen haben will; das Datum passt nicht in das Zugschema der Art (vgl. GLUTZ et al. 1971). BURGHARDT (1970, 1989a) und HEINEN et al. (1983) nennen zahlreiche Beobachtungen, welche die Kornweihe als sehr vereinzelten, aber regelmäßigen Durchzügler und Wintergast ausweisen.

Auch seit den 1990ern gibt es aus nahezu allen Jahren Nachweise, die sich auf die Monate November bis März konzentrieren. Durchzügler und Wintergäste sind in dieser Zeit nicht klar voneinander zu trennen, zumal Letztere auch umherstreifen. Der Bestand in den Wintermonaten Dezember und Januar dürfte alljährlich fünf Exemplare nicht übersteigen. Während des Durchzugs von Februar bis April bzw. ab Mitte September (vgl. MILDENBERGER 1982) liegt die Zahl selten höher. Beobachtungen aus den Jahren 1998 und 2003 legen einen maximalen Bestand von bis zu zehn Durchzüglern nahe (H. Hurtmann, G. Lauscher, G. & H. Maas u.a.). Häufige Beobachtungsorte sind die großen Feldfluren im Süden und die Kiesgrube Beltinghoven mit den sich anschließenden Hehner und Winkelner Feldern. Einen Schlafplatz entdeckte J. Ohlig im Januar 1997. Fünf Kornweihen (3 ♂, 2 ♀) fielen vom 03.01. bis zum 12.01. in der Abenddämmerung regelmäßig in den Feldern südlich von Engelsholt ein.

Phänologie

Die Extremwerte vom Durchzug sind der 28.08.1989 (1 ♂, Kiesgrube Beltinghoven, E. & S. Burghardt, K.-H. Greve, A. van gen Hassend) und der 01.05.2000 (1 ♂, Winkelner Felder, H. Hurtmann, G. Maas).

Maximum

Am Schlafplatz in den Engelsholter Feldern kamen im Januar 1997 fünf Vögel zusammen (J. Ohlig).

Wiesenweihe (*Circus pygargus*)

Rote Liste: NRW 1, D 2
ehemaliger Brutvogel, sehr vereinzelter, unregelmäßiger Durchzügler
(III) IV / VIII

MILDENBERGER (1982) vermutet, dass die Wiesenweihe zum Anfang der 1980er Jahre nicht mehr im Rheinland brütet. Zuvor sei sie als seltener Brutvogel auch in Mönchengladbach vorgekommen. So berichtet R. Lenßen in LE ROI (1906) von einem Brutplatz bei Odenkirchen. MAAS (1948) zitiert mit OTTO (1934) eine Quelle, aus der ebenfalls Bruten bei Odenkirchen hervorgehen. Bei NEUBAUR (1957) findet sich der Hinweis H. Bettmanns, von der Wiesenweihe seien »mehrmals im letzten Krieg Gelege im Sasserather Feld gefunden worden«. BETTMANN selbst erläutert 1959, die Art brüte dort »hin und wieder« und nennt damit letzte Vorkommen im Stadtgebiet.

Rastbestand

Um die Wende vom 19. zum 20. Jahrhundert zog die Weihe in Mönchengladbach »alljährlich recht häufig durch« (vgl. LE ROI 1906). In den letzten Jahrzehnten war sie nur noch sehr vereinzelter und unregelmäßiger Durchzügler. Bis einschließlich 2003 liegen drei Nachweise vor:

- Jagdaufseher H. Raßmanns beobachtete im März 1970 1 ♀ mehrere Tage im Feld bei Winkeln (BURGHARDT 1970, 1989a). März-Beobachtungen sind eine Seltenheit, MILDENBERGER (1982) nennt für das Rheinland von 1958 bis 1978 nur fünf Nachweise. Auch die Verwechslungsgefahr mit Kornweihen-♀, die in diesem Monat durchziehen, wirft Fragen auf. BURGHARDT (1970) schreibt dazu: »Raßmanns glaubt, die Art sicher angesprochen zu haben.«
- 1 ♂ überfliegt am 23.04.1995 das Schlammbecken der Kläranlage Neuwerk in Richtung Nordnordost (H. Hurtmann).
- 1 ♂ im zweiten Kalenderjahr zieht am 31.08.2001 über die Buchholzer Felder (M. Temme).

Habicht (*Accipiter gentilis*)

(sehr) seltener Brutvogel, sehr vereinzelter Rastvogel
I–XII

Bestand und Vorkommen

Die Darstellungen in den früheren Avifaunen sind vom Rückgang geprägt. MAAS (1948) schreibt allgemein davon, dass der Habicht »in unserer Landschaft infolge Verfolgung seitens der Menschen seltener geworden ist«. Für die ehemalige Stadt Rheydt kann BETTMANN (1959) keine Bruten nennen. In Alt-Gladbach charakterisiert BURGHARDT die Art 1970 als ehemaligen Brutvogel, der sein letztes Vorkommen 1965 im Hardter Wald gehabt habe. Auch HEINEN et al. (1983) wissen aus Wickrath von keinen Bruten mehr zu berichten. Ende der 1980er Jahre bezeichnet BURGHARDT (1989a) den Habicht wieder als Brutvogel, dessen Bestand drei Paare wohl nicht übersteige. Die Zahl schwanke ständig, da die Art sehr störungsempfindlich sei und vermutlich illegale Abschüsse stattfänden. Als Brutplätze sind aus diesem Jahrzehnt überliefert: Donk (1990, S. Burghardt, H. Hurtmann), Hardter Wald (1984, S. Burghardt, H. Siebmanns), Gerkerather Wald (1986, W. von Kannen, H. Siebmanns), Mühlenbachtal (1983, UNI DÜSSELDORF et al. 1986) und Buchholzer Wald (1983 und 1986, W. von Kannen, H. Siebmanns).

Seit den 1990er Jahren wird der Bestand bei alljährlich etwa fünf Paaren gelegen haben. Tab. 36 zeigt neun Wälder, aus denen Horstfunde (Brutpaare) oder zumindest Beobachtungen zur Brutzeit (Revierpaare) überliefert sind. Neben zufälligen Nachweisen (S. Burghardt, H. Hurtmann, G. Maas u. a.) basieren die Daten auf der Erfassung für die NWO-Arbeitsgruppe Greifvögel im MTB 4804 (W. von Kannen). Von 1993–1998 sind diese nicht gebietsbezogen auswertbar, sie werden unter »Summe« ergänzt.

Tab. 36: Brutpaare (BP) und Revierpaare (RP) des Habichts seit 1991

Gebiet	1991	1992	1993	1994	1995	1996	1997	1998	1999	2000	2001	2002	2003
Donk			BP					(BP)					
Hardter Wald, Westteil								BP	BP	BP	BP	BP	RP
Hardter Wald, Ostteil	RP	RP							BP				BP
Hoppbruch				BP									
Gerkerather Wald									RP				
Rheydter Stadtwald												BP	
Genhülsener Wald										RP	RP	RP	RP
Wickrather Wald													BP
Buchholzer Wald	BP	BP							BP		BP	BP	RP
Finkenberger Bruch	BP	BP											
Summe (BP + RP)	3	3	4	4	3	4	4	4-5	4	2	3	3-4	5

Die Angaben sind zu lückenhaft für eine Trendanalyse. Wo, wie etwas in der Donk oder im Hoppbruch, Daten durch Zufallsfunde ermittelt wurden, hätten gezielte Kontrollen Paare in weiteren Jahren erbracht.

Rastbestand

In der Literatur wird der Habicht auch als Durchzügler und Wintergast genannt (z.B.

MILDENBERGER 1982). Dies geht teilweise auch aus den lokalen Avifaunen hervor (BURGHARDT 1970, 1989a) und wird auch für die letzten Jahre gelten. Eine Unterscheidung von hiesigen Brutvögeln und Zuzüglern ist aber schwierig und auf der Grundlage der vorhandenen Daten nicht zu treffen.

Sperber (*Accipiter nisus*)

seltener Brutvogel, vereinzelter Rastvogel
I–XII

Bestand und Vorkommen

Als Brutvogel war der Sperber bereits FARWICK (1883 in LE ROI 1906) bekannt. BETTMANN (1959) notiert, die Art brüte »noch recht häufig im Rheydter Gebiet«. Einen Bestandsrückgang lassen die Angaben bei BURGHARDT (1970) und HEINEN et al. (1983) erkennen, die den Sperber unisono nur noch als ehemaligen Brutvogel für Alt-Gladbach und Wickrath (126 km²) bezeichnen. Die letzten Brutnachweise stammten aus der Mitte der 1960er Jahre. Seit den 1980er Jahren sind wieder Bruten bekannt, der Bestand belief sich bis zum Ende des Jahrzehnts auf 1–5 Paare (ohne Stadtbezirk Wickrath, BURGHARDT 1989a).

Seitdem ist die Population angewachsen, in den letzten Jahren lag die Zahl der Brutpaare bei ca. 10–20. Durch die NWO-Greifvogelkartierung im MTB 4804 und ergänzende Funde sind seit 1998 aus mind. 13 Gebieten besetzte Horste bekannt (W. von Kannen, schriftl. u. a.). Darunter waren zum einen größere Waldgebiete wie der Hardter, Wickrather oder Buchholzer Wald. Zum anderen fanden sich Vorkommen in Parks und größeren Gärten, so im Bresges Park, in Wickrathberg oder Grotherath.

Rastbestand

Der Sperber ist zudem vereinzelter Durchzügler und Wintergast. BURGHARDT (1970, 1989a) nennt in diesem Zusammenhang eine Größenordnung von 10–100 Exemplaren. Dies gilt auch heutzutage. Ähnlich wie beim Habicht stellt sich aber das Problem, die genaue Zahl der Rastvögel bzw. das Zug- oder Strichverhalten der heimischen Brutvögel festzustellen.

Ringfunde

Zuzug aus Südfinnland ist durch einen Ringfund belegt (WILLE 1968a):

Ringnummer unbekannt
O 30.08.1957   Eckerö, Ålandinseln, Finnland

+ 17.11.1957   Mönchengladbach   1296 km SW   Fensteranflug

Besonderheiten

Allein in den Jagdjahren von 1960/61 bis 1967/68 wurden auf dem Gebiet der damaligen Städte M.-Gladbach und Rheydt 126 Sperber geschossen (LÖBF, schriftl.). Seit 1970 wird die Art nicht mehr bejagt.

Mäusebussard (*Buteo buteo*)

seltener bis spärlicher Brutvogel, mäßig zahlreicher Rastvogel
I–XII

Bestand und Vorkommen

Neben Turmfalke und Sperber war der Mäusebussard nach MAAS (1948) der häufigste Greifvogel. BETTMANN (1959) weiß mit dem Rheydter Stadtwald und dem Niersbruch zumindest von zwei Brutplätzen zu berichten. Für die 1960er Jahre schätzt BURGHARDT (1970), dass der Bestand vier Paare in Alt-Gladbach (97 km²) wohl nicht überschreiten dürfte. Zu diesem Zeitpunkt wurde der Mäusebussard noch durch Bejagung reduziert. Nach der Einführung der ganzjährigen Schonzeit 1970 nahm der Bestand offensichtlich zu. In den 1980er Jahren legen die Avifaunen eine Population von rund 15 Brutpaaren nahe (BURGHARDT 1989a, HEINEN et al. 1983).

Ungeachtet kurzfristiger Schwankungen scheint sich die Zunahme fortgesetzt zu haben. Damit liegt Mönchengladbach im Wachstumstrend, der in NRW und in den Niederlanden seit mehreren Jahrzehnten spürbar ist (BIJLSMA et al. 2001, NOTTMEYER-LINDEN et al. 2002, WINK 1995). Ab den 1990er Jahren lag der Bestand im Stadtgebiet bei alljährlich 20 (± 5) Brutpaaren. Horstfunde gibt es seit 1998 von 22 Orten (Abb. 14). Ermittelt wurden sie vornehmlich durch die Revierkartierung in Wäldern und Parks (Tab. 37, HURTMANN 1999b) und durch die NWO-Greifvogelkartierung im MTB 4804 (W. von Kannen, schriftl.).

Brutvogelkartierung 1998/99

Zwar brachte die systematische Kartierung für einige Gebiete konkrete Zahlen, doch zeigt sie nicht den kompletten Bestand. In traditionellen Brutgebieten, wie etwa im Hardter Wald (vgl. BURGHARDT 1970) oder im Buchholzer Wald (vgl. HEINEN et al. 1983), konnten keine Bruten nachgewiesen werden. Die folgende Tab. 37, deren Angaben alle auf Horstfunden beruhen, gibt entsprechend nur einen Teil der Brutpopulation wieder (HURTMANN 1999b):

© Geobasisdaten: Landesvermessungsamt NRW, Bonn, 1001/2005

Abb. 14: Summe nachgewiesener Mäusebussard-Brutpaare 1998–2003

Tab. 37: Brutbestand des Mäusebussards 1998/99

Gebiet	BP	Gebiet	BP	Gebiet	BP
Donk	1	Großheide	1	Hoppbruch	2
Wald am Flughafen	1	Volksgarten/Bungtwald	2	Tackhütte, westlich	1
Wey/Rasselner Wälder	1	Gerkerather Wald	1	Krapp	1

Die Anzahl schwankt. Im Volksgarten/Bungtwald sind 1996 und 1997 noch vier besetzte Horste nachgewiesen worden (G. Maas, schriftl.).

Rastbestand

Als Durchzügler und Wintergast trat der Mäusebussard nach BURGHARDT (1970, 1989a) in einer Größenordnung von 10–100 Exemplaren auf. Heute wird der Rastbestand höher eingeschätzt, er fällt in die Kategorie »mäßig zahlreich« (101–1000 Individuen).

Maximum

18 Exemplare zählte H. Hurtmann am 11.10.2003 auf einer Route von 49 km, die vornehmlich durch die Feldflur im südlichen Stadtgebiet verlief.

Ringfunde

Die Ringfunde aus GASSLING (1982, 1987) und NEUBAUR (1957) zeigen unter anderem Zuzug aus Ostdeutschland:

Ringnummer unbekannt
O 27.05.1928   Klütz, Nordwestmecklenburg
+ 06.10.1930   Rheindahlen, Mönchengladbach 451 km WSW

Belgien – Bruxelles – K 16 043
O 24.03.1979   Ekeren, Antwerpen, Belgien (nicht diesjährig)
+ 12.04.1980   Rheydt, Mönchengladbach   143 km ESE   Totfund

DDR – Hiddensee – 370 333
O 07.06.1982   Aschersleben, Aschersleben-Staßfurt (nestjung)
+ 01.03.1983   Mönchengladbach   355 km WSW Verkehrsopfer

Raufußbussard (*Buteo lagopus*)

sehr vereinzelter, unregelmäßiger Rastvogel
X–III

Bestand und Vorkommen

Der Raufußbussard taucht mit 11–100 Exemplaren als Durchzügler und Wintergast meist von Oktober bis März im Rheinland auf (MILDENBERGER 1982). LE ROI (1906) berichtet – teilweise im Rückgriff auf FARWICK (1883) – von Nachweisen aus M.-Gladbach, Rheydt und Odenkirchen. MAAS (1948) zufolge konnte die Art »jeden Winter im Niersgebiet zwischen Hockstein und Wickrath« beobachtet werden. Auch BETTMANN (1959) hält den Bussard für einen alljährlichen Rastvogel. Seit den 1950er Jahren nehme sein Vorkommen »merklich zu« – eine Aussage, die sich weder durch MILDENBERGER (1982) noch durch GLUTZ et al. (1971) stützen lässt. Es scheint vielmehr so, dass die Rastbestände im Laufe der Zeit deutlich zurückgegangen sind. Zumindest sind die Autoren in den 1980er Jahren wesentlich zurückhaltender, was Auftreten und Häufigkeit der Art anbelangt. HEINEN et al. (1983) berichten von drei Beobachtungen im Dezember bzw. Januar der Jahre 1963, 1970 und 1978. BURGHARDT nennt 1989(a) für etwa zwei zurückliegende Jahrzehnte sechs Nachweise, die in die Monate Oktober bis März fallen. Dabei unberücksichtigt sind indes die beiden Beobachtungen vom 14./16.03.1969 in der Neuwerker Donk (L. Lücker in WILLE 1970a). Seit den 1990er Jahren gelangen keine Nachweise vom Raufußbussard mehr.

Eine rückläufige Tendenz wird auch für den Kreis Viersen konstatiert. Hier stehen 13 Meldungen von 1961–1979 nur zwei Nachweisen seit 1980 gegenüber. HUBATSCH (1996) führt das auf zwei Faktoren zurück: zum Ersten auf mildere Winter seit Ende der 1980er Jahre, zum Zweiten auf die Artdiagnose. Er geht davon aus, dass die früheren Ornithologen Raufuß- und Mäusebussard angesichts schlechterer Bestimmungsvoraussetzungen verwechselten. Beschreibungen von MAAS (1948) lassen das plausibel erscheinen. Zur Artunterscheidung glaubt er sagen zu können: »Der Raufußbussard wählt als Tundren-Vogel auf freiem Felde als Warte stets die Erdhaufen, während der Mäusebussard als Waldvogel die Pfähle bevorzugt.« Tatsächlich wird ein Teil der vermeintlichen Raufußbussard-Beobachtungen auf Mäusebussarde zurückzuführen sein.

Besonderheiten

Im Winter 1987 wurde ein Exemplar entkräftet im Rheindahlener Feld gefangen und von H. Siebmanns in Pflege genommen. Am 08.03.1988 konnte der Vogel im Hilderather Feld wieder freigelassen werden (BURGHARDT 1989a).

Schreiadler (*Aquila pomarina*)

Rote Liste: D 2
Ausnahmeerscheinung

Bestand und Vorkommen

Als unregelmäßiger Gast tritt der Schreiadler im Rheinland auf. Aus dem 20. Jahrhundert führt MILDENBERGER (1982) 17 Nachweise des in (Mittel-)Osteuropa beheimateten Vogels auf. Darunter ist auch eine Beobachtung aus Mönchengladbach, die von ihm fälschlicherweise auf das Jahr 1963 datiert wird. In der Originalquelle bei BETTMANN (1959) liest sie sich wie folgt:

■ »Am 19. Mai 1953 beobachtete ich 1 Exemplar beim kreisenden W-O-Zug über der Stadt. Nach Ansicht von mehreren Ornithologen handelte es sich eher um einen Schreiadler als einen Schelladler, mit dem er sonst leicht verwechselt werden kann.«

Wie sicher die Bestimmung war und ob die Beschreibung heute einer kritischen Prüfung standhalten würde, muss offen bleiben.

Fischadler (*Pandion haliaetus*)

Rote Liste: NRW 0, D 3
sehr vereinzelter, unregelmäßiger Durchzügler
(III) IV–V / VIII–IX

Bestand und Vorkommen

Mit rund 11–100 Exemplaren zieht der Fischadler alljährlich durch das Rheinland (MILDENBERGER 1982). Aus dem Stadtgebiet liegen sporadische Beobachtungen vor. R. Lenßen kannte um 1900 »etwa acht Nachweise aus der Odenkirchener Gegend innerhalb von 25 Jahren« (LE ROI 1906). Am Fischteich des Eichhofs, nordwestlich von Rheindahlen, rastete die Art wiederholt, so Gutsbesitzer Kreitz in MAAS (1948). Am Holtmühlenteich (2 Meldungen, KNORR 1967) und im Gelände der Kläranlage Wickrathberg (1 Meldung, HEINEN et al. 1983) hielt sich je ein Exemplar teilweise länger auf. Auf einen längeren Aufenthalt könnte auch die Meldung von H. Bettmann hindeuten, nach der ein Fischadler »im August und September« 1981 im Bresges Park registriert wurde (ENGLÄNDER & WEITZ 1982). Schließlich erwähnt BURGHARDT (1989a) für die 1980er Jahre drei Nachweise von Einzelvögeln, darunter einen aus der Kiesgrube Beltinghoven vom 12.–20.09.1987.

Seit 1991 gelangen vier Nachweise, die ebenfalls alle ein Exemplar betreffen. Längere Aufenthalte wurden nicht mehr festgestellt, meist überflogen die Fischadler das Stadtgebiet lediglich. Beobachtungsorte waren die Sportanlage nördlich Großheide (05.05.1991, F. Franken), die Kiesgrube Beltinghoven (14.04.1992, H. Hurtmann), die Niers Höhe Dohr (20.09.1998, H. Hurtmann) und die Kläranlage Wickrathberg (06.05.1999, W. von Kannen).

Phänologie

Die Zusammenfassung der datierten Nachweise (n = 11) erbringt folgendes Zugschema (Tab. 38):

Tab. 38: Jahreszeitliches Auftreten des Fischadlers

Monat	Januar			Februar			März			April			Mai			Juni		
Dekade	I	II	III	I	II	III	I	II	III	I	II	III	I	II	III	I	II	III
Nachweise							1			2	2		3		1			
Individuen							1			2	2		3		1			

Monat	Juli			August			September			Oktober			November			Dezember		
Dekade	I	II	III	I	II	III	I	II	III	I	II	III	I	II	III	I	II	III
Nachweise								2										
Individuen								2										

Die erste Heimzug-Beobachtung stammt vom 05.03.1983 aus Rheydt (H. Schmitz in BURGHARDT 1989a). Das ist recht früh, denn der Zug beginnt im Rheinland für gewöhnlich erst in den letzten Märztagen. MILDENBERGER (1982) nennt als rheinischen Extremwert auch den 05.03. Die Nachweise vom Herbstzug fallen in jenen Monat, in dem die meisten Fischadler im Rheinland registriert werden (vgl. MILDENBERGER 1982).

Falken (Falconiformes)

Männchen mit Beute
Foto: H. Kuhlen

Turmfalke (*Falco tinnunculus*)

spärlicher Brutvogel, mäßig zahlreicher Rastvogel
I–XII

Bestand und Vorkommen

Aus der Beschreibung von BETTMANN (1959) geht hervor, dass der Turmfalke einer der häufigsten Greifvögel war. BURGHARDT schätzt den Bestand 1970 für Alt-Gladbach (97 km²) auf zwölf Paare. Für das gesamte Stadtgebiet werden in den 1980er Jahren 25–30 Paare angegeben (BURGHARDT 1989a, HEINEN et al. 1983).

Die Population ist in den 1990er Jahren nicht zuletzt wegen des vermehrten Nistkastenangebots angewachsen. Ließen sich 1987 in Alt-Gladbach und Rheydt in den fünf Nisthilfen des NABU allein drei Brutpaare nachweisen (BURGHARDT 1987), waren es im Jahr 2000 in 18 Kästen zehn Paare. Zusammen mit den bekannten Gebäudebruten sind für diesen Zeitpunkt knapp 20 Brutpaare belegt (G. Maas, schriftl., G. Thomas). Der tatsächliche Bestand wird in den letzten Jahren bei 30–40 Paaren gelegen haben. Die Nachwuchsrate pro erfolgreichem Brutpaar schwankte zwischen 1998 und 2003 bei jeweils 9–12 kontrollierten Nistkästen von 3,7 (2002) bis 5,0 (1998) juv. Im Mittel lag der Bruterfolg bei 4,2 juv./BP (G. Maas, schriftl.).

Rastbestand

Der Durch- oder Zuzug wird bei den lokalen Autoren überhaupt nicht berücksichtigt. Die Art mag bis heute mäßig zahlreicher Rastvogel sein (101–1000 Exemplare).

Maximum

An Stellen mit besonders gutem Nahrungsangebot kann es zu Ansammlungen kommen. So jagten sieben Turmfalken am 29.03.1993 auf einer kleinen, mit Altgras und Sträuchern bestandenen Ersatz- bzw. Ausgleichsfläche am Rasselner Wasserwerk (E. & S. Burghardt).

Neben einem Wiederfund im Stadtgebiet (GASSLING 1980b) gibt es zwölf Fernablesungen von Turmfalken, die HEINEN et al. (1983) in Mönchengladbach beringten. Danach wurden (Jung-)Vögel in einer Entfernung von bis zu 281 Kilometer wieder gefunden (das französische »Streux« ließ sich allerdings nicht lokalisieren). Mehr als die Hälfte blieb mit maximal 100 km Distanz im näheren Bereich des Beringungsortes. Die Wanderungsbewegung lässt sich nicht auf eine bestimmte Richtung reduzieren, auch wenn der nordöstliche Raum mit fünf Nachweisen relativ stark aufgesucht wurde.

Merlin (*Falco columbarius*)

sehr vereinzelter, unregelmäßiger Rastvogel
X–IV

Bestand und Vorkommen

Überwiegend in den Monaten September bis April kann der Merlin im Rheinland als Durchzügler und unregelmäßiger Wintergast mit 1–10 (100) Exemplaren beobachtet werden (MILDENBERGER 1982). Schon LE ROI (1906) nennt (undatierte) Beobachtungen aus Odenkirchen, Sasserath und M.-Gladbach. Datiert sind neun Nachweise mit jeweils einem Exemplar, die in den oben genannten Zeitrahmen fallen:

- Am 03.10.1966, Felder am Städt. Hauptfriedhof bei Großheide (BURGHARDT 1970).
- Am 16.10.1976 bei Haus Horst (BURGHARDT 1989a).
- Am 14.11.1976 ebenfalls bei Haus Horst (BURGHARDT 1989a).
- Am 20.04.1979 ein Totfund in Wanlo. Das ♀ war vor eine Glasscheibe geflogen (HEINEN et al. 1983).
- Am 06.11.1982 1 ♂ über den Feldern bei Broich, westlich Rheindahlen (BURGHARDT 1989a).
- Am 12.01.1990 zwischen Odenkirchen und Mongshof (H. Schmitz).
- Am 11.01.1997 1 ♀ in den Feldern südlich von Engelsholt (S. Burghardt).
- Am 20.10.2000 1 ♀ östlich von Merreter (M. Temme).
- Am 07.11.2000 im Bereich der Kamphausener Höhe (H. Schmitz).

Baumfalke (*Falco subbuteo*)

Rote Liste: NRW 3, D 3
sehr seltener Brutvogel, sehr vereinzelter Durchzügler
IV–X

Der Baumfalke war von jeher sehr seltener Brutvogel. R. Lenßen kannte ihn um 1900 aus Odenkirchen (LE ROI 1906), vereinzelte Brutnachweise nennen später auch MAAS (1948) und BETTMANN (1959). Im Bezirk Wickrath (29 km²) ist HEINEN et al. (1983) ein Vorkommen im Wickrather Wald bis 1972 bekannt. Für das übrige Stadtgebiet (141 km²) schätzt BURGHARDT 1989(a), dass regelmäßig 1–2 Paare brüten. Als Brutorte führt er den Hardter Wald und das Elschenbruch auf (vgl. für beide Gebiete bereits BURGHARDT 1970). Ergänzt werden kann die Bistheide (1980, HEINEN 1980) und Tackhütte (1989, E. Bannert). Die seit etwa 1980 von W. von Kannen, H. Siebmanns und W. Thomas durchgeführte Kartierung im MTB 4804 ergab einen Maximalbestand von vier Brutpaaren (AG GREIFVÖGEL 1996).

Konkrete Angaben zum Bestand der letzten Jahre basieren auf mehr oder weniger zufälligen Horstfunden (Tab. 39). Weitere Brutzeit-Beobachtungen, die es aus allen Jahren gibt, lassen sich meist nicht als Brutnachweis werten, da sie zu lückenhaft sind und kaum einem Nistplatz zugeordnet werden können.

Tab. 39: Anzahl nachgewiesener Baumfalkenhorste 1991–2003

Jahr	Anzahl BP	Bemerkung; Quelle
1992	1	Tackhütte, nördlich Giesenkirchen; H. Schmitz
1993	1–2	Hardter Wald: 1–2 besetzte Horste; S. Burghardt u. a.
1994	3	Hardter Wald; S. Burghardt, H. van Eys
		Odenkirchen; G. Robert
		Schloss Rheydt, nahe; H. Schmitz, W. Spengler
1995	1	Winkeln, westlich: kleiner Pappelwald; E. & S. Burghardt u. a.
1996	1	Winkeln, westlich: kleiner Pappelwald; E. & S. Burghardt u. a.
1998	1	Winkeln, westlich: kleiner Pappelwald; G. & H. Maas u. a.
2000	1	Kothausen; W. von Kannen, schriftl.
2002	1	Genhülsener Wald; W. von Kannen, schriftl.
2003	0–1	Wickrathberg, östlich, 2 flügge juv.; W. von Kannen, schriftl.

Da keine umfassenden Untersuchungen stattfanden, gibt die Aufzählung nur den Mindestbestand wieder. Der Baumfalke war seit 1991 regelmäßiger Brutvogel, dessen Bestand zwischen 1–5 Paaren lag. BURGHARDT et al. (o. J.) bekräftigen diese Einschätzung und gehen Mitte des letzten Jahrzehnts von vier Paaren aus.

Rastbestand

Im April/Mai und September/Oktober kann mit Durchzüglern gerechnet werden (vgl. MILDENBERGER 1982). In der lokalen Literatur werden Angaben von 1–10 Durchzüglern (BURGHARDT 1970, 1989a) bis zu »recht häufig« (BETTMANN 1959) gemacht. Die Einschätzung von BURGHARDT (1970, 1989a) ist heute noch gültig.

Phänologie

Das durchschnittliche Ankunftsdatum lag seit 1990 auf dem 29.04. (n = 8). Sehr früh ist die Beobachtung aus dem Jahr 1995 mit einem Exemplar am 02.04. im Schmölderpark (H. Schmitz, W. Spengler in BURGHARDT 1996a). Dieses Datum liegt selbst vor dem frühesten Rheinland-Nachweis (06.04., MILDENBERGER 1982). Der Durchzug endet im ersten Oktoberdrittel (MILDENBERGER 1982). Mit dem 10.10. (2001, G. Maas) liegt das späteste lokale Datum in diesem Bereich.

Wanderfalke (*Falco peregrinus*)

Rote Liste: NRW 1, D 3
sehr vereinzelter, unregelmäßiger Gast
III–X

Bestand und Vorkommen

Nach einem Bestandsoptimum in der ersten Hälfte des 20. Jahrhunderts ist der Bestand des Wanderfalken in Nordrhein-Westfalen in der Zeit von 1950 bis 1965 zusammengebrochen. Im Jahr 1970 wurde der letzte Brutplatz aufgegeben, der Falke war landesweit ausgestorben. Durch Auswilderung und Zuwanderung aus anderen Bundesländern etablierte sich ab Mitte der 1980er Jahre eine kleine Population, die bis 1993 auf 18 beflogene Horstterritorien anwuchs (WEGNER 1994). Für das Jahr 1996 wird der NRW-Bestand mit 18 Brutpaaren angegeben, von denen elf erfolgreich brüteten (GRO & WOG 1997).

In Mönchengladbach ist der Wanderfalke unregelmäßiger Gast, den auch schon LE ROI (1906) für das Stadtgebiet aufführt. Er sei »beobachtet oder erlegt worden bei Odenkirchen und Sasserath«. Bis zum Ende der 1970er Jahre sind weitere sechs Nachweise mit 1–2 Individuen überliefert (BETTMANN 1959, BURGHARDT 1970, 1989a, MAAS 1948, WILLE 1971). Nach der Bestandserholung im späten 20. Jahrhundert scheint die Art wieder häufiger im Stadtgebiet aufzutreten. Seit den 1980er Jahren gibt es fünf Nachweise:

- Am 31.08.1990 überflog 1 Ex. Merreter in Richtung Westen (F. Franken).
- Am 16.10.1997 umflog 1 Ex. die Eickener Kirche und setzte sich kurzzeitig auf das Gebäude. Nachdem es von einer Krähe attackiert wurde, zog es ab (D. Stiels).

- Am 27.09.1998 flog 1 Ex. in geringer Höhe über Sasserath in Richtung Süden (G. Thomas).
- Am 20.10.2000 kreiste 1 Ex. im Jugendkleid bei Merreter (M. Temme).
- Im März 2003 gelangen mehrere Beobachtungen von 1 Ex. am alten Wickrather Wasserturm (F. Thelen).

Hühnervögel (Galliformes)

Birkhuhn (*Tetrao tetrix*)

Rote Liste: NRW 0, D 1
Ausnahmeerscheinung

Bestand und Vorkommen

Gegen Ende des 19. Jahrhunderts nahm das Birkhuhn stark zu und besiedelte weite Teile des Rheinlands. Am linken Niederrhein gab es bis zum Ende der 1950er Jahre in den Kreisen Wesel, Kleve, Viersen und Heinsberg etwa 15 Brutgebiete. Nachdem die Bestände wieder zurückgegangen waren, befand sich das letzte Brutvorkommen im Grenzwald bei Brüggen-Bracht (Kreis Viersen). Hier hielten sich 1966 noch sechs bis sieben Exemplare auf. Außerhalb der Brutgebiete konnten verschiedentlich verflogene Exemplare festgestellt werden (MILDENBERGER 1982). So wird sich auch der einzige Mönchengladbacher Nachweis einordnen lassen:

- Am 18.03.1961 überflog eine Henne das Gelände der Kläranlage Neuwerk in südliche Richtung (S. Burghardt in BURGHARDT 1989a).

Die Anmerkung von LE ROI (1906), dass »verflogene Stücke [der Brutpopulation] in zwei Fällen in der Gegend von M.-Gladbach erlegt wurden«, muss sich nicht auf das Stadtgebiet beziehen und bleibt entsprechend unberücksichtigt.

Rothuhn (*Alectoris rufa*)

Rote Liste: D 0
Gefangenschaftsflüchtling
XII

Bestand und Vorkommen

Das Rothuhn war bis in das 18. Jahrhundert hinein Brutvogel in Deutschland. Heute ist sein Vorkommen im Wesentlichen auf Südwesteuropa und Italien beschränkt. In NRW gab es in jüngster Zeit vereinzelt Einbürgerungsversuche, denen auch erfolgreiche Bruten folgten (KRETZSCHMAR 1999). Im Stadtgebiet gelang ein Nachweis:

- 1 ♂, 1 ♀ beobachteten E. & S. Burghardt am 26.12. und 30.12.1989 auf einem Saatstück nördlich von Hehn. Nach Auskunft eines Landwirts hielten sich die Vögel schon »seit Wochen« in diesem Bereich auf (S. Burghardt, schriftl.).

Foto: W. Spengler

Rebhuhn (*Perdix perdix*)

Rote Liste: NRW 2, D 2
mäßig häufiger Brutvogel
I–XII

Bestand und Vorkommen

Drastische Bestandseinbrüche seit den 1970er Jahren haben den Brutbestand in NRW auf 8000–12000 Paare sinken lassen (GRO & WOG 1997). Die Abnahme ist vornehmlich auf die Intensivierung der Landwirtschaft, auf die Flurbereinigung und den Einsatz von Bioziden zurückzuführen (z. B. BIJLSMA et al. 2001, GLUTZ & BAUER 1973).

Für MAAS (1948) war das Rebhuhn noch ein »häufiger Brutvogel«. BETTMANN berichtet 1959 davon, dass durch die veränderte Landwirtschaft viele Gelege verloren gingen und Schutzmaßnahmen notwendig wären. Trotz allem würden in den Außenbezirken von Rheydt alljährlich noch hunderte Feldhühner erlegt. Die erste Bestandsschätzung gibt BURGHARDT (1970) für Alt-Gladbach (97 km²) mit 50–200 Brutpaaren. In den 1980er Jahren wird die Population im Stadtgebiet auf 21–55 Paare veranschlagt (BURGHARDT 1989a, HEINEN et al. 1983). In beiden Avifaunen liest man von ständig rückläufigen Beständen. Im Stadtbezirk Wickrath sei der Bestand »in den letzten Jahrzehnten« um ca. 90% gesunken (HEINEN et al. 1983). Der Negativtrend lässt sich auch an der Jagdstrecke erkennen (Abb. 15, LÖBF, schriftl.).

Bis zum Jagdjahr 1974/75 beziehen sich die Abschusszahlen allein auf die ehemaligen Städte M.-Gladbach und Rheydt. Die Angaben aus Wickrath flossen bis dato in die Streckenzahlen des Jagdbezirks Grevenbroich ein und sind nicht einzeln aus-

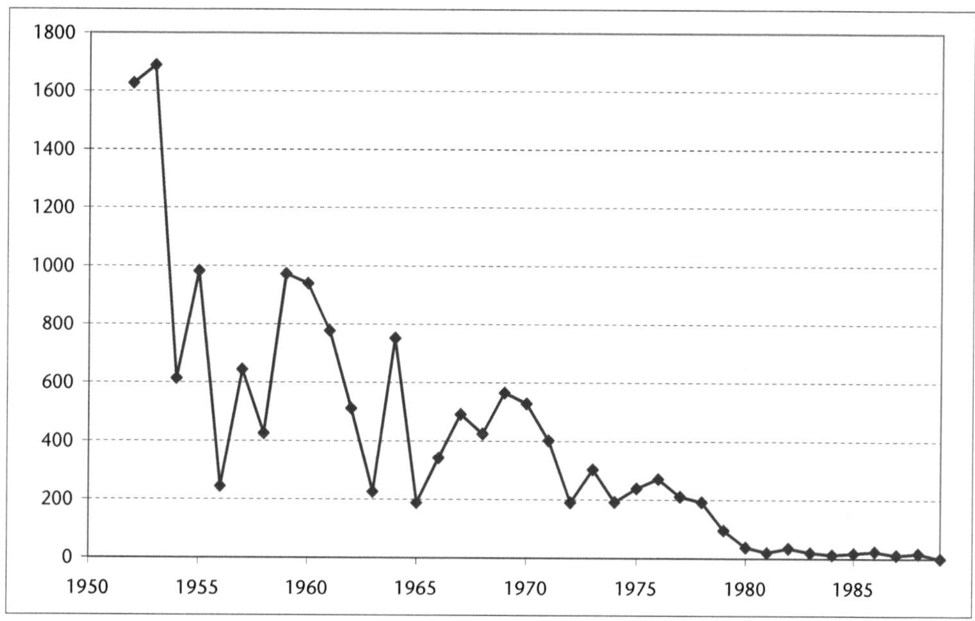

Abb. 15: Jagdstrecke vom Rebhuhn 1952–1989

wertbar. Seit der »Düsseldorfer Vereinbarung« von 1989 wird in Nordrhein-Westfalen auf eine Bejagung überwiegend verzichtet.

Aktuell lässt sich das Rebhuhn in die Kategorie »mäßig häufig« (51–200 BP) einordnen. Seit 1996 liegen aus 24 DGK-Rastern (2 x 2 km) Brutzeitbeobachtungen vor (Abb. 16). Im Rahmen der Kiebitzkartierung 2002 wurden 19 Paare gemeldet, was aus methodischen Gründen allerdings nur ein Hinweis auf den Mindestbestand ist (MAAS 2002). Das Vorkommen der standorttreuen Art konzentriert sich auf die ländlich geprägte Westhälfte der Stadt. Wie bereits bei BURGHARDT (1989a) erwähnt, finden Rebhühner Brutmöglichkeiten im Bereich von Abgrabungen. Die Brachen am Rand der Kiesgrube Beltinghoven beherbergten 2001 1–2 Paare (HURTMANN 2002a, vgl. auch MAAS 2002). Sofern der Bestand in den 1980ern nicht unterschätzt worden ist, kann man von einer stabilen bis leicht zunehmenden Population sprechen. Positiv dürften die relativ warmen und trockenen Sommer des letzten Jahrzehnts gewirkt haben.

Besonderheiten

Die Jagdstrecke lag in den 1990ern bei 64 Tieren, davon galten 44 als Fallwild (LÖBF, schriftl.).

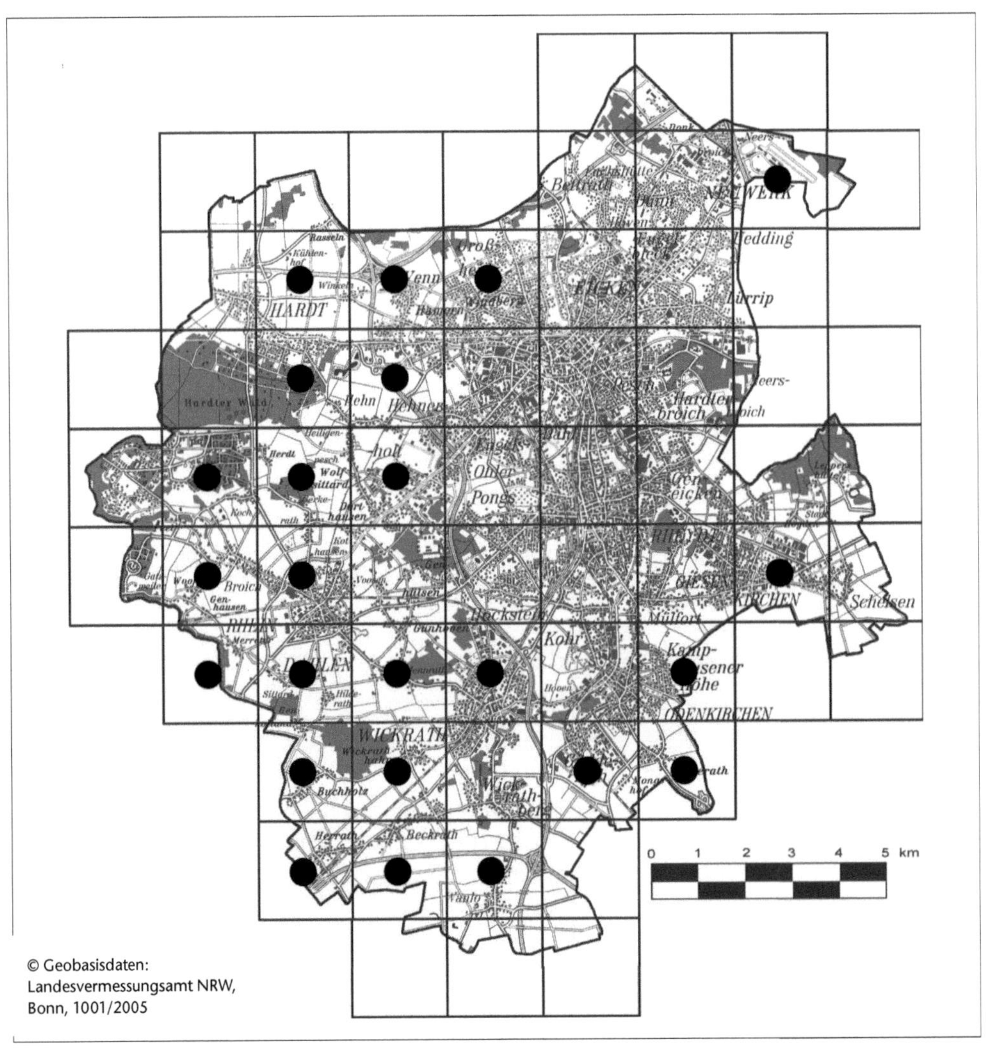

© Geobasisdaten:
Landesvermessungsamt NRW,
Bonn, 1001/2005

Abb. 16: Verbreitung des Rebhuhns in DGK-Rastern von 1996–2003

Wachtel (*Coturnix coturnix*)

Rote Liste: NRW 2
sehr seltener, unregelm. Brutvogel, sehr vereinzelter, unregelm. Durchzügler
V -VIII

Der aktuelle Bestand wird in Nordrhein-Westfalen auf 200–1000 rufende ♂♂ geschätzt (GRO & WOG 1997). Ungeachtet der jährlichen Schwankungen, die erheblich sein können, ist die Population langfristig deutlich zurückgegangen. LE ROI notiert 1906 für das Rheinland, dass die Wachtel »in früheren Zeiten ein stellenweise recht zahlreicher Brutvogel war«. Seit einer Reihe von Jahren sei sie jedoch an vielen Orten immer seltener geworden (vgl. auch BIJLSMA et al. 2001).

Den Negativtrend stellte LE ROI (1906) auch für Mönchengladbach fest, wo die Art nur noch »sehr sparsam nistet und auf großen Strecken fehlt«. Von einer Bestandserholung »in den letzten Jahren« berichtet MAAS 1948 und vermutet den Grund in der vernachlässigten Ackerbestellung während des Krieges. Regelmäßige Vorkommen fänden sich in den Feldern bei Venn, Hehn, Mülfort und Bonnenbroich sowie auf der Kamphausener Höhe. BETTMANN (1959) ergänzt die Sasserather Felder, wo zumindest »hin und wieder« einzelne Paare brüteten. Einige weitere gute »Wachteljahre«, in denen die Population stark anwuchs, gab es im Rheinland auch in den 1950er und 1960er Jahren (vgl. MILDENBERGER 1982). Dieses Phänomen schlug sich im Stadtgebiet nieder, im »Wachteljahr« 1970 geht BURGHARDT (1970) von acht Paaren in Alt-Gladbach (97 km²) aus. Bis in die 1980er Jahre war die Art unregelmäßiger Brutvogel, so in den Winkelner und Mennrather Feldern (BURGHARDT 1989a).

Seit Mitte der 1990er Jahre gibt es Zufallsfunde, die auf alljährlich 1–4 Territorien schließen lassen (Beobachtungen nach 01.06., vgl. WINK 1988) (Tab. 40).

Tab. 40: Wachtelnachweise zur Brutzeit seit 1995

Jahr	Rufer	Bemerkung; Quelle
1995	1	westlich Wickrath; H. Kirfel
1996	1	Gatzweiler Felder; S. Burghardt
1997	2	Gerkerather Felder; A. Schneider
1998	2	Kamphausener Höhe; G. Lauscher
1999	3	östlich Schelsen; A. & U van gen Hassend
		Kamphausener Höhe; G. Lauscher
		Sasserath; G. Lauscher
2000	4	nördlich Hehn, 2 Ex.; H. Dahmen
		Kamphausener Höhe; G. Lauscher
		südlich Schelsen; G. Lauscher
2002	1	nördlich Wickrathhahn; A. van gen Hassend
2003	2	westlich Wanlo; H. Hurtmann

Rastbestand

Zum Durchzug liegen kaum Daten vor. BETTMANN (1959) erläutert, dass der Rastbestand die Anzahl der wenigen verbliebenen Brutpaare »etwas« übertreffe. BURGHARDT (1989a) schätzt in der Artenliste der Vögel 1–10 rastende Exemplare. Diese Angabe mag auch aktuell zutreffen, wobei die äußerst begrenzten Beobachtungsdaten auf einen unregelmäßigen Durchzug hindeuten.

Foto: H. Hurtmann

Fasan (*Phasianus colchicus*)

häufiger Brutvogel
Rasterfrequenz (1982): 48 %
I–XII

Bestand und Vorkommen

Vor allem in den Trockengebieten Zentral- und Mittelasiens verbreitet, wurde die Art in Mitteleuropa eingebürgert. Erste sichere Hinweise auf das Vorkommen frei lebender Fasane reichen im Rheinland bis in das 12./13. Jahrhundert zurück (GLUTZ et al. 1973), über umfangreiche Einbürgerungen wird allerdings erst im 19. Jahrhundert berichtet (MILDENBERGER 1982). Mit Beginn der 1950er Jahre führten kontinuierliche Aussetzung, regelmäßige Fütterung und intensive Hege zur Arealerweiterung und Bestandszunahme im gesamten Rheinland (MILDENBERGER 1982).

Zu diesem Zeitpunkt erwähnen die lokalen Autoren den Fasan als verbreitete und nicht seltene Vogelart. MAAS (1948) schreibt von einem »überall eingebürgerten und bekannten Vogel in unserer Landschaft«. BETTMANN (1959) fand ihn in Rheydt »in erfreulicher Anzahl«. Als (mäßig) häufig stufen HEINEN et al. (1983) und BURGHARDT (1989a) den Fasan ein. Der Bestand liege bei 101–450 Paaren. Unklar bleibt, ob damit brütende ♀♀ oder die Anzahl territorialer ♂♂ gemeint ist, die polygam sind. Beide Autoren weisen darauf hin, dass der Bestand durch Aussetzen gestützt wird.

Wie sich der Bestand im Vergleich zu den 1980er Jahren großflächig entwickelt hat, lässt sich nur anhand von Jagdstrecken beurteilen – andere Daten liegen nicht vor.

174

Abb. 17: Jagdstrecke vom Fasan 1981–2000

Wurden in den 1980ern pro Jagdjahr im Mittel 1727 Fasane erlegt, waren es in den 1990ern durchschnittlich 909 (vgl. Abb. 17, LÖBF, schriftl.). Die Abnahme um 47% kann zwar nicht mit einer Halbierung der Population gleichgesetzt werden, doch ist ein deutlicher Bestandsrückgang wahrscheinlich. Ungeachtet dessen dürfte der Fasan nach wie vor häufiger Brutvogel sein, die Anzahl territorialer ♂♂ bei über 200 liegen. Ob das lokale Vorkommen ohne jagdliche Hege langfristig gesichert wäre, ist nicht geklärt. Für Teile des Rheinlands vermutet MILDENBERGER (1982), dass allein Aussetzungen und Winterfütterungen den Bestand erhielten. Die gleichzeitigen Entnahmen durch die Jagd (z. B. in Westfalen jährlich 40% des Bestandes, NOTTMEYER-LINDEN et al. 2002) reduzieren die Population andererseits enorm. Der Bestand des Fasans unterliegt somit zu einem erheblichen Teil menschlichen Eingriffen.

Lokale Untersuchungen erbrachten folgende Siedlungsdichten rufender ♂♂:

- Bistheide: 6,7 Reviere/10 ha (vgl. HEINEN 1980).
- Kiesgrube Beltinghoven: 2,4 Reviere/10 ha (vgl. HURTMANN 2002a).
- Geneickener Nierstal, Volksgarten: 0,3 Reviere/10 ha (vgl. VAN GEN HASSEND et al. 1991).

- Mühlenbachtal: 1,9 Reviere/10 ha (vgl. UNI DÜSSELDORF et al. 1986).
- Wickrather Schlosspark: 4,6 Reviere/10 ha (vgl. HUBATSCH 1968).

Goldfasan (*Chrysolophus pictus*)

Gefangenschaftsflüchtling
III / VII–VIII

Bestand und Vorkommen
Die ursprünglich im mittleren China vorkommende Art wird in Mitteleuropa in Gefangenschaft gehalten. Hieraus entweichen Exemplare.

- 2 ♂ am 31.03.1989, Bresges Park (H. Schmitz).
- 1 ♂ am 30.08.2002 in einem Hinterhof in der Rheydter Innenstadt (H. Hurtmann). Der Vogel soll sich in den strauchreichen, verwilderten Gärten an der Brucknerallee bereits vier oder fünf Wochen aufgehalten haben.

Blauer Pfau (*Pavo cristatus*)

Gefangenschaftsflüchtling
II / VII

Bestand und Vorkommen
Den in Indien beheimateten Blauen Pfau hält man in Mitteleuropa in zahlreichen Parkanlagen oder auch privat. An Schloss Rheydt leben seit vielen Jahren mehrere Tiere, frei fliegend wurde er im Stadtgebiet bisher zweimal beobachtet:

- 1 ♂ am 16.07.1996, Niersufer an der Neuwerker Kläranlage (H. Hurtmann).
- 3 Ex. am 17.02.2002, Wickrather Schlosspark (B., E. & H. Hurtmann).

Kranichvögel (Gruiformes)

Wasserralle (*Rallus aquaticus*)

Rote Liste: NRW 2
(ehemaliger?) sehr seltener Brutvogel, sehr vereinzelter Rastvogel
I–XII

Bestand und Vorkommen

Die in Nordrhein-Westfalen stark gefährdete Wasserralle kommt im gesamten Bundesland mit 160–200 Brutpaaren vor (GRO & WOG 1997). Ein Bestandsschwerpunkt liegt im angrenzenden Kreis Viersen mit bis zu 72 Revieren (BSKS 2003). Daneben treten Durchzügler (100–1000 Exemplare) und Wintergäste (1–10 Exemplare) im Rheinland auf (MILDENBERGER 1982).

In Mönchengladbach beschränkten sich Vorkommen auf die südliche Niersniederung und die Flussläufe von Knippertz- und Mühlenbach. MAAS (1948), der die Ralle insgesamt als »häufigen Brutvogel« bezeichnet, kannte sie aus dem Wetscheweller Bruch, dem Gelände von Schloss Wickrath und vom Wickrather Niersbruch (vgl. teilweise auch BETTMANN 1959, HEINEN 1971). Diese Gebiete nennen auch noch HEINEN et al. 1983 und beziffern den Bestand in der Niersniederung zwischen Wetschewell und Wanlo auf 1–5 Paare. Derweil war mit der Umgestaltung des Sumpfgebiets östlich des Schlosses 1975 das Biotop verloren gegangen, das mit bis zu drei BP die größte Population beherbergt hatte (HEINEN et al. 1983). Aus dem Westen der Stadt erwähnt MAAS (1948) das Knippertzbachtal am Eichhof und schließlich das Mühlenbachtal bei Ellinghoven. Letzteres beherbergte bis in die 1980er Jahre Vorkommen (BURGHARDT 1970, 1989a). Bei einer Kartierung 1983 ließen sich zwei Paare feststellen (UNI DÜSSELDORF et al. 1986).

Ob die Ralle aktuell Brutvogel im Stadtgebiet ist, ist unklar. Gezielte Untersuchungen fehlen. Sehr vereinzelte (und unregelmäßige) Vorkommen im südlichen Niers- und Mühlenbachtal sind indes nicht unwahrscheinlich. BURGHARDT et al. (o. J.) schätzen Mitte der 1990er Jahre den Bestand auf zwei Paare. Hinweise auf ein besetztes Territorium gibt es auch aus dem Jahr 2003 vom Finkenberger Bruch, wo am 23.04. ein Exemplar auf eine Klangattrappe reagierte (W. von Kannen). Das Datum fällt in die Hauptlegezeit, allerdings kann auch ein Durchzügler nicht ausgeschlossen werden (vgl. GLUTZ et al. 1973).

Im Herbst gibt es Zuzug von Rastvögeln, und auch im Winter bleibt die Ralle (gelegentlich) bei uns (BETTMANN 1959, MAAS 1948). Konkretere Angaben finden sich bei BURGHARDT (1989a), der von 1–10 Durchzüglern und Wintergästen schreibt. Dies kann auf die heutige Zeit übertragen werden. Von 1991 bis einschließlich 2004 gibt es 32 Meldungen, die zwischen den 17.10. und den 23.04. fallen (H. Hurtmann, H. Schmitz, W. von Kannen u. a.). Eine Abgrenzung zu potenziellen Brutvögeln ist schwer möglich, zumal die bevorzugten Rastgebiete auch die Bruthabitate sind. Beobachtungen aus mindestens vier Jahren gibt es vom Wetscheweller Bruch (1–2 Exemplare), vom Wickrather Niersbruch (1–3 Exemplare) und vom Finkenberger Bruch (1–4 Exemplare).

Ringfunde

Im Stadtbezirk Wickrath sind vier Individuen beringt worden (HEINEN et al. 1983). Von einem Vogel gibt es einen Wiederfund (vgl. auch MILDENBERGER 1982):

Helgoland – 6 198 053
O 28.03.1975 Wickrath, Mönchengladbach
+ 19.09.1975 Meerbusch, Kreis Neuss   25 km NE Totfund

Tüpfelsumpfhuhn (*Porzana porzana*)

Rote Liste: NRW 1, D 1
ehemals sehr seltener Brutvogel und sehr vereinzelter, unregelmäßiger Durchzügler
? – IX

Bestand und Vorkommen

Regelmäßige Brutvorkommen beschränken sich in Nordrhein-Westfalen derzeit nur noch auf die Rieselfelder bei Münster, 1995 waren es hier vier Paare (BIOLOG. STATION RIESELFELDER MÜNSTER 1996 in GRO & WOG 1997). In Mönchengladbach kam das Tüpfelsumpfhuhn bis Mitte der 1960er Jahre in den Gestütssenken am Wickrather Schloss vor (MAAS 1948, vgl. auch NEUBAUR 1957). Nach 1966 erlosch dieses Vorkommen (B. Bresser in HEINEN et al. 1983). H. Bettmann stellte 1961 zudem eine Brut »im Niersbruch bei Wickrath« fest (WILLE 1970a).

Rastbestand

Von durchziehenden Vögeln liegen nur sehr vereinzelte Nachweise vor, die allesamt schon über 50 Jahre zurückliegen. Einige Beobachtungen sind nicht eindeutig dem Durchzug zuzuordnen, da sie sich auch auf die Brutpopulation beziehen könnten. BETTMANN (1959) etwa notiert, dass ein »verendetes ♂ 1940 im Wickrather Bruch gefunden wurde«. Womöglich ist dieser Vogel identisch mit dem adulten ♂, das 1940 zu B. Bresser gelangte – das allerdings war ein Belegstück für die Brut im Schlosspark (NEUBAUR 1957). Auch bei der Beobachtung vom 27.09.1941 (Anzahl?) »bei Wickrath« (MAAS 1948) lässt sich eine Verbindung zum Brutvorkommen herstellen. Darüber hinaus berichtet lediglich BETTMANN (1959), »einige Male« habe das Tüpfelsumpfhuhn im Wetscheweller Bruch gerastet, zuletzt 1947.

Wachtelkönig (*Crex crex*)

Rote Liste: NRW 1, D 2
(ehemaliger Brutvogel), sehr vereinzelter, unregelmäßiger Durchzügler
VI–VII

Bestand und Vorkommen

»Sein Bestand, der bekanntlich großen Schwankungen unterworfen ist, hat sich während der letzten Jahrzehnte im Allgemeinen verringert«, urteilt NEUBAUR 1957 für das Rheinland. MILDENBERGER (1982) bestätigt die Aussage und führt den Trend auf Entwässerungsmaßnahmen und Nutzungsänderungen in der Landwirtschaft zurück. Seine Bestandsschätzung von 100–1000 Paaren mutet vor dem Hintergrund weiterer Rückgänge heute allerdings hoch an. In den späten 1990ern waren es 148–270 rufende ♂♂ – im gesamten Bundesland Nordrhein-Westfalen (MÜLLER & ILLNER 2001).

Ob der Wachtelkönig als einst »verbreiteter und bekannter Brutvogel im niederrheinischen Gebiet« (MAAS 1948) auch Mönchengladbach besiedelte, ist nicht völlig gesichert. Allerdings ist das wahrscheinlich, denn bei MACKES (1913) findet sich der Hinweis auf ehemalige Vorkommen im Neuwerker Raum: »Gänzlich ausgestorben ist der Wachtelkönig, der ehedem Tag und Nacht mit trompetenheller Kehle [...] sein Dasein meldete.« BETTMANN vermerkt 1959, dass die Art »wahrscheinlich kein Brutvogel unseres Heimatgebietes ist«. Insofern reduzieren sich Meldungen über (potenzielle) Brutvorkommen auf einen Nachweis aus dem Jahr 1968: Vom 23.06. bis zum 04.07. wurden zwei rufende ♂♂ in einem Gerstenfeld bei Hardt registriert (BURGHARDT 1970, 1989a).

Obwohl es neuerdings lokale Zunahmen gibt (GRO & WOG 1997) und im angrenzenden Kreis Viersen 1998 sowie 1999 Brutzeit-Beobachtungen gelangen (BSKS 1999, 2000), blieben weitere Bruthinweise im Stadtgebiet aus.

Zum Durchzug liegen nur wenige Daten vor. Die Anmerkung von MAAS (1948), Durchzügler könnten im Herbst häufig in den Feldern angetroffen werden, muss sich nicht auf Mönchengladbach beziehen. BETTMANN (1959) sah die Art sporadisch in den Rübenfeldern »außerhalb der Stadt Rheydt«. Zur Zugzeit vernehme man sein Knarren »in den Wiesen«. Aus den letzten Jahrzehnten liegt ein Nachweis (vom Durchzug?) vor: In der Tongrube Dreesen südlich von Rheindahlen hörte W. von Kannen »Anfang der 1980er Jahre« ein ♂ (BURGHARDT 1989a).

Teichhuhn (*Gallinula chloropus*)

(mäßig) häufiger Brutvogel, vereinzelter bis mäßig zahlreicher Rastvogel
Rasterfrequenz (1982): 22 %
I–XII

Bestand und Vorkommen

»Das Teichhuhn ist an den bewachsenen Ufern unserer [Fließ- und Stillgewässer] eine häufige Erscheinung und wird [...] allerorts angetroffen« (MAAS 1948). Für BETTMANN (1959) war die Art »im gesamten Niersgelände durchaus keine Seltenheit«. Aus den Klassifikationen von HEINEN et al. (1983) und BURGHARDT (1989a) errechnet sich ein Gesamtbestand von 100–450 Paaren. Diese Zahl lässt sich näher eingrenzen, die Beschreibung in HEINEN et al. (1983) legt eine Population von ± 70–80 BP für den Stadtbezirk Wickrath nahe. Demnach wäre der Bestand in den 1980er Jahren mit insgesamt 120–280 Paaren angegeben worden. Konkrete Zahlen gibt es vom Wickrather Schlosspark, wo 14 bzw. 20 BP festgestellt wurden (HEINEN et al. 1983, HUBATSCH 1968). Südlich davon, im Wickrather Nierstal bis Keyenberg, waren es 44 Paare (vgl. HEINEN et al. 1983). Weitere Bestandsangaben gibt es vom Geroweiher (2 BP, BURGHARDT 1970), aus der Bistheide (1980, 1 BP, HEINEN et al. 1980) und vom Mühlenbachtal (1983, 5 BP, UNI DÜSSELDORF et al. 1986).

Der Brutbestand der letzten Jahre wird auf 150–250 Paare geschätzt. Wichtiger Anhaltspunkt ist die stadtweite Erfassung aus dem Jahr 2004, bei der rund 160 Reviere nachgewiesen wurden (Tab. 41, HURTMANN 2005b). Obwohl die Untersuchung erstmals in diesem Umfang Daten lieferte, werden damit nicht alle Vorkommen erfasst sein. Nahezu unberücksichtigt blieben die Bruchwälder, deren Tümpel und Wassergräben weitere Bruthabitate bieten. Schwerer wiegen dürften allerdings die Erfassungsschwierigkeiten an der Niers.

Tab. 41: Anzahl der Teichhuhn-Reviere in 2004

Gebiet	Reviere	Gebiet	Reviere
Niers Bungtwald – Güdderath	27	Golfanlage Wanlo	6
Wickrather Schlosspark	25	renaturierte Niers Neuwerk	5
Schloss Rheydt + Alte Niers	13	Volksgarten	5
Niers Donk – Bungtwald	12	Niers BAB 46–Keyenberg	4
Niers Güdderath – BAB 46	10	Haus Horst	3
Bresges Park	8	Papierbach Geistenbeck	3
Beller Park	7	Odenkirchener Kreuzweiher	3
Kiesgrube Beltinghoven	6	Sonstige	19
Rheydter Stadtwaldweiher	5-6	Summe	161-162

Die Art besiedelt fast jedes Gewässer mit ausreichender Vegetation. Selbst die Flachsrösten in der Bistheide, die Tümpel im Erlenbruch Sittard oder der städtisch geprägte Geroweiher blieben nicht ohne Vorkommen. Wegen der Vielzahl an verstreuten (Klein-)Gewässern kommt Mönchengladbach auf eine landesweit herausragende Siedlungsdichte. Mit > 160 BP/km² Gewässer ist die Abundanz die höchste unter den Kreisen und kreisfreien Städten in NRW (vgl. SUDMANN & JÖBGES 2002). Der im Land allgemein konstatierte »merkliche Rückgang« (GRO & WOG 1997, für das Rheinland bereits ENGLÄNDER et al. 1992) lässt sich für das Stadtgebiet nicht belegen. Das Kartierungsergebnis 2004 liegt im Rahmen der Bestandsschätzung der 1980er Jahre. Dort, wo Daten aus Einzelgebieten gegenübergestellt werden können, ist das Bild uneinheitlich. So nahm die Art im Wickrather Nierstal offenbar ab (44 BP vs. 14 BP, HEINEN et al. 1983, HURTMANN 2005b). Im Geneickener Nierstal samt Bungtwald gab es gegenüber 1991 keine Veränderung (21–22 BP vs. 20 BP, VAN GEN HASSEND et al. 1991, HURTMANN 2005b) und im Wickrather Schlosspark nahm der Bestand zu (13–14 BP vs. 25 BP, E. Neuß in ENGLÄNDER et al. 1992, HUBATSCH 1968, HURTMANN 2005b). Unklar ist allerdings, nach welcher Methode bei den früheren Erfassungen gearbeitet wurde. Positiv auf den Bestand dürfte die Teilrenaturierung der Niers und die naturnahe Gestaltung von Rückhaltebecken gewirkt haben. So könnten sich lokale Zu- und Abnahmen ausgleichen.

Rastbestand

Vom allgemeinen »oft in großer Zahl auf unseren Gewässern« bis zu einer einzigen Meldung von »30 Exemplaren während des Winters« reichen die Beschreibungen bei MAAS (1948) und BETTMANN (1959). Eine Größenordnung von rund 60–350 Teichhühnern nennen BURGHARDT (1989a) und HEINEN et al. (1983) in den 1980er Jahren. Letztere schreiben von konzentrierten Wintervorkommen im Wickrather Schlosspark (bis zu 70 Individuen im Jahr 1978).

Die Anzahl der Durchzügler und Wintergäste ist schwer zu ermitteln, da das Zugverhalten der Brutpopulation nicht bekannt ist. MILDENBERGER (1982) hält es für wahrscheinlich, dass »ein nicht kleiner Teil« der rheinischen Brutvögel – vor allem die Stadtpopulationen – an den Brutgewässern überwintert. Sollte dies auch auf Mönchengladbach zutreffen, würde ausgeprägter Zuzug fehlen. In den beiden Jahren 1997 und 2004 lag der Bestand von September bis März um rund 60–100 Teichhühner über dem der Brutzeit (HURTMANN 1998a, 2005b). Das Verhältnis von Brutvögeln zu Zuzüglern läge entsprechend bei 1 : 0,5. Zum Vergleich: Am Nierssee im angrenzenden Kreis Viersen errechnet sich ein Verhältnis von etwa 1 : 1,4 (vgl. BSKS 1998).

Zwar werden viele (Klein-)Gewässer nach der Jungenaufzucht verlassen, doch kann das Teichhuhn auch nach der Brutzeit in zahlreichen Gebieten beobachtet werden. Konzentrierte Vorkommen stellen sich in den niersnahen Parkanlagen ein. Beherbergt 2004 der stadtnahe Rheydt/Odenkirchener Niersraum zwischen April und August knapp 37% der Population, steigt der Anteil außerhalb der Brutzeit auf rund 49% an (HURTMANN 2005b). Die Art profitiert in den Parks von Fütterungen und der erleichterten Nahrungssuche auf den kurzrasigen Grasflächen (vgl. auch GLUTZ et al. 1973).

Wasservogelzählung 1997/2004

Der Bestand entwickelte sich im Jahresverlauf wie folgt (Abb. 18, HURTMANN 1998a, 2005b):

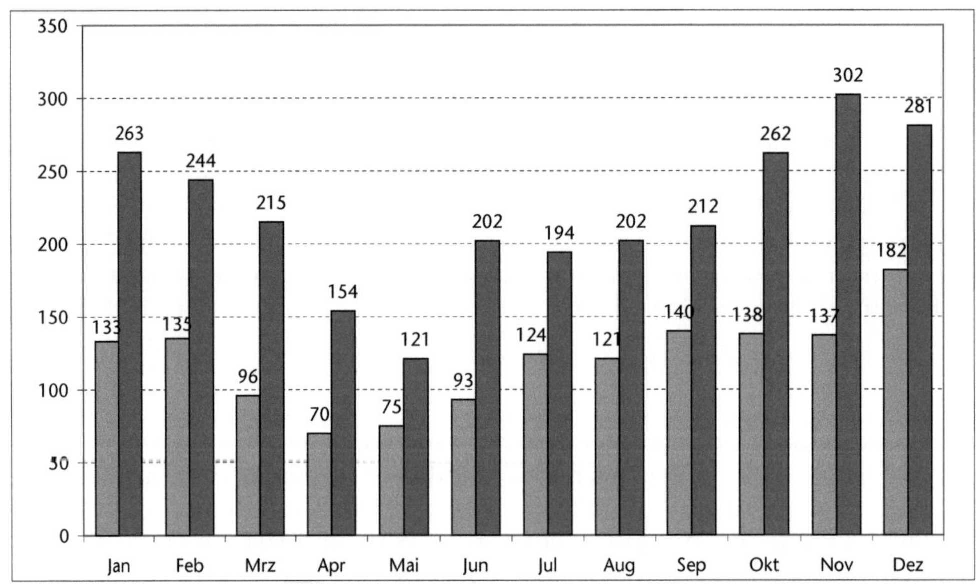

Abb. 18: Bestand des Teichhuhns 1997 (hell) und 2004 (dunkel)

Beim Vergleich der beiden Jahre fällt der deutlich höhere Bestand in 2004 auf. Während in 1997 durchschnittlich etwa 120 Individuen gezählt wurden, waren es 2004 rund 220 Exemplare. Durch die Ausweitung des Programms kann dies kaum erklärt werden, da die Zählgebiete aus 1997 im Mittel 90 % des letztjährigen Bestandes beherbergten. Andere methodische Faktoren scheiden zwar nicht aus (vgl. HURTMANN 2005b), doch ist die Population wohl tatsächlich angewachsen. Im Jahresverlauf gleichen sich derweil die Entwicklungen. Der hohe Winterbestand nimmt bis in den April/ Mai um die Hälfte ab. Dann halten sich allein Brutvögel im Stadtgebiet auf, deren Nachwuchs den Bestand ansteigen lässt. Während Jungvögel Mitte April 2004 mit 3 % nicht ins Gewicht fielen, kletterte ihr Anteil am Gesamtbestand über 11 % im Mai bis auf 41 % im Juni. Nennenswert mehr Teichhühner können ab Oktober registriert werden, wenn Rastvögel an den Gewässern auftauchen. Bis zum Dezember steigen die Zahlen in etwa auf das Niveau des Jahresanfangs. Bei vergleichenden Erfassungen im Dezember 1999 und 2001–2003 lag die Zahl zwischen 218 und 261 Vögeln (HURTMANN 2005b).

Phänologie

Der 16.04. war der früheste Termin, an dem Jungvögel nachgewiesen werden konnten. Auf der Niers in Höhe des Güdderather Bruchs führte ein BP zwei pulli (2000, H. Hurtmann). Durch Zweit- oder Drittbruten können bis weit in den August junge Teichhühner registriert werden, so noch vier pulli am 20.08. auf der renaturierten Niers bei Neuwerk (1993, H. Hurtmann, D. Stiels).

Ringfunde

Von den zahlreichen in Wickrath beringten Teichhühnern (125 Exemplare) nennen HEINEN et al. (1983) und MILDENBERGER (1982) einen Wiederfund:

Helgoland – 471 114
O 06.03.1971 Wickrath, Mönchengladbach
+ 25.03.1972 Müngersdorf, Köln   39 km ESE Totfund

Blässhuhn (*Fulica atra*)

spärlicher Brutvogel, vereinzelter Rastvogel
I–XII

Bestand und Vorkommen

»Nicht häufig« nistete das Blässhuhn im späten 19. Jahrhundert bei Odenkirchen (FARWICK 1883 in LE ROI 1906). BETTMANN schildert 1959 die Bestandssituation

Foto: H. Hurtmann

für die damalige Stadt Rheydt zurückhaltend. Ihm zufolge brütete die Art unregelmäßig in Wetschewell und Odenkirchen. Konkrete Zahlen gibt es vom Holtmühlenteich, wo 4–6 Paare vorkamen (KNORR 1967). Im Wickrather Schlosspark waren es in den Untersuchungsjahren 1965, 1969 und 1971 2–8 BP (HEINEN 1971). Für die 1980er Jahre nennen HEINEN et al. (1983) und BURGHARDT (1989a) grobe Klassifizierungen, nach denen die Population 26–65 Paare umfasste. In Alt-Gladbach und Rheydt soll der Bestand bei 20–50 BP gelegen haben, was aus heutiger Sicht überraschend hoch ist. Das Angebot an Brutbiotopen war weitaus geringer. Allein der Holtmühlenteich, die Kiesgrube Beltinghoven und der Bresges Park waren besiedelt (BURGHARDT 1989a). Anfang der 1980er Jahre wurden am Holtmühlenteich drei Paare festgestellt (1983, UNI DÜSSELDORF et al. 1986). Die Beltinghovener Grube bot mit ihren etwa 4,3 ha Wasserfläche (1989) deutlich weniger Brutraum als heute. Wegen der Nährstoffarmut des Grundwassersees und der vergleichsweise noch spärlich entwickelten Ufervegetation dürfte die Grube kein Optimalbiotop mit hohen Siedlungsdichten gewesen sein (vgl. GLUTZ et al. 1973). Ähnliches gilt für den Bresges Park.

In den letzten Jahren hat sich die Population in einer Spanne von 21–40 Brutpaaren bewegt. Die Erfassung in 2001 erbrachte 28 Reviere (HURTMANN 2001c), allerdings blieben zwei spätere Verbreitungsorte außen vor. Die umfassende Kartierung in 2004 lieferte mit 37 Revieren eine höhere Zahl, die in 2001 unberücksichtigten Gebiete steuerten sechs Paare bei (Tab. 42, HURTMANN 2005b). Ist der Anstieg in beiden Untersuchungsjahren methodisch bereinigt eher moderat, hat es seit den 1990er Jahren ein tatsächliches Wachstum gegeben. Neue, naturnah gestaltete Gewässer wie verschiedene Rückhaltebecken oder die Teiche der Golfanlage Wanlo offerieren dem Blässhuhn zusätzliche Bruthabitate. Die Renaturierung der Niers an der Neuwerker Kläranlage ermöglichte erstmals 1997 einem Paar das Brüten, 1998 waren es zwei Paare (BSKS 1999, H. Hurtmann). Derweil sind die Bestandszahlen in den länger etablierten Gebieten über Jahre hinweg recht konstant (vgl. z. B. VAN GEN HASSEND 1991, HURTMANN 1997, JÖBGES 1991).

Tab. 42: Revierpaare des Blässhuhns 2001 und 2004

Gebiet	2001	2004	Gebiet	2001	2004
Schlammbecken Neuwerk	1	0	Holtmühlenteich	3	2
Niers Kläranlage Neuwerk	0	1	Kiesgrube An den Fichten	1	2
Kiesgrube Beltinghoven	10	10	Wickrather Schlosspark	2	2
Volksgarten/Bungtwald	2	2	Becken Wetschewell	0	1
Schloss Rheydt	2	2	Kläranlage Wickrathberg	3	3
Haus Horst	2	3	Finkenberger Bruch	k. A.	1
Bresges Park	2	3	Golfanlage Wanlo	k. A.	5

Die Verbreitung konzentriert sich auf die Kiesgrube Beltinghoven und die Gewässer am Nierslauf. Kleinstgewässer wie etwa Flachsrösten meidet die Art im Gegensatz zum Teichhuhn. Besiedelt werden aber schon Gewässer mit einer Größe von unter 0,1 ha, auch langsam fließende Gewässer werden zum Brüten genutzt. Parkanlagen zählen ebenso zum Bruthabitat, wenn eine ausreichende Ufervegetation vorhanden ist.

Rastbestand

Als Rastvogel ist das Blässhuhn allen lokalen Autoren bekannt. Die Größenordnung lässt sich auf der Grundlage ihrer Angaben allerdings nur grob angeben. Für den Stadtbezirk Wickrath rechnen HEINEN et al. (1983) mit 6–15 Durchzüglern und Wintergästen. BURGHARDT (1989a) schätzt für den Rest des Stadtgebiets 100–1000 Individuen. Im Herbst und Winter seien in der Kiesgrube Beltinghoven bis zu 60 Exemplare zu sehen, auf dem Volksgartenweiher maximal 20 Vögel. Einzelexemplare überwinterten auch auf dem Geroweiher. Man kann davon ausgehen, dass sich der Bestand in Alt-Gladbach und Rheydt an der Untergrenze der Schätzung bewegte. Ob die dennoch vergleichsweise hohe Anzahl von etwa 100 Exemplaren tatsächlich in jedem Winter erreicht wurde, geht aus den Angaben nicht hervor.

Ab den 1990er Jahren waren die Rastzahlen geringer. Lagen sie für gewöhnlich bei unter 50 Blässhühnern, dürfte der Bestand in wenigen Fällen – etwa bei kalten Wintern – bis zu 80 Tiere umfasst haben. Der Anteil der heimischen Brutvögel daran wird gering sein, denn offensichtlich verlässt das Gros der Rallen die Mönchengladbacher Reviere im Herbst (HURTMANN 2005b).

Wasservogelzählung 1997/2004

Abb. 19 zeigt die Entwicklung im Jahresverlauf (HURTMANN 1998a, 2005b):

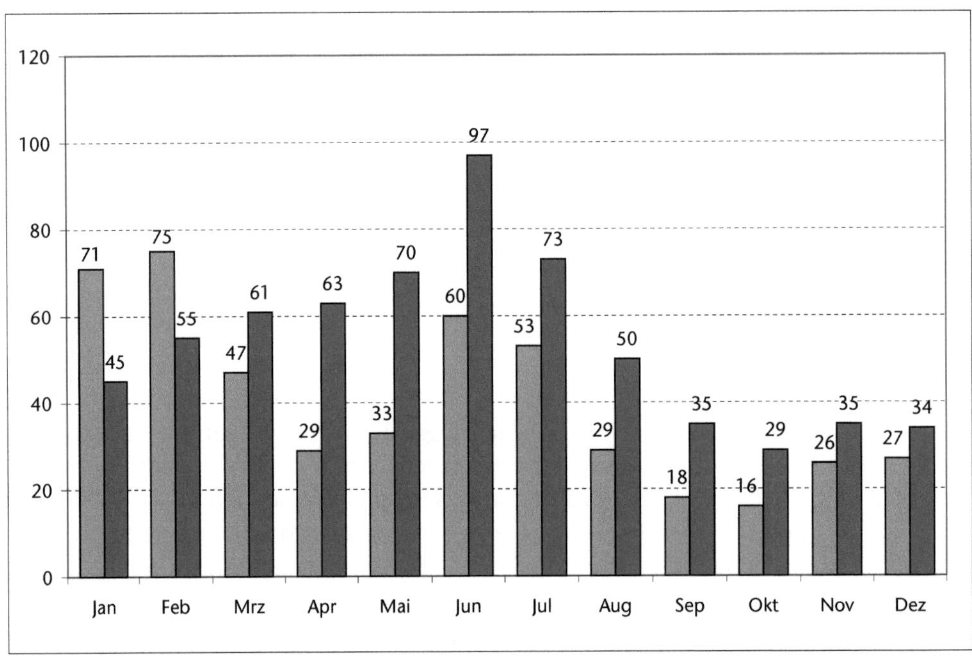

Abb. 19: Bestand des Blässhuhns 1997 (hell) und 2004 (dunkel)

Gegenüber dem kalten Winter 1996/97 ist der Bestand zum milden Jahresbeginn 2004 niedriger. Das Verhältnis kehrt sich im März um, die Zahlen aus 2004 bleiben durchweg die höheren. Das ist auch methodisch zu erklären. In 1997 umfasste die Zählung weniger Gewässer. Mit der damals gewählten Palette an Untersuchungsgebieten wären in 2004 im Jahresmittel nur 77% des Gesamtbestandes erfasst worden. Insbesondere in der Brutzeit kann man für 1997 einen höheren Bestand unterstellen (HURTMANN 2005b). Ungeachtet dessen zeigen sich auffällige Parallelen im Jahresverlauf. Ab April wächst der Bestand zunächst leicht, zum Juni hin dann sprunghaft an. Zurückzuführen ist das auf die zunehmende Anzahl von Jungvögeln, die kurz darauf die Mönchengladbacher Gewässer zu räumen beginnen. Ist der Abzug der Brutpaare bereits im Juli spürbar, werden im Oktober die geringsten Zahlen erreicht. In beiden Jahren ist im Spätherbst wieder ein leichter Anstieg zu verzeichnen, der Zuzug fällt aber sehr gering aus. Die Rastbestände im Dezember 1999 und 2001–2003 lagen bei Vergleichszählungen zwischen 26 (2001) und 61 (2002) Exemplaren (HURTMANN 2005b).

186

Phänologie

Jungvögel konnten frühestens am 22.04. registriert werden (2000, H. Schmitz). Im Mittel wurden erste pulli seit 1991 am 04.05. beobachtet (n = 11).

Maximum

Ca. 60 Exemplare am 27.11.1988 (BURGHARDT 1989a) sind nicht nur das Maximum für die Kiesgrube Beltinghoven, sondern zugleich die größte Ansammlung im Stadtgebiet. Ab dem letzten Jahrzehnt lag die Höchstzahl in der Grube bei 51 Individuen (24.12.1998, H. Hurtmann, G. Maas). Auf der renaturierten Niers in Höhe der Kläranlage Neuwerk zählte H. Hurtmann am 18.01.1997 43 Blässhühner.

Besonderheiten

In den 1990er Jahren war der Jagddruck auf das Blässhuhn gering. Die Jagdstrecke lag in den Jagdjahren 1991/92 bis 2000/01 bei vier Vögeln, in den 1980ern waren es noch 87 Tiere (LÖBF, schriftl.).

Kranich (*Grus grus*)

vereinzelter bis zahlreicher Durchzügler
(II) III (IV) / X–XII

Bestand und Vorkommen

Der Zug der Kraniche gehört zu den auffälligsten Erscheinungen in der Vogelwelt. Alljährlich überqueren 20000–27000 Exemplare auf dem Heim- und Wegzug das Rheinland (MILDENBERGER 1982). Die lokalen Autoren führen die Art allesamt auf, BURGHARDT (1970, 1989a) und HEINEN et al. (1983) nennen eine Größenordnung von 150–1250 Durchzüglern. Meist überflogen die Tiere das Stadtgebiet, von einer Rast ist nur selten die Rede. Allein BETTMANN (1959) schreibt von größeren und offenbar auch mehrfach rastenden Trupps. Ihm zufolge sollen »manchmal hunderte von Kranichen« im Rheydter Niersgebiet übernachtet haben. Der letzte Nachweis auf Mönchengladbacher Boden datiert vom 20.03.1987, als ein Vogel in den Feldern zwischen Beckrath und Wanlo stand (H. Siebmanns).

Am faunistischen Status des Kranichs hat sich seit dem letzten Jahrzehnt nichts geändert, er ist nach wie vor regelmäßiger Durchzügler. Offenbar verändert hat sich allerdings die Zugintensität. Wurden in den 1980er Jahren maximal 1250 Individuen angegeben, konnte seit 1991 teilweise die dreifache Menge registriert werden. Danach reichen die Zahlen bis zu etwa 3700 Kranichen, liegen im Mittel aber bei jährlich rund 1550 Exemplaren. Neben einer Veränderung von Bestand oder Zugwegen kommt als Ursache auch eine bessere Dokumentation des aktuellen Durchzugs in Frage. Was die Truppgröße anbelangt, machen Meldungen von 1–100 Tieren deutlich über die Hälfte aus. Knapp ein Viertel der Nachweise betrifft 101–200 Exemplare. Zugverbände von über 500 Individuen sind selten.

Die Ausprägung des Zuges seit 1991 zeigen die Tab. 43 und 44. Da die meisten Meldungen recht detailliert sind und z. B. Uhrzeit und Zugrichtung enthalten, konnten sie gut voneinander abgegrenzt werden. Vermeintliche Doppelbeobachtungen blieben außen vor, ebenso ungenaue Meldungen wie »zuvor müssen es Hunderte gewesen sein«. Quantitativ nicht auswertbar waren Nachweise, bei denen die Zahl der Vögel im Dunkeln blieb. Die Anzahl der nicht quantifizierten Trupps wird im Folgenden als (+ x) ergänzt.

Tab. 43: Anzahl nachgewiesener Kraniche auf dem Heimzug (Februar – April) 1991–2003

Jahr	Anzahl	Datum	Bemerkung; Quelle
1991	2382–2432	04.03.–09.03.	R. Brenner, E. & S. Burghardt, M. Jöbges u. a.
1992	686	29.02.–24.04.	S. Burghardt, G. Thomas, U. Wimmer
1993	1430–1530	08.03.–09.03.	H. Hurtmann, H. Königs, B. Seidl u. a.
1994	740 (+2)	05.03.–23.03.	E. & S. Burghardt, H. Siebmanns u. a.
1995	25–30	11.03.	S. Burghardt
1996	1432–1452	08.03.–10.03.	E. & S. Burghardt, G. Kühlen, R. Seidel u. a.
1997	300 (+1)	09.03.	R. Brenner, E. & S. Burghardt, C. von Kannen
1998	0	-	-
1999	480–510	12.03.–13.03.	H. Geer, W. Krause, I. Schraut u. a.
2000	0	-	-
2001	1867–1967	06.03.–18.03.	H. Maas, A. Schneider, K. Veckes u. a.
2002	200	04.03.–15.03.	W. von Kannen, H. Maas, R. Seidel
2003	398–448	23.02.–06.03.	W. von Kannen, H. Maas, I. Schraut u. a.
Mittel	765–792	05.03.–16.03.	

Tab. 44: Anzahl nachgewiesener Kraniche auf dem Wegzug (Oktober – Dezember) 1991–2003

Jahr	Anzahl	Datum	Bemerkung; Quelle
1991	100 (+1)	21.10.–22.11.	R. Brenner, M. Jöbges, H. Muth u. a.
1992	100 (+1)	30.10.–16.12.	G. Matzkewitz, K. Schmitz, M. Thissen
1993	0	-	-
1994	785–795 (+8)	16.10.–01.12.	E. & S. Burghardt, H. Hurtmann, u. a.
1995	8	01.12.	S. Burghardt
1996	170	20.12.	U. Wimmer
1997	0	-	-
1998	0 (+1)	03.10.	A. van gen Hassend
1999	668	31.10.–11.11.	A. & G. Kühlen, J. Ohlig, W. Spengler u. a.
2000	2672–2807 (+4)	04.11.–21.12.	H. Bolten, H. Kirfel, I. Schraut, I. Stiels u. a.
2001	267–287 (+1)	25.10.–12.12.	B. Hurtmann, E. Hurtmann, I. Schraut u. a.
2002	1986–1996 (+5)	30.10.–27.11.	H. Maas, R. Schreur, R. Zimprich u. a.
2003	3095–3245 (+4)	06.10.–09.11.	H. Kirfel, A. Schneider, F. Thelen u. a.
Mittel	758–783	30.10.–26.11.	

Der Heimzug konzentriert sich im Gegensatz zum Wegzug auf eine kurze Zeitspanne von wenigen Tagen. Nachzügler, wie die drei Vögel am 24.04.1992 über Waldhausen (S. Burghardt), sind eine Ausnahme. Das deutet darauf hin, dass Mönchengladbach am Rand des Zugkorridors liegt – es wird meist nur während des kurzen Zughöhepunkts berührt. Während Kraniche im Frühjahr in einem relativ engen Zugkorridor Deutschland überqueren, ziehen sie im Herbst auf einem etwas breiter gefassten Weg (GLUTZ et al. 1973).

Phänologie

Mit ersten heimziehenden Vögeln kann in der letzten Februardekade gerechnet werden. Die Erstbeobachtung datiert vom 23.02. (2003, W. von Kannen). Der Durchzug erstreckt sich bis Ende März mit einem deutlichen Schwerpunkt in der ersten Dekade des Monats. Kraniche im April sind selten. Im Herbst setzt Zug Anfang Oktober ein, das erste Wegzugdatum ist der 03.10. (1998, A. van gen Hassend). Nachdem zum Novemberbeginn ein Maximum erreicht wird, schwächt sich die Zugbewegung mit einem kleinen Zwischenhoch Mitte Dezember deutlich ab. Die letzten Kraniche konnten am 21.12. (2000, H. Bolten, M. Temme u. a.) registriert werden.

Der Zugverlauf ist an den quantifizierten Meldungen seit 1983 (n = 211) ablesbar (Abb. 20):

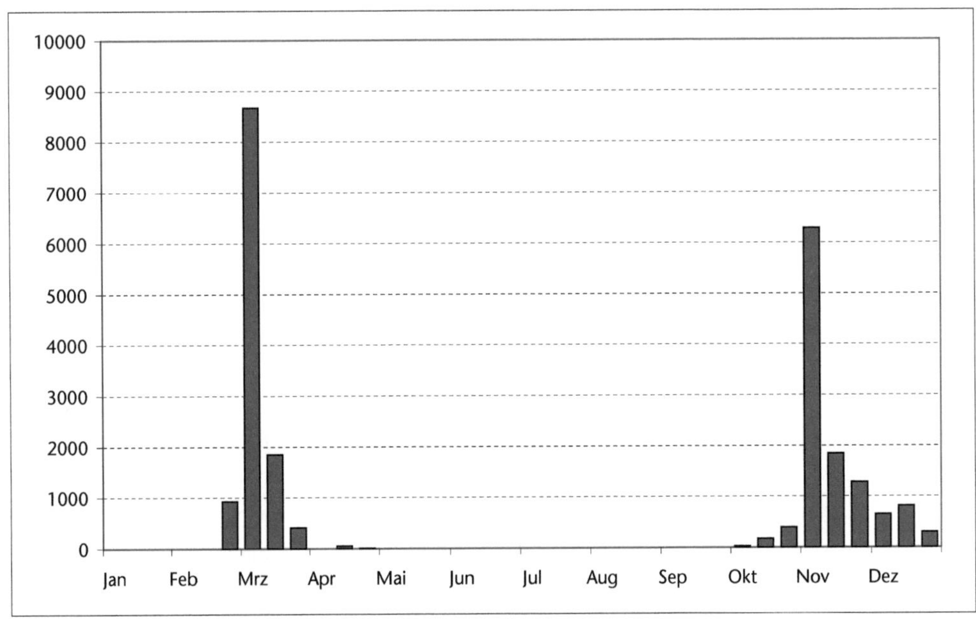

Abb. 20: Summe der Kraniche 1983–2003

Nicht nur die Zugentwicklung im Jahresverlauf zeigt charakteristische Merkmale. Deutliche Schwerpunkte lässt auch die Auswertung der mit Uhrzeit versehenen Meldungen erkennen (n = 194) (Tab. 45). Allerdings muss gefragt werden, inwiefern die im Tagesverlauf stark schwankende Beobachtungsintensität die Ergebnisse beeinflusst.

Tab. 45: Verteilung der Nachweise im Tagesverlauf 1983–2003

Uhrzeit	Nachweise	Uhrzeit	Nachweise	Uhrzeit	Nachweise
6:00– 9:00	4 %	12:00–15:00	16 %	18:00–21:00	10 %
9:00–12:00	17 %	15:00–18:00	43 %	21:00–24:00	10 %

Zwischen 0–6 Uhr liegt ein Nachweis vor. Auch am frühen Morgen bis 9 Uhr werden nur selten Zugbewegungen wahrgenommen. Unterscheidet sich die Anzahl der Beobachtungen am Vormittag und in den frühen Nachmittagsstunden kaum, ist ab 15 Uhr eine deutliche Zunahme spürbar. Die Zugintensität sinkt gegen Abend rapide ab und bleibt bis Mitternacht auf niedrigem Niveau konstant.

Angaben zur Zugintensität im Tagesverlauf sind in der Literatur wegen der jeweils unterschiedlich gewählten Zeiträume nur bedingt vergleichbar. HUBATSCH

(1996) schreibt für den Kreis Viersen, dass »fast alle Meldungen mit Zeitangabe auf 17–0 Uhr entfallen«. MILDENBERGER (1982) erwähnt, 50–60 % aller Kraniche überquere den Rhein zwischen 14 und 19 Uhr. Der Anteil der »bei Dunkelheit« durchziehenden Schwärme liege bei 10–20 %. Für den ehemaligen Kreis Erkelenz weiß KNORR (1967) davon zu berichten, dass die »Tageszüge meistens in den Nachmittagsstunden bis zum späten Abend hin erscheinen«.

Maximum

Das Tagesmaximum wurde am 06.03.1991 mit rund 2100–2350 Kranichen erreicht (E. & S. Burghardt, M. Jöbges, H. Schmitz u. a.).

Besonderheiten

Ein Kranich mit stark eingeschränktem Flugvermögen hielt sich von Juni 1969 bis zum 09.05.1970 in den Feldern zwischen Bettrath und Helenabrunn auf (Lücker in MILDENBERGER 1982, S. Burghardt, schriftl.).

Großtrappe (*Otis tarda*)

Rote Liste: D 1
ehemals sehr vereinzelter, unregelmäßiger Rastvogel
II

Bestand und Vorkommen

Das Verbreitungsgebiet der Art beschränkt sich in Deutschland auf kleine Restpopulationen in Brandenburg und Sachsen-Anhalt. Zusammengenommen kommen hier 73–95 Vögel vor (BAUER et al. 2002). Größere Populationen gibt es noch in Südost- und Südwesteuropa. In West- und Mitteleuropa ist die Großtrappe Stand- und Strichvogel. Je nach den ökologischen Bedingungen in ihren Brutgebieten ist ihr Zug- und Strichverhalten recht unterschiedlich ausgeprägt. Die meisten bleiben in milden und vor allem schneearmen Wintern im engeren Brutgebiet. In strengen Wintern können mehr oder weniger große Populationsteile aus ihrem normalen Aktionsraum wegziehen, mitteleuropäische Vögel wandern dann nach Westen oder Südwesten (GLUTZ et al. 1973). Im Rheinland konnten während des 19. Jahrhunderts und bis zum Ende der 1930er Jahre fast in jedem Winter Großtrappen beobachtet werden. Zwischen 1961 und 1972 gab es hier immerhin noch 18 Feststellungen (MILDENBERGER 1982).

Für Mönchengladbach ist die genaue Anzahl der Nachweise nicht auszumachen. LE ROI (1906) berichtet davon, dass Exemplare bei Odenkirchen und Rheindahlen erlegt wurden. Nach BETTMANN (1959) wurden »schon mehrmals einzelne Exemplare im Sasserather Feld geschossen«. Ein Vogel sei auch »vor vielen Jahren« bei Schelsen erlegt worden. Näher erläutert finden sich fünf Beobachtungen:

- »Im Spätherbst« 1935, 2 Vögel im Feld beim Kappelshof unweit Wickrathberg (MAAS 1948).
- Ebenfalls 1935 (undatiert) wurde »im Wickrather Gebiet 1 verunglücktes altes ♂ gefangen. Es ging nach einigen Tagen ein und wurde präpariert« (BETTMANN 1959).
- Im Jahr 1938 (undatiert) wurde »1 altes ♂ im Wickrather Gebiet erbeutet« (B. Bresser in NEUBAUR 1957). Parallelen zur vorigen Beobachtung (Alter und Geschlecht des Vogels, Beobachtungsort und -umstände) lassen möglich erscheinen, dass es sich um denselben Vogel handelte. Beim Zusammentragen der Meldungen könnten die Jahreszahlen verwechselt worden sein.
- Am 16.02.1971 hält sich 1 ♂ »bei Rheydt« auf (H. Bettmann in WILLE 1973). Wohl diesen Vogel beschreibt BETTMANN (1971) in den Ornithologischen Mitteilungen. Danach stand die Trappe im Sasserather Feld unweit der Goerdshöfe. Der Autor nennt in den Mitteilungen allerdings kein Beobachtungsdatum, was eine eindeutige Zuordnung nicht möglich macht.
- Am 17.02. und 18.02.1971 sind es 4 Großtrappen bei Beckrath (HEINEN et al. 1983). Bei WILLE (1973) liest sich das Datum 17. »oder« 18.02.1971.

Nicht mehr aufgeführt werden die beiden Exemplare, die 1970 in den Feldern bei Garzweiler registriert wurden (HEINEN et al. 1983). Der Ort liegt außerhalb des Stadtgebiets im Kreis Neuss. Angesichts des Rückgangs der mitteleuropäischen Population ist aktuell nicht mehr mit Rastvögeln zu rechnen.

Wat-, Möwen-, Alkenvögel (Charadriiformes)

Austernfischer *(Haematopus ostralegus)*

sehr vereinzelter, unregelmäßiger Rastvogel
V–VI

Bestand und Vorkommen

Im Rheinland seit 1950 Brutvogel, umfasste der Bestand Anfang der 1970er Jahre
50 bis 70 Paare (MILDENBERGER 1982). Zunächst allein am Niederrhein verbreitet,
dehnte die Art ihr Brutareal stromaufwärts aus (z. B. BROMBACH 1992). Zum Ende
der 1990er Jahre heißt es bezogen auf NRW: »Der Brutbestand scheint weiter
zuzunehmen« (MÜLLER et al. 1999). In der näheren Umgebung des Stadtgebiets
ist der Austernfischer bereits Brutvogel. Im angrenzenden Kreis Viersen kam es
1995 zu einer ersten Brut (HUBATSCH 1996). Daneben tritt die Art als Rastvogel
auf. MILDENBERGER (1982) spricht von 11–100 Exemplaren, im Winter harrten
1–10 Individuen aus. Mit vier Nachweisen ist das Auftreten in Mönchengladbach
eher spärlich:

- 1 Ex. am 29.05.1993 über der Kiesgrube Beltinghoven (H. Hurtmann, D. Stiels).
  Wohl derselbe Vogel konnte am 02.06. in den Herdter Feldern beobachtet werden (R. Brungs).
- 2 Ex. ziehen am 19.05.1995 rufend über die Rönneter Felder (S. Burghardt).
- 1 Ex. am 21.05.1995 über den Feldern am Kühlenhof bei Rasseln (S. Burghardt).
- 1 Ex. am 25.05.2001 über der Kiesgrube Beltinghoven (H. Hurtmann).

Die Beobachtungen fallen in die Brutzeit. Womöglich waren es umherstreifende
Vögel aus den nahen Brutgebieten. Allerdings erstreckt sich auch der Durchzug bis
weit in den Mai, sogar Anfang Juni können noch Durchzügler registriert werden
(MILDENBERGER 1982).

Säbelschnäbler (*Recurvirostra avosetta*)

sehr vereinzelter, unregelmäßiger Durchzügler
IV

Mit 11–100 Individuen können durchziehende Säbelschnäbler im Rheinland beobachtet werden (MILDENBERGER 1982). Aus dem Stadtgebiet gibt es zwei Nachweise:

- Nach FARWICK (1883) wurde die Art einst »in der Gegend von Odenkirchen« registriert. Genaueres zu dieser Beobachtung ist bei LE ROI (1906) nicht überliefert.
- 1 Ex. rastet vom 18.04.–20.04.2001 in der Kiesgrube Beltinghoven (F. Kremer, H. Maas).

Foto: G. Maas

Flussregenpfeifer (*Charadrius dubius*)

Rote Liste: NRW 3
(sehr) seltener, unregelmäßiger Brutvogel, sehr vereinzelter Durchzügler
III–VII (VIII / X)

Bestand und Vorkommen

Ursprünglich brütete die Art auf Schlamm- und Kiesflächen von Flüssen, die sich durch die Dynamik der Fließgewässer bildeten. Das Verschwinden der natürlichen Biotope und der gleichzeitig zunehmende Populationsdruck trugen dazu bei, dass sich der Flussregenpfeifer ab Ende der 1930er Jahre auf die zunehmend anfallenden anthropogenen Lebensräume umstellte (GLUTZ et al. 1975). So findet sich die Art heute in Kiesgruben, an Kläranlagen, auf kiesigen Brachfeldern, Ödflächen usw. Nur noch etwa 6% des mitteleuropäischen Bestandes besiedelt das ursprüngliche Biotop (GLUTZ et al. 1975). Auch die 400–600 Brutpaare in Nordrhein-Westfalen kommen überwiegend in den Sekundärlebensräumen vor (GRO & WOG 1997).

Bruten in Mönchengladbach sind erst seit den frühen 1960er Jahren belegt. BURGHARDT (1970) notiert: »Im Sommer 1963 hat 1 Paar erfolgreich auf dem Schlammbecken der Kläranlage Neuwerk gebrütet.« Danach gab es hier »hin und wieder, zuletzt 1986,« Bruten (BURGHARDT 1989a). Sporadische Einzelbruten waren bis in die 80er Jahre hinein typisch. Überliefert sind aus den 1970ern Vorkommen aus der Sandgrube der Fa. Stöhr in Odenkirchen (H. Vaßen in BURGHARDT 1989a), vom Haldengelände der Fa. Spier (Wickrath), aus den Kiesgruben zwischen Wickrathberg und Hochneukirch sowie vom Gelände der Kläranlage Wickrathberg (HEINEN et al. 1983).

Regelmäßiger Brutvogel ist die Art erst seit 1985. Ab diesem Zeitpunkt besiedelte sie die Kiesgrube Beltinghoven mit bis zu zwei Paaren (BURGHARDT 1989a, 1991a).

Ab 1991 war der Flussregenpfeifer mit bis zu sechs Paaren im Stadtgebiet vertreten (Tab. 46). Als Brutgebiete dienten die Kiesgruben bei Beltinghoven, Hehn und südlich von Rasseln sowie das Neuwerker Schlammbecken. Die Rasselner Grube (Verfüllung und Rekultivierung im Sommer 1995) und die Hehner Grube (Verfüllung Sommer 1995, Rekultivierung Frühjahr 1998) fielen nach ihrer Umgestaltung als Lebensraum jedoch weg.

Tab. 46: Brutbestand des Flussregenpfeifers 1991–2004

Gebiet	1991	1992	1993	1994	1995	1996	1997
Klärbecken Neuwerk			1-2	1	1	1	
Kiesgrube Rasseln		0-1	1		1		
Kiesgrube Beltinghoven	1-2	1	2	1	2	1	1
Kiesgrube Loers (Hehn)					0-2		
Summe	1-2	1-2	4-5	2	4-6	2	1

Gebiet	1998	1999	2000	2001	2002	2003	2004
Klärbecken Neuwerk							
Kiesgrube Rasseln							
Kiesgrube Beltinghoven	1-2	1-2	2-3	3		0-1	1
Kiesgrube Loers (Hehn)	0-1						
Summe	1-3	1-2	2-3	3	0	0-1	1

Auch die aktuellen Daten basieren weitgehend auf Zufallsfunden. Daraus folgt, dass sporadische Bruten außerhalb der beiden Kerngebiete Kiesgrube und Schlammbecken unentdeckt geblieben sein mögen. Für das Neuwerker Becken können Bruten seit 1997 aufgrund systematischer Zählungen ausgeschlossen werden (vgl. BSKS 1998–2003). Zum Zweiten macht es die Datenlage notwendig, eher von Revier- statt von Brutpaaren zu sprechen. Sichere Brutnachweise durch Funde von Gelegen oder Jungvögeln gibt es nur für wenige Paare. Entsprechend mussten die Angaben von der Anzahl der anwesenden Altvögel zur Brutzeit abgeleitet werden (vgl. WINK 1988).

Rastbestand

Als Rastvogel ist der Flussregenpfeifer nicht allen lokalen Autoren bekannt. BETTMANN (1959) erwähnt eine Beobachtung, BURGHARDT (1970, 1989a) schätzt 1–10 regelmäßige Durchzügler. Dies wird auch für die letzten Jahre gelten.

Phänologie

Mit der Ankunft des Flussregenpfeifers kann in der letzten Märzdekade gerechnet werden (MILDENBERGER 1982). Der früheste Termin war der 18.03. (2001, Kiesgrube Beltinghoven, H. Hurtmann). Die mittlere Ankunft lag seit 1991 auf dem 29.03. (n = 9). Mitunter schon gegen Anfang Juni zieht die Brutpopulation wieder ab (MILDENBERGER 1982). Letzte Beobachtungen von Brutvögeln liegen zwischen dem 19.06. (1996, Kiesgrube Beltinghoven, H. Hurtmann) und dem 20.08. (2000, Kiesgrube Beltinghoven, H. Hurtmann) (n = 10). Lokales Extremdatum: ein Durchzügler am 06.10.1997 in der Kiesgrube Beltinghoven (H. Maas).

Maximum

Da der Durchzug des Flussregenpfeifers eher unauffällig verläuft, werden zur Zugzeit keine hohen Zahlen gemeldet. Das Maximum stammt aus der Brutzeit. Am 29.05.1993 wurden in der Kiesgrube Beltinghoven 5–7 Exemplare gezählt, darunter ein Brutpaar mit einem juv. (H. Hurtmann, D. Stiels).

Ringfunde

Ein Paar, das 1975 auf dem Haldengelände der Fa. Spier in Wickrath gebrütet hatte, wurde von der OAG Wickrath beringt. Von einem Exemplar gelang ein Wiederfund, es brütete ein Jahr später auf den Klärteichen der Escher Bürge (HEINEN et al. 1983, MILDENBERGER 1982).

Helgoland – 80 598 622
O 08.05.1975   Wickrath, Mönchengladbach (Altvogel)
+ 26.05.1976   Escher Bürge, Kreis Düren   24 km SSE gefangen

Sandregenpfeifer (*Charadrius hiaticula*)

Rote Liste: NRW R, D 2
sehr vereinzelter, unregelmäßiger Durchzügler
V / VIII

Bestand und Vorkommen

In Nordrhein-Westfalen ist lediglich ein Brutplatz bekannt. Von 1986 bis 1994 war die Art mit 1–2 Paaren Brutvogel in der Weseraue bei Minden (NIERMANN 1987, Niermann, schriftl. in GRO & WOG 1997). Im Rheinland fehlt der Sandregenpfeifer entsprechend, allerdings kann er hier auf dem Durchzug mit 11–100 (1000) Exemplaren beobachtet werden (MILDENBERGER 1982).

- 3 Ex. beobachteten S. Burghardt und W. Spengler am 30.08.1964 auf dem Schlammbecken der Kläranlage Neuwerk (BURGHARDT 1970).
- 2 Ex. saßen am 07.05.1988 in der Kiesgrube Beltinghoven unter Flussregenpfeifern (S. Burghardt, H. Diederichsen u. a. in BURGHARDT 1989a).

Die beiden Nachweise sind für den rheinischen Durchzug typisch. »Ende August mehren sich die Beobachtungen [...], Anfang Mai steigen die Durchzugszahlen erneut an«, so MILDENBERGER 1982.

Mornellregenpfeifer (*Charadrius morinellus*)

Rote Liste: D 0
sehr vereinzelter, unregelmäßiger Durchzügler

Bestand und Vorkommen
Nicht alljährlich zieht der Mornellregenpfeifer durch das Rheinland (MILDENBERGER 1982). Aus Mönchengladbach gibt es zwei datierte Nachweise, die allerdings schon lange zurückliegen:

- 1 Ex. wurde im Jahr 1880 bei Odenkirchen erlegt (FARWICK 1883 in LE ROI 1906).
- 1 Ex. aus dem Wickrather Raum gelangte am 12.09.1893 zu R. Lenßen nach Odenkirchen (LE ROI 1906). Dieser habe »häufiger« Vögel aus der Gegend von Odenkirchen erhalten.

Goldregenpfeifer (*Pluvialis apricaria*)

Rote Liste: NRW 0, D 1
(sehr) vereinzelter, unregelmäßiger Durchzügler
III–IV / VIII–X

Bestand und Vorkommen
Nachdem der Goldregenpfeifer bereits um 1915 in Nordrhein-Westfalen ausgestorben ist (REICHLING 1915/16 in GRO & WOG 1997), tritt die Art noch als Rastvogel auf. Im Rheinland werden 1000–10000 Exemplare auf dem Durchzug bzw. als Wintergäste beobachtet (MILDENBERGER 1982). Aus Mönchengladbach liegen sieben Nachweise mit bis zu elf Vögeln vor:

- Nach FARWICK (1883 in LE ROI 1906) hat sich die Art einst bei Odenkirchen gezeigt. Genauere Angaben sind nicht überliefert.
- 2 Ex. wurden im Oktober 1951 unmittelbar bei Schelsen erlegt (BETTMANN 1959).
- 5 Ex. beobachtete S. Burghardt am 26.08.1968 im Rasselner Feld, wo sie mit Kiebitzen vergesellschaftet waren (BURGHARDT 1970).
- 1 Ex. am 26.09.1970 im Winkelner Feld, unter Kiebitzen (S. Burghardt in BURGHARDT 1970).
- 1 Ex. am 13.03.1971 im Feld bei Windberg (S. Burghardt in BURGHARDT 1989a).
- 2 Ex. am 06.04.1988 im Feld westlich von Winkeln (E. & S. Burghardt, H. Diederichsen in BURGHARDT 1989a).
- 11 Ex. am 11.03.1990 in den Feldern zwischen Merreter und Rheindahlen (DBV in BURGHARDT 1990b).

Kiebitz (*Vanellus vanellus*)

Rote Liste: NRW 3, D 2
(mäßig) häufiger Brutvogel, (mäßig) zahlreicher Durchzügler
Rasterfrequenz (1982): 13%
(I) II–X (XI, XII)

Bestand und Vorkommen

Zu Beginn des 20. Jahrhunderts schreibt LE ROI (1906), der Kiebitz sei im gesamten Rheinland stark zurückgegangen und vielerorts sogar völlig verschwunden. Diese Entwicklung ist auch für das Stadtgebiet belegt. BETTMANN (1959) notiert rückblickend: »Kiebitze brüteten zu Beginn dieses Jahrhunderts noch recht zahlreich im Elschen- und Hoppbruch« (etwa 15 Paare im Elschenbruch vor 1920). Der Bestand habe aber ständig abgenommen, aus dem Elschenbruch sei die Art schließlich ganz verschwunden. Erst zur Mitte des Jahrhunderts nahm die Population in der Tiefebene zwischen Rhein und Maas wieder zu, weil der Art die Umstellung von Grün- auf Ackerland gelang (MILDENBERGER 1982). In Mönchengladbach scheint diese Trendwende bis zum Ende der 1950er Jahre nicht erfolgt zu sein. Für MAAS (1948) und BETTMANN (1959) galt der Kiebitz noch als Brutvogel der feuchten Wiesen und Brüche, der nur punktuell zu finden war. Sie nennen (sehr vereinzelte) Vorkommen aus der Neuwerker Donk und vom Hoppbruch. Erst bei BURGHARDT (1970) liest man, dass der Kiebitz auch auf Ackerland brüte. Den Bestand für Alt-Gladbach (97 km²) schätzte er auf maximal 50 Paare. In den 1980er Jahren wird die Mönchengladbacher Population auf 56–215 BP

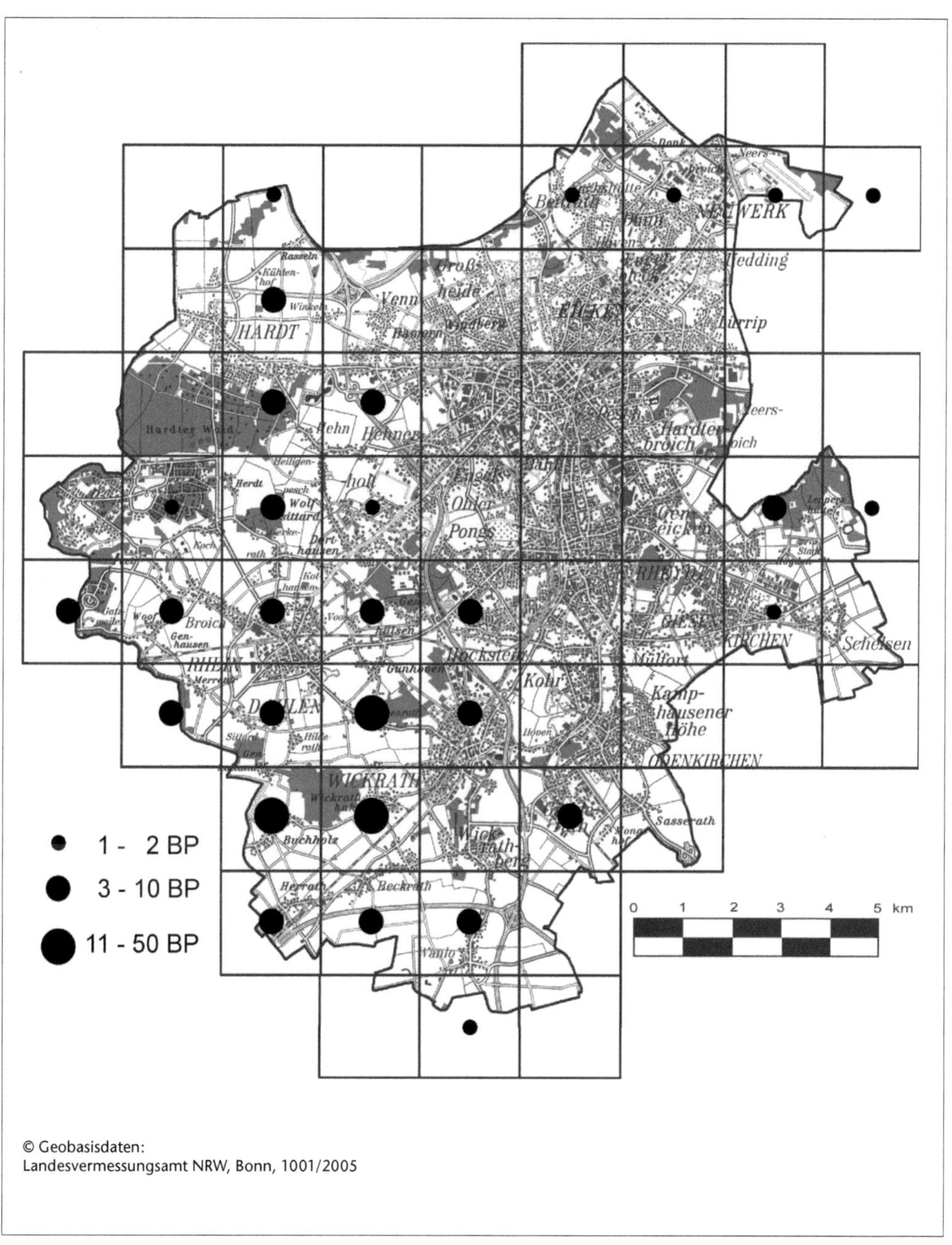

Abb. 21: Verbreitung des Kiebitz' in DGK-Rastern 2002

199

veranschlagt (Burghardt 1989a, Heinen et al. 1983). Burghardt (1989a) vermutet einen Rückgang, vor dem Hintergrund der landesweiten Entwicklung ist das plausibel (vgl. GRO & WOG 1997).

Über den aktuellen Brutbestand gibt die Kartierung aus dem Jahr 2002 detailliert Auskunft. In diesem Jahr wurde die gesamte landwirtschaftliche Fläche der Stadt (72,1 km²) auf Kiebitzvorkommen untersucht (vgl. Maas 2002). Der Bestand lag, je nach Interpretation der Felddaten, bei 147 bis 173 Paaren (0,20–0,24 BP/10 ha Feldflur). Das Vorkommen erstreckte sich im Wesentlichen auf den Westteil Mönchengladbachs, die größten Dichten waren im Südwesten zwischen Rheindahlen und Wickrath zu finden. Erwartungsgemäß ohne Vorkommen blieb die städtisch geprägte Siedlungsachse im Osten (Abb. 21).

Der Kiebitz zog Äcker eindeutig dem Grünland vor. Lediglich 2 % der Population zog es auf Grünlandflächen, obwohl diese noch 7,8 % der landwirtschaftlichen Fläche ausmachen (LDS 2000). Bei der Begehung im Juni fanden sich jeweils 41 % der Vögel in Getreide- und Hackfruchtfeldern, 13 % auf Flächen mit Maisanbau (Maas 2002).

Rastbestand

Als regelmäßiger Durchzügler ist der Kiebitz allen lokalen Autoren bekannt. Sind bei Maas (1948) und Bettmann (1959) nur verhältnismäßig kleine Trupps mit bis zu 70 Exemplaren überliefert, schreiben Heinen et al. (1983) von Ansammlungen mit bis zu 1000 Vögeln in den Wickrather Feldern. Burghardt (1989a) schätzt den Rastbestand auf 1000–5000 Individuen.

Die Klassifizierung als zahlreicher Durchzügler (1001–5000 Exemplare) gilt für die letzten Jahre noch weitgehend. Registriert sind in einem Jahr bis zu 1300 Rastvögel (1991, H. Hurtmann, F. Rust u. a.), die tatsächliche Anzahl liegt deutlich höher. Ob die Marke von 1000 Exemplaren indes alljährlich überschritten wird, ist unklar. Ein bevorzugtes Rastgebiet sind offenbar die Winkelner/Rasselner Felder, wo auch die größte Ansammlung nachgewiesen wurde. Am 29.09.1991 rasteten hier rund 500 Exemplare (H. Hurtmann).

Phänologie

Das Zugverhalten des Kiebitz' wird stark von meteorologischen Faktoren bestimmt (vgl. Glutz et al. 1975). Dennoch lässt die Auswertung der von 1991–2003 gemeldeten Trupps mit mindestens 30 Individuen Hauptzugphasen erkennen (n = 74) (Abb. 22):

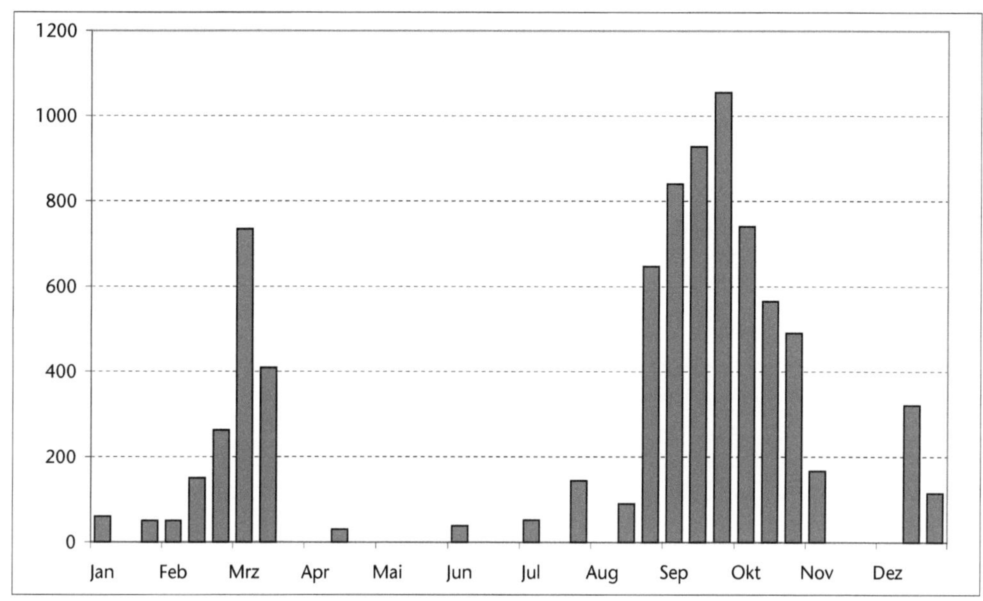

Abb. 22: Summe durchziehender Kiebitze 1991–2003

Bis zur zweiten Februarhälfte sind Kiebitztrupps nur selten im Stadtgebiet zu beobachten, ihr Auftreten ist wohl auf Winterflucht aus nördlichen Bereichen zurückzuführen. In der letzten Februardekade, deutlicher ab Anfang März, macht sich Frühjahrszug bemerkbar, der bereits in der zweiten Märzdekade spürbar abebbt. Dass der Heimzug im Rheinland noch bis Ende April andauern kann (MILDEN-BERGER 1982), zeigt die Beobachtung aus der zweiten Dekade dieses Monats. Ab Juni können die ersten Wegzügler registriert werden. Dabei handelt es sich wohl zunächst um ein- oder mehrjährige Nichtbrüter bzw. um Altvögel, deren Brut erfolglos blieb (vgl. GLUTZ et al. 1975). Der eigentliche Herbstzug beginnt in der zweiten Augusthälfte und erreicht seinen Höhepunkt in der letzten Septemberdekade. Danach sinkt die Anzahl der Kiebitze stetig ab, Anfang November ist der Hauptzug beendet. Bis zum Jahresende lassen sich gelegentlich Winterflüchter beobachten.

Alpenstrandläufer (*Calidris alpina*)

Rote Liste: NRW 0, D 1
sehr vereinzelter, unregelmäßiger Durchzügler
IX

Bestand und Vorkommen

Mit jährlich 100–1000 Exemplaren zieht der Alpenstrandläufer durch das Rheinland. Dann kann er in allen geeigneten Biotopen angetroffen werden (MILDENBER-
GER 1982). In Mönchengladbach zeigte sich die Art bisher fünf Mal:

- 1 Ex. 1971 an der Niers bei Schloss Rheydt (T. Brenner in BURGHARDT 1989a). Das
  genaue Datum ist nicht überliefert.
- 2 Ex. am 29.09.1972, Neuwerker Schlammbecken (S. Burghardt in BURGHARDT
  1989a).
- 1 Ex. am 23.09.1990, Kiesgrube Beltinghoven (F. Franken).
- 1 Ex. am 10.09.1993, Kiesgrube Beltinghoven (H. Hurtmann, D. Stiels).
- 1 Ex. am 21.09.1996, Kiesgrube Beltinghoven (H. Hurtmann).

Auffällig ist, dass alle datierten Nachweise in den September fallen. Das entspricht
dem rheinischen Zugschema, in diesem Monat wird das Maximum erreicht (MIL-
DENBERGER 1982).

Kampfläufer (*Philomachus pugnax*)

Rote Liste: NRW 0, D 1
sehr vereinzelter, unregelmäßiger Durchzügler
(III) IV–V / IX

Bestand und Vorkommen

Als Brutvogel 1987 in Nordrhein-Westfalen ausgestorben (BIOLOG. STATION
ZWILLBROCK 1987 in GRO & WOG 1997), ist die Art heute nur noch Rastvogel. Die
Anzahl der rheinischen Durchzügler liegt in einer Größenordnung von 100–1000
Exemplaren (MILDENBERGER 1982). Aus dem Stadtgebiet gibt es sporadische Beob-
achtungen von bis zu acht Individuen:

- Von einem Totfund berichtet NEUBAUR (1957): »Ein am 12. Mai 1949 tot in einem
  Bruch bei M.-Gladbach aufgefundenes altes ♀ erhielt das Museum A. Koenig von
  Cl. Maas.«
- S. Burghardt beobachtete offensichtlich mehrfach Kampfläufer auf dem Schlamm-
  becken der Kläranlage Neuwerk, »zuletzt 4 Ex. am 15.04.1968« (BURGHARDT 1970).
- 2 ♂ vom 31.03.–08.04.1972 auch auf dem Neuwerker Becken (BURGHARDT 1989a).
- 5 Ex. am 23.05.1982 an einer großen Regenwasserlache in den Winkelner Feldern
  (E. & S. Burghardt, H. Diederichsen in BURGHARDT 1989a).

- 8 Ex. (1 ♂, 7 ♀) am 12.05.1992 in den Hehner Feldern (H. Hurtmann).
- 1 Ex. am 19.09.1999 in den Winkelner Feldern unter Kiebitzen (H. Hurtmann, D. Stiels).

Zwergschnepfe (*Lymnocryptes minimus*)

sehr vereinzelter, unregelmäßiger Rastvogel
X–IV

Bestand und Vorkommen

Die nassen Moore und Sümpfe Nord- und Nordosteuropas sind die Brutheimat der Zwergschnepfe. Im Rheinland kommt sie als regelmäßiger Durchzügler und Wintergast mit 1–100 Individuen vor (MILDENBERGER 1982). Aus dem Mönchengladbacher Stadtgebiet gibt es neun Nachweise:

- 3 Ex. in der Zeit vom 20.11.1974–13.04.1975 im Sumpfgebiet östlich des Wickrather Schlosses. Am 21.03. gelang es, 1 Ex. zu beringen (HEINEN et al. 1983).
- 1 Ex. am 27.01.1979, Wetscheweller Bruch (HEINEN et al. 1983).
- 1 Ex. am 11.01.1984 im Bruch bei Wickrathberg (H. Siebmanns).
- 1 Ex. am 04.01. und 08.01.1985 an der Karotte im Wickrather Niersbruch (W. von Kannen).
- 1 Ex. am 19.01.1985 am Kinkelbach in Wickrathberg (W. von Kannen).
- 1 Ex. am 29.01.1989, Mühlenbachtal (W. von Kannen).
- 1 Ex. am 26.01.2003, Kiesgrube Beltinghoven (W. von Kannen).
- 1 Ex. am 18.01.2004, Holtmühlenteich (W. von Kannen).
- 1 Ex. vom 17.10.–12.12.2004, Kiesgrube Beltinghoven (H. Hurtmann, W. von Kannen, D. Kemper).

Ringfunde

Die im März 1975 beringte Zwergschnepfe wurde einige Monate später in Frankreich geschossen:

O 21.03.1975   Wickrath, Mönchengladbach
+ 11.11.1975   Targingham, Pas de Clais, Frankreich   erlegt

Weder der von HEINEN et al. (1983) angegebene Ort Targingham noch Pas de Clais waren für eine Entfernungsangabe zu lokalisieren. Ist das französische Tardinghen in der Region Nord-Pas-de-Calais gemeint, wurde der Vogel 336 km westlich von Mönchengladbach nachgewiesen.

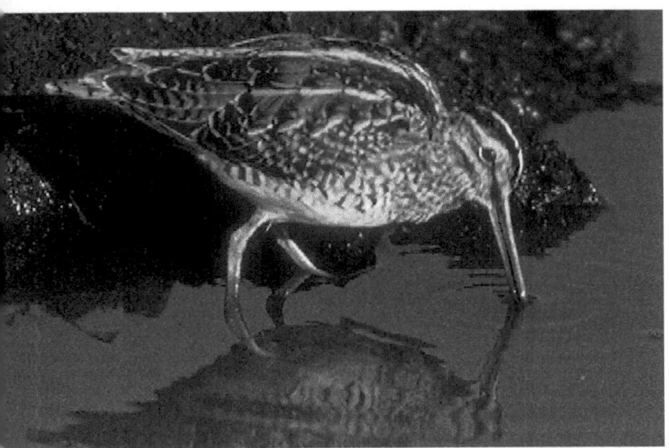

Foto: W. Spengler

Bekassine
(*Gallinago gallinago*)

Rote Liste: NRW 1, D 1
sehr vereinzelter Rastvogel
I–IV (V) / VIII–XII

Bestand und Vorkommen

Als Brutvogel in Nordrhein-Westfalen nahezu verschwunden (vgl. GRO & WOG 1997), kann die Bekassine mit 1000–10000 Exemplaren während des Durchzugs sowie mit 11–1000 Individuen als Wintergast im Rheinland nachgewiesen werden (MILDENBERGER 1982). Dass die Art einst Brutvogel in Mönchengladbach war, ist nicht belegt. MAAS (1948) schreibt allgemein vom Brüten »in den sumpfigen Niederungen unserer Seen und Flüsse« und nennt aus der Stadt ein »meckerndes« Exemplar an der Niers in Höhe der Neuwerker Donk »Anfang Mai« 1946. Die Balz und der relativ späte Termin deuten auf ein Brutterritorium hin (vgl. WINK 1988), allerdings reichen die Angaben nicht für einen sicheren Nachweis aus (vgl. HUSTINGS et al. 1985).

Als Rastvogel ist die Bekassine allen Autoren bekannt. MAAS (1948) führt ebenso wie BETTMANN (1959) sporadische Nachweise von bis zu drei Vögeln auf. Einen Beobachtungsschwerpunkt bildete damals schon das Nierstal. BURGHARDT (1970, 1989a) stellte die Art auf dem niersnahen Schlammbecken der Kläranlage Neuwerk als »regelmäßigen Gast« mit bis zu 30 Exemplaren fest. Aus der Wickrather Niersniederung wissen HEINEN et al. (1983) und H. Siebmanns von 1–7 Individuen zu berichten. Das Sumpfgebiet östlich des Wickrather Schlosses bot bis zur Errichtung des Rückhaltebeckens 1975 ebenfalls gute Rastbedingungen. Vom November 1974 bis zum April 1975 konnten hier bis zu zwölf Bekassinen gezählt werden. Einige Nachweise mit maximal fünf Vögeln liegen zudem noch vom Knippertzbachtal und aus der Kiesgrube Beltinghoven vor (BURGHARDT 1989a).

In den letzten Jahren war die Art regelmäßiger Rastvogel, wobei sie seit den späten 1990ern verstärkt auftritt. Liegen von 1991 bis 1998 acht Nachweise mit zehn Exemplaren vor, gelangen von 1999 bis einschließlich 2004 18 Nachweise mit 47 Individuen. Ursache dafür sind vornehmlich die Veränderungen der Kiesgrube Beltinghoven, an deren Rand sich eine wiederverfüllte Grube zum optimalen Rastgebiet entwickelt hat (vgl. HURTMANN 2002a). Hierauf entfällt seitdem jeder zweite

Nachweis, auch das Maximum von sieben Bekassinen stammt hierher (18.10.2003, D. Kemper). Ungeachtet dessen bleiben die Rastzahlen der 1960er/1970er Jahre heute unerreicht.

Phänologie

Alle datierten Meldungen bis einschließlich 2004 (n = 62) verteilen sich wie folgt (Tab. 47):

Tab. 47: Jahreszeitliches Auftreten der Bekassine

Monat	Januar			Februar			März			April			Mai			Juni		
Dekade	I	II	III	I	II	III	I	II	III	I	II	III	I	II	III	I	II	III
Nachweise	3	6	3	1	2	1		1		4	4	1	1					
Individuen	9	10	6	2	4	4		3		11	7	1	1					

Monat	Juli			August			September			Oktober			November			Dezember		
Dekade	I	II	III	I	II	III	I	II	III	I	II	III	I	II	III	I	II	III
Nachweise				1	4	1	2	2	2	3	2	3	1	1	2	3	2	1
Individuen				2	18	1	31	4	2	12	13	4	1	6	6	5	8	1

Maximum

BURGHARDT (1970) zählte am 05.09.1970 etwa 30 Exemplare auf dem Schlammbecken der Kläranlage Neuwerk.

Waldschnepfe (*Scolopax rusticola*)

(ehemaliger?) sehr seltener Brutvogel, vereinzelter Rastvogel
I–V / X–XII

Bestand und Vorkommen

Mit 900–1300 Paaren gibt MILDENBERGER (1982) den rheinischen Bestand an. Für den angrenzenden Kreis Viersen notiert HUBATSCH (1996) aktuell über zehn Paare. Brutnachweise aus Mönchengladbach gibt es nur wenige. BETTMANN (1959) bringt einen aus dem Rheydter Elschenbruch. In Großheide sah H. Raßmanns 1964 ein ♀ mit vier Jungvögeln. Ein weiteres Territorium vermutete Revierförster Lincke »in den 1960er Jahren« im Hardter Wald (BURGHARDT 1970, S. Burghardt, schriftl.). Auch in den 1980ern beherbergte dieser Wald (1984) ebenso wie das Mühlenbachtal (1986) Vorkommen. In beiden Gebieten konnte noch Anfang Mai je eine Schnepfe (balzend) beobachtet werden (W. von Kannen, H. Siebmanns).

Seit den 1990er Jahren fehlen aus dem Stadtgebiet Brutnachweise bzw. -hinweise. Allerdings gab es keine gezielten Kontrollen in potenziellen Brutgebieten. Vorkommen z. B. im Mühlenbachtal sind nach wie vor denkbar.

Rastbestand

Die früheren Autoren erwähnen die Waldschnepfe auch als Durchzügler und Wintergast. Der Zug, der sich mit 1000–10000 Exemplaren durch das Rheinland erstreckt (MILDENBERGER 1982), bringt nach BETTMANN (1959) »regelmäßig, wenn auch nicht häufig, die Schnepfe zu uns«. Auch im Winter sei sie häufig anzutreffen. BURGHARDT (1970, 1989a) bezeichnet die Schnepfe als Rastvogel mit 10–100 Individuen.

Die Entwicklung der Jagdstrecke seit Anfang der 1950er Jahre deutet auf große Schwankungen im Rastbestand hin (Abb. 23, LÖBF, schriftl.).

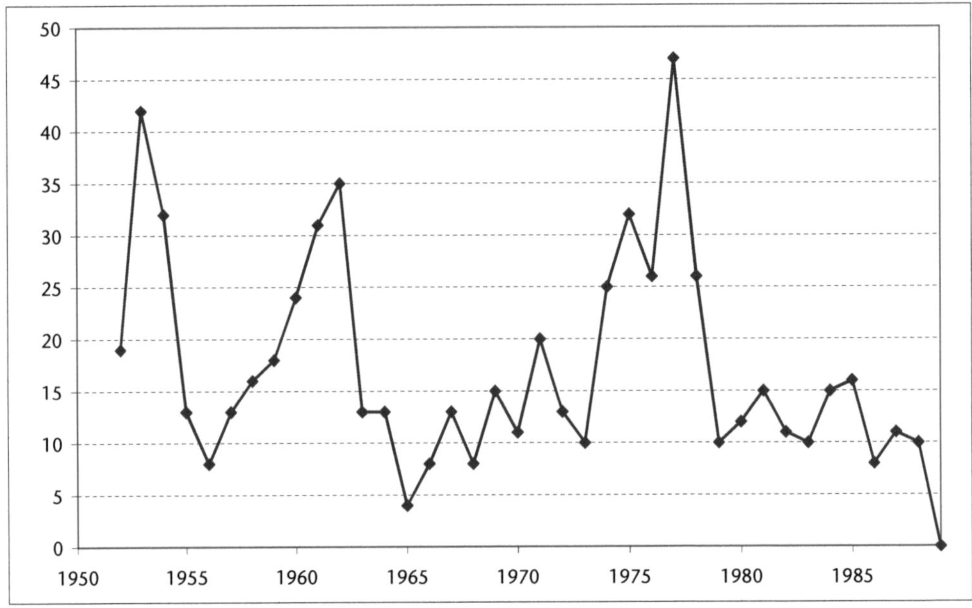

Abb. 23: Jagdstrecke der Waldschnepfe von 1952–1989

Bis zum Jagdjahr 1974/75 beziehen sich die herbst- und winterlichen Abschusszahlen allein auf die ehemaligen Städte M.-Gladbach und Rheydt. Die Angaben der ehemaligen Gemeinde Wickrath flossen bis dato in die Streckenzahlen des Jagdbezirks Grevenbroich ein und sind nicht einzeln auswertbar. Nach der »Düsseldorfer Vereinbarung« von 1989 wurde die Waldschnepfe in Nordrhein-Westfalen zwischenzeitlich nicht mehr bejagt.

Von 1991 bis 2003 gibt es 26 Beobachtungen mit 34–35 Rastvögeln. Die meisten Nachweise stammen aus dem Jahr 2003, als an einigen März-Abenden gezielt nach ziehenden Schnepfen gesucht wurde (11–12 Exemplare, H. Hurtmann, W. von Kannen, G. Maas). Alljährlich wird die Zahl der Durchzügler und Wintergäste im Rahmen von 11–100 Exemplaren liegen.

Phänologie

Alle datierten Nachweise von Rastvögeln (n = 46) zeigen folgende Verteilung (Tab. 48):

Tab. 48: Jahreszeitliches Auftreten der Waldschnepfe

Monat	Januar			Februar			März			April			Mai			Juni		
Dekade	I	II	III	I	II	III	I	II	III	I	II	III	I	II	III	I	II	III
Nachweise	1	3	2			3	11	3	2	2	4							
Individuen	1	3	5			4	17	3	2	2	9							

Monat	Juli			August			September			Oktober			November			Dezember		
Dekade	I	II	III	I	II	III	I	II	III	I	II	III	I	II	III	I	II	III
Nachweise												3	3	1	2	1	1	4
Individuen												3	3	3	6	1	1	5

Maximum

Im Frühjahr 1941 wurden an Haus Horst sieben Exemplare erlegt (MAAS 1948).

Uferschnepfe (*Limosa limosa*)

Rote Liste: NRW 2, D 1
sehr vereinzelter, unregelmäßiger Durchzügler

Bestand und Vorkommen

»Als Durchzügler wird die Art nördlich einer Linie Düsseldorf-Mönchengladbach alljährlich, südlich davon nicht regelmäßig nachgewiesen«, so MILDENBERGER (1982) zur Uferschnepfe. Aus dem Stadtgebiet gibt es nur wenige Beobachtungen.

- 1 (?) Uferschnepfe, die in M.-Gladbach erlegt worden war, gelangte am 10.04.1878 in die Sammlung von J. Guntermann (LE ROI 1906).
- LE ROI (1906) sah 1 Vogel, der um die Jahrhundertwende bei Odenkirchen erbeutet wurde.
- BETTMANN (1959) notiert, er habe im Herbst des Jahres 1935 die Uferschnepfe an einem Tümpel im Elschenbruch hochgemacht.

Regenbrachvogel (*Numenius phaeopus*)

sehr vereinzelter, unregelmäßiger Durchzügler
IV / VIII–IX

Bestand und Vorkommen

Mit 1–10 (100) Exemplaren ist die Art als regelmäßiger Durchzügler im Rheinland, insbesondere am Unteren Niederrhein, zu beobachten (MILDENBERGER 1982). Regenbrachvögel in Mönchengladbach nachzuweisen, gelang fünfmal:

- 1 Ex. wurde am 18.04.1885 bei Odenkirchen von Camphausen erbeutet (LE ROI 1906).
- 1 Ex. am 13.04.1968 in den Winkelner Feldern (S. Burghardt in BURGHARDT 1970, 1989a).
- 2 Ex. überflogen am 03.08.1968 rufend die Neuwerker Donk (S. Burghardt in BURGHARDT 1970, 1989a).
- 2 Ex. suchten am 17.04.1987 im Feld bei Bötzlöh nahe der Stadtgrenze nach Nahrung (E. & S. Burghardt, E. & K.-H. Greve in BURGHARDT 1989a).
- Die Rufe ziehender Regenbrachvögel hörten S. Burghardt und H. Gerkens am 12.09.1987 von der Kiesgrube Beltinghoven aus (BURGHARDT 1989a).

Großer Brachvogel (*Numenius arquata*)

Rote Liste: NRW 2, D 2
sehr vereinzelter, unregelmäßiger Durchzügler
(I) IV / VIII–IX (XII)

Bestand und Vorkommen

Brachvögel sind im Rheinland meist Durchzügler. Als Brutvogelart nahezu verschwunden, treten zur Zugzeit 100–1000 Exemplare auf. Im Winter liegt ihr Bestand bei 1–100 Individuen (MILDENBERGER 1982). Dem Durchzug lassen sich auch die zehn Mönchengladbacher Beobachtungen zuordnen:

- 1 Ex. fand R. Lenßen am 20.12.1886 bei Odenkirchen (LE ROI 1906).
- 4 Ex. flogen am 18.08.1956 in westliche Richtung über Großheide (BURGHARDT 1970).
- 1 Ex. beobachtete Kieffer »im Herbst« 1969 über mehrere Tage auf einem Militär-Parkgelände bei Dorthausen (BURGHARDT 1970).
- 3 Ex. am 16.09.1972 in den Feldern zwischen Hauptfriedhof und Franziskushaus (Großheide) (H. Ruth in BURGHARDT 1989a).
- 3 Ex. am 09.01.1986 im Feld bei Woof (H. & U. Köhnes in BURGHARDT 1989a).
- 1 Ex. überflog am 16.08.1988 rufend Waldhausen in südliche Richtung (S. Burghardt in BURGHARDT 1989a).
- 1 Ex. am 02.04.1990 über der Kiesgrube Beltinghoven (H. Hurtmann).
- 1 Ex. am 06.09.1992 über der Kiesgrube Beltinghoven (H. Hurtmann).
- 1 Ex. flog am 28.12.1992 in der Donk von einer Wiese auf (D. & I. Stiels).
- 1 Ex. am 02.01.1996 über der Niers an der Kläranlage Neuwerk (H. Hurtmann).

Der Frühjahrsdurchzug kann im Rheinland nach MILDENBERGER (1982) in den Monaten (Februar) März bis April registriert werden. In diesem Zeitraum fällt lediglich eine Beobachtung. Mit fünf von zehn Nachweisen ist der Durchzug im Herbst stärker spürbar. Er liegt in dem von MILDENBERGER (1982) beschriebenen Zeitraum August/September. Die vier Nachweise im Dezember/Januar sind wohl auf Winterflucht zurückzuführen. Mitunter harren Brachvögel in nördlichen Gebieten lange aus, bis Frost und Schnee sie doch noch zum Wegzug zwingen.

Dunkler Wasserläufer
(*Tringa erythropus*)

sehr vereinzelter, unregelmäßiger Durchzügler
IV–V / VIII–IX

Bestand und Vorkommen

Der Dunkle Wasserläufer gehört zwar zu den regelmäßig durchziehenden Limikolen, ist mit 11–100 Individuen jedoch eher spärlich im Rheinland zu beobachten (MILDENBERGER 1982). In Mönchengladbach be-

Foto: W. Spengler

schränken sich die sechs Nachweise auf das Schlammbecken der Neuwerker Kläranlage und auf die Kiesgrube Beltinghoven:

- 3 Ex. am 25.04.1971, Schlammbecken (S. Burghardt in BURGHARDT 1989a).
- 1 Ex. am 19.08.1972, Schlammbecken (S. Burghardt in BURGHARDT 1989a).
- 1 Ex. am 06.05.1989, Kiesgrube Beltinghoven (S. Burghardt, D. & M. Sasum).
- 1 Ex. am 16.05.1991, Schlammbecken (L. Reyrink, schriftl.).
- 1 Ex. am 12.09.1992, Kiesgrube Beltinghoven (H. Hurtmann).
- 1 Ex. vom 26.08.–02.09.1995, Schlammbecken (H. Hurtmann).

Mit jeweils drei Beobachtungen sind Frühjahrs- und Herbstzug gleichermaßen stark
repräsentiert. Was das zeitliche Auftreten anbelangt, stützen die Mönchengladbacher Daten die Angaben von MILDENBERGER (1982). Der konstatiert zu den genannten Zeitpunkten intensiven Durchzug im Rheinland.

Rotschenkel (*Tringa totanus*)

Rote Liste: NRW 1, D 2
sehr vereinzelter, unregelmäßiger Durchzügler
III–V (VI) / VII–IX

Bestand und Vorkommen

Als Brutvogel kommt der Rotschenkel in NRW 1999 mit nur noch 49–55 Paaren
vor (AG WIESENVOGELSCHUTZ 2000), der langfristige Bestandstrend ist negativ
(GRO & WOG 1997). Durch das Rheinland ziehen zudem 100–1000 Exemplare
(MILDENBERGER 1982). Bereits LE ROI (1906) berichtet davon, der Rotschenkel sei
einst bei Odenkirchen aufgetreten. BURGHARDT (1989a) notiert, die Art habe in
den 1970er Jahren »wiederholt« auf dem Schlammbecken der Kläranlage Neuwerk gerastet. Aus den 1980ern liegen vier Nachweise von 1–2 Exemplaren vor. Sie
stammen meist aus der Kiesgrube Beltinghoven (BURGHARDT 1989a, S. Burghardt,
H. Hurtmann u. a.).

Auch seit dem letzten Jahrzehnt war die Kiesgrube Beltinghoven das bevorzugte
Rastgebiet des sporadischen Durchzüglers. Die fünf Nachweise gelangen alle in der
ehemaligen Abgrabung, stets wurde ein Vogel beobachtet (H. Hurtmann, H. Maas,
D. Stiels u. a.).

Phänologie

Alle umfassend datierten Meldungen (n = 11) zeigen folgende Verteilung (Tab. 49):

Tab. 49: Jahreszeitliches Auftreten des Rotschenkels

Monat	Januar			Februar			März			April			Mai			Juni		
Dekade	I	II	III	I	II	III	I	II	III	I	II	III	I	II	III	I	II	III
Nachweise									2		1		1	1	2	1	1	
Individuen									2		1		1	2	2	1	1	

Monat	Juli			August			September			Oktober			November			Dezember		
Dekade	I	II	III	I	II	III	I	II	III	I	II	III	I	II	III	I	II	III
Nachweise		1						1										
Individuen		1						1										

»In den rheinischen Durchzugsgebieten ist der Heimzug stärker ausgeprägt als der Wegzug.« Die Aussage von MILDENBERGER (1982) lässt sich auch auf das Stadtgebiet übertragen. Von zwölf Nachweisen entfallen zehn auf das Frühjahr. Ebenfalls treffen die von ihm beschriebenen Zeitfenster – Heimzug von Mitte März bis Ende Mai und Wegzug ab Mitte Juli – auf Mönchengladbach zu. Entsprechend spät ist der Nachweis des Rotschenkels noch in der ersten Junihälfte (1 Exemplar vom 10.–11.06.1990, Kiesgrube Beltinghoven, S. Burghardt, H. Hurtmann).

Maximum

Drei Individuen auf dem Schlammbecken der Kläranlage Neuwerk »im Frühjahr« 1966 (BURGHARDT 1970) sind das Maximum für das Stadtgebiet.

Grünschenkel (*Tringa nebularia*)

sehr vereinzelter, unregelmäßiger Durchzügler
IV–VI / VII–IX (X)

Bestand und Vorkommen

Auf dem Zug zwischen den Brutgebieten in Nordosteuropa und den Überwinterungsquartieren in Afrika rastet der Grünschenkel alljährlich mit 11–100 Exemplaren im Rheinland (MILDENBERGER 1982). In Mönchengladbach ist die Art zwar unregelmäßiger Durchzügler, mit über zehn Nachweisen aber häufiger zu beobachten als andere Limikolen der Gattung *Tringa*. Die erste Beobachtung findet sich bei BURGHARDT (1970), der am 18.08.1963 drei Exemplare auf dem Schlammbecken der Kläranlage Neuwerk sah. Das Becken blieb auch in den 1970er Jahren Beobachtungsschwerpunkt. Ab den 1980er Jahren ist die Kiesgrube Beltinghoven als mehrfach genutztes Rastgebiet hinzugekommen. Sporadische Nachweise gibt es auch andernorts, z. B. vom Nierstal südlich Wickrath (H. Siebmanns).

Seit 1991 liegen acht Nachweise von jeweils einem Exemplar vor. Auf die Kiesgrube Beltinghoven und das Schlammbecken Neuwerk entfallen sieben Nachweise, was die Konzentration auf die beiden Gebiete auch für die letzten Jahre belegt.

Phänologie

Alle datierten Beobachtungen (n = 21) zeigen folgenden Zugverlauf (Tab. 50).

Tab. 50: Jahreszeitliches Auftreten des Grünschenkels

Monat	Januar			Februar			März			April			Mai			Juni		
Dekade	I	II	III	I	II	III	I	II	III	I	II	III	I	II	III	I	II	III
Nachweise										2	1	3	2	2	1	1		
Individuen										3	2	3	2	2	1	1		

Monat	Juli			August			September			Oktober			November			Dezember		
Dekade	I	II	III	I	II	III	I	II	III	I	II	III	I	II	III	I	II	III
Nachweise			1	1	3	1	1	1		1								
Individuen			1	2	6	2	1	1		?								

Die Eckwerte des Heimzuges sind der 02.04. (1984, H. Siebmanns) und der 04.06. (1991, L. Reyrink, schriftl.). Auf dem Wegzug reicht die Spanne vom 22.07. (2003, H. Maas) bis zum 07.10. (1963, ohne Anzahl, BURGHARDT 1970). Damit liegen die Daten im Rahmen des rheinischen Zugablaufs (MILDENBERGER 1982).

Maximum

In der überwiegenden Zahl der Fälle wurden Einzelvögel nachgewiesen. Das Maximum registrierte S. Burghardt mit vier Exemplaren »in den 1970er Jahren« auf dem Schlammbecken der Kläranlage Neuwerk (BURGHARDT 1989a).

Waldwasserläufer (*Tringa ochropus*)

(sehr) vereinzelter Rastvogel
I–XII

Bestand und Vorkommen

Der Waldwasserläufer kann nach MILDENBERGER (1982) im Rheinland regelmäßig auf dem Durchzug mit 11–100 (1000) Exemplaren beobachtet werden. Als Wintergast komme er mit 1–10 Individuen vor. Die Einschätzung klingt auch bei den lokalen Autoren an. MAAS (1948) spricht davon, man könne die Art »zur Zugzeit alljährlich im Niersgebiet zwischen Neersbroich und Schloss Rheydt beobachten«. Auch im Winter gelang ein Nachweis. Sporadische Beobachtungen durchziehender Einzelvögel ergänzen BURGHARDT (1970) und HEINEN et al. (1983). Ende der 1980er Jahre klassifiziert BURGHARDT (1989a) das Auftreten mit 1–10 regelmäßigen Durchzüglern.

Daran hat sich in den letzten Jahren wenig geändert. Nach den vorliegenden Meldungen wird ein Rastbestand von 1–5 (10) Exemplaren pro Zugperiode erreicht, Heim- und Wegzug sind in etwa gleich stark ausgeprägt. Regelmäßige Winternachweise von 1–2 Individuen gibt es bis 2002 aus dem Bereich des Neuwerker Schlammbeckens. Die verstärkten Nachweise zwischen November und März sind sicherlich auch methodisch bedingt. Die Biologische Station Krickenbecker Seen führte ab 1991 systematisch Zählungen in dem Gebiet durch (z. B. REYRINK 1995). Nachweisschwerpunkt ist auch deshalb allem voran das Neuwerker Becken bzw. die angrenzende Niers. Von hier stammen ca. 69 % aller Beobachtungen. Größere Bedeutung hat noch die Kiesgrube Beltinghoven mit 23 %.

Phänologie
Alle datierten Meldungen bis inklusive 2004 (n = 195) bringen folgendes Zugschema (Abb. 24):

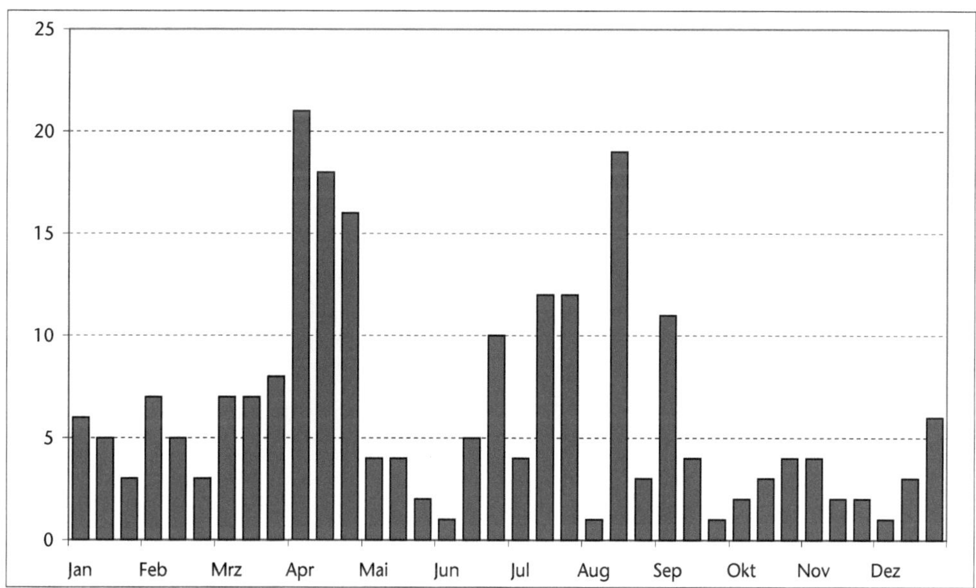

Abb. 24: Summe rastender Waldwasserläufer

Durch Überwinterer ist eine klare Unterscheidung von Wintergästen und ersten Durchzüglern nicht immer zu treffen. In der Kiesgrube Beltinghoven, wo allein Durchzügler auftreten, war von 1990–2004 erste Zugbewegung im Mittel am 07.04. spürbar (n = 11, Extremwerte 11.03. und 25.04., H. Hurtmann, G. & H. Maas). Insgesamt steigt in der ersten Aprildekade der Bestand gegenüber dem März deutlich an. Wann der Heimzug endet, ist schwer abzugrenzen. Waldwasserläufer in der letzten Maidekade könnten späte Heimzügler, aber auch schon erste Wegzügler sein. Die steigenden Zahlen ab Juni läuten den Wegzug endgültig ein, der Mitte August sein Maximum erreicht. Stets kleiner als der Bestand an Durchzüglern ist der folgende Winterbestand.

Maximum

Meist werden ein oder zwei Individuen angetroffen. Acht Waldwasserläufer waren es hingegen am 19.08.1972 auf dem Schlammbecken der Kläranlage Neuwerk (BURGHARDT 1989a). Für die Zeit ab 1991 wurde mit sechs Exemplaren das Maximum ebenfalls dort erreicht (04.09.1997, L. Reyrink, schriftl.).

Bruchwasserläufer (*Tringa glareola*)

Rote Liste: NRW 0, D 0
sehr vereinzelter, unregelmäßiger Durchzügler
IV–VIII

Bestand und Vorkommen

Nach MILDENBERGER (1982) übertreffen die Rastzahlen des Bruchwasserläufers die des nah verwandten Waldwasserläufers. Das mag früher auch für das Stadtgebiet gegolten haben, als die Art noch »häufiger bei Odenkirchen durchzog« (LE ROI 1906). Aus den letzten Jahrzehnten lässt sich das aber nicht behaupten. Die Limikole rastete mit zehn datierten Nachweisen nur unregelmäßig, auch die Truppstärke lag nicht erkennbar höher. Seit den 1980ern wurden stets Einzelvögel beobachtet:

- 9 Ex. am 11.07.1970, Neuwerker Schlammbecken (S. Burghardt in BURGHARDT 1970).
- 2 Ex. am 25.04.1971, Neuwerker Schlammbecken (BURGHARDT 1989a).
- 6 Ex. am 05.08.1972, Neuwerker Schlammbecken (BURGHARDT 1989a).
- 9 Ex. am 19.08.1972, Neuwerker Schlammbecken (BURGHARDT 1989a).
- 1 Ex. am 23.05.1982 an einer Regenwasserlache in den Winkelner Feldern (E. & S. Burghardt, H. Diederichsen in BURGHARDT 1989a).

- ■ 1 Ex. am 13.08.1989, Kiesgrube Beltinghoven (H. Brückle, S. Burghardt).
- ■ 1 Ex. am 06.05.1990, Kiesgrube Beltinghoven (E. & S. Burghardt).
- ■ 1 Ex. am 28.06.1992, Neuwerker Schlammbecken (L. Reyrink, schriftl.).
- ■ 1 Ex. am 03.07.1993, Neuwerker Schlammbecken (H. Hurtmann).
- ■ 1 Ex. am 15.05.1996, Neuwerker Schlammbecken (H. Hurtmann).

Flussuferläufer (*Actitis hypoleucos*)

Rote Liste: NRW 0, D 1
ehemals sehr seltener und unregelmäßiger Brutvogel, vereinzelter Durchzügler
(III) IV–IX (X)

Bestand und Vorkommen

Nachdem sich der Brutbestand im Rheinland einst im Rahmen von 1–10 Paaren
bewegte (MILDENBERGER 1982), gilt der Flussuferläufer seit 1986 in ganz Nordrhein-
Westfalen als ausgestorben (SKIBA 1993 in GRO & WOG 1997). Zur Zugzeit ist er
indes eine der häufigsten Limikolen. Der Rastbestand liegt in einer Spanne von
100–1000 (10000) Exemplaren (MILDENBERGER 1982).

Auch im Stadtgebiet brütete die Art in der Vergangenheit sporadisch. Im Jahr
1967 führte ein Paar »an einer Sandgrube bei Odenkirchen« einen Jungvogel (G.
& W. Thomas in WILLE 1968b). Zwei Brutpaare mit drei bzw. zwei Jungvögeln waren es 1969 im Wickrather Schlosspark (HEINEN 1972). Brutort war das damalige
Sumpfgebiet östlich des Schlosses, das Mitte der 1970er Jahre zum Rückhaltebecken
umgestaltet wurde. Für Alt-Gladbach will BURGHARDT (1970) wegen häufiger Beobachtungen im Mai/Juni Bruten nicht ausschließen. Allerdings findet zu diesem
Zeitpunkt intensiver Durchzug statt, das rheinische Zugmaximum etwa wird im
Mai erreicht (MILDENBERGER 1982). Im Juni können Nachzügler oder Übersommerer dafür sorgen, dass bis zum Wegzug lückenlos Uferläufer zu beobachten sind.

Rastbestand

Als Rastvogel war der Flussuferläufer bereits MAAS (1948) bekannt. Allerdings wird
seine Einzelmeldung den damaligen Bestand nur unzureichend widerspiegeln
(vgl. NEUBAUR 1957). Nach HEINEN et al. (1983) und BURGHARDT (1989a) lag der
Rastbestand im Stadtgebiet in einer Größenordnung von 11–100 Exemplaren.

Diese Klassifizierung gilt unverändert. Der Flussuferläufer wurde seit 1991 in jeder
Zugperiode nachgewiesen, seine Anzahl überstieg jedoch in keinem Jahr die Menge
von 40 Exemplaren. Die Höchstzahl während einer Zugphase lag bei 28–33 Individuen (Summe vom 25.04.–15.05.2003, H. Hurtmann, H. Maas, K. Veckes). Je nach

Interpretation der Daten wurden auf dem Heimzug im Mittel 9–15 Vögel registriert, der Wegzug war mit durchschnittlich 5–6 Exemplaren weniger stark spürbar. Trupps von bis zu acht Exemplaren waren die Ausnahme, den größten Anteil machten Beobachtungen von einem Vogel (44 %) oder zwei Individuen (32 %) aus. Das bevorzugte Rastgebiet war die Kiesgrube Beltinghoven, von hier stammen 67 % der Meldungen.

Phänologie

Zum Brutgeschehen liegen entsprechend von Bestand und Vorkommen nur wenige Daten vor. Die Beobachtung eines Jungvogels am 10.05. (1967, G. & W. Thomas in WILLE 1968b) gehört in Mitteleuropa zu den frühen Terminen, für gewöhnlich ist dieser Monat die Hauptlegezeit (vgl. GLUTZ et al. 1977). Im Rahmen liegt der Nachweis aus dem Wickrather Schlosspark. Am 07.06.1969 sahen J. Hüttches und P. Mäurer eines der beiden Brutpaare mit drei etwa 10–12 Tage alten Jungen (HEINEN 1972).

Für den Rastbestand ergeben sich unter Berücksichtigung aller datierten Beobachtungen (n = 188) bis einschließlich 2004 folgende Summen (Abb. 25):

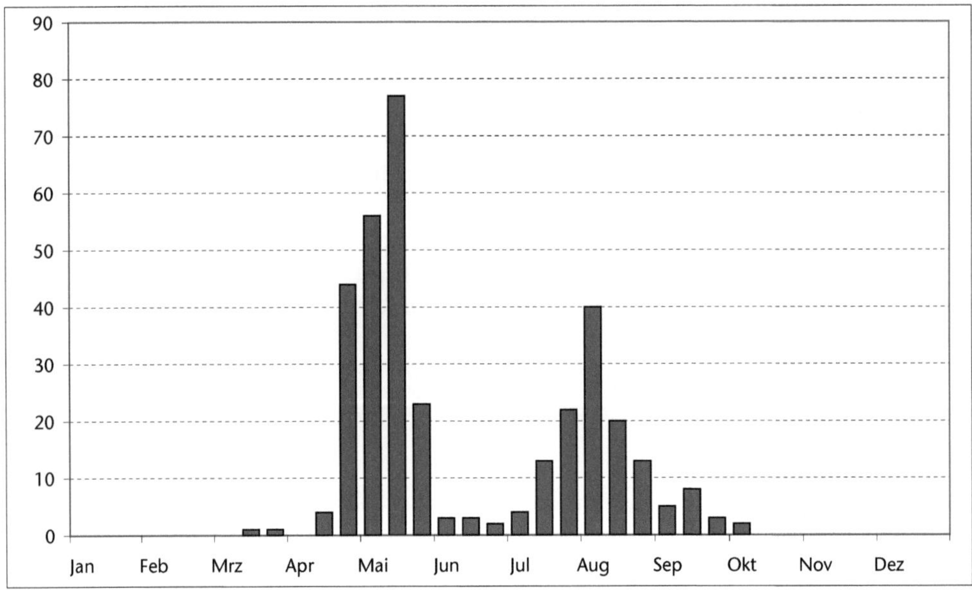

Abb. 25: Summe rastender Flussuferläufer

Bis zur letzten Aprildekade sind Flussuferläufer im Stadtgebiet nur sporadisch anzutreffen. Der früheste Nachweis stammt vom Schlammbecken der Kläranlage Neuwerk, wo am 16.03.1993 ein Exemplar rastete (L. Reyrink, schriftl.). Erst im letzten April-drittel ist reger Durchzug spürbar. Seit 1991 lag die mittlere Ankunftszeit der ersten Vögel auf dem 21.04. (n = 14, Extremwerte 16.03. und 09.05., H. Hurtmann, H. Maas, L. Reyrink, schriftl. u. a.). Bis in die zweite Maidekade hinein nimmt die Anzahl zu, dann allerdings schwächt sich der Zug zum Monatsende hin deutlich ab. In der ers-ten Junihälfte handelt es sich wohl noch um Nachzügler, eine Trennung zu frühen Wegzüglern ist aber spätestens in der letzten Dekade dieses Monats nicht mehr mög-lich. MILDENBERGER (1982) notiert für das Rheinland erste Vögel auf dem Wegzug ab Anfang Juli. Bald darauf wird mit steigenden Zahlen der Herbstzug erkennbar ein-geläutet. Die erste Augustdekade bringt das Maximum im Herbst, der gesamte Weg-zug bleibt allerdings deutlich hinter dem Ausmaß des Heimzuges zurück. Im Oktober läuft der Zug aus, die späteste Beobachtung datiert vom 10.10.1970 (1 Exemplar, Niers nahe Kläranlage Neuwerk, BURGHARDT 1970). Obwohl im Rheinland vereinzelt Fluss-uferläufer überwintern (MILDENBERGER 1982), fehlen vor Ort bisher Nachweise.

Maximum

»Maximalbestand bisher ca. 20 Exemplare am 03.08.1968 auf dem Schlammbe-cken der Kläranlage«, schreibt BURGHARDT 1970. In der Artenliste der Vögel er-gänzt er 1989 ein Maximum für die Kiesgrube Beltinghoven von 14 Individuen (01.08.1985). Diese Zahlen wurden ab 1991 nicht mehr erreicht. Hier lag die höchs-te Anzahl bei 6–8 Uferläufern am 21.07.1991, ebenfalls in der Kiesgrube Beltingho-ven (E. & S. Burghardt, A. van gen Hassend).

Lachmöwe
(*Larus ridibundus*)

sehr vereinzelter bis zahlreicher Rastvogel
I–III (IV–VI) / VII–XII

Bestand und Vorkommen

Zur Zeit von MAAS (1948) und BETTMANN (1959) überflogen Lachmöwen wiederholt »einzeln oder in kleineren Verbänden von bis zu sechs Exemplaren« das Stadtgebiet. Häufiger wurde die Art offenbar in den 1960er Jah-

Lachmöwen im Schlichtkleid Foto: H. Hurtmann

ren. Nicht allein, dass mit 100–1000 Individuen eine andere Größenordnung erreicht wurde, die Möwe war außerhalb der Brutzeit auch zu einer »fast täglichen Erscheinung« geworden (BURGHARDT 1970). Ein bedeutsameres Rastvorkommen gab es an der Kläranlage Neuwerk, das mit dem neu entstandenen Nierssee (Kreis Viersen) in Verbindung stand. Von den bis zu 300 Vögeln, die sich auf dem See aufhielten, flogen stets »einige Exemplare« zum angrenzenden Werksgelände (BURGHARDT 1970). Seit dem Ende der 1970er Jahre konnte die Art »in ständig wachsender Zahl von September bis März als alltäglicher Gast in der Stadt« registriert werden (BURGHARDT 1989a). HEINEN et al. (1983) nennen zudem Beobachtungen aus den Frühjahrs- und Sommermonaten, die 15 Vögel jedoch nicht übersteigen.

Nach wie vor ist die Lachmöwe die häufigste Möwenart, allerdings variieren die Zahlen im Jahresverlauf stark. Von Juli bis März ist sie mit 500–1000 Vögeln vertreten, mitunter mag die Marke von 1000 Exemplaren überschritten werden. Von April bis Juni ist die Art nur unregelmäßig und (sehr) vereinzelt zu sehen. Ein wichtiger Anziehungspunkt blieb mit bis zu 1400 Rastvögeln (August 1992, REYRINK 1995) der Viersener Nierssee, von dem aus zumindest ein Teil häufig zur angrenzenden Mönchengladbacher Kläranlage wechselt. An den Gewässern der Stadt ist die Möwe deutlich weniger häufig. Bei Wasservogelzählungen wurden maximal rund 400 Exemplare gezählt (HURTMANN 1998a, 2005b). Da die Art zur Nahrungssuche eine Vielzahl von Lebensräumen wie etwa Innenstädte oder Felder nutzt und sehr mobil ist, geben diese Erfassungen indes nicht den gesamten Bestand wieder (vgl. z. B. Rubrik »Maximum«).

Wasservogelzählung 1997/2004

Die konkreten Ergebnisse der Zählungen gehen aus Abb. 26 hervor (HURTMANN 1998, 2005b). Der Winterbestand nimmt nach einem Maximum im Februar im Folgemonat deutlich ab. Der vollständige Abzug der Rastvögel macht sich im April bemerkbar, wo an keinem Gewässer mehr Lachmöwen nachgewiesen werden konnten. Erst im Juni/Juli ist wieder Zuzug spürbar. Die bald einsetzende Zunahme muss kein Hinweis auf eine linear ansteigende Zuwanderung sein. Offensichtlich verändert sich die Habitatwahl, im Winter nimmt die Bindung an Gewässer zu. Die Art bevorzugt stadtnahe Parks, wo die Nahrungssituation auch durch die Entenfütterung günstiger ist als an naturnahen Gewässern. Im stark vom Menschen frequentierten Rheydt-Odenkirchener Niersraum, im Wickrather Schlosspark und am Geroweiher ließen sich von Juli bis März 66% (1997) und 76% (2004) aller Lachmöwen zählen.

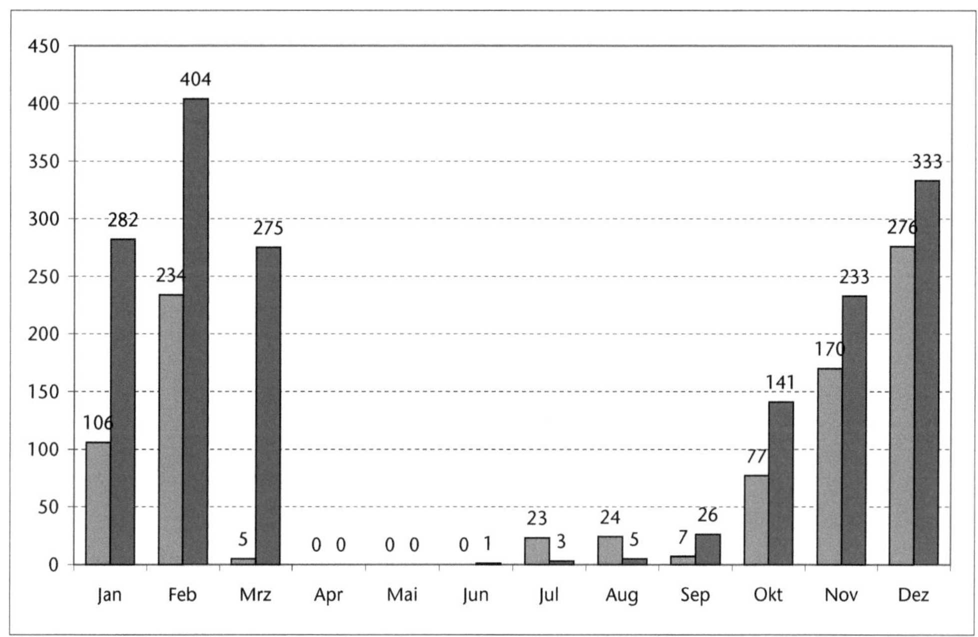

Abb. 26: Bestand der Lachmöwe 1997 (hell) und 2004 (dunkel)

Maximum

Rund 550 Individuen suchten am 10.09.2004 auf einem Acker westlich von Wanlo hinter dem Pflug eines Traktors nach Nahrung (H. Hurtmann).

Ringfunde

Von der Lachmöwe gibt es vier Funde, die Zuzug aus der Schweiz (WILLE 1970b), Finnland (GASSLING 1978), Belgien (GASSLING 1979) und Polen (HEINEN et al. 1983) belegen. Der Beringungsort in Polen ließ sich für nähere Angaben nicht lokalisieren.

Schweiz – Sempach – K 1 728
O 09.12.1968   Oberkirch, Luzern, Schweiz (Jungvogel)
+ 04.10.1969   Rheydt, Mönchengladbach   465 km NNW Totfund

Finnland – Mus. Zool. Helsinki – S 015 366
O 10.07.1969   Oulu, Oulun lääni, Finnland (nestjung)
+ 15.02.1970   Buchholzer Wald, Mönchengladbach   1894 km SSW   Totfund

Belgien – Bruxelles – 2 T 58 270

O 01.02.1976   Appels, Oost-Vlaanderen, Belgien (nicht vorjährig)
+ 18.12.1977   Wickrath, Mönchengladbach   164 km E   gefangen

Ringnummer unbekannt

O 02.06.1979   Przemow, Polen (nicht flügger Jungvogel)
+ 18.08.1979   Wanlo, Mönchengladbach   Totfund

Sturmmöwe (*Larus canus*)

Rote Liste: NRW R
(sehr) vereinzelter bis mäßig zahlreicher Rastvogel
(VII, VIII) XI–III (IV, V)

Bestand und Vorkommen

MAAS (1948) und BETTMANN (1959) ist die Sturmmöwe im Stadtgebiet unbekannt. Zu ihrer Zeit war die Art auch eine »außergewöhnliche Erscheinung abseits vom Rhein« (NEUBAUR 1957). LE ROI (1906) erwähnt zwar, fernab des Rheins erlegte Vögel in einer Odenkirchener Sammlung gesehen zu haben, doch müssen diese nicht aus Mönchengladbach selbst stammen. Der erste Nachweis findet sich bei BURGHARDT (1970). Er schreibt von einem Exemplar, das am 11.01.1970 unter Lachmöwen Windberg überflog. Seine Einschätzung in der Artenliste von 1989 offenbart eine Zunahme: Die Art überfliege als Durchzügler regelmäßig mit 10–100 Exemplaren die Stadt.

Alljährlicher Rastvogel ist die Sturmmöwe auch heute noch. Ihre Zahl übersteigt seit 1991 bisweilen die Marke von 100 Vögeln (bis zu 135 Exemplare, 1997). In den meisten Jahren liegt die registrierte Anzahl jedoch bei unter 15 Individuen (n = 9). Überwiegend ziehen die Möwen über das Stadtgebiet hinweg, Aufenthalte am Boden oder auf Gewässern kommen nur vereinzelt vor. Die Beobachtungen konzentrieren sich auf die Wintermonate November bis Februar, doch können Durchzügler bis in den April hinein beobachtet werden. Sommervögel treten nur ausnahmsweise auf, einen Nachweis gibt es aus dieser Jahreszeit (3 Exemplare am 05.07.2003, H. Hurtmann, W. von Kannen). Schwer in Einklang zu bringen mit dem Zugschema ist eine Meldung, nach der am 11.05.1997 70–80 Individuen über Hardt flogen (G. & H. Maas).

Phänologie

Die Eckdaten für das Auftreten der Rastvögel im Winterhalbjahr sind der 01.11. (1992, H. Hurtmann) und der 04.04. (1995, H. Hurtmann).

Maximum

Trupps von jeweils 70–80 Sturmmöwen ziehen am 11.05.1997 über Hardt (G. & H. Maas) bzw. am 03.03.1999 über die Kiesgrube Beltinghoven (H. Maas).

Heringsmöwe (*Larus fuscus*)

(sehr) vereinzelter, unregelmäßiger Gast
IV–VII

Bestand und Vorkommen

Bis zur zweiten Hälfte des 20. Jahrhunderts trat die Heringsmöwe im Rheinland unregelmäßig, ziemlich selten und fast nur am Rhein auf (NEUBAUR 1957, LE ROI 1906). Seit Mitte der 1950er Jahre nehmen die Beobachtungen zu (MILDENBERGER 1982). Der Trend setzte sich fort, so dass allein im angrenzenden Kreis Viersen Mitte der 1990er Jahre bis zu 500 Möwen registriert wurden (HUBATSCH 1996). Mittlerweile ist die dortige Maximalzahl auf 1050 Heringsmöwen angewachsen (BSKS 2002). Die Ansammlungen sind eng an die Mülldeponie und die umliegenden Schlaf- und Komfortgewässer gebunden (vgl. BSKS 1998–2003). Mönchengladbach wird von den Rastbeständen kaum berührt. Gibt es aus 1995 einen ersten Nachweis, folgen bis einschließlich 2004 neun weitere Beobachtungen:

- 3 Ex. am 18.06.1995 in den Winkelner Feldern (E. & S. Burghardt).
- 16 Ex. am 14.04.1997 über der Kiesgrube Beltinghoven (H. Hurtmann).
- 20 Ex. am 29.06.1997 über Hausen nahe der nördlichen Stadtgrenze. Sie ziehen in Richtung Südwesten ab (E. & S. Burghardt).
- 4 Ex. am 06.07.1997 über den Gerkerather Feldern (S. Burghardt).
- 4 Ex. am 12.04.1998 über der Kiesgrube Beltinghoven (G. & H. Maas).
- 1 Ex. am 12.04.2003 über der Kiesgrube Beltinghoven (K. Veckes).
- 2 Ex. am 15.04.2003 über der Kiesgrube Beltinghoven (K. Veckes).
- 3 Ex. am 03.05.2003 über dem Wetscheweller Bruch (H. Hurtmann).
- 7 Ex. am 17.05.2003 über der Kiesgrube Beltinghoven (H. Hurtmann, W. von Kannen).
- 4 Ex. am 27.07.2003 über der Kiesgrube Beltinghoven (D. Kemper, E. Neuss).

Auffällig ist, dass die meisten Meldungen aus dem nordwestlichen Stadtgebiet kommen. Hier liegt ein Zusammenhang mit umherstreifenden Heringsmöwen aus dem Kreis Viersen nahe. Nach MILDENBERGER (1982) fällt die Zugzeit in die Monate März/April und September bis November. Diesem Zeitraum lassen sich vier der zehn Nachweise zuordnen. Angesichts der Entwicklung zum Jahresvogel (vgl.

HUBATSCH 1996) ist eine Abgrenzung von Zugzeiten schwer möglich. Im Kreis Viersen werden die Maxima mittlerweile zwischen April und August erreicht (BSKS 1998–2003, HUBATSCH 1996).

Silbermöwe (*Larus argentatus*)

Rote Liste: NRW R
vereinzelter Rastvogel
XI–III (VI)

Bestand und Vorkommen

Noch weit bis in die zweite Hälfte des letzten Jahrhunderts trat die Möwe überaus selten in Mönchengladbach auf. MAAS (1948), BETTMANN (1959) und HEINEN et al. (1983) nennen überhaupt keine Nachweise. Lediglich BURGHARDT (1970) weiß von einem Exemplar zu berichten, das am 19.03.1968 über Großheide zog. Die Entwicklung zum regelmäßigen Rastvogel begann offenbar erst vor rund 20 Jahren: »Seit Beginn der 1980er Jahre ist die Art regelmäßiger Überflieger [...] in den Wintermonaten. Man sieht die Trupps fast täglich [...], wenn sie zwischen Rhein und Maas sowie den Mülldeponien hin- und herpendeln« (BURGHARDT 1989a). Damit schlug sich auch in Mönchengladbach die positive Tendenz nieder, die MILDENBERGER (1982) für das Rheinland bereits früher konstatierte: Nach vermehrten Beobachtungen am Niederrhein seit Mitte der 1950er sei der Rastbestand in den 1960er Jahren deutlich angestiegen, im Raum Krefeld – Neuss – Düsseldorf sei es spätestens 1966/67 zum »Massenauftreten« gekommen.

Die Art ist nach wie vor von November bis März mit 11–100 Individuen alljährlicher Rastvogel im Stadtgebiet. Allerdings sind »fast täglich überfliegende Trupps« seit dem letzten Jahrzehnt nicht zu belegen. Über die Wintermonate hinaus gelang eine Beobachtung im Juni. Am 11.06.1993 zog ein Exemplar über die Kiesgrube Beltinghoven in Richtung Westen (H. Hurtmann). Im Vergleich zu umliegenden Gebieten wie Viersen oder Düsseldorf weist Mönchengladbach geringe Silbermöwenzahlen auf (vgl. BSKS 2001, HUBATSCH 1996, LEISTEN 2002). Grund hierfür wird das Fehlen von geeigneten Komfort- und Schlafgewässern sowie von Nahrungsplätzen (Mülldeponien) sein. Vor diesem Hintergrund überrascht es nicht, dass die Nachweise meist überfliegende Möwen betreffen.

Maximum

Am 06.02.1997 rasten etwa 40 Exemplare an Wasserlachen in den Rönneter Feldern (H. Maas).

Flussseeschwalbe (*Sterna hirundo*)

Rote Liste: NRW 1
sehr vereinzelter, unregelmäßiger Durchzügler
V / VII

Bestand und Vorkommen
Als Brutvogel kommt die Flussseeschwalbe in NRW allein am Unteren Niederrhein vor. Nach einer Zunahme in den letzten beiden Jahrzehnten war sie in 2002 mit rund 140 BP vertreten (SUDMANN et al. 2003). Zur Zugzeit kann die Art auch in anderen Landesteilen beobachtet werden, so auch dreimal in Mönchengladbach:

- In einer Reihe von Beobachtungsorten, an denen die Art sporadisch registriert werden konnte, zählt LE ROI (1906) auch die Gegend von Odenkirchen auf.
- 1 Ex. am 08.07.1956 über der Rheydter Stadt zwischen Breite Straße und Grenzlandstadion (BETTMANN 1959).
- 1 Ex. am 16.05.1991 über der renaturierten Niers an der Kläranlage Neuwerk (L. Reyrink, schriftl.).

Trauerseeschwalbe (*Chlidonias niger*)

Rote Liste: NRW: 1, D 1
sehr vereinzelter, unregelmäßiger Durchzügler
V

Bestand und Vorkommen
Das Brutvorkommen in NRW beschränkt sich auf den Unteren Niederrhein, wo 2001 nach einem Bestandsanstieg wieder über 40 Paare gezählt wurden (NIEHUS & SCHWÖPPE 2001). Als Durchzügler tritt die Art im Rheinland mit 100–1000 Individuen auf, wobei der Frühjahrszug »im ersten Maidrittel einen deutlichen Höhepunkt erreicht« (MILDENBERGER 1982). In die erste Maihälfte fallen die datierten Mönchengladbacher Nachweise:

- LE ROI (1906) erwähnt, dass um das Jahr 1890 »mehrere Ex. bei Odenkirchen erlegt wurden«.
- 1 Ex. am 06.05.1960, Holtmühlenteich (KNORR 1967).
- 3 Ex. am 10.05.1986 in Zoppenbroich (M. Jöbges, H. Schmitz, W. Spengler in BURGHARDT 1989a).
- 1 Ex. am 13.05.1993 über der Kiesgrube Beltinghoven (H. Hurtmann, D. Stiels).

Tauben (Columbiformes)

Straßentaube (*Columba livia f. domestica*)

(sehr) häufiger Brutvogel, (mäßig) zahlreicher Gast
I–XII

Bestand und Vorkommen

Als domestizierter Form der Felsentaube widmete man der Art in den früheren
Avifaunen keine Aufmerksamkeit. So fehlt sie in der gesamten lokalen Literatur
von MAAS (1948) bis BURGHARDT (1989a), obwohl die Taube in diesem Zeitraum
im Stadtgebiet vorkam (z. B. RP, WZ vom 02.03.1979). Über die damalige (Brut-)Be-
standsgröße der frei fliegenden Population kann keine Angabe gemacht werden.
Die einzige verfügbare Zahl steht im Zusammenhang mit der Bekämpfung der
Tauben: Mitarbeiter des Gesundheitsamtes töteten in den 70er Jahren »jährlich
1000–2000 Exemplare« (Stadt Mönchengladbach in RP, WZ vom 02.03.1979). Die
Verbreitung scheint sich weitestgehend auf die Innenstadt beschränkt zu haben,
da »in den Außenbezirken nicht über Taubenplagen geklagt werden kann« (Stadt
Mönchengladbach in RP, WZ vom 02.03.1979).

Die ungleiche Verteilung ist nach wie vor gegeben. G. Maas zählte am 02.12.2001
in Gladbach-Stadtmitte (Alter Markt – Hindenburgstraße – Eicken) 383 Exemplare.
Außerhalb der City, an den Kirchen von Rheindahlen, Bettrath und Windberg,
hielten sich im März 2003 rund 85 Tauben auf (H. Hurtmann, G. Maas). Problematisch ist es, von der Größe der Ansammlungen auf den Brutbestand schließen
zu wollen, da das Verhältnis Nichtbrüter : Brutvögel stark variiert (GLUTZ & BAU-
ER 1980). Einen Hinweis auf den Brutbestand könnten Zahlen aus umliegenden
Städten geben. Für Düsseldorf schätzt LEISTEN (2002) 679–930 Brutpaare. Bezogen
auf die dort versiegelte Fläche (Gebäude-, Betriebs- und Verkehrsflächen) liegt die
Siedlungsdichte bei 0,62–0,85 BP/10 ha. Überträgt man diese Abundanz auf Mönchengladbach, errechnet sich eine Anzahl von 424–580 Brutpaaren.

Besonderheiten

Da die Straßentaube in der Vergangenheit grundsätzlich als »Problemtierart« eingestuft wurde, versuchte die Stadt Mönchengladbach ihre Population zu reduzieren. Dies geschah unter anderem dadurch, dass mit Blausäure (Zyklon B) versetzte
Maiskörner an Futterplätzen ausgelegt wurden. Obwohl pro Jahr auf diese Weise

1000–2000 Tauben entnommen wurden, führten die Maßnahmen nicht zu einem nennenswerten Bestandsrückgang (RP, 02.03.1979). Negative Begleiterscheinung war allerdings, dass auch andere Vogelarten, wie Ringel- oder Türkentauben, an dem vergifteten Futter zugrunde gingen (DBV, schriftl.). Anfang der 1990er Jahre wandelte sich der Umgang mit der Straßentaube. Ähnlich wie in anderen Großstädten in NRW verabschiedete man sich von dem Gedanken, die Art sei prinzipiell ein »tierischer Schädling« (STADT MÖNCHENGLADBACH 1991). Eingriffe sollten nur noch stattfinden, »wenn Vögel die Gesundheit gefährden oder aber wenn ein anderer vernünftiger Grund im Sinne des Tierschutzgesetzes vorliegt« (Stadt Mönchengladbach in STADTPANORAMA vom 17.01.1991). Diese Fälle seien überaus selten, aus den letzten Jahren sind keine Tötungsmaßnahmen mehr bekannt (Stadt Mönchengladbach, 2002, mdl.). Angaben darüber, dass seither die Population sprunghaft angewachsen ist, gibt es nicht (Stadt Mönchengladbach 2002, mdl.). Eine Beeinflussung des Bestandes wird heute durch Vergrämungsmaßnahmen, Reduzierung der potenziellen Bruträume und Fütterungsverbote erreicht.

Hohltaube (*Columba oenas*)

mäßig häufiger Brutvogel,
mäßig zahlreicher Rastvogel
Rasterfrequenz (1982): 7 %
I–XII

Bestand und Vorkommen

Bis weit in die zweite Hälfte des letzten Jahrhunderts war die Hohltaube deutlich weniger stark verbreitet als heute. MAAS (1948) schreibt, dass die Art »in unserer Landschaft ein seltener Brutvogel ist«. Bruten bzw. Hinweise darauf waren ihm aus

Foto: H. Hurtmann

Mönchengladbach nur von zwei Stellen bekannt. BETTMANN (1950, 1959) urteilt für Rheydt ähnlich. Auch BURGHARDT (1970) und HEINEN et al. (1983) zeichnen das Bild einer sehr spärlich verbreiteten Art. Auf jeweils 1–5 Paare beziffern sie den Bestand in Alt-Gladbach (97 km²) und im Stadtbezirk Wickrath (29 km²). Angaben aus den späten 1980er Jahren zeigen schließlich einen signifikanten Bestandszuwachs. So spricht BURGHARDT 1989(a) in der Artenliste der Vögel bereits von 20–50 Paaren (141 km², ohne Wickrath). Einen Grund für den positiven Trend sieht er darin, dass die Taube verstärkt künstliche Nisthöhlen annimmt. Zudem würden neue Gebiete wie der

Bunte Garten besiedelt. Zunahmen im Laufe der 1980er Jahre durch das (vergrößerte) Nistkastenangebot konstatiert ebenfalls KLEIN (1994) für die Nachbarstadt Korschenbroich. Damit ist die lokale Entwicklung ein Spiegelbild des regionalen Trends, denn auch im Rheinland kam es zu starken Bestandszunahmen (GRUMMT & WINK 1991).

Der positive Trend setzte sich fort. Heute ist die Art mäßig häufig, der Bestand dürfte bei über 100 Paaren liegen. Eine ähnliche Größenordnung hatten bereits BURGHARDT et al. (o. J.) genannt, als sie Mitte der 1990er Jahre 95 Paare schätzten. Durch die Betreuung von Nistkästen und Kartierungen in Wäldern und Parks (HURTMANN 1999b) sind in den späten 1990er Jahren mindestens 70 BP belegt. Die Ergebnisse der Nistkastenkontrollen zeigt Tab. 51 (HURTMANN 2002b):

Tab. 51: Hohltauben-BP in vom NABU betreuten Nistkästen 1991–2000

Gebiet	1991	1992	1993	1994	1995	1996	1997	1998	1999	2000
Franziskushaus	2	2	2	3	5	3	k. A.	3	k. A.	2
Elschenbruch	4	6	6	7	7	6	6	k. A.	k. A.	2
Hardterwald-Klinik	12	12	14	9	8	5	8	7	9	k. A.
Hoppbruch	4	9	6	5	5	6	3	3	6	6
Bresges Park	15	14	13	13	13	11	10	11	11	8
Kamphausener Höhe	-	-	-	-	-	-	-	7	5	7
Sonstige	7	5	7	5	11	9	3	2	5	7
Summe	44	48	48	42	49	40	30	33	36	32

Brutvogelkartierung 1998/99

Bei den Resultaten der Kartierung muss eine Einschränkung gemacht werden: Das Revierverhalten der Taube erfordert eine hohe Anzahl von Begehungen (vgl. z. B. HUSTINGS 1985), die bei den Untersuchungen nicht erreicht wurde. Die Daten in Tab. 52 sind entsprechend nur Mindestgrößen.

Tab. 52: Hohltauben-BP bei der Revierkartierung 1998/99

Gebiet	Anzahl BP	Gebiet	Anzahl BP
Franziskushausgelände	1	Schmölderpark	2
Hans-Jonas-Park	2	Beller Park	1-2
Hardter Wald	8	Wickrather Busch	3
Volksgarten	6	Wickrather Wald	3
Schloss Rheydt	1	Kamphausener Höhe	4
Rheindahlener Wald	1	Krapp	1
Hoppbruch	3	Buchholzer Wald	4
Bresges Park	3	Wickrather Niersraum	3
Rheydter Stadtwald	3	Summe	49–50

Die lokale Population brütet zu einem nicht unerheblichen Teil in Nistkästen. JÖB-
GES (1991) ermittelte 1991 im südlichen Nierstal vier von sechs BP in künstlichen
Nisthilfen. Im Nierstal nördlich Geneicken waren es vier von 13–14 BP (VAN GEN
HASSEND et al. 1991). Abgesehen von diesem künstlichen Angebot findet die Taube
auch in den Höhlen alter Bäume oder aber in Schwarzspecht-Höhlen angemessene
Brutplätze (vgl. GLUTZ & BAUER 1980). Die letzte Variante spielt in Mönchengladbach wegen der Seltenheit des Spechts keine bedeutende Rolle. Bekannt geworden
ist auch eine Gebäudebrut. Vor der Renovierung von Haus Horst fand KLEIN (1994)
die Taube in dem verfallenen Herrenhaus als Brutvogel.

Rastbestand

Obwohl nach MILDENBERGER (1984) die Hohltaube mit 1000–10000 Exemplaren
durch das Rheinland zieht und mit 100–1000 Individuen überwintert, wird der
Status als Rastvogel bei den lokalen Autoren nicht beleuchtet. Bei der Abschätzung
der Rastzahlen stellt sich allerdings auch das Problem, Durch- oder Zuzügler von
überwinternden Brutvögeln zu trennen. Der Durchzug wird sich in den letzten
Jahren alljährlich im Rahmen von 100–1000 Exemplaren bewegt haben.

Phänologie

In Mitteleuropa beginnt die Legeperiode im April, recht viele Paare beginnen bereits im letzten Märzdrittel mit der Brut (GLUTZ & BAUER 1980). Eine ungewöhnlich frühe Brut konnte W. von Kannen 1991 im Finkenberger Bruch feststellen. In
einem Nistkasten fand er bereits am 24.03. pulli, die ca. vier Tage alt waren. Der
Legebeginn muss demnach etwa der 01.03. gewesen sein. MILDENBERGER (1984)
nennt für das Rheinland nur ein früheres Datum.

Maximum

Rund 40 Hohltauben saßen am 08.12.2002 neben vielen Haus- und Ringeltauben
in den Feldern östlich von Wanlo (H. Hurtmann, G. Maas).

Ringeltaube (*Columba palumbus*)

sehr häufiger Brutvogel, sehr zahlreicher Rastvogel
Rasterfrequenz (1982): 78 %
I–XII

Bestand und Vorkommen

Bereits zur Zeit von MAAS (1948) war die Ringeltaube »häufiger Brutvogel in un-

Foto: H. Hurtmann

seren Nadel-, Laub- und Mischwäldern, in Feldgehölzen sowie in Parks, Anlagen und auf Friedhöfen«. Dass der ehemalige Waldbewohner in die stadtnahen Bereiche vorgedrungen war und auch die Innenstädte besiedelt hatte, war MAAS (1948) also nicht unbekannt. BETTMANN (1959) notiert dazu: »Dieser einst so scheue Vogel wird im Stadtgebiet seit den 1920er Jahren immer vertrauter. Heute brütet er überall auf hohen Bäumen, selbst im Zentrum.« GLUTZ & BAUER (1980) datieren die Anfänge der Urbanisierung in Mitteleuropa bereits auf das späte 19. Jahrhundert. In den 1980er Jahren schätzen HEINEN et al. (1983) und BURGHARDT (1989a) den Gesamtbestand auf 250–750 Paare.

Die Angabe aus den 1980er Jahren mag heute noch die Untergrenze markieren. Allein im Nierstal von Geneicken bis einschließlich Bungtwald (320 ha) wurden Anfang der 1990er Jahre 90–93 Paare registriert (vgl. VAN GEN HASSEND et al. 1991).

Angaben zur Siedlungsdichte lassen sich auf der Basis verschiedener Revierkartierungen machen:

- Bistheide: 8,3 BP/10 ha (vgl. HEINEN 1980).
- Kiesgrube Beltinghoven: 1,2 BP/10 ha (vgl. HURTMANN 2002a).
- Geneickener Nierstal, Volksgarten: 2,8–2,9 BP/10 ha (vgl. VAN GEN HASSEND et al. 1991).
- Mühlenbachtal: 2,1 BP/10 ha (vgl. UNI DÜSSELDORF et al. 1986).
- Wickrather Schlosspark: 11,5 BP/10 ha (vgl. HUBATSCH 1968).

Rastbestand

Nicht nur als Brutvogel gehört die Ringeltaube von jeher zu den häufigen Arten. Auch die Anzahl der Rastvögel ist hoch. MAAS (1948) und BETTMANN (1959) schreiben

228

von »vielfachem« bzw. »erheblichem« Zuzug. BURGHARDT (1989a) schätzt die Anzahl
der Durchzügler und Wintergäste auf 1000–5000 Exemplare, HEINEN et al. (1983)
berichten von »starken Ansammlungen, die in den Herbst- und Wintermonaten oft
in Wickrath beobachtet werden können«.

Der aktuelle Rastbestand ist zum Ersten wegen des begrenzten Datenmateri-
als schwierig zu beziffern. Zum Zweiten kann im Herbst und Winter nicht klar
zwischen Durch- oder Zuzüglern und hiesigen Brutvögeln unterschieden werden.
Wenn von Mitte September bis Mitte April (Zu-)Zug im Rheinland festgestellt
wird (MILDENBERGER 1984), halten sich noch immer 45–70 % der Brutvögel hier
auf (vgl. GLUTZ & BAUER 1980). Orientierungspunkte können Angaben aus den
umliegenden Gebieten liefern (z. B. HUBATSCH 1996, LEISTEN 2002). Danach ist
es plausibel, dass alljährlich über 10.000 Durchzügler und Wintergäste im Stadtgebiet auftauchen. Gegenüber der Einschätzung aus den 1980ern wäre das eine
deutliche Zunahme. Die Jagdstrecke deutet eine positive Entwicklung an (Abb. 27,
LÖBF, schriftl.), doch sind hier methodische Einschränkungen zu machen (evtl.
veränderte Jagdintensität, Erteilung von Abschussgenehmigungen innerhalb der
Schonzeit etc.).

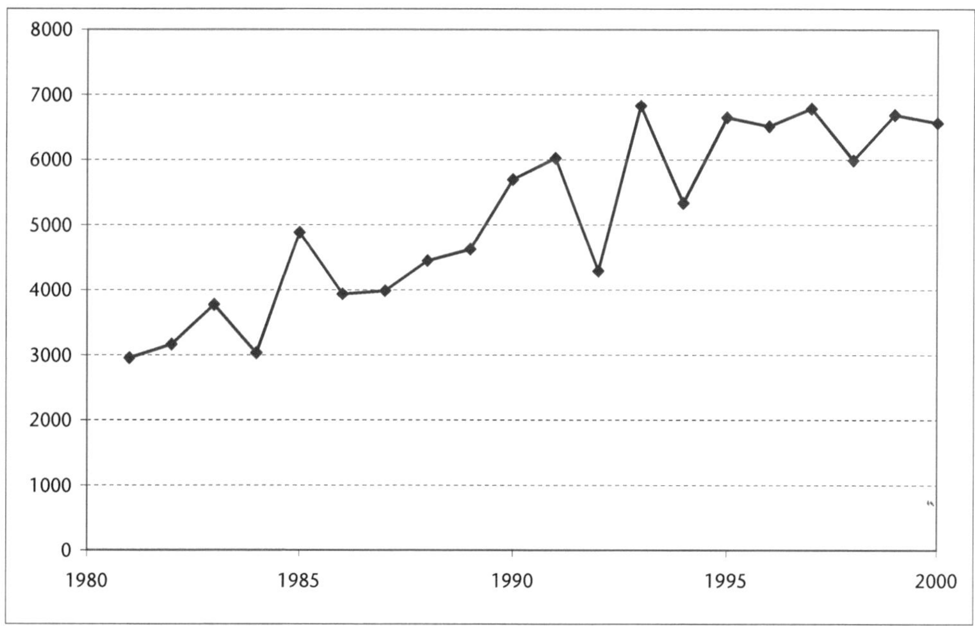

Abb. 27: Jagdstrecke der Ringeltaube von 1981–2000

Die Jagdzeit erstreckte sich vom 01. August bis zum 30. April. Im Jahr 2002 ist mit einer neuen Verordnung die Schonzeit ausgeweitet worden. Ringeltauben dürfen nun noch vom 01. November bis zum 20. Februar bejagt werden. Über Ausnahme-regelungen bleiben indes Abschüsse während der Brutzeit möglich.

Maximum

Die Anzahl von etwa 1100 Tauben an einem Schlafplatz am 10.02.1978 im Wet-scheweller Bruch (HEINEN et al. 1983) bleibt unübertroffen. Mit ca. 1000 Exemp-laren wurde eine ähnlich hohe Anzahl am 04.01.1997 in den Feldern bei Rasseln erreicht. Dort saßen die Tauben in beerentragenden Sträuchern (S. Burghardt, K.-H. Greve). Auch zur Brutzeit kommt es zu Ansammlungen, die mehr als 100 Vö-gel umfassen. So zählten S. Burghardt, H. Hurtmann und D. Stiels am 08.06.1994 knapp 110 Ringeltauben auf einer Wiese bei Venn.

Besonderheiten

Im Rheinland endet die Legetätigkeit für gewöhnlich im August, Septembergelege sind selten (MILDENBERGER 1984). BETTMANN (1959) berichtet von zwei Bruten in Rheydt, bei denen »die jungen Tauben erst Anfang November flügge wurden«. Der Brutbeginn müsste demnach in der Septembermitte gelegen haben (vgl. GLUTZ & BAUER 1980).

Türkentaube (*Streptopelia decaocto*)

häufiger Brutvogel
Rasterfrequenz (1982): 38 %
I–XII

Bestand und Vorkommen

Seit Beginn der 1950er Jahre besiedelte die Taube, von Südosteuropa kommend, das Rheinland (MILDENBERGER 1984). Die ersten Nachweise stammen aus dem Jahr 1951, darunter einer aus dem benachbarten Erkelenz. In Mönchengladbach wurde die Art erstmals 1953 entdeckt. BETTMANN (1959) sah im Mai ein balzendes ♂ an der Pestalozzistraße in Rheydt (vgl. auch NEUBAUR 1957). Er schreibt weiter: »Etwa zur gleichen Zeit bildete sich eine Brutkolonie von Türkentauben in den Wäldern und Anlagen an der Mülgaustraße [...]. Im Jahre 1957 belief sich die Brutkolonie schon auf 30 Exemplare. Im Mai 1957 stieß erneut ein Türkentaubenpaar zum Stadtzen-trum vor. Eifrig balzte es in den Bäumen [...], verschwand aber wieder ohne zur Brut zu schreiten.«

In der Folgezeit kam es lokal zu einer »stürmischen Zunahme« (MILDENBERGER 1984) und zu Massenansammlungen. Wie rasant das Wachstum sein konnte, wird an der Beschreibung von H. Hubatsch deutlich (in WILLE 1967): »Im Jahre 1955 wurde erstmalig von B. Bresser, Wickrath, das Vorkommen der Türkentaube im Krankenhauspark Odenkirchen mit 3 Brutpaaren festgestellt. Danach ist der Bestand im Gebiet Rheydt-Odenkirchen-Wickrath (erfasstes Gebiet ca. 36 km²) lawinenartig gewachsen. Auf einem Baum standen bis zu drei Nester. Die Türkentauben dieses Gebietes holen sich ihr Futter zum großen Teil im Odenkirchener Tierpark. Als man 1964 die dreifache Futtermenge streuen musste, um die Zootiere satt zu bekommen, begann man mit der ersten Fangaktion, wobei 740 Tiere eingefangen und nicht wieder freigegeben wurden. Im folgenden Jahr (1965) zählte man schon wieder 400 Ex. an den Futterplätzen, eine Zählung im Juli 1966 ergab wiederum eine Zahl von 900 Ex. Es wird ohne ein erneutes Einfangen nicht möglich sein, der nunmehr lästigen Türkentaube Herr zu werden.«

Die Zunahme hielt im Rheinland nicht an, vielerorts kam es in den 1970er Jahren zu deutlichen Bestandsrückgängen (MILDENBERGER 1984). Für Mönchengladbach lässt sich keine Aussage treffen. BURGHARDT ordnet die Art 1970 für Alt-Gladbach (97 km²) in die Kategorie »häufiger Brutvogel« (200–500 BP) ein. Ende der 1980er Jahre (1989a) schätzt er für den größeren Raum Alt-Gladbach und Rheydt (141 km²) ebenfalls 200–500 BP. Die Ansammlungen im Odenkirchener Tierpark erreichten bei weitem nicht mehr das frühere Ausmaß. HEINEN et al. (1983) sprechen von Konzentrationen mit bis zu 200 Vögeln. Die Jagdstrecken zeigen keinen klaren Trend (LÖBF, schriftl.).

Aktuell wird sich der Bestand in der von BURGHARDT (1970, 1989a) angegebenen Kategorie bewegen. Für eine Trendaussage liegen keine ausreichend gesicherten Daten vor. JÖBGES (1991) vermutet Anfang der 1990er Jahre einen Rückgang. Der Leiter des Odenkirchener Tierparks berichtet aus dem letzten Jahrzehnt von Ansammlungen mit nur noch 50–100 Tieren (N. Oellers, mdl.).

Maximum

Trupps, von denen H. Hubatsch in WILLE (1967) berichtet, sind nicht mehr nachgewiesen worden. Eine größere Anzahl hielt sich am 15.10.1994 auf einem Feld in Donk (nördlich Neuwerk) auf. Hier wurden 115 Türkentauben gezählt (H. Hurtmann).

Besonderheiten

Die Mönchengladbacher Jagdstrecke lag in den 1990ern (Jagdjahre 1991/92 bis 2000/01) bei 998 Vögeln. Davon wurden allein 778 im Jagdjahr 1992/93 erlegt (LÖBF, schriftl.).

Turteltaube (*Streptopelia turtur*)

Rote Liste: NRW 3
spärlicher Brutvogel, vereinzelter Durchzügler
Rasterfrequenz (1982): 40 %
IV–IX (X)

Bestand und Vorkommen

Die Bestandsentwicklung der Turteltaube ist eindeutig negativ. MAAS (1948) fand die Art noch häufig in Wäldern und »überall da, wo Buschwerk und Bäume wachsen«. Auch in Rheydt war sie »häufig und mit Vorliebe in den kleinen Gehölzen rings um die Stadt herum verbreitet« (BETTMANN 1959). Selbst das Zentrum habe sie besiedelt, als nach dem Zweiten Weltkrieg ganze Straßenzüge zerstört und Gärten verwildert waren. BURGHARDT schätzt 1970 für Alt-Gladbach (97 km²) 50–200 Brutpaare. Eine ähnliche Größenordnung (51–250 BP) nennen HEINEN et al. (1983) für den Bezirk Wickrath (29 km²). Konkrete Zahlen gibt es aus der Bistheide (6 ha), wo die OAG Wickrath 1980 drei BP kartierte (HEINEN et al. 1980). Im Mühlenbachtal (105 ha) waren es 1983 14 BP (UNI DÜSSELDORF et al. 1986). Erstmals von einem Bestandsrückgang berichtet BURGHARDT 1989(a). Die Taube komme in Mönchengladbach lediglich noch in einer Größenordnung von 20–50 Paaren vor (ohne Wickrath, 141 km²), Trupps von bis zu 20 Exemplaren sehe man nur noch selten.

Aktuell bewegt sich der Bestand noch an der Untergrenze der von BURGHARDT (1989a) genannten Kategorie (21–50 BP). In der Bistheide – 1980 drei BP – gelangen 1999 und 2004 keine Nachweise mehr (HURTMANN 1999b, 2004c). Im Nierstal von Keyenberg bis Wickrath fand JÖBGES 1991 drei Paare, von Geneicken bis zum Bungtwald war es ein Paar (VAN GEN HASSEND et al. 1991). Ein mit 1–2 BP bis in die letzten Jahre regelmäßig besetztes Gebiet ist die Kiesgrube Beltinghoven (H. Hurtmann, G. & H. Maas u. a.).

Brutvogelkartierung 1998/99

Die Turteltaube gehörte bei der Kartierung zu den »meldepflichtigen Arten«, von denen alle Zufallsbeobachtungen gezielt zusammengetragen wurden (vgl. HURTMANN 1999b). So gewonnene Daten informieren immerhin über den Mindestbestand. Festgestellt wurden 18–20 BP, die sich auf die ländlich geprägten Gebiete, wie etwa den Rheindahlener oder Schelsener Raum, konzentrierten. Rund ein Drittel der Population konnte im Bereich von Abgrabungen nachgewiesen werden.

Rastbestand

Frühere Angaben zum Durchzug legen nahe, dass allein im Stadtbezirk Wickrath (ausnahmsweise?) die Marke von 100 Individuen überschritten wurde. Am 11.05.1978 registrierten HEINEN et al. (1983) in den Feldern bei Wickrathberg 83 Exemplare.

Zugbeobachtungen von größeren Trupps gibt es seit den 1990er Jahren nicht mehr. Der Durchzug vollzieht sich eher unauffällig, zumal eine Trennung von Durchzüglern und Brutvögeln schwierig ist. Heute trifft die Klassifizierung als vereinzelter Durchzügler (11–100 Exemplare) zu.

Phänologie

Im Rheinland erscheinen die ersten Turteltauben für gewöhnlich ab Ende April, in der zweiten Maidekade sind allerorts die Brutplätze bezogen (vgl. MILDENBERGER 1984). Die Daten von BETTMANN (1959) entsprechen dieser Einschätzung. Er stellte die Tauben »im allgemeinen Anfang Mai fest«, als frühestes Datum notierte er den 24.04. Bei HEINEN et al. (1983) liegen die Erstdaten zwischen dem 28.04. (1973) und dem 09.05. (1982). Seit 1991 erstreckte sich die Erstbeobachtung vom 25.04. (1992, S. Burghardt, A. van gen Hassend, H. Hurtmann) bis zum 14.05. (2003, H. Hurtmann). Die mittlere Ankunftszeit lag seitdem auf dem 02.05. (n = 13).

Der rheinische Wegzug setzt um die Wende Juli/August voll ein und endet im letzten Septemberdrittel (MILDENBERGER 1984). Oktoberbeobachtungen aus dem Rheinland sind selten. MILDENBERGER (1984) führt lediglich vier auf, die späteste vom 15.10. Insofern ist der folgende Nachweis ein spätes Datum: Ein Exemplar hielt sich noch am 10.10.1993 unter Türkentauben an einer Maissilage bei Venn auf (E. & S. Burghardt).

Maximum

Die bereits erwähnte Beobachtung von 83 Turteltauben am 11.05.1978 bei Wickrathberg (HEINEN et al. 1983) ist das Maximum. Seit dem letzten Jahrzehnt übersteigt keine Einzelmeldung die Zahl von sechs Individuen.

Papageien (Psittaciformes)

Halsbandsittich (*Psittacula krameri*)

sehr vereinzelter, unregelmäßiger Gast
III

Bestand und Vorkommen

Das ursprüngliche Verbreitungsgebiet des Halsbandsittichs liegt im nördlichen und mittleren Afrika sowie in Asien von Pakistan bis nach Südost-China. Vielerorts wurde die Art eingebürgert, etwa im Nahen Osten oder in einigen mitteleuropäischen Ländern. Vorkommen konzentrieren sich bisher auf wenige (Groß-)Städte. Den bundesweiten Bestand schätzt KRETZSCHMAR (1999) auf 300 Brutpaare, wovon ein Großteil in Nordrhein-Westfalen vorkommt. Die dort ansässigen maximal 200–250 Paare siedelten vornehmlich in Köln, Düsseldorf, Bonn und Brühl. Darüber hinaus lägen aus fast allen größeren Städten des Rhein-Ruhrgebiets einzelne Nachweise vor. Aus dem Mönchengladbacher Stadtgebiet gibt es bisher zwei Beobachtungen:

- 1 Ex. überfliegt am 13.03.1999 rufend das Rückhaltebecken am Wickrather Schlosspark (H. Hurtmann).
- 1 ♀ am 25.03.2003 im Schmölderpark (H. Hurtmann). Die alten, höhlenreichen Bäume im Park böten Nistmöglichkeiten, diesbezügliche Kontrollen blieben später aus.

Kuckucke (Cuculiformes)

Kuckuck (*Cuculus canorus*)

seltener bis spärlicher Brutparasit, vereinzelter Durchzügler (III) IV–IX

Bestand und Vorkommen

MAAS (1948) vermittelt den Eindruck, als sei der Kuckuck zu seiner Zeit recht verbreitet und nicht selten gewesen. Das klingt auch bei BETTMANN (1959) an, der Vorkommen besonders in der Niersniederung nennt. Selbst in der Rheydter Innenstadt habe 1949 ein Kuckuck sein Revier gehabt. Allerdings ist es wegen des Artverhaltens schwierig, von festen Revieren

Junger Kuckuck im Rohrsängernest Foto: W. Spengler

und Paaren zu sprechen (vgl. GLUTZ & BAUER 1980). Insofern sind diese Ausdrücke im Folgenden eher Arbeitsbegriffe. BURGHARDT (1970) erwähnt 5–20 Paare für Alt-Gladbach (97 km²). In den 1980er Jahren wird der Bestand für die gesamte Stadt mit 11–35 Paaren angegeben (BURGHARDT 1989a, HEINEN et al. 1983). Zur Bestandsentwicklung gibt es widersprüchliche Angaben. MILDENBERGER (1984) schreibt von einer Zunahme u. a. in Mönchengladbach, da die Art seit etwa 30 Jahren verstärkt den Lebensraum »Stadt« besiedele. BURGHARDT (1989a) hingegen ist der Auffassung, dass der Kuckuck »von Jahr zu Jahr im Bestand zurückgeht«.

Die Schätzung für die letzten Jahre liegt in der Spanne von BURGHARDT (1989a) und HEINEN et al. (1983), insofern könnte der Bestand stabil sein. Er mag alljährlich bei 15–30 Paaren gelegen haben. Der Niersgrünzug ist ein Verbreitungsschwerpunkt. JÖBGES ermittelte 1991 von Keyenberg bis Wickrath drei Reviere, zwischen Geneicken und dem Bungtwald waren es 2–3 rufende ♂♂ (VAN GEN HASSEND et al. 1991). Bei der stadtweiten Kartierung 1998 konnte mit sieben Revieren nahezu jedes dritte im Bereich der Niers registriert werden.

Abb. 28: Verbreitung des Kuckucks 1998

Brutvogelkartierung 1998/99

Die Interpretation von Bruthinweisen wird beim Kuckuck durch seine Lebensweise erschwert. Offenbar lebt nur ein Teil der ♂♂ territorial, in gemeinsam ge-

nutzten Aktionsräumen werden Rangordnungen ausgebildet. Die ♀♀ leben nicht monogam, die Eier verteilen sie mitunter in km²-großen Gebieten (BEZZEL 1985). Ungeachtet dessen scheint eine gute Dokumentation des Bestandes gelungen zu sein (vgl. HURTMANN 1999b). Insgesamt ließen sich 24 Reviere ermitteln, deren Verteilung aus Abb. 28 hervorgeht.

Rastbestand

Aktuell wird der Kuckuck als vereinzelter Durchzügler auftreten.

Phänologie

»Sein frühestes Eintreffen notierte ich unter dem 12. April, das späteste am 04. Mai«, schreibt BETTMANN (1959). HEINEN et al. (1983) datieren die mittlere Erstankunft in den 1970/1980er Jahren auf den 13.04. (n = 5). Der früheste Nachweis gelang ihnen am 05.04. (1981). Seit 1991 konnte der erste Kuckuck durchschnittlich am 10.04. registriert werden (n = 12). Die Extremwerte waren der 30.03. (2003, G. Maas) und der 22.04. (2001, H. Maas). Der späteste Nachweis stammt vom 18.09. (1993, ein Exemplar nördlich Großheide, E. & S. Burghardt, E. & K.-H. Greve).

Ringfunde

Bei MILDENBERGER (1984) findet sich eine Meldung:

Helgoland – 6 046 340
O 08.07.1936   Mönchengladbach (nestjung, bei Heckenbraunelle)
+ 24.07.1936   Mönchengladbach   0 km Totfund

Besonderheiten

Als Kuckuckswirte stellten HEINEN et al. (1983) folgende Arten fest: Heckenbraunel-le, Amsel, Singdrossel, Zilpzalp, Rotkehlchen, »Rohrsänger«, Zaunkönig, »Grasmü-cke«, Bachstelze, Baumpieper und Feldlerche. MAAS (1948) fand 1946 im Hardter Wald einen jungen Kuckuck im Nest des Gartenrotschwanzes. Im Rheinland sind Heckenbraunelle, Rotkehlchen und auch Zaunkönig die bevorzugten Wirtsvögel (MILDENBERGER 1984).

Eulen (Strigiformes)

Schleiereule (*Tyto alba*)

(sehr) seltener Brutvogel, sehr vereinzelter Rastvogel
I–XII

Bestand und Vorkommen

»Gar nicht selten« brütete die Schleiereule zur Zeit von MAAS (1948) und BETTMANN (1959). Sie zählen eine Reihe von Vorkommen auf – neben Gehöften außerhalb der Kernstadt auch zentral gelegene Orte, wie die Kaiser-Friedrich-Halle oder Fabrikgebäude. Bleibt die damalige Bestandsentwicklung unklar, so ist zumindest der strenge Winter 1962/63 als schwer wiegender Einschnitt überliefert (BURGHARDT 1989a). Für gewöhnlich regeneriert sich die Population nach solchen Ereignissen innerhalb weniger Jahre, eine substanzielle Bestandserholung blieb in den 1960ern aber aus. Zahlreiche Kontrollen an möglichen Nistorten waren im Juni 1968 erfolglos (BURGHARDT 1970). Um 1970 verschwand die Eule von weiteren Brutplätzen, im Stadtbezirk Wickrath blieben von den einst acht Nistorten schließlich zwei (BURGHARDT 1970, HEINEN et al. 1983). Die Ursachen für den Rückgang sehen HEINEN et al. (1983) und BURGHARDT (1989a) in der Verknappung von Brutraum und in schneereichen Wintern. Eine übergeordnete Rolle hat die Intensivierung der Landwirtschaft gespielt (vgl. GLUTZ & BAUER 1980). Bis in die 1980er Jahre war die Art sehr seltener Brutvogel (BURGHARDT 1989a, HEINEN et al. 1983). Von 1984 bis 1990 wurden jährlich 1–4 Brutpaare festgestellt, die höheren Zahlen waren gegen Ende des Jahrzehnts zu verzeichnen (S. Burghardt, M. Jöbges, H. Siebmanns in MEBS 1988a, MEBS o. J.).

Angaben über den Bestand ab den 1990er Jahren zeigt Tab. 53. Ein Vergleich mit den 1980ern ist nur bedingt möglich, da sich einige Daten allein auf den 97 km² großen Bereich von Alt-Gladbach beziehen. Außerdem variierte die Erfassungsintensität.

Tab. 53: Bestandsentwicklung der Schleiereule von 1991–2004

Jahr	festgestellte Brutpaare	geschätzter Bestand	Bemerkung; Quelle
1991	1		nur Alt-Gladbach; S. Burghardt in MEBS & ROTHLÄNDER (o. J.)
1992	1		nur Alt-Gladbach; S. Burghardt in MEBS & ROTHLÄNDER (o. J.)

1993	1	3	nur Alt-Gladbach; S. Burghardt in MEBS & ROTHLÄNDER (o. J.)
1995	2	3	Angabe für Mitte 1990er; BURGHARDT et al. (o. J.)
1997	3		BURGHARDT (1998)
2000	8	9	G. Lauscher, G. Maas (schriftl.), P. Mäurer
2001	3	6–7	festgestellte BP nur für Alt-Gladbach; G. Maas (schriftl.)
2002	2		nur Alt-Gladbach; G. Maas (schriftl.)
2003	2		nur Alt-Gladbach; G. Maas (schriftl.)
2004	1	6–9	festgestellte BP nur für Alt-Gladbach; G. Maas (schriftl.)

Die acht festgestellten Reviere im Jahr 2000 lagen bei Rasseln, Wickrath, Beckrath, in Koch, Venn, Günhoven, Mennrath sowie auf der Kamphausener Höhe. Ein weiteres befand sich womöglich in Broich-Peel (G. Lauscher, G. Maas, P. Mäurer). In mindestens sechs Fällen wurde gebrütet. Die relativ hohe Brutzahl fällt zusammen mit einem Gradationsjahr der Feldmaus (UMMELS 2001, SOVON 2002) und ist nicht auf die anderen Jahre übertragbar. Beim Tiefstand der Feldmauspopulation brüten bis zu 60 % der Eulenpaare nicht (GLUTZ & BAUER 1980). Zusammenfassend kann man in Mönchengladbach von einer Bestandserholung sprechen. Die Gründe dafür werden unter anderem in den milden Wintern und im verstärkten Anbringen von Nisthilfen liegen. In 2004 betreute der NABU 25 Schleiereulenkästen (G. Maas, schriftl.).

Rastbestand

Neben dem Dispersal der Jungvögel in den Herbstmonaten und einem gelegentlichen und regellosen Umherstreichen der Altvögel wird die Eule durch wechselnde Nahrungsbedingungen zu teilweise rascher und weiträumiger Dismigration veranlasst (GLUTZ & BAUER 1980). Mit alljährlich 1–10 Rastvögeln kann im Stadtgebiet gerechnet werden.

Ringfunde

Die beiden Wiederfunde zeigen Zuzug von Jungvögeln aus Belgien und den Niederlanden (GASSLING 1991, Vogeltrekstation Arnhem, schriftl.):

Belgien – Bruxelles – H 51 581
O 14.07.1986 Langdorp, Flämisch Brabant, Belgien (nestjung)
+ 01.11.1986 Mönchengladbach   112 km ENE Verkehrsopfer

Niederlande – Arnhem VT – 5.322.179
O 22.05.1999 Belfeld, Limburg, Niederlande (nestjung)
+ 05.06.2000 Rasseln, Mönchengladbach   18 km SE Totfund

Besonderheiten

Um den Brutbestand zu stützen, startete der NABU (damals DBV) in den 1980er Jahren drei Auswilderungsversuche. Im August 1985 wurden zwei Schleiereulen in Absprache mit der Höheren Landschaftsbehörde in der Kirche St. Laurentius in Odenkirchen ausgesetzt. Im Spätherbst 1988 folgten drei Exemplare in einem alten Fachwerkhaus in Ruckes (Giesenkirchen) (R. Brenner, JÖBGES 1989). Der letzte Versuch wurde im August 1990 unternommen, diesmal mit drei Eulen im Mongshof (H. Schmitz). In allen Fällen stammten die Vögel aus der DBV-Greifvogelschutzstation Frechen. Ob die Aktion zu einer Brutansiedlung führte, ist unbekannt. Spätere Meldungen von den freigelassenen Vögeln gibt es nicht. Bruten im Oden- bzw. Giesenkirchener Raum konnten in den Folgejahren nicht festgestellt werden (H. Schmitz, W. Spengler).

Schleiereulen jagen häufig an Straßenrändern, die wegen ihrer reichen Krautschicht Beutetiere versprechen. Beim niedrigen Suchflug über der Fahrbahn kollidieren viele tödlich mit Autos. Der Straßenverkehr dürfte mittlerweile zu den größten bestandsreduzierenden Faktoren gehören. In den benachbarten Niederlanden fielen vor 1963 weniger als 5 % der Schleiereulen dem Straßenverkehr zum Opfer, in den 1990er Jahren waren es über 50 % (SOVON 2002, vgl. auch FOPMA 2000 in UMMELS 2001). Das Problem hat sich durch die zunehmende Zerschneidung der Landschaft mit Straßen und durch das höhere Verkehrsaufkommen verschärft. Von 1976 bis 2002 hat die Verkehrsfläche in Mönchengladbach um 53 % zugenommen (STADT MÖNCHENGLADBACH 1979, 2003). Auch aus Mönchengladbach gibt es mehrere Totfunde an Straßen (A. Schneider).

Uhu (*Bubo bubo*)

Rote Liste: NRW 3, D 3
sehr vereinzelter, unregelmäßiger Gast bzw. Gefangenschaftsflüchtling
IV

Bestand und Vorkommen

Nachdem der rheinische Brutbestand nicht zuletzt wegen der intensiven Bejagung kurz vor der Ausrottung stand, liefen ab Ende der 1960er Jahre, unter anderem in der Eifel, Aktionen zur Wiedereinbürgerung (MILDENBERGER 1984). Bis Mitte der 1990er Jahre etablierte sich ein landesweiter Brutbestand von 60–80 BP (Bergerhausen in GRO & WOG 1997). Auch wenn Mönchengladbach nicht zum Verbreitungsgebiet gehört, gelang ein Nachweis:

■ 1 Ex. sitzt am 02.04.1994 mit einer geschlagenen Taube in den Fängen auf dem Dach eines Wohnhauses an der Weidenstraße in Waldhausen (A., C. & S. Schlüssel, M. Thissen). Von der Beobachtung gibt es Belegfotos.

Wie dieser Uhu einzuordnen ist, bleibt fraglich. Es könnte sich um einen umherstreifenden (Jung-)Vogel von einem Brutplatz in der (Nord-)Eifel handeln. Allerdings kann auch ein Gefangenschaftsflüchtling nicht ausgeschlossen werden. Im März 1999 zeigte sich auf der Kirche St. Cornelius mitten in Dülken (Kreis Viersen) ebenfalls ein Uhu (BSKS 2000).

Sperlingskauz (*Glaucidium passerinum*)

Rote Liste: NRW R
Ausnahmeerscheinung

Bestand und Vorkommen

Die kleinste Eulenart ist in Mitteleuropa in den Bergwäldern der Alpen, des Böhmerwaldes und der Karpaten verbreitet. Inselartige Vorkommen finden sich in verschiedenen Mittelgebirgen (GLUTZ & BAUER 1980), auch in NRW gibt es heute sehr vereinzelte Brutvorkommen (PFENNIG 1995, SONNEBORN & DAUS 1995). MILDENBERGER (1984) nennt für das Rheinland bis in die 1980er Jahre lediglich zwei Nachweise, darunter einen aus Mönchengladbach (vgl. auch NEUBAUR 1957):

■ In den 1930er Jahren fand H. Bettmann bei einem Präparator einen Kauz, der auf dem Städt. Friedhof in Rheydt erlegt worden war. BETTMANN selbst schreibt 1959: »In den 1920er (!) Jahren wurde ein Exemplar mit einem Flobertgewehr auf dem Städtischen Friedhof erlegt und mir vom Präparator Kremers vorgelegt.«

Steinkauz (*Athene noctua*)

Rote Liste: NRW 3, D 2
spärlicher bis mäßig häufiger Brutvogel
I–XII

Bestand und Vorkommen

Ein bedeutender Teil der bundesweit 5800–6100 BP (BAUER et al. 2002) lebt in Nordrhein-Westfalen. Nach MEBS (1993, zitiert in GRO & WOG 1997) sind es ca.

Jungvogel Foto: H. Kuhlen

4500 Paare. Mit drei Viertel des deutschen Bestandes hat NRW eine besondere Schutzverantwortung. Ungeachtet dessen hat der Steinkauz »im Laufe der letzten Jahrzehnte landesweit mehr oder weniger stark abgenommen« (MEBS 1988b). Als Hauptursachen gelten der Umbruch von Grün- in Ackerland und die Lebensraumzerstörung durch Baumaßnahmen.

In Mönchengladbach hat es diesen Negativtrend offenbar auch gegeben. MAAS schreibt 1948 noch von Vorkommen auf Friedhöfen und in der Stadt. Auch BETTMANN (1959) fand die Eule als Brutvogel »recht häufig« in alten Gemäuern oder in hohlen Obstbäumen, selbst »inmitten der Stadt«. Die Einschätzung von BURGHARDT (1970) klingt mit 20 Paaren für Alt-Gladbach (97 km²) demgegenüber schon zurückhaltender. Alte Brutorte wie Eicken (vgl. MAAS 1948) führt er nicht mehr auf. In den 1980er Jahren kam der Kauz mit rund 30 Paaren im Stadtgebiet vor (BURGHARDT 1989a, HEINEN et al. 1983). Auch H. Siebmanns gibt in MEBS (1988b) anhand von Nistkastenkontrollen 20–30 BP an.

In den 1990er Jahren lieferte neben der Überprüfung von Nisthilfen erstmals eine Revierkartierung Bestandsdaten. Im Jahr 1996 wurden potenzielle Bruthabitate mittels Klangattrappe untersucht, so dass auch Paare abseits der bekannten Nisthilfen registriert werden konnten. Mit 42 Paaren lag das Resultat über den Schätzungen der 1980er Jahre, der Gesamtbestand wurde nach der Erfassung mit 40–50 BP angegeben (HURTMANN 1997). Als Verbreitungsschwerpunkt stellte sich der Stadtbezirk Rheindahlen heraus. Hier wurde mit 19 Paaren fast die Hälfte des Gesamtbestandes ermittelt. Auch in Wickrath fand sich mit neun Paaren ein relativ hoher Bestand. Beide Bezirke bieten mit der vielfach ländlichen Struktur geeignete Lebensräume, die in weiten Teilen der übrigen Stadt fehlen. In 2004 schätzt G. Maas (schriftl.) die Population auf 60–70 BP. Ergänzende Kartierungen und die Betreuung des aufgestockten Nistkastenangebots zeigten von 2000–2004 insgesamt 66 Reviere der brutorttreuen Art (Abb. 29).

© Geobasisdaten:
Landesvermessungsamt NRW, Bonn, 1001/2005

Abb. 29: Summe der Steinkauzreviere 2000–2004

Ob die aktuelle, vergleichsweise hohe Bestandsangabe allein mit einer Zunahme zu erklären ist, muss offen bleiben. Die vermehrte Anbringung von Nisthilfen dürfte weitere Ansiedlungen ermöglicht haben. Gleichzeitig hat sich durch die Kartierungen und die Ausweitung des Nistkastenangebots die Datenlage verbessert, die höhere Zahl könnte somit auch methodisch bedingt sein.

Rastbestand

Die Verbreitung außerhalb der Brutzeit entspricht der innerhalb der Fortpflanzungsperiode. Auch die Jungvögel siedeln sich nach Möglichkeit nicht weit entfernt vom Revier der Eltern an (vgl. BIJLSMA et al. 2001). Mit erwähnenswertem Durch- oder Zuzug ist entsprechend nicht zu rechnen.

Ringfunde

Nur geringe Wanderungsbewegungen zeigen auch die beiden Mönchengladbacher Wiederfunde (Vogelwarte Helgoland, schriftl.):

Helgoland – 4148869
O 14.06.1991   Erkelenz-Grambusch, Kreis Heinsberg (Nestling)
+ 15.12.1993   Gerkerath, Mönchengladbach   8 km NE   verletzt

Helgoland – 4199743
O 29.05.1993   Wassenberg-Birgelen, Kreis Heinsberg (Nestling)
+ 22.07.1994   Bungt, Mönchengladbach   24 km ENE verletzt

Besonderheiten

Wo Mangel an Brutraum der begrenzende Faktor ist, lässt sich der Bestand durch Nistkästen fördern. Im Jahr 1972 begann der NABU in Alt-Gladbach und Rheydt, Brutröhren in geeigneten Lebensräumen anzubringen. Mit zwei Kästen gestartet, hingen 1987 bereits etwa 35 Nisthilfen (ohne Bezirk Wickrath). Die Hälfte davon beherbergte auch Steinkäuze (BURGHARDT 1987). In den Folgejahren wurden die Bemühungen weiter intensiviert. In 2004 waren es im Stadtgebiet über 120 Steinkauzröhren an rund 100 Orten (G. Maas, schriftl.). Die Nachwuchsrate schwankte 1998–2004 bei alljährlich 11–27 kontrollierten Bruten von 1,7–2,7 Jungvögeln pro Brutpaar. Im Mittel lag sie bei 2,2 juv./BP (G. Maas in NABU 2005).

Waldkauz (*Strix aluco*)

spärlicher Brutvogel
I–XII

Bestand und Vorkommen

»Der Waldkauz brütet häufig in unseren Wäldern jeder Größe, in Alleen, Parks, baumreichen Gärten, selbst inmitten der Stadt bewohnt er Höhlen in Gebäuden und Türmen«, schreibt MAAS (1948) über die Art. Er nennt mehr als zehn Einzelvorkommen im Stadtgebiet. BETTMANN (1959) berichtet unter anderem vom Brüten in der Rheydter Innenstadt. Der Gesamtbestand wird in den 1980er Jahren mit etwa 50 BP (± 5) angegeben (BURGHARDT 1989a, HEINEN et al. 1983).

Spärlicher Brutvogel (20–50 BP) war der Waldkauz in den letzten Jahren. Der Bestand wird sich deutlich im oberen Bereich der Größenordnung bewegt haben. Zahlreiche, bei früheren Autoren genannte Brutplätze ließen sich bestätigen (z. B. Bunter Garten, Schloss Rheydt, Volksgarten). Die Erfassungen im Nierstal (480 ha) 1991 erbrachten vier BP (VAN GEN HASSEND et al. 1991, JÖBGES 1991). Die großflächige Kartierung in den späten 1990er Jahren zeigte mit 26 BP nur einen Ausschnitt des Gesamtbestandes (HURTMANN 1999b).

Brutvogelkartierung 1998/99

Zwar wurde bei der Erfassung in den Wäldern und Parks angestrebt, alle Reviere zu erfassen (HURTMANN 1999b), doch müssen letztendlich Einschränkungen gemacht werden. Nicht in allen Gebieten wurden die notwendigen Begehungen durchgeführt. Tab. 54 gibt aussagekräftige Zahlen nur für einzelne Gebiete wieder.

Tab. 54: Brutpaare des Waldkauzes bei der Revierkartierung 1998/99

Gebiet	Anzahl BP	Gebiet	Anzahl BP
Donk	1	Dohrer Busch	1
Bunter Garten/Friedhof	2	Schmölderpark	1
Volksgarten/Bungtwald	4	Wickrather Wald	1
Schloss Rheydt	1	Kamphausener Höhe	1
Rheindahlener Wald	1	Krapp	2
Gerkerather Wald	1	Priorshof	1
Hoppbruch	3	Buchholzer Wald	3
Bresges Park	1		

Ringfunde

Ein Wiederfund ist HEINEN et al. (1983) bekannt. Er stammt aus der Nähe des Beringungsortes:

Ringnummer unbekannt

O 29.04.1978   Wickrath, Mönchengladbach
+ 19.01.1979   Kaarst, Kreis Neuss   18   km   NE   Totfund

Die geringe Distanz ist für das Wanderungsverhalten nicht untypisch. GLUTZ &
BAUER (1980) schreiben dazu: »Der Waldkauz ist reviertreu, selbst Jungvögel zeigen die Tendenz, sich möglichst nah am elterlichen Revier anzusiedeln. Auf der
Suche nach einem eigenen Revier bzw. Partner sind sie aber oft zur Dismigration
gezwungen. Diese Bewegungen führen sie in Mitteleuropa nur selten in Gebiete,
die mehr als 50 km entfernt liegen.«

Waldohreule (*Asio otus*)

seltener bis spärlicher Brutvogel, (sehr) vereinzelter Rastvogel
I–XII

Bestand und Vorkommen

MAAS (1948) bezeichnet die Eule als »seltenen Brutvogel unserer Landschaft« (ähnlich BETTMANN 1959). BURGHARDT schätzt die Population 1970 für Alt-Gladbach
(97 km²) auf 20 Paare. In den 1980er Jahren geben HEINEN et al. (1983) und BURG-
HARDT (1989a) rund 20–25 Paare für das gesamte Stadtgebiet an.

Seit den 1990er Jahren kann von alljährlich 15–30 Paaren ausgegangen werden.
Der Brutbestand der Waldohreule schwankt je nach Nahrungssituation von Jahr
zu Jahr beträchtlich (GLUTZ & BAUER 1980). Entsprechend spiegelt eine Erfassung aus 2003 mit 13 Brutpaaren die Anzahl der Reviere nicht umfassend wider
(HURTMANN 2004a). Das Zusammentragen von Fundorten aus mehr als einer
Brutsaison ist aussagekräftiger (vgl. GLUTZ & BAUER 1980). In Mönchengladbach
sind aus den letzten rund zehn Jahren 25 Brutpaare belegt (Abb. 30). Ein »merklicher Rückgang«, wie in NRW allgemein registriert (GRO & WOG 1997), ist im
Stadtgebiet vor dem Hintergrund der früheren Bestandszahlen nicht festzustellen.

Rastbestand

Über Rastvögel schreibt MAAS (1948): »Im Herbste erhalten wir Zuzug aus dem
Norden, während die heimischen Tiere vielfach wegziehen.« Ob im Winter das
Stadtgebiet tatsächlich von den Brutvögeln geräumt wird, ist unklar. MILDEN-
BERGER (1984) zufolge ist es noch weitgehend offen, ob und in welchem Ausmaß
die Vögel das Rheinland verlassen. Nach GLUTZ & BAUER (1980) scheinen in Mit-
teleuropa zwar die Jungeulen zum großen Teil wegzuziehen, adulte Tiere bleiben

© Geobasisdaten:
Landesvermessungsamt NRW, Bonn, 1001/2005

Abb. 30: Fundorte erfolgreicher Waldohreulen-Bruten 1993–2003

im Allgemeinen aber im Brutgebiet. Das macht gleichzeitig die Abschätzung des Rastbestandes schwierig, da das Verhältnis von Zuzüglern und Brutvögeln nicht bekannt ist. BURGHARDT (1970) berichtet von winterlichen Ansammlungen auf dem Städt. Hauptfriedhof östlich Großheide: Dort zählte er 1964/65 30 Exemplare, im Februar 1969 22 Exemplare und im Januar 1970 14 Individuen. Rückläufig blieb die Zahl in den Folgejahren: Im Februar 1979 sammelten sich auf dem Gelände noch 13 Eulen, in den 1980er Jahren war das Maximum bereits bei sechs Tieren erreicht (BURGHARDT 1989a). Ob es eine ähnliche Tendenz in Wickrath gab, geht aus HEINEN et al. (1983) nicht hervor. Sie berichten von »vereinzelten Ansammlungen«. Noch 1983, am 04.12., zählte W. von Kannen im Buchholzer Wald 16 Tiere. Seit den 1990er Jahren liegen keine Meldungen von größeren Ansammlungen vor.

Maximum

Die Ansammlung von 30 Vögeln im Winter 1964/65 auf dem Hauptfriedhof (BURGHARDT 1970) ist die Höchstzahl.

Ringfunde

Die OAG Wickrath um W. Heinen beringte bis zum Beginn der 1980er Jahre 33 Waldohreulen. Von einer ist ein Wiederfund bekannt (HEINEN et al. 1983). Der Ringfund eines zweiten Vogels zeigt Zuwanderung aus dem Westen (GASSLING 1980a, vgl. auch HEINEN et al. 1983).

Ringnummer unbekannt
O 21.06.1973   Wickrath, Mönchengladbach
+ 25.09.1973   Wegberg-Klinkum, Kreis Heinsberg   11 km W   Totfund

Belgien – Bruxelles – H 9 102
O 22.05.1977   Brecht, Antwerpen, Belgien (nestjung)
+ 24.04.1978   Wickrath, Mönchengladbach   127 km ESE Totfund

Besonderheiten

Durch den Straßenverkehr kommen offenbar viele Waldohreulen um. BURGHARDT (1989a) schreibt von »häufigen Totfunden an Straßen«. Gute Mäusevorkommen in Straßenböschungen, alte Elsternnester als Brutplätze in straßennahen Gebüschen und Bäumen trügen zu dieser Problematik bei.

Sumpfohreule (*Asio flammeus*)

Rote Liste: NRW 0, D 1
(sehr) vereinzelter, unregelmäßiger Rastvogel

Die Sumpfohreule ist im Rheinland Rastvogel in einer Größenordnung von 10–100 (1000) Exemplaren. Das Auftreten schwankt stark, in einigen Jahren kommt es zu invasionsartigen Einflügen (MILDENBERGER 1984). Im 19. Jahrhundert wurde sie »im ganzen Kreise M.-Gladbach nachgewiesen« (FARWICK 1883 in LE ROI 1906). Auch im 20. Jahrhundert konnte die Sumpfohreule laut BETTMANN (1959) »namentlich zur Zugzeit in Rübenschlägen und Heideparzellen am Stadtwald beobachtet werden, bis zu zwölf Stück in einer Rübenbreite«. Noch 1955 seien »mehrere irrtümlich hier erlegt« worden. Die letzten Nachweise stammen aus den späten 1960er Jahren (WILLE 1971):

- 1 Ex. wurde am 06.12.1969 im Hoppbruch von H. Bettmann beobachtet.
- 1 totes Ex. fanden W. Spengler und W. Thomas am 26.04.1970 bei Haus Horst.

Schwalmvögel (Caprimulgiformes)

Ziegenmelker (*Caprimulgus europaeus*)

Rote Liste: NRW 2, D 2
ehemaliger Brutvogel, sehr vereinzelter und unregelmäßiger Durchzügler
VIII–IX

Bestand und Vorkommen

Im Bundesland NRW kommt der Ziegenmelker mit noch 190–200 Paaren vor (JÖBGES & CONRAD 1999). Einen beträchtlichen Teil beherbergt der angrenzende Kreis Viersen, wo seit dem Jahr 2000 41–62 Paare ermittelt wurden (BSKS 2003). Aus Mönchengladbach ist die Art seit Jahrzehnten verschwunden. Bis in die 1950er Jahre brütete sie im Rheydter Stadtwald, im Elschenbruch (H. Bettmann in NEUBAUR 1957) und im Hardter Wald (Lincke in BURGHARDT 1970, vgl. auch MAAS 1948, NEUBAUR 1957). Beobachtungen gab es zudem im Rheindahlener Wald (MAAS 1948). BURGHARDT (1970) führt das Verschwinden auf Lebensraumveränderungen zurück. Durch nachwachsende Aufforstungen fehlten dem Ziegenmelker die notwendigen Freiflächen.

Rastbestand

Vom Durchzug liegen zwei Meldungen vor:

- 1 Ex. beobachtete S. Burghardt am 13.09.1960 am Rand des Städtischen Hauptfriedhofs (BURGHARDT 1970, 1989a).
- 1 totes Ex. fand F. Franken am 11.08.1989 an einer Straße in Rheindahlen.

Segler (Apodiformes)

Mauersegler (*Apus apus*)

(sehr) häufiger Brutvogel, zahlreicher Durchzügler
IV–VIII (IX)

Bestand und Vorkommen

MAAS (1948) notiert recht allgemein, dass Mauersegler allenthalben in den Straßen der Stadt jagen, mitunter auch in kleineren Trupps von 6–10 Tieren. BETTMANN (1959) fand ihn »inmitten der Stadt sehr häufig«. Eine erste Bestandsschätzung gibt BURGHARDT (1970) für Alt-Gladbach (97 km²) mit 200–500 Paaren. Nach Angaben aus den 1980er Jahren brüteten in Alt-Gladbach und Rheydt (141 km²) »über 500 Paare« (BURGHARDT 1989a), im Stadtbezirk Wickrath (29 km²) waren es 51–250 Paare (HEINEN et al. 1983). Konkrete Zahlen gibt es von einer »starken Brutpopulation« an der Wickrather Vereinsstraße. Auf einem etwa 180 m langen Stück zählten HEINEN et al. (1983) 18 BP (1975) bzw. 15 BP (1978).

Ein verbreiteter Brutvogel in vielen Stadtteilen ist der Segler nach wie vor. Momentan lässt sich allerdings ein weiterer Bestandsrückgang vermuten. BURGHARDT schreibt bereits 1989(a), dass durch den Abriss von Altbauwohnungen oder deren aufwändige Sanierung in ganzen Wohnvierteln Brutplätze verloren gegangen seien. Die zahlreichen Neubauten böten hingegen nur selten ausreichend Höhlen und Nischen als Ausweichquartiere (vgl. auch HUBATSCH 1996, LEISTEN 2002).

Rastbestand

Auf dem Durchzug überfliegen Mauersegler nach BURGHARDT (1989a) das Stadtgebiet »zahlreich« (1000–5000 Exemplare). Diese Größenordnung dürfte auch heutzutage erreicht werden.

Phänologie

»In der zweiten Aprilhälfte, manchmal auch erst Anfang Mai, kommt der Mauersegler zurück«, so BETTMANN (1959). Das trifft auch für die Folgejahre zu. HEINEN et al. (1983) nennen den 16.04. (1976) und den 02.05. (1982) als Extremwerte. Seit 1991 sind die Eckdaten der 18.04. (1998, A. van gen Hassend) und der 30.04. (1999, H. Hurtmann, D. Stiels). Als mittleres Ankunftsdatum ergibt sich seither der 23.04. (n = 13). Schon Anfang bis Mitte August ziehen die Vögel in ihr Winterquartier (z.B. BETTMANN 1959). Nicht selten lassen sich aber noch bis zum Monatsende Durchzügler beobachten. Nachweise im September sind nicht häufig, seit 1991 liegen nur zwei Meldungen vor (1999, 2003, E., H. & S. Hurtmann). Die späteste Beobachtung datiert vom 29.09. (1978, HEINEN et al. 1983).

Maximum

Mehr als 200 Exemplare jagten am 17.06.1995 bei Lürrip über dem Gladbach und den angrenzenden Wiesen (G. Maas). Auch zur Brutzeit kann es je nach Witterung und Nahrungsangebot lokal zu solch großen Ansammlungen kommen (MILDEN-BERGER 1984).

Ringfunde

Im Zusammenhang mit einem Wiederfund schreibt WILLE (1970b): »Bei einem Kälteeinbruch [am Oberrhein] im Juni 1969 wurden tausende von Vögeln erschöpft auf Straßen und an Häusern gefunden. Sie wurden von Basel in das warme Gebiet von Lugano transportiert, dort beringt und freigelassen.« Einer der Vögel wurde später in Rheydt verletzt aufgefunden.

Schweiz – Sempach – S 79 439
O 07.06.1969   Lugano, Tessin, Schweiz
+ 16.07.1969   Rheydt, Mönchengladbach   604 km NNW verletzt

Rackenvögel (Coraciiformes)

Eisvogel (*Alcedo atthis*)

Rote Liste: NRW 3
(sehr) seltener Brutvogel, sehr vereinzelter Rastvogel
I–XII

Bestand und Vorkommen

Als »sparsamer Brutvogel« des Rheinlands kam der Eisvogel im 19. Jahrhundert auch in Mönchengladbach
vor. FARWICK (1883 in LE ROI 1906)
war die Art aus Odenkirchen bekannt
und wohl auch im Neuwerker Raum
gab es Vorkommen (vgl. MACKES
1913). Die Beschreibungen von MAAS
(1948) und BETTMANN (1959) zeigen,
dass der Eisvogel bis in die 1950er Jahre an der Niers ein verbreiteter, wenn

Weibchen   Foto: W. Spengler

auch (sehr) seltener Brutvogel blieb. Fragwürdig sind allerdings die Bestandsangaben von BETTMANN (1959) für den Bresges Park, der hier von bis zu vier BP ausgeht.
Die Territorialität lässt für gewöhnlich nur eine »sehr geringe« Individuen- und
Nesterdichte zu (GLUTZ & BAUER 1980). Etwa seit Mitte der 1950er Jahre machte sich im gesamten Rheinland ein Bestandsrückgang bemerkbar (MILDENBERGER
1984), der auch Mönchengladbach erfasste. So sind aus den 1960er Jahren nur noch
sehr vereinzelte Brutvorkommen überliefert, etwa vom Wickrather Schlosspark (1 BP
1965 und 1969, HEINEN 1971) oder bei Giesenkirchen (BURGHARDT 1989a). Sie blieben
für lange Zeit die letzten Brutnachweise (BURGHARDT 1989a, HEINEN et al. 1983).

Im Jahr 1983 gab es im Wickrather Niersbruch wieder eine erste Brut (W. von
Kannen, mdl.). Das war der Auftakt einer Wiederbesiedlung, die sich in den 1990er
Jahren fortsetzte. Der Bestand wird zum Beginn des Jahrzehnts noch bei unter
fünf BP gelegen haben. Zur Mitte der 1990er Jahre gehen BURGHARDT et al. (o. J.)
bereits von sechs BP aus. Aktuell sind 6–9 Paare plausibel. Im Jahr 2004 gelangen
an drei Stellen direkte Brutnachweise, an vier weiteren lässt sich nach den Krite-

rien von SUDMANN & JÖBGES (2001) zumindest auf Revierpaare schließen (HURT-MANN 2005b). Die Verbreitung der seit 1991 entdeckten Paare konzentriert sich auf den südlichen Niersraum (Abb. 31).

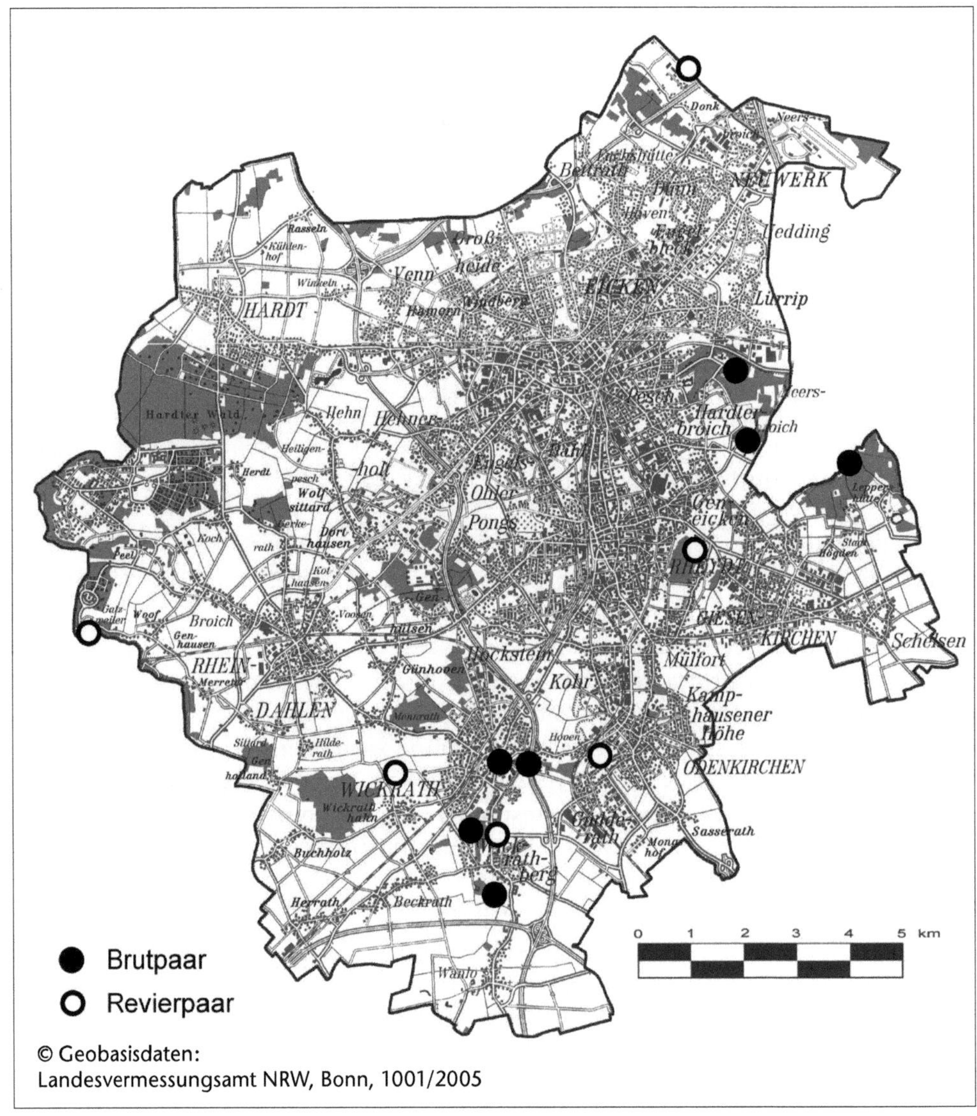

Abb. 31: Summe nachgewiesener Eisvogel-Paare 1991–2004

Rastbestand

Als Durchzügler und Wintergast ordnet BURGHARDT (1970, 1989a) die Art in die Kategorie »vereinzelt« (1–10 Exemplare) ein. Diese Spanne mag heute noch gelten. Eine Abschätzung ist schwierig, da Rastvögel nicht von hiesigen Brutvögeln unterschieden werden können. Im gesamten Jahresverlauf bleiben die Brutgebiete die bevorzugten Lebensräume. Entsprechend kann auch in den Herbst- und Wintermonaten das Gros des Bestandes an der Niers beobachtet werden (H. Hurtmann, G. Lauscher, D. Stiels u. a.). Zur Nahrungsaufnahme werden auch Gartenteiche genutzt (R. Brenner, J. Ohlig u. a.).

Wasservogelzählung 1997/ 2004

Die Daten aus den Erfassungen zeigt Tab. 55 (HURTMANN 1998a, 2005b):

Tab. 55: Bestand des Eisvogels 1997 und 2004

Monat	Jan.	Feb.	März	Apr.	Mai	Juni	Juli	Aug.	Sep.	Okt.	Nov.	Dez.	Ø
1997	1	3	0	2	4	2	4	1	1	0	2	2	1,8
2004	5	11	12	10	4	9	9	12	10	8	5	5	8,3

In 1997 ließen sich deutlich weniger Eisvögel nachweisen, was kaum auf die geringere Palette an Untersuchungsgewässern zurückgeführt werden kann (HURTMANN 2005b). Vielmehr wird der Population der vorausgehende Kältewinter 1996/97 mit knapp dreiwöchigem Dauerfrost zugesetzt haben (vgl. GLUTZ & BAUER 1980). Parallelen im Jahresverlauf sind zwischen beiden Zahlenreihen nicht offensichtlich. Signifikant ist die stetige Abnahme von Herbst bis Winter 2004, die auf eine Abwanderung der (Jung-)Vögel hindeutet. Sowohl 1997 als auch 2004 war das Nierstal mit 95 % bzw. 81 % aller gemeldeten Individuen der bevorzugte Verbreitungsort.

Phänologie

Mit Eisvögeln außerhalb der Brutgebiete ist nach GLUTZ & BAUER (1980) ab Anfang Juni zu rechnen. Das hänge damit zusammen, dass die ersten Jungvögel schon wenige Tage nach ihrem Ausfliegen auf brutvogelfreie Gewässer auszuweichen haben, bevor das Paar mit einer Zweitbrut beginnt. Im Stadtgebiet gelang ein solcher Nachweis bereits am 29.05. (1993, Kiesgrube Beltinghoven, D. Stiels).

Ringfunde

Die Nachweise von beringten Eisvögeln betreffen überwiegend einheimische Vögel. HEINEN et al. (1983) sprechen von 13 eigenen Wiederfängen, denen zwei Fernfunde gegenüberstehen:

Ringnummer unbekannt
O 23.07.1976   Wickrath, Mönchengladbach
+ 26.06.1978   Rösrath, Rhein.-Berg. Kreis   60   km SE   gefangen

Ringnummer unbekannt
O 27.07.1979   Lüttich, Lüttich, Belgien
+ 11.08.1979   Wickrath, Mönchengladbach   81   km NE   gefangen

Besonderheiten

Die positive Bestandsentwicklung konnte vom NABU durch Nisthilfen unterstützt werden. Die erste künstliche Steilwand wurde 1983 im Wickrather Niersbruch errichtet und von der Art kurz darauf angenommen. Anfang der 1990er Jahre folgte eine zweite an Schloss Rheydt, zwei weitere entstanden 1999 am Rückhaltebecken des Wickrather Schlossparks und im Gelände der Kläranlage Wickrathberg. Auch diese Nisthilfen wurden allesamt besetzt. Da natürliche Steilwände an der begradigten Niers fehlen, sind die Eisvögel auf Ersatzbrutplätze angewiesen. Natürlichen Brutraum finden sie ansonsten wohl nur in Wurzeltellern umgestürzter Bäume.

Durch Beringungen ermittelten HEINEN et al. (1983) bei einem Eisvogel ein Alter von mindestens fünf Jahren – ein ungewöhnlich hohes Alter. GLUTZ & BAUER (1980) wissen nur von einem Vogel in Mitteleuropa, der das 5. Lebensjahr überstand.

Bienenfresser (*Merops apiaster*)

Rote Liste: NRW R, D R
ehemaliger, unregelmäßiger Brutvogel, (sehr) vereinzelter, unregelmäßiger Rastvogel
Rasterfrequenz (1982): 2 %
V–VIII (IX)

Bestand und Vorkommen

Von Nordafrika bis in das südliche Europa und Asien verbreitet, gibt es vom Bienenfresser in Nordrhein-Westfalen sporadische Bruten bzw. Brutversuche (GRO & WOG 1997). Anfang der 1980er Jahre konnte der Bienenfresser auch in Mönchengladbach erstmals festgestellt werden – brütend (BURGHARDT 1989a, ENGLÄNDER & WEITZ 1983, MILDENBERGER 1984). Sind die ersten Nachweise durch die Avifaunistische Kommissionen der GRO anerkannt (ENGLÄNDER & WEITZ 1983), steht eine Entscheidung zu den beiden letzten noch aus.

- Einen Brutversuch gab es 1982 in der Kiesgrube Beltinghoven. Darüber berichtet BURGHARDT (1989a, ergänzend MILDENBERGER 1984): Nachdem am 26.05.1982 ein Trupp von 6 Ex. einflog, konnten auch am 29.05. 3 Ex. beobachtet werden. Dabei handelte es sich offenbar um ein Paar und ein weiteres ♂. Das Paar unternahm einen Brutversuch in der kleinen Sandgrube, der allerdings wegen einer Flügelverletzung des ♀ nicht erfolgreich beendet werden konnte. Der Vogel wurde am 06.06. flugunfähig aufgegriffen. Bis zum 10.06. (MILDENBERGER 1984: 11.06.) blieben die beiden ♂♂ noch im Gebiet. Das ♀ verendete am 13.06., zuvor hatte es in Gefangenschaft noch ein Ei gelegt.
- Im selben Jahr brütete 1 Paar mit Erfolg in der Sandgrube »An den Fichten« in Odenkirchen. Ab Ende Mai 1982 wurden 4 Altvögel festgestellt, von denen aber wahrscheinlich nur 1 Paar brütete. Am 08.08. wurden die Jungvögel noch in der Höhle gefüttert, am 14.08. saßen 3 flügge Jungvögel etwa 100 m von der Bruthöhle entfernt auf einer Starkstromleitung (ENGLÄNDER & WEITZ 1983). MILDENBERGER (1984) berichtet von »3 bzw. 5 Jungvögeln, die bis Anfang September mit den adulten Bienenfressern in der Sandgrube beobachtet wurden«. Von einem Zusammenhang zwischen beiden Brutplätzen geht BURGHARDT (1989a) aus: Das unverpaarte ♂ aus der Beltinghovener Grube sei häufig in Richtung Süden weggeflogen, wohl »weil es Verbindung mit dem Odenkirchener Brutplatz hielt«. Nach dem Scheitern des Beltinghovener Brutversuchs seien beide ♂♂ zur Kiesgrube »An den Fichten« übergesiedelt, um dort beim Füttern der Brut zu helfen. MILDENBERGER (1984) hält die Frage der Aufzuchthelfer indes für »nicht geklärt«.
- 3 Ex. kreisten am 09.06.1990 längere Zeit über der Kiesgrube Beltinghoven (H. Hurtmann).
- 1 Ex. überflog am 12.08.1990 rufend Hockstein (H. Siebmanns).

Auffällig ist, dass die letzten Einzelbeobachtungen beide in die Brutzeit des Jahres 1990 fallen. Von weiteren Nachweisen im Mönchengladbacher Raum bzw. gar von weiteren Bruten ist in dem Jahr allerdings nichts bekannt (vgl. ENGLÄNDER & PRESTEL 1991, HUBATSCH 1993).

Wiedehopf (*Upupa epops*)

Rote Liste: NRW 0, D 1
ehemaliger Brutvogel, sehr vereinzelter, unregelmäßiger Rastvogel
IV–V / VII–IX (XI)

Bestand und Vorkommen

Die Art hat einst im Stadtgebiet gebrütet. Für den Neuwerker Raum schreibt MA-
CKES (1913): »Der Wiedehopf hatte in den hohlen Baumstümpfen und Kopfweiden
auf den Dyken im Kloerbroich sein vor feindlichen Überfällen [...] gut geschütztes
Nest.« Dass die Art »in den letzten Jahren nicht mehr zu uns zurückgekehrt ist«
(MACKES 1913), passt in das Bild von damaliger Arealverkleinerung und Bestandsrückgang (vgl. LE ROI 1906). In den 1950er Jahren gab es im Rheinland eine vorü-
bergehende Bestandserholung (MILDENBERGER 1984). Insofern scheint der Hinweis
von BETTMANN (1959) plausibel, nach dem die Art »gelegentlich im Elschenbruch
brütete«. Seit 1977 aber ist der Wiedehopf im Rheinland ausgestorben, was wohl
auf die zunehmende atlantische Prägung des Klimas zurückzuführen ist (MILDEN-
BERGER 1984).

Rastbestand

Beobachtet werden können bis heute Durchzügler, von denen neun Nachweise
datiert sind (jeweils ein Exemplar):

- Am 14.05.1944 an einem Bahndamm bei Hockstein (BETTMANN 1959).
- Am 05.05.1945 in Hockstein nahrungssuchend (MAAS 1948).
- »Im Jahr 1946« auf Viehweiden bei Kamphausen (BETTMANN 1959).
- Am 06.05.1948 am Wickrather Wald von M. Kamphausen beobachtet (NEUBAUR
  1957). BETTMANN (1959) datiert diese Beobachtung auf den 06.05.1945.
- Am 06.08.1959 bei Waldhausen (S. Burghardt in BURGHARDT 1970, 1989a).
- Am 22.04.1978, Kiesgrube Beltinghoven (S. Burghardt in BURGHARDT 1989a).
- Am 11.07.1994 in einem Rasenstreifen bei Güdderath herumstochernd (U. Wim-
  mer).
- Noch am 27.11.1995 am Friedhof von Schrievers nahrungssuchend (L. Ohlig). Nach
  GLUTZ & BAUER (1980) sind November- und Dezemberdaten die Ausnahme.
- Vom 01.09.–17.09.2001 regelmäßig am Ortsrand von Wickrathhahn (A. & U. van
  gen Hassend).

Spechtvögel (Piciformes)

Bunttukan (*Ramphastos dicolorus*)

Gefangenschaftsflüchtling

Bestand und Vorkommen

In Süd- und Mittelamerika verbreitet, wurden Tukane auch nach Mitteleuropa eingeführt. BETTMANN (1959) berichtet von einem vermutlich in Viersen entflogenen Bunttukan:

■ 1 Ex. hielt sich »im Herbst« 1954 in einem Obstgarten in Mongshof auf. Der Vogel wurde nach etwa acht Tagen eingefangen und noch einige Zeit in Gefangenschaft gehalten.

Wendehals (*Jynx torquilla*)

Rote Liste: NRW 1, D 3
ehemaliger Brutvogel, sehr vereinzelter, unregelmäßiger Durchzügler
IV–VIII

Bestand und Vorkommen

FARWICK (1883 in LE ROI 1906) fand den Wendehals nur selten im Kreis M.-Gladbach. Er erwähnt lediglich, dass die Art einmal bei Odenkirchen erlegt wurde. Um 1900 nahm der Bestand »bedeutend zu«, so dass R. Lenßen ihn bei Odenkirchen als Brutvogel »recht häufig« antraf (LE ROI 1906). Zu einer vorsichtigeren Einschätzung kommt MAAS 1948, der die Art im Mönchengladbacher Großraum als »selten« bezeichnet. Dennoch sind ihm mit dem Wickrather Schlosspark oder dem Volksgarten einige Brutplätze aus den 1940er Jahren bekannt. BETTMANN (1959) liefert keine umfassenden Aussagen zur Bestandsgröße oder -entwicklung. Dabei setzte offensichtlich in den 1950er Jahren der Niedergang der Population ein (vgl. MILDENBERGER 1984). BURGHARDT (1970, 1989a) nennt noch einen Brutnachweis aus dem Jahr 1953 vom Städt. Hauptfriedhof. HEINEN et al. (1983) wissen für den Stadtbezirk Wickrath von keiner Brut mehr nach 1954 zu berichten. Im Jahr 1970 gab es nochmals einen Brutverdacht bei Sittard (BURGHARDT 1970, 1989a).

Die lokale Bestandsentwicklung weist Parallelen zur rheinischen auf. Dem po-

sitiven Trend bis zur Mitte der 1950er Jahre folgte eine drastische Abnahme, so
dass der Wendehals zum Ende der 1950er/Beginn der 1960er z. B. den Niederrhein
weitgehend geräumt hatte (MILDENBERGER 1984). Aktuell liegt der Brutbestand in
ganz Nordrhein-Westfalen bei etwa 15 Paaren (JÖBGES et al. 1998b).

Rastbestand

Zum Durchzug schreibt BETTMANN (1959): »Am Ostersonntag 1949 traf eine ungewöhnlich große Zahl Wendehälse auf Rheydter Gebiet ein und verweilte dort
einige Tage.« Konkreter sind die Angaben von BURGHARDT (1970), der Ende der
1960er Jahre 1–10 Rastvögel veranschlagt. Mit dem großflächigen Rückgang des
Wendehalses nahmen auch die Beobachtungen zur Zugzeit ab. Aus den beiden
letzten Jahrzehnten liegen allein zwei Nachweise vor:

- »Im Frühjahr« 1983 hielt sich zwei Tage lang 1 Ex. am Bungtwald auf (L. Schmitz
  in BURGHARDT 1989a).
- Am 23.08.1989 rastete 1 Ex. für einige Stunden auf einer Wiese in Hermges (H.
  Bolten).

Grauspecht (*Picus canus*)

Rote Liste: NRW 3
sehr vereinzelter, unregelmäßiger Gast
II–XI

Bestand und Vorkommen

Durch den Landesteil Nordrhein verläuft die nordwestliche Arealgrenze, die trennscharf ausgeprägt ist und nur selten überschritten wird (MILDENBERGER 1984).
Mönchengladbach befindet sich außerhalb des besiedelten Raumes, insofern gibt
es nur sporadische Nachweise:

- 2 Ex. sah H. Bettmann am 03.02.1954 in Rheydt (BETTMANN 1959, MILDENBER-
  GER 1984).
- 1 Ex. konnte W. Spengler »im Herbst Mitte der 70er Jahre« in Rheydt an der Leh-
  waldstraße nachweisen und ein Belegfoto schießen (BURGHARDT 1989a).
- 1 Ex. rief am 14.07.1989 in Odenkirchen an der Burgfreiheit (T. Brenner).
- 1 Ex. hörte W. von Kannen am 14.02.2003 im Genhülsener Wald.
- 1 Ex. rief am 30.11.2003 am Holtmühlenteich (W. von Kannen).

MAAS (1948) notiert knapp, dass er den Grauspecht »wiederholt« beobachtet habe,
allerdings muss sich die Angabe nicht auf das Stadtgebiet beziehen. Den von ihm

wiedergegebenen Hinweis, 1941 habe ein Grauspecht im Elschenbruch gebrütet (Quelle?), hält er schon selbst für fragwürdig.

Grünspecht (*Picus viridis*)

Rote Liste: NRW 3
spärlicher Brutvogel
I–XII

Bestand und Vorkommen

MAAS (1948) nennt nur äußerst wenige Vorkommen aus dem Stadtgebiet. Damit wird der damalige Bestand nur lückenhaft wiedergegeben sein, zumal die Art im Rheinland nicht selten war (vgl. NEUBAUR 1957). Bei BETTMANN (1959) heißt es, dass der Specht in den Außenbezirken der Stadt brüte, regelmäßig aber auch im Innenstadtbereich zu beobachten sei. In den 1980er Jahren geben HEINEN et al. (1983) und BURGHARDT (1989a) zusammen eine Größenordnung von 6–25 BP an.

In den letzten Jahren wird die Population bei 20–30 BP gelegen haben. Zu einer vergleichbaren Einschätzung kommen BURGHARDT et al. (o. J.), die Mitte der 1990er Jahre von 22–24 BP ausgehen. Die Niersaue beherbergt einen großen Teil der Population, Ende der 1990er Jahre ließ sich ein Viertel hier feststellen (HURTMANN 1999b).

Brutvogelkartierung 1998/99

Durch die Erfassung in Wäldern und Parks ist ein großer Teil der Bruthabitate umfassend kartiert (Tab. 56, HURTMANN 1999b). Die tatsächliche Gesamtzahl dürfte nur geringfügig über der ermittelten BP-Zahl liegen.

Tab. 56: Brutpaare des Grünspechts bei der Revierkartierung 1998/99

Gebiet	Anzahl BP	Gebiet	Anzahl BP
Donk	1	Bresges Park	1
Franziskushausgelände	1	Rheydter Stadtwald	1
Wäldchen bei Kühlenhof	1	Schmölderpark	1
Bunter Garten/Friedhof	2	Wickrather Wald	1
Hans-Jonas-Park	1	Kamphausener Höhe	1
Hardter Wald	3	Krapp	1
Volksgarten	2	Buchholzer Wald	1
Rheindahlener Wald	1	Wickrather Niersraum	3
Hoppbruch	2	Summe	24

Der Grünspecht ist für gewöhnlich reviertreu, insbesondere die Jungvögel streichen aber umher. Dabei sind die zurückgelegten Distanzen mit bis zu 30 km eher gering (GLUTZ & BAUER 1980). Ein Wiederfund in Mönchengladbach ist aus KNORR (1967) überliefert:

Ringnummer unbekannt
O 25.06.1931 Wegberg-Tüschenbroich, Kreis Heinsberg
+ Jul. 1931 Volksgarten, Mönchengladbach 18 km NE

Schwarzspecht (*Dryocopus martius*)

Rote Liste: NRW 3
sehr seltener Brutvogel
I–XII

Bestand und Vorkommen

Um die Wende vom 19. zum 20. Jahrhundert wanderte der Schwarzspecht in das Rheinland ein und etablierte sich als Brutvogel (LE ROI 1906, LE ROI & GEYR VON SCHWEPPENBURG 1912). Wann der Specht erstmals Mönchengladbach besiedelte, geht aus der Literatur nicht hervor. Für die 1920er Jahre konstatiert H. Bettmann in NEUBAUR (1957) zumindest einen Bestandsanstieg in Rheydt. Da der Schwarzspecht großflächige Wälder mit Altholz benötigt, waren die potenziellen Bruthabitate für ihn im Stadtgebiet stets begrenzt. Aus sechs Gebieten sind Vorkommen überliefert. BETTMANN (1959) spricht vom Rheydter Stadtwald und vom Bresges Park, wo die Art nach dem Zweiten Weltkrieg siedelte. Nach WINK (1988) gab es im Rheindahlener Wald noch 1977 ein Revier. (Unregelmäßige) Vorkommen bis in die 1980er Jahre wurden aus dem Hardter Wald (BURGHARDT 1970, 1989a, MAAS 1948), dem Wickrather Wald (B. Bresser in NEUBAUR 1957, HEINEN et al. 1983, E. Stettner) und dem Buchholzer Wald (HEINEN et al. 1983, WINK 1988) bekannt. Vermutlich im Beecker Wald, und damit bereits im angrenzenden Kreis Heinsberg, wird das Revier im Mühlenbachtal gelegen haben (UNI DÜSSELDORF et al. 1986).

Ab den 1990er Jahren kann man von zwei regelmäßig besetzten Revieren im Hardter Wald ausgehen. Der Brutbaum eines Paares befand sich über mehrere Jahre im Gelände der Hardterwald-Klinik (H. Bolten, H. Maas u.a.), das Revier des zweiten Paares lag im Westteil des Waldes (S. Burghardt, H. Hurtmann, F. Mobers u.a.). Nach wie vor besetzt ist auch das Mühlenbachtal unmittelbar an der Grenze zum Kreis Heinsberg (H. Hurtmann, D. Stiels, M. Temme). Neben den langjährigen Vorkommen gibt es aus vier Wäldern sporadische Nachweise zur Brutzeit: Buchholzer Wald (1998, G. Erdtmann, schriftl.), Elschenbruch (2001, G. Maas), Hoppbruch (2003, C. von Kannen) sowie Genhülsener Wald (HURTMANN 2004c). Unklar ist, ob es sich dabei um etablierte Brutterritorien handelte oder allein um unverpaarte Vögel.

Buntspecht (*Dendrocopos major*)

häufiger Brutvogel, Rastvogel
I–XII

Bestand und Vorkommen

Womöglich war der Buntspecht bis zum Ende des 19. Jahrhunderts im Stadtgebiet weniger stark verbreitet als heute. FARWICK (1883 in LE ROI 1906) bezeichnet die Art im Kreis M.-Gladbach als nur »wenig zahlreichen Brutvogel«. Parallelen ließen sich überregional ziehen. In der gesamten Rheinprovinz war der Buntspecht zwar verbreitet, aber durchaus nicht häufig und über größere Strecken fehlte er (LE ROI 1906). MAAS (1948) fand ihn später hingegen als zahlreichste Spechtart »häufig« in Wäldern, Parks und baumbestandenen Gärten. BURGHARDT (1970) gibt mit 20–50 Paaren für Alt-Gladbach (97 km²) die erste Bestandsschätzung. In den 1980er Jahren nennen HEINEN et al. (1983) und BURGHARDT (1989a) rund 60–215 Paare. In beiden Avifaunen wird betont, dass der Buntspecht praktisch alle Wälder, Parks und Friedhöfe mit älterem Baumbestand besiedelt.

Auch heutzutage bleiben allein grobe Schätzungen, um den Brutbestand zu klassifizieren. In der Spanne von 201–500 BP wird sich die Population bewegt haben. Für einige Gebiete gibt es konkrete Zahlen (Tab. 57):

Männchen füttert an Höhle
Foto: W. Spengler

Tab. 57: Anzahl der Buntspecht-BP auf Untersuchungsflächen

Gebiet	Anzahl BP	BP/10 ha	Jahr; Quelle
Bistheide	3	1,1	2004; HURTMANN (2004c)
Großheide	2	0,9	2004; HURTMANN (2004c)
Geneickener Nierstal, Volksgarten	21	0,7	1991; VAN GEN HASSEND et al. (1991)
Gerkerather Wald	7	1,8	2004; HURTMANN (2004c)
Genhülsener Wald/Viehstraße	10	3,7	2004; HURTMANN (2004c)
Oberes Nierstal	3	0,2	1991; JÖBGES (1991)

Rastbestand

Während des Winters ist im Rheinland mit Zuzug zu rechnen (MILDENBERGER 1984). Rastvögel sind im Stadtgebiet wahrscheinlich, konkrete Daten hierüber fehlen allerdings.

Mittelspecht (*Dendrocopos medius*)

Rote Liste: NRW 2
(sehr seltener, unregelmäßiger Brutvogel), sehr vereinzelter, unregelmäßiger Gast III–IV

Bestand und Vorkommen

Mönchengladbach liegt außerhalb des Verbreitungsgebietes, das südlich einer Linie Aachen – Jülich – Bergheim – Köln beginnt (MILDENBERGER 1984). Keiner der Autoren von MAAS (1948) bis BURGHARDT (1989a) weiß von Vorkommen im Stadtgebiet zu berichten. Seit den 1990er Jahren nehmen die Beobachtungen vom Mittelspecht in den umliegenden Gebieten zu. Im angrenzenden Kreis Viersen, wo die Art zuvor nur einmal nachgewiesen werden konnte, gelangen von 1991 bis einschließlich 2001 sechs Beobachtungen (HUBATSCH 1996, BSKS 2002). In der Stadt Düsseldorf kam es 1998 zur Brutansiedlung, im Jahr 2001 wird der Bestand mit 6–10 Paaren angegeben (LEISTEN 2002). Die Ursache für die Ausbreitung nach Norden mag darin liegen, dass durch den Braunkohlentagebau das Brutgebiet Hambacher Forst zerstört wurde (so auch HUBATSCH 1996). Die dortige Population (65 Reviere in 1995, DENZ & WEBER in WEISS 1998) muss auf andere Gebiete ausweichen.

Das Auftreten (und Brüten?) im Stadtgebiet ist deshalb wahrscheinlicher geworden. Blieb die gezielte Suche im Buchholzer Wald 1998 erfolglos (G. Erdtmann, schriftl.), gelangen zwei Nachweise im östlichen Hardter Wald:

- 1 Ex. beobachtete H. Maas am 25.03.1998 im Gelände der Hardterwald-Klinik. Es blieb bei diesem Einzelnachweis, gezieltes Nachsuchen war später erfolglos (G. Maas, schriftl.). Der wenig ruffreudige Specht mit beachtlichen Reviergrößen ist allerdings auch nicht einfach zu finden.
- 1 Ex. am 03.04.2002, Gelände der Hardterwald-Klinik (H. Maas).

Entgegen der Hinweise von WINK (1988) können die Beobachtungen nicht als Beleg für ein Brutrevier angesehen werden (vgl. JÖBGES & KÖNIG 2001).

Kleinspecht (*Dendrocopos minor*)

Rote Liste: NRW 3
seltener Brutvogel
I–XII

Bestand und Vorkommen

R. Lenßen kannte den Kleinspecht um 1900 als Brutvogel aus Odenkirchen (LE ROI 1906). MAAS (1948) fand die Art »gar nicht selten«, BETTMANN (1959) bezeichnet den Kleinspecht sogar als den häufigsten der heimischen Spechte. Das wird kaum zutreffen. Sowohl MAAS (1948) für den Raum Mönchengladbach als auch NEUBAUR (1957) für die gesamte ehemalige Rheinprovinz nennen den Buntspecht als häufigere Art. Auch im ehemaligen Kreis Erkelenz erreichte der Kleinspecht nicht die Siedlungsdichte des Buntspechts (vgl. KNORR 1967). HEINEN et al. (1983) und BURGHARDT (1989a) schätzen den Gesamtbestand auf 6–25 Paare. Regelmäßig käme die Art im Volksgarten-Elschenbruch, im Bresges Park, in der Neuwerker Donk und am Mühlenbach vor. Im Mühlenbachtal fand die OAG Wickrath bei einer Revierkartierung 1983 zwei Paare (UNI DÜSSELDORF et al. 1986). Zumindest 1989 war auch der westliche Hardter Wald besiedelt (vgl. BURGHARDT 1989b).

Ab den 1990er Jahren wird der alljährliche Brutbestand bei 10–20 Paaren gelegen haben. BURGHARDT et al. (o. J.) veranschlagen Mitte des Jahrzehnts für Alt-Gladbach sechs BP und für den Stadtbezirk Wickrath vier BP (Rheydt ohne Angabe). Einen Anhaltspunkt für die Verbreitung liefern die im Laufe der Jahre festgestellten Reviere (Tab. 58). Die Funde basieren mehrheitlich auf Zufallsbeobachtungen zwischen März und Ende Juni, beziehen aber auch die Kartierungen mit ein (VAN GEN HASSEND et al. 1991, HURTMANN 1999b, 2004c, JÖBGES 1991). Liegen aus einem Gebiet von mehreren Jahren verschiedene Daten vor, ist die höhere Zahl angegeben.

Gebiet	Anzahl BP	Jahr; Quelle
Städt. Hauptfriedhof	1	1992; BURGHARDT (1992b)
Vorster Busch	1	1997, 1999; H. Maas
Volksgarten/Bungtwald	4	1991, 1997, 1998; VAN GEN HASSEND et al. (1991), S. Burghardt, HURTMANN (1999b)
Hoppbruch	1	1991; H. Schmitz
Tackhütte, westlich	1	1998; HURTMANN (1999b)
Bresges Park	1	1991–1993; H. Schmitz
Gerkerather Wald	1	2004; HURTMANN (2004c)
Mühlenbachtal	1	1992, 2003; E. & S. Burghardt, M. Temme
Mülfort	1	1998; HURTMANN (1999b)
Wetscheweller Bruch	1	1995, 1998; N. Grünter, HURTMANN (1999b)
Wickrather Niersbruch	1	1991; 2002; JÖBGES (1991), W. von Kannen
Finkenberger Bruch	1	1992, 1997; BURGHARDT (1992b), F. Rust
Summe	15	

Der Specht hat seinen Verbreitungsschwerpunkt in der Niersniederung (vgl. auch HEINEN et al. 1983). Zehn von 15 Revieren konnten dort nachgewiesen werden. Weitere potenzielle Vorkommen fernab des Flusses, etwa auf Friedhöfen, in Parks oder Gärten, dürften allerdings unterrepräsentiert sein.

Sperlingsvögel (Passeriformes)

Haubenlerche (*Galerida cristata*)

Rote Liste: NRW 1, D 2
(sehr) seltener, unregelmäßiger Brutvogel
I–XII

Bestand und Vorkommen

Die Haubenlerche ist in Nordrhein-Westfalen mittlerweile vom Aussterben bedroht. Bestandsrückgänge seit den 1970er Jahren haben die Population auf < 100 BP zusammenschmelzen lassen (GRO & WOG 1997). Ein anderes Bild zeichnet MAAS noch 1948 für den Großraum Mönchengladbach. Er fand die Lerche »allerorts gemein […] am Rande der Städte und Ortschaften […] sowie in der Feldflur«. BETTMANN (1959) urteilt ähnlich: Die Art sei »überall in den Feldern, an Landstraßen und Eisenbahnen in Rheydt anzutreffen«. In den 1980er Jahren geben BURGHARDT (1989a) und HEINEN et al. (1983) eine Spanne von 26–65 BP für das Stadtgebiet an.

In den 1990er Jahren wurde die Haubenlerche zunächst deutlich seltener, schließlich blieben jegliche Nachweise aus. Der Bestand der 1980er Jahre wurde wohl schon zum Beginn des Jahrzehnts nicht mehr erreicht. Mitte der 1990er schätzen BURGHARDT et al. (o. J.) den Bestand auf insgesamt zehn BP. Reviere wurden bekannt aus den Feldern bei Windberg, Venn und Rönneter sowie vom Güterbahnhof Breitenbachstraße (E. & S. Burghardt, A. van gen Hassend u.a.). Die letzten Beobachtungen zur Brutzeit gelangen 1996 bei Hamern (2 Exemplare noch am 04.06., E. & S. Burghardt, H. Hurtmann). Seitdem gibt es überhaupt keine Meldungen mehr aus Mönchengladbach (vgl. auch HURTMANN 1999b).

Rastbestand

Haubenlerchen sind Standvögel, die nach der Brutzeit sporadisch umherziehen (z.B. MILDENBERGER 1984). Die früheren Autoren von MAAS (1948) bis BURGHARDT (1989a) nennen die Art nicht als Rastvogel, auch später ließ sich Zuzug nicht belegen.

Maximum

Kleinere Winter-Ansammlungen von bis zu vier Individuen sind in den 1990er Jahren einige Male beobachtet worden, zuletzt am 25.02.1996 am Ohler Friedhof (E. & S. Burghardt).

Heidelerche (*Lullula arborea*)

Rote Liste: NRW 2, D 3
sehr vereinzelter, unregelmäßiger Rastvogel
I–II / IX–XII

Bestand und Vorkommen
Seit Jahrzehnten geht der Bestand der Heidelerche im Rheinland zurück (GRUMMT &
WINK 1991). Landesweit brüten 700–750 Paare (JÖBGES & CONRAD 1999), mit 20 bis
25 % kommt ein beträchtlicher Teil davon im angrenzenden Kreis Viersen vor (BSKS
2001). Ebenfalls seit längerer Zeit rückläufig war die Anzahl der Durchzügler, die
nach MILDENBERGER (1984) mit 1000–10000 Exemplaren im Rheinland auftraten.

Nahezu alle lokalen Autoren nennen die Heidelerche als Rastvogel. Angaben
über die Größe des Rastbestandes gehen aus MAAS (1948) und BETTMANN (1959)
indes nicht hervor. BURGHARDT (1970, 1989a) schreibt, dass die Art regelmäßig in
einer Größenordnung von 10–100 Exemplaren durch das Stadtgebiet zieht. Diese
Zahlen werden aktuell nicht mehr erreicht. Seit 1991 liegen zwei Meldungen vor:

- 1 Ex. am 14.09.1996 im Feld bei Rasseln (E. & S. Burghardt, E. & K.-H. Greve).
- 1 Ex. am 08.10.2003 am Rand der Kiesgrube Beltinghoven (H. Hurtmann).

Maximum
Zwölf Vögel wurden am 22.12.1940 bei Kamphausen registriert (MAAS 1948).

Feldlerche (*Alauda arvensis*)

häufiger Brutvogel, vereinzelter bis zahlreicher Rastvogel
Rasterfrequenz (1982): 67 %
I–XII

Bestand und Vorkommen
In der gesamten Rheinprovinz war die Feldlerche einst »einer der allerhäufigsten
Vögel« (LE ROI 1906). Auch die frühen lokalen Autoren fanden sie »überall« in
den Feldern und in anderen geeigneten Biotopen (BETTMANN 1959, MAAS 1948).
BURGHARDT schätzt 1970 den Bestand allein für Alt-Gladbach (97 km²) auf 200–
500 Paare. Ende der 1980er Jahre konstatiert er einen »ständigen Rückgang« und
ordnet die Lerche für Alt-Gladbach und Rheydt (141 km²) in die Kategorie »mäßig
häufig« (50–200 Paare) ein (BURGHARDT 1989a). Mit der Bestandsangabe von HEI-

NEN et al. (1983) für Wickrath (16–50 BP) lag die Mönchengladbacher Population bei etwa 70–250 Paaren.

Aktuell kann nur schwer eine fundierte Aussage zum Bestand gemacht werden. Ähnlich wie in den Jahrzehnten zuvor fehlen Untersuchungen zur Bestandsgröße oder zum -trend. Begehungen im Rahmen der Kiebitzkartierung 2002 (vgl. Kap. 4.1.8) vermittelten den Eindruck, die Feldlerche könne insgesamt ein häufiger Brutvogel (201–500 Paare) sein (H. Bolten, H. Hurtmann, G. Maas). H. Bolten zählte in den Feldern nördlich von Hardt (7 km²) im April elf und im Mai zwölf singende Vögel. Angesichts der angewandten Methode kann das allein eine Mindestzahl sein (vgl. MAAS 2002).

Obwohl die Lerche gegenüber den 1980er Jahren in eine höhere Kategorie eingestuft wird, kann man nicht von einem Bestandsanstieg sprechen – die Schätzungen sind eine zu vage Grundlage. Der landesweite Trend oder die Entwicklung in den angrenzenden Niederlanden (vgl. BIJLSMA et al. 2001, GRO & WOG 1997) legen nahe, dass die Art auch im Stadtgebiet deutlich zurückgegangen ist. Für die Abnahme der Ackerpopulation werden ein veränderter Anbau (z.B. Übergang von Sommergetreide zu Mais) und die geringe Kulturvariation auf großen Feldparzellen verantwortlich gemacht (BIJLSMA et al. 2001). Diese Wirkungsfaktoren gibt es auch in Mönchengladbach. Zudem wird der Lebensraum stets kleiner. Von 1978 bis 2002 schrumpfte die landwirtschaftliche Fläche der Stadt um 18 km² (STADT MÖNCHENGLADBACH 1979, 2003). Damit verkleinerte sich das verfügbare Brutbiotop der Feldlerche um 20%.

Rastbestand

Erste Schätzungen zum Rastbestand finden sich bei BURGHARDT (1970, 1989a), der von 1000–5000 Durchzüglern und 100–1000 Wintergästen (1989a: 10–100) ausgeht. HEINEN et al. (1983) beziffern den Bestand an Wintergästen in Wickrath auf über 250 Vögel. Plausibel ist heute, dass die Lerche mit 1001–5000 Individuen über Gladbach hinwegzieht bzw. hier rastet. Im Winter mögen 101–1000 Exemplare im Stadtgebiet ausharren, Kälteflucht mag den Bestand in seltenen Fällen auf 11–100 Vögel sinken lassen.

Phänologie

Der Gesang setzt in der Ebene des Rheinlands Anfang Februar ein (MILDENBERGER 1984). Die Daten der letzten Jahre ergaben als mittleres Datum den 18.02. (n = 6, H. Hurtmann, H. Kirfel, G. Lauscher u. a.), der früheste Termin war der 14.02. (1998, H. Hurtmann, H. Kirfel u. a.).

Maximum

Mindestens 500 Vögel rasteten ab dem 11.01.1997 für einige Tage auf einem verschneiten Stoppelrübenfeld südlich von Engelsholt. Der Acker war dicht mit Melde (*Atriplex spec.*) bewachsen (S. Burghardt, E. & K.-H. Greve, W. Spengler u. a.). Ähnlich viele Lerchen sahen HEINEN et al. (1983) am 18.02.1979 auf einem Weizensaatfeld bei Wickrath. Dort sammelten sich ca. 450 Exemplare. Das Datum fällt in die Hauptzugzeit, die sich im Frühjahr von Mitte Februar bis Mitte März erstreckt (MILDENBERGER 1984).

Uferschwalbe (*Riparia riparia*)

Rote Liste: NRW 3
sehr seltener, unregelmäßiger Brutvogel, vereinzelter Durchzügler
IV–VIII

Bestand und Vorkommen

Die Uferschwalbe gräbt zum Brüten eine Niströhre in Sand- und Kiesablagerungen. Diese fand sie ursprünglich an den Prallufern von Fließgewässern, durch Begradigungen und den Ausbau der Flüsse fehlen diese Brutmöglichkeiten heute aber weitgehend. In Nordrhein-Westfalen liegen nur noch 5 % aller Brutkolonien unmittelbar an Fließgewässern. Die größte Bedeutung haben mittlerweile Trocken- oder Nassabgrabungen, die 87 % der Kolonien beherbergen (LOSKE et al. 1999). Der landesweite Bestand wird von LOSKE et al. (1999) für das Jahr 1998 mit 4600–5200 Brutpaaren angegeben. Verbreitungsschwerpunkte waren neben dem Unteren Niederrhein mit seinen zahlreichen Abgrabungen die Westfälische Bucht und der Raum zwischen Düsseldorf und Bonn.

Im Stadtgebiet brütete die Art sporadisch. Unklar bleibt meist, wie groß die einzelnen Kolonien waren und wie lange sie bestanden. Eine Ansiedlung »bei Odenkirchen« war schon FARWICK (1883 in LE ROI 1906) bekannt. MAAS (1948) schreibt von Vorkommen im Nierstal bei M.-Gladbach, Rheydt und Odenkirchen, die in den späten 1940er Jahren allerdings aufgegeben waren. Zu seiner Zeit siedelte die Art mit »einzelnen Paaren« in Sandgruben bei Mülfort und in den unterirdischen Gängen an Schloss Rheydt (vgl. auch BETTMANN 1959). Zumindest in Mülfort gab es bis in die späten 1950er Jahre hinein Bruten: BETTMANN berichtet 1959, dass sich »eine größere Kolonie in den Sandgruben am Mülforter Berg befindet«. In den 1960er und 1970er Jahren existierten kleinere Ansiedlungen bei Broich-Peel und Piperlohof, bis 1986 brüteten Uferschwalben über mehrere Jahre in einer Sandgrube bei Genhodder (BURGHARDT 1989a). Ende der 1980er Jahre fand sich zudem eine Kolonie in der Kiesgrube Beltinghoven. Nachdem die Art mehr als ein Jahrzehnt als Brutvogel verschwunden war bzw.

unentdeckt blieb, siedelte sie 2003 erneut in der Beltinghovener Grube (Tab. 59). Einige der genannten Abgrabungen sind heute rekultiviert und somit als potenzielle Brutplätze weggefallen.

Tab. 59: Anzahl der Uferschwalbenbrutpaare von 1968–2003

Jahr	Anzahl BP	Bemerkung; Quelle
1968	~11	Piperlohof: 1 BP; BURGHARDT (1970) Broich-Peel: ca. 10 BP; BURGHARDT (1970)
1969	5	Piperlohof: 5 BP; BURGHARDT (1970) Broich-Peel: 0 BP, Kontrolle erfolglos; BURGHARDT (1970)
1970	0	Kontrollen erfolglos; BURGHARDT (1970)
1972	mind. 1	Broich-Peel; S. Burghardt, schriftl.
1986	6–10	Genhodder: »bis 1986«; BURGHARDT (1989a)
1987	~6	Kiesgrube Beltinghoven; BURGHARDT (1989a)
1988	~6	Kiesgrube Beltinghoven; BURGHARDT (1989a)
1989	x	Kiesgrube Beltinghoven, Kolonie besetzt; H. Hurtmann
1990	15–20	Kiesgrube Beltinghoven; BURGHARDT (1991a), H. Hurtmann
2003	1–3	Kiesgrube Beltinghoven; D. Kemper, E. Neuss

Rastbestand

Nahrungsgäste von auswärtigen Brutorten traten in verschiedenen Sommern sehr vereinzelt in der Kiesgrube Beltinghoven oder über dem Holtmühlenteich auf (H. Hurtmann, D. Stiels, M. Temme). Die Schwalben können 8–10 km von ihrer Kolonie entfernt jagen (MEAD 1979a in GLUTZ & BAUER 1985). Von durchziehenden Vögeln gibt es in den 1990er Jahren 20 Meldungen, die regelmäßigen Durchzug zeigen. Mit maximal zwölf Individuen (1991, 1997, H. Hurtmann, G. & H. Maas) ist der Zug recht schwach ausgeprägt, er wird alljährlich in die Kategorie »vereinzelt« (11–100 Individuen) hineinreichen.

Phänologie

Nach MILDENBERGER (1984) erstreckt sich der Heimzug von etwa Mitte April bis Ende Mai. Verhältnismäßig früh und lokales Extremdatum ist die Beobachtung von einer Schwalbe am 04.04.1995 über der Kiesgrube Beltinghoven (H. Hurtmann).

Foto: W. Spengler

Rauchschwalbe
(*Hirundo rustica*)

Rote Liste: NRW 3
(sehr) häufiger Brutvogel, mäßig zahlreicher Durchzügler
(II) III–X (XI)

Bestand und Vorkommen

Der Bestand der einst »allenthalben häufigen« (LE ROI 1906)
Rauchschwalbe hat in NRW
abgenommen, die Art steht
mittlerweile auf der Roten Liste. Ursachen sind landschaft-
liche Veränderungen und die
Aufgabe zahlreicher Milch-
viehhöfe, an die die Schwalbe
eng gebunden ist (LOSKE 1994,
1997 in GRO & WOG 1997).

Der landesweite Negativtrend spiegelt sich auch in Mönchengladbach wider. MAAS
(1948) fand die Schwalbe als »häufigen Brutvogel in den ländlichen Siedlungen, aber
auch in den Vororten der Städte – am liebsten, wenn Vieh im Hause ist oder Weide-
plätze in der Nähe sind« (ähnlich: BETTMANN 1959). Die erste konkrete Zahl steht
im Kontext mit einer von der Vogelschutzwarte NRW initiierten Erfassung. Danach
brüteten im Jahr 1967 in Alt-Gladbach (97 km²) 584 Paare (BURGHARDT 1970, 1987).
Für den Stadtbezirk Wickrath (29 km²) gibt es eine detaillierte Zahl aus dem Jahr
1988, als die OAG WICKRATH (o. J.) 138 BP zählte. Zu diesem Zeitpunkt schätzt BURG-
HARDT (1989a) für Alt-Gladbach und Rheydt (141 km²) eine Größenordnung von 50–
200 Paaren. Der Gesamtbestand lag Ende der 1980er demnach bei ca. 190–340 BP.
Vor dem Hintergrund, dass zwei Jahrzehnte zuvor in einem kleineren Teil der Stadt
(Alt-Gladbach = 57%) noch über 580 Paare nachgewiesen wurden, ein klarer Rück-
gang. BURGHARDT fasst die Situation 1989(a) zusammen: »Ständig zurückgehender
Bestand, da immer mehr Landwirte ihre Viehhaltung aufgeben. Häufige nasskalte
Witterung während der Brutzeit wirkte sich negativ auf die Bruterfolge aus.«

Der Bestand dürfte in den 1990er Jahren in der Spanne von 201–500 BP gelegen
haben, zeitweise vielleicht auch darüber – die Population kann kurzfristig erheblich schwanken (vgl. GLUTZ & BAUER 1985). Bei der stadtweiten Zählung im Jahr
1999 wurden 404–410 Paare ermittelt (STIELS 2000). Ob der Bestand gegenüber

den späten 1980ern (bis 340 BP) tatsächlich zugenommen hat, muss offen bleiben. Schließlich beruht der größte Teil des alten Wertes auf einer Schätzung, die stets mit Ungenauigkeiten verbunden ist. Die Entwicklung in der Landwirtschaft legt einen negativen Trend nahe: Die Anzahl der Betriebe mit Rinderhaltung sank in Mönchengladbach weiter von 154 (1988) auf 75 (1999). Ein ähnliches Bild lässt sich von anderen Viehbeständen zeichnen (LDS 1990, 2000). Dort, wo konkrete Vergleiche mit früher möglich sind, ist in der Summe ein leichter Rückgang erkennbar (OAG WICKRATH o. J., STIELS 2000, Tab. 60).

Tab. 60: Anzahl von Rauchschwalben-BP vor und in den 1990er Jahren auf Vergleichsflächen

Gebiet	Anzahl BP 1988	Anzahl BP 1999	Gebiet	Anzahl BP 1988	Anzahl BP 1999
Wickrathberg	37	20	Wanlo	14	26
Beckrath	26	18			
Herrath	19	24	Summe	96	88

Schwalbenzählung 1999

Über die Bestandszahl hinaus zeigt die Erfassung die enge Bindung an Nistplätze mit Viehhaltung: 87 % der Schwalben brüteten in landwirtschaftlichen Gebäuden, in denen Vieh (insbesondere Rinder) stand. Die Beschaffenheit des Gebäudes war ein weiteres Kriterium. In modernen landwirtschaftlichen Bauwerken fanden sich nur 5 % der Population. Die Verbreitung konzentrierte sich auf die ländlich geprägte Region im Wickrath-Rheindahlener Raum. Ortsteile mit mehr als 15 Paaren waren (neben den in Tab. 60 genannten) Günhoven (46 BP) und Hehn (24 BP) (STIELS 2000).

Rastbestand

Zum Umfang des alljährlichen Durchzugs liegen kaum Angaben vor. BURGHARDT geht 1989(a) von 100 bis 1000 Vögeln aus, was auch heutzutage plausibel ist.

Phänologie

Die mittlere Erstankunft lag seit den 1980er Jahren auf dem 28.03. (n = 18, HEINEN et al. 1983, H. Hurtmann, H. Siebmanns u. a.). Im Vergleich zu älteren Rheinland-Daten konnten die Schwalben recht früh nachgewiesen werden (vgl. MILDENBERGER 1984). Die lokalen Extremwerte waren der 28.02. (!) (1989, H. Schmitz in BURGHARDT 1989b, H. Schmitz, schriftl.) und der 08.04. (1991–1993, H. Hurtmann, H. Schmitz, D. Stiels). Im Herbst setzt Massenwegzug nach MILDENBERGER (1984) im September ein und erstreckt sich bis Ende Oktober. Beobachtungen aus der letzten Oktober- oder ersten Novemberdekade gebe es von vielen Stellen im Rheinland. In Mönchengladbach wurden letzte Exemplare seit 1981 im Mittel am 01.10. registriert (n = 10, HEINEN et al. 1983, H. Hurtmann, G. Lauscher u. a.). Der späteste Nachweis gelang am 05.11. (1981, HEINEN et al. 1983).

Mehlschwalbe (*Delichon urbica*)

(mäßig) häufiger Brutvogel, mäßig zahlreicher Durchzügler
IV–X (XI)

Bestand und Vorkommen

Der Bestand der Mehlschwalbe ist landesweit merklich zurückgegangen (GRO & WOG 1997). In Mönchengladbach galt sie zur Zeit von MAAS (1948) als »häufiger Brutvogel in ländlichen Siedlungen«. BETTMANN fand die Art 1959 in den Randgebieten der Stadt »häufig«, während sie das Zentrum von Rheydt mied. Erste konkrete Angaben liefert BURGHARDT (1970). Danach brüteten 1967 in Alt-Gladbach (97 km²) 124 Paare, im Jahr 1970 sei der Bestand auf 200 Paare angewachsen. Einen Populationsanstieg erwähnt BURGHARDT auch 1989 (a). Ursache dafür sei womöglich, dass die Mehlschwalbe verstärkt die Neubauten als Brutorte annehme, die überall am Stadtrand und in den ländlichen Bezirken entstehen. Der Bestand liege in Alt-Gladbach und Rheydt (141 km²) in einer Größenordnung von 200–500 Paaren. Für Wickrath ordnen HEINEN et al. (1983) die Population in die Spanne 51–250 BP ein, eine Zählung erbrachte 1988 67 Paare (OAG WICKRATH O. J.).

Bestandstrends können mit Gewissheit nur auf Grund großräumiger und dauerhafter Zählungen beurteilt werden. Die Entwicklung einzelner Kolonien kann vom überregionalen Trend stark abweichen, kurzfristige lokale Bestandsschwankungen bis zu ± 30–35 % sind typisch (GLUTZ & BAUER 1985). Ungeachtet dessen lässt sich ein langfristiger Rückgang vermuten. Bei der Erfassung der Mehlschwalbe 1999 konnten im gesamten Stadtgebiet 178–191 beflogene Nester gezählt werden (STIELS 2000) – nicht einmal mehr die Untergrenze des Bestandes der 1980er Jahre. In vielen Ortschaften, die noch vor wenigen Jahren Kolonien beherbergt haben müssen, wurden nur die Reste alter Nester gefunden (STIELS 2000). Mit der Abnahme der Population läge Mönchengladbach im großflächigen Negativtrend (GRO & WOG 1997), der auch in den angrenzenden Niederlanden zu beobachten ist (BIJLSMA et al. 2001). Lokal weicht die Entwicklung vom Trend ab, so deuten Vergleichszählungen im Wickrather Raum auf einen stabilen Bestand hin (OAG WICKRATH O. J., STIELS 2000, Tab. 61).

Tab. 61: Anzahl von Mehlschwalben-BP vor und in den 1990er Jahren auf Vergleichsflächen

Gebiet	1988	1999	Gebiet	1988	1999
Wickrath	2	11	Beckrath	5	4
Wickrathberg	0	9	Herrath	17	8
Wickrathhahn	0	22	Wanlo	33	7
Buchholz	10	5	Summe	67	66

Schwalbenzählung 1999

Die knapp 200 Brutpaare konzentrierten sich auf einen Ring um die Stadtzentren von Rheydt und Mönchengladbach. Die Innenstadtbereiche wurden völlig gemieden, ebenso beherbergten stark landwirtschaftlich geprägte Gebiete nur wenige Paare. Größere Vorkommen (> 15 BP) befanden sich allein in der Ortschaft Wickrathhahn mit 22 Brutpaaren (STIELS 2000). Als Brutumfeld bevorzugte die Mehlschwalbe städtische Wohnbereiche, wie die Verteilung von n = 177 Nestern in Tab. 62 zeigt (STIELS 2000):

Tab. 62: Brutgebiete der Mehlschwalbe 1999

Brutumfeld	Anzahl BP	Anteil (in %)	Brutumfeld	Anzahl BP	Anteil (in %)
Einzelgehöft	0	0	Gewerbegebiete	0	0
dörfliches Milieu	40	23	Stadtkern	0	0
Wohnbereiche	137	77			

Rastbestand

Zum Durchzug machen die lokalen Autoren keine Angaben. Felddaten, auf deren Basis der Umfang des Zuges abgeschätzt werden könnte, liegen aus den letzten Jahren kaum vor. Größere Wasserflächen, die stärkere Zugverbände gerne zum Jagen nutzen, fehlen in der Stadt weitestgehend. Die Art mag mäßig zahlreicher Durchzügler sein.

Phänologie

Der Heimzug setzt im Rheinland Mitte bis Ende April ein, das Gros kommt im letzten Aprildrittel und in der ersten Maihälfte an (MILDENBERGER 1984). Die Erstbeobachtung in Mönchengladbach gelang seit 1972 zwischen dem 17.04. (1972) und dem 09.05. (1995), die mittlere Ankunft lag auf dem 27.04. (n = 12) (HEINEN et al. 1983, H. Hurtmann, A. Schneider u. a.). Erste Wegzugbeobachtungen gibt es aus der ersten Augustdekade (H. Hurtmann, D. Stiels), Nachweise aus der zweiten Oktoberhälfte sind durch HEINEN et al. (1983) überliefert und für das Rheinland nicht ungewöhnlich (MILDENBERGER 1984). Die späteste Beobachtung datiert vom 02.11.1974 (HEINEN et al. 1983). In diesem Jahr kam es zu wetterbedingtem Zugstau und in vielen Fällen zum Massensterben von Schwalben (vgl. GLUTZ & BAUER 1985).

Besonderheiten
Längere Schlechtwetterperioden zur Brutzeit können zu überdurchschnittlichen Verlusten führen. Ende Mai 1983 wurden nach einer langen und ununterbrochen anhaltenden Regenphase »sehr viele« Vögel im Stadtgebiet entkräftet gefunden, die Verluste lagen bei über 50% (H. Siebmanns).

Brachpieper (*Anthus campestris*)

Rote Liste: NRW 0, D 2
sehr vereinzelter, unregelmäßiger Durchzügler
IV / VIII–IX

Bestand und Vorkommen
Das letzte nordrhein-westfälische Brutvorkommen ist Mitte der 1980er Jahre erloschen. Es lag im Kreis Viersen, wo noch bis 1984 ein Paar brütete (HUBATSCH 1996, GRO & WOG 1997). Als Durchzügler kann der Brachpieper nach wie vor beobachtet werden, MILDENBERGER (1984) beziffert den rheinischen Rastbestand auf 10–1000 Exemplare. In diesem Zusammenhang finden sich auch Nachweise aus Mönchengladbach. LE ROI (1906) schreibt: »Bei Odenkirchen traf R. Lenßen den Brachpieper öfter auf dem Zuge.« Genauer datiert sind bis einschließlich 2003 vier Beobachtungen:

- ■ 1 adultes ♂ rastete am 30.08.1891 bei Sasserath und gelangte in die Sammlung von LE ROI (1906).
- ■ 2 Ex. sah S. Burghardt am 26.09.1970 auf einem frisch gepflügten Acker in den Winkelner Feldern (BURGHARDT 1970, 1989a).
- ■ 2 Ex. am 27.04.1988 in der Kiesgrube Beltinghoven, wo sie u. a. von S. Burghardt und M. Jöbges beobachtet wurden (BURGHARDT 1989a).
- ■ 2 Ex. am 30.04.1989 erneut in der Kiesgrube Beltinghoven (M. Jöbges).

Angesichts dessen, dass der Brachpieper keineswegs zu den seltenen Durchzüglern zählt (vgl. MILDENBERGER 1984), werden die wenigen Meldungen aus dem Stadtgebiet wohl kaum den tatsächlichen Rastbestand wiedergeben.

Baumpieper (*Anthus trivialis*)

seltener Brutvogel, mäßig zahlreicher Durchzügler
Rasterfrequenz (1982): 5 %
IV–X

Bestand und Vorkommen

MAAS (1948) nennt den Baumpieper allgemein einen »recht häufigen Brutvogel«. In Mönchengladbach komme er unter anderem auf dem (Haupt-)Friedhof und dem angrenzenden Gelände alljährlich mit »mehreren Paaren« vor. BETTMANN (1959) traf den Pieper »im Westen und Osten der Stadt Rheydt häufig an«. Im Stadtwald, namentlich in den Heideparzellen, brüte er regelmäßig. Die Population in Alt-Gladbach (97 km²) veranschlagt BURGHARDT 1970 auf 20–50 Paare. In den 1980er Jahren erreichte der Bestand diese Größenordnung kaum mehr. HEINEN et al. (1983) und BURGHARDT (1989a) schätzen für die gesamte Stadt 6–25 BP. Die Rasterkartierung 1982 im MTB 4804 zeigt Vorkommen im Hardter und Gerkerather Wald sowie im Bereich des Elschenbruchs, Letzteres eventuell im Kreis Neuss (WINK 1988).

Sank der Bestand bis in die 1980er Jahre, hat sich der Trend auch seit 1991 nicht umgekehrt. Brutplätze blieben verwaist bzw. wurden aufgegeben (vgl. auch Tab. 63). Allein aus dem Hardter Wald liegen noch brutzeitrelevante Meldungen aus mehreren Jahren vor. Die Revierkartierung ergab 1998 zehn BP, die sich nahezu ausschließlich auf den westlichen Teil beschränkten (HURTMANN 1999b). Daneben ist es andernorts sporadisch zu Einzelbruten gekommen (z. B. HURTMANN 2004c). Insgesamt lag der Bestand der letzten Jahre in der Spanne von 6–20 BP.

Tab. 63: Anzahl von Baumpieper-BP vor und seit den 1990er Jahren auf Vergleichsflächen

Gebiet	Anzahl BP < 1990er (Jahr); Quelle	Anzahl BP 1990er (Jahr); Quelle
Bistheide	3 (1980); HEINEN (1980)	0 (1999); HURTMANN (1999b) 0 (2004); HURTMANN (2004c)
Gerkerather Wald	x (1982); WINK (1988)	0 (1999); HURTMANN (1999b) 1 (2004); HURTMANN (2004c)
Wickrather Wald	»vereinzelt«; HEINEN et al. (1983)	0 (1998); HURTMANN (1999b)
Buchholzer Wald	»vereinzelt«; HEINEN et al. (1983)	0 (1998); HURTMANN (1999b)
Wickrather Schlosspark	1 (1965); HEINEN (1971)	0 (1998); HURTMANN (1999b)

Ein Grund für den Negativtrend liegt in der Altersstruktur der Wälder. Größere Bestandsdichten erreicht der Pieper auf Kahlschlägen, in jungen Kulturen von Laub- und Nadelhölzern oder auf Flächen mit schwachem Strauch- und Baumbewuchs (vgl. MILDENBERGER 1984). Diese Biotope waren in Mönchengladbach einst in größerem Umfang vorhanden. Im Hardter Wald etwa gab es in den ersten Jahren nach dem Zweiten Weltkrieg große Kahlschläge (vgl. BURGHARDT 1970), die heute wieder dicht bewaldet sind. Auch die verbliebenen Schonungen mit den aktuellen Brutplätzen im westlichen Teil werden durch das Heranwachsen der Bäume bald kein angemessener Lebensraum mehr sein.

Rastbestand

Als Durchzügler ordnet BURGHARDT (1989a) den Pieper in die Kategorie »mäßig zahlreich« (100–1000 Exemplare) ein. Diese Größenordnung ist auch für die letzten Jahre plausibel.

Phänologie

Bemerkenswert ist ein später Nachweis vom 30.10.1971 in Wickrath (HEINEN et al. 1983). Beobachtungen nach Mitte Oktober sind im Rheinland selten, MILDENBERGER (1984) nennt aus dieser Zeit allein drei Wahrnehmungen – die späteste vom 25.10. (1975).

Wiesenpieper (*Anthus pratensis*)

Rote Liste: NRW 3
(ehemaliger?) sehr seltener Brutvogel, (sehr) vereinzelt bis zahlreicher Rastvogel I–XII

Bestand und Vorkommen

Als Brutvogel kam der Wiesenpieper im Stadtgebiet sporadisch vor. BETTMANN (1959) schreibt, dass der Pieper bis 1955 im Wetschewell und in den Wiesen entlang der Niers gebrütet hat. Im Jahr 1979 stellten S. Burghardt und H. Siebmanns ein Paar auf der Rheydter Höhe fest. Weiter heißt es bei BURGHARDT (1989a): »In den darauf folgenden Jahren befanden sich Brutplätze in großen Brachen bei Holt (ca. vier BP) und Rönneter sowie in den Randbereichen von Abgrabungen zwischen Holt, Hehn und Beltinghoven.« Ein weiteres Vorkommen habe an der Tongrube Dreesen bei Rheindahlen gelegen. Dass ein Teil der Brutorte schon Ende der 1980er Jahre wieder verwaist war, ist zu vermuten. So wurden die Brachen bei Holt und Rönneter bebaut (BURGHARDT 1989a).

Seit den 90er Jahren fehlen brutzeitrelevante Nachweise (nach Mitte Mai, vgl. HUSTINGS et al. 1985). Womöglich gab es (sehr) vereinzelt unregelmäßige Bruten, die unentdeckt blieben. Vorstellbar, dass das ehemalige Militärgelände östlich von

Wolfsittard (»Nordpark«) noch Vorkommen beherbergte. Seit dem Ende des Jahrzehnts dürfte das Gebiet jedoch nicht mehr als Brutort geeignet sein, da nach dem Abzug des Militärs auf den einstigen Wiesenflächen umfangreiche Bauprojekte umgesetzt werden.

Rastbestand

BURGHARDT notiert 1970, die Art trete als Durchzügler »sehr zahlreich« (> 5000 Individuen) auf. Ende der 1980er Jahre veranschlagt er in der Artenliste der Vögel noch 1000–5000 durchziehende Pieper. Ein kleiner Teil der Rastvögel überwintert im Stadtgebiet. MAAS (1948) sah in den Wintermonaten mehrfach bis zu zehn Individuen (vgl. auch BURGHARDT 1970).

Heute wird der Wiesenpieper (mäßig) zahlreicher Durchzügler sein (101–5000 Exemplare). Wohl regelmäßig überwintert die Art (sehr) vereinzelt, Beobachtungen aus dem Dezember oder Januar gibt es aus vielen Jahren. Maximal wurden 20–25 Vögel festgestellt (26.01.2003, W. von Kannen).

Phänologie

Der Heimzug endet im Wesentlichen Mitte April, der Durchzug nordischer Wiesenpieper erstreckt sich aber noch bis in die ersten Maitage (MILDENBERGER 1984). In Mönchengladbach wurden letzte Rastvögel seit 1991 durchschnittlich am 20.04. entdeckt (n = 8). Die Eckdaten waren der 09.04. (2000, H. Hurtmann) und der 29.04. (1995, H. Hurtmann). Nach der Brutzeit tauchten die ersten Pieper im Mittel am 19.09. wieder auf (n = 8). Die Eckwerte waren hier: 06.09. (1992, H. Hurtmann, D. Stiels) und 29.09 (1991, H. Hurtmann). Diese Daten fallen in die Hauptzugperiode des Rheinlands, in der zweiten Septemberdekade setzt starker Durchzug ein (MILDENBERGER 1984).

Maximum

Der größte gemeldete Trupp umfasste etwa 100 Wiesenpieper. Sie rasteten am 10.11.2002 im ehemaligen Militärgelände östlich Dorthausen (W. von Kannen).

Bergpieper (*Anthus spinoletta*)

unregelmäßiger Rastvogel
XII–II

Bestand und Vorkommen

Lange galten Berg- und Strandpieper (*A. petrosus*) als Unterarten des Wasserpiepers

(*A. spinoletta*). Nach der Aufgliederung in zwei selbstständige Arten ist es schwierig, die jeweiligen früheren Vorkommen nachzuzeichnen – einige Autoren führen allein den allgemeinen Begriff »Wasserpieper« auf. MILDENBERGER (1984) betont allerdings, dass der Bergpieper im Rheinland regelmäßig erscheine, während der Strandpieper nur ausnahmsweise auftrete. Die Größenordnung des rheinischen Rastbestandes beliefe sich insgesamt auf 11–100 (1000) Vögel. Aus dem Stadtgebiet sind zwei Nachweise vom Bergpieper überliefert (ohne Anzahl):

- »Ende Dezember« 1940 an der Niers im Elschenbruch (MAAS 1948).
- Am 10.02.1941 an der Beller Mühle (MAAS 1948).

Neben diesen beiden Meldungen notiert BETTMANN (1959), der Pieper könne »zur Zugzeit im Wetschewell und entlang der Niers beobachtet werden«. Mit Sicherheit werden die wenigen Nachweise das Vorkommen der Art (insbesondere in neuerer Zeit) nicht angemessen widerspiegeln. Im angrenzenden Kreis Viersen überwinterten 2000 über 150 Exemplare (BSKS 2001). In Mönchengladbach wurde und wird die Art wohl übersehen bzw. überhört.

Schafstelze (*Motacilla flava*)

Rote Liste: NRW 3
(sehr) seltener Brutvogel, mäßig zahlreicher Durchzügler
IV–IX (X)

Bestand und Vorkommen

Von der Schafstelze (Unterart *M. f. flava*) nennt MAAS (1948) einige Vorkommen, die Bestandsgröße bleibt bei ihm aber unklar. BETTMANN (1959) fand die Art »nicht selten« in den Rheydter Nierswiesen. Ende der 1960er Jahre berichtet BURGHARDT (1970) von einem »starken Rückgang«. Noch vor wenigen Jahren mit mindestens 20–50 BP in Alt-Gladbach (97 km²) vertreten, brüteten nun noch 5–20 Paare. Damit war auch in Mönchengladbach der Negativtrend erkennbar, der seit Mitte der 1960er Jahre im Rheinland zu beobachten war (MILDENBERGER 1984). In den 1980er Jahren wird der Gesamtbestand mit 1–5 Paaren angegeben (BURGHARDT 1989a, HEINEN et al. 1983).

In den 1990er Jahren änderte sich die Situation offenbar nicht. BURGHARDT et al. (o. J.) gehen Mitte des Jahrzehnts allein vom sporadischen Brüten im Stadtgebiet aus. Beobachtungsmeldungen bestätigen dieses Bild bis in die späten 1990er Jahre (H. Hurtmann, G. Lauscher u. a.). Erst die Begehungen im Rahmen der Kiebitzkartierung 2002 zeigten mit rund zehn Paaren einen höheren Bestand. Die

Vorkommen beschränkten sich auf die großflächigen Felder im Süden, so dass es sich ausschließlich um eine Ackerpopulation handeln dürfte (MAAS 2002). Einen positiven Trend in den letzten Jahren anzunehmen liegt nahe, zumal die ermittelte Anzahl eher die Untergrenze markiert. Allerdings kann der Brutbestand der Schafstelze von Jahr zu Jahr stark schwanken (GLUTZ & BAUER 1985).

Rastbestand

Zum Durchzug gibt es erste umfassende Angaben aus den 1980er Jahren. Danach trat die Schafstelze als mäßig zahlreicher Durchzügler (ca. 100–1000 Exemplare) auf (BURGHARDT 1989a, HEINEN et al. 1983). Diese Spanne kann für die letzten Jahre übernommen werden. Neben der Unterart *M. f. flava* konnten sporadisch Vögel der Unterart *M. f. thunbergi* registriert werden (E. & S. Burghardt, H. Hurtmann u. a.). Die Meldung von BETTMANN (1959), nach der »überwinternde Flüge in unserer Gegend nicht selten sind« wird auf einen Irrtum zurückzuführen sein. Von Schafstelzen gibt es nur ganz wenige mitteleuropäische Nachweise bis in den Dezember (Januar) aushaltender, anscheinend gesunder Nachzügler (GLUTZ & BAUER 1985). Aus dem gesamten Rheinland führt MILDENBERGER (1984) keine einzige Winterbeobachtung an.

Phänologie

Schafstelzen kehren in der letzten Märzdekade bzw. in der ersten Aprilhälfte aus den Überwinterungsgebieten in das Rheinland zurück. Der Wegzug erstreckt sich bis weit in den September, in verschiedenen Jahren gibt es Beobachtungen noch aus der ersten Oktoberdekade (MILDENBERGER 1984). Die lokalen Extremwerte fallen in diesen Rahmen: Das früheste Datum ist der 09.04. (2000, H. Hurtmann), das späteste der 09.10. (1999, G. Lauscher).

Maximum

Einen Trupp von 69 Exemplaren sah M. Temme am 06.09.2001 südlich von Buchholz.

Gebirgsstelze (*Motacilla cinerea*)

seltener bis spärlicher Brutvogel, vereinzelter Rastvogel
I–XII

Bestand und Vorkommen

Aus der Ebene des Rheinlands kannte LE ROI (1906) nur »vereinzelte« Brutgebiete,

Beringte Gebirgsstelze an der Niers
Foto: H. Hurtmann

Mönchengladbach nennt er in diesem Zusammenhang nicht. Seit Mitte der 1920er Jahre nahm die Stelze am Niederrhein »merklich« zu (NEUBAUR 1957). Insofern überrascht nicht, dass MAAS 1948 von regelmäßigen Bruten an der Niers berichtet (vgl. zudem BETTMANN 1959). Ob es in den 1950er oder 1960er Jahren auch im Stadtgebiet einen Rückgang gab, wie ihn MILDENBERGER (1984) allgemein für das Rheinland annimmt, ist nicht ausreichend gesichert. Indizien für einen Negativtrend gibt es allerdings (vgl. BURGHARDT 1970, HEINEN 1971, HEINEN et al. 1983). In den 1980er Jahren wird der Bestand auf 6–25 BP geschätzt (BURGHARDT 1989a, HEINEN et al. 1983). Konkrete Zahlen gibt es von einem rund sechs km langen Niersabschnitt zwischen Bonnen- und Neersbroich. Die Kontrolle der dort angebrachten Nisthilfen erbrachte von 1984 bis 1990 2–5 Paare, wobei der Bestand mit der zunehmenden Anzahl von Nisthilfen anwuchs (VON KANNEN et al. 1993).

Über den aktuellen Brutbestand gibt die Revierkartierung von 2004 Auskunft (vgl. HURTMANN 2005b). Danach ließen sich 32 Territorien nachweisen, mit 26 die meisten entlang der Niers (Tab. 64). Hierfür waren 1997 vornehmlich auf der Basis der monatlichen Wasservogelzählungen noch 16 Reviere veranschlagt worden (HURTMANN 1998a). Dass 2004 die Kartierung umfassender gelang, ist nicht der einzige Grund für die deutlich höhere Zahl. Vor der Brutsaison 1997 lag ein Kältewinter, der bei der Art zu beträchtlichen Verlusten führt (vgl. GLUTZ & BAUER 1985).

Tab. 64: Gebirgsstelzen-Reviere in 2004

Gebiet	Strecke (km)	Anzahl Reviere	Reviere/km
Wanloer/Wickrather Niersraum	6,2	6	1,0
Odenkirchener/Rheydter Niersraum	9,8	8	0,8
Lürriper/Neuwerker Niersraum	7,2	12	1,7

	5,4	1	0,2
Knippertzbach	5,4	1	0,2
Hellbach	1,9	2	1,1
Haus Horst	0,8	1	1,3
Rückhaltebecken Hamern		1	
Bungtbach	0,8	1	1,3
Summe	32,1	32	

Auf der Teilstrecke zwischen Bonnenbroich und Neersbroich (6 km) war die Siedlungsdichte überdurchschnittlich hoch. Pro Flusskilometer fanden sich 2,0 Reviere, während es im übrigen Nierstal 0,8 Reviere/km waren (HURTMANN 2005b). Zurückzuführen sein wird das auf die hohe Dichte an Nisthilfen. Schon Mitte der 1990er Jahre war deren Zahl auf diesem Abschnitt auf 13 Stück aufgestockt worden (VON KANNEN et al. 1994). Auf den anderen Abschnitten fehlen Nistkästen weitgehend.

Rastbestand

Neben den heimischen Stelzen, die als Stand- und Strichvögel (teilweise) am Brutort bleiben, rasten auch Zuzügler im Rheinland (MILDENBERGER 1984). Vor der Besiedlung Mönchengladbachs traten Gebirgsstelzen »regelmäßig« auf (LE ROI 1906). Im Winter 1953/54 will BETTMANN (1959) in den Rheydter Feldern »regelmäßig Flüge von 50–60 Exemplaren« gesehen haben. Diese Meldung passt kaum zum bekannten Auftreten der Stelze in Mitteleuropa (vgl. GLUTZ & BAUER 1985). BURGHARDT (1970) spricht derweil von 1–10 Rastvögeln. Die wenigen Einzelbeobachtungen die er nennt, lassen allein sporadische Wintervorkommen vermuten.

Im Vergleich dazu tritt die Gebirgsstelze heute häufiger auf. Da der Anteil der heimischen Brutpopulation am Herbst- und Winterbestand unklar ist, ist das Ausmaß von Durch- und Zuzug schwer zu bestimmen. Die Einstufung als vereinzelter Rastvogel (11–100 Exemplare) ist aktuell plausibel. Dabei können Vögel trotz der engen Bindung an Fließgewässer nicht selten in der Innenstadt beobachtet werden. An der Eickener Kirche oder über dem Mönchengladbacher Hauptbahnhof sahen D. & I. Stiels alljährlich Einzelvögel. Ob die Stelzen tatsächlich in die städtischen Bereiche ziehen oder ob sie sich hier nur vorübergehend aufhalten (GLUTZ & BAUER 1985), muss noch geklärt werden.

Wasservogelzählung 1997/2004

Die Erfassungen zeigen folgende Entwicklung (Tab. 65, HURTMANN 1998a, 2005b):

Tab. 65: Bestand der Gebirgsstelze 1997 und 2004

Jahr	Jan.	Feb.	März	Apr.	Mai	Juni	Juli	Aug.	Sep.	Okt.	Nov.	Dez.	Ø
1997	0	1	6	9	7	7	1	2	2	1	1	0	3,1
2004	7	13	16	20	11	18	8	11	8	17	11	6	12,2

Die Bestandszahlen waren in 2004 durchweg deutlich höher. Methodische Unterschiede in der Erfassung mögen eine Rolle spielen (vgl. HURTMANN 2005b), doch werden sie die Zunahme in der Hauptsache nicht erklären können. Wie oben angedeutet, können strenge Winter enorme Verluste verursachen. Während dem Jahr 2004 mehrere milde Winter vorausgingen, lag vor der Zählung in 1997 eine knapp dreiwöchige Dauerfrostperiode. Parallelen lassen sich zwischen beiden Jahren ungeachtet dessen erkennen. So nimmt der Bestand bis einschließlich April kontinuierlich zu. In den ersten vier Monaten werden die Territorien nach und nach besetzt (vgl. BIJLSMA et al. 2001). Das vorläufige Minimum nach Juni mag auf das Abwandern der ersten Brut zurückzuführen sein. Nennenswerter Durchzug, wie er nach LWVT & SOVON (2002) im September und Oktober spürbar ist, lässt sich an den Gewässern der Stadt nicht einwandfrei erkennen. Gemeinsam ist beiden Jahren, dass der Bestand ab dem Spätherbst bis Dezember auf ein niedriges Niveau sinkt. Bei Vergleichszählungen im Dezember der Jahre 1999 und 2001–2003 wurden zwischen ein und fünf Exemplare festgestellt (HURTMANN 2005b).

Ringfunde
Die OAG Wickrath beringte 55 Exemplare, ein Vogel konnte als Wiederfund in Wickrath kontrolliert werden (HEINEN et al. 1983):

Ringnummer unbekannt
O 16.04.1977   Wickrath, Mönchengladbach (adult)
+ 15.10.1978   Wickrath, Mönchengladbach   0 km   Fängling

Bachstelze *(Motacilla alba)*

mäßig häufiger Brutvogel, sehr vereinzelter bis (mäßig) zahlreicher Rastvogel
Rasterfrequenz (1982): 52 %
I–XII

Bestand und Vorkommen
Ein »häufiger« Brutvogel, der bevorzugt in der Nähe von Gebäuden zu finden

ist – so urteilt MAAS (1948) über das Vorkommen der Bachstelze. BETTMANN (1959) schreibt, die Art sei die »häufigste und bekannteste unserer heimischen Stelzen«. In den 1980er Jahren galten diese Einschätzungen unverändert. HEINEN et al. (1983) und BURGHARDT (1989a) veranschlagen für das Stadtgebiet rund 70–250 Paare.

Mäßig häufiger Brutvogel (51–200 BP) war die Art in den 1990er Jahren. Die Populationsgröße wird sich in der oberen Hälfte der Spanne bewegt haben. Durch Revierkartierungen belegt sind auf etwa 500 ha Fläche rund 10–15 Paare. Im Geneickener Nierstal bis einschließlich zum Bungtwald (320 ha) brüteten 1991 4–5 BP (VAN GEN HASSEND et al. 1991), im selben Jahr kartierte JÖBGES (1991) sieben BP im Wickrather Nierstal (160 ha). Die Kiesgrube Beltinghoven (25 ha) beherbergte 2001 1–2 Paare (HURTMANN 2002a).

Als Kulturfolger erreicht die Bachstelze hohe Siedlungsdichten in bäuerlich geprägten Landschaften mit Dörfern, Einzelhöfen und Ställen (großflächig bis 1,5 BP/10 ha). Auch in Siedlungen und Städten ist sie vielfach anzutreffen (MILDENBERGER 1984). Die lokalen Untersuchungen zeigen in überwiegend bewaldetem Gebiet entsprechend geringe Abundanzen:

- Kiesgrube Beltinghoven: 0,4–0,8 BP/10 ha (vgl. HURTMANN 2002a).
- Geneickener Nierstal, Volksgarten: 0,1–0,2 BP/10 ha (vgl. VAN GEN HASSEND et al. 1991).
- Mühlenbachtal: 0,1 BP/10 ha (vgl. UNI DÜSSELDORF et al. 1986).
- Wickrather Schlosspark: 2,3 BP/10 ha (vgl. HUBATSCH 1968).
- Oberes Nierstal: 0,4 BP/10 ha (vgl. JÖBGES 1991).

Rastbestand

Sowohl in den 1980er als auch in den 1990er Jahren war die Bachstelze (mäßig) zahlreicher Durchzügler (für die 1980er vgl. BURGHARDT 1989a). Inwieweit es sich bei Vögeln im Winter um einheimische oder fremde Stelzen handelt, ist unbekannt. Klar ist hingegen, dass es bereits seit MAAS (1948) aus vielen Jahren Winterbeobachtungen gibt. Meist handelte es sich um Einzelvögel, mitunter wurden auch kleinere Trupps registriert. So zählte S. Burghardt am 02.01.1993 auf einem mit Mist bestreuten Acker nördlich von Rheindahlen 14 Individuen. Wohl alljährlich werden 1–10 Vögel, selten mehr, im Stadtgebiet überwintert haben.

Phänologie

Im Herbst fallen die Nachweise größerer Verbände (> 10 Exemplare) in die Zeit von Anfang August bis Anfang November (n = 13, H. Hurtmann, D. Stiels u. a., vgl. auch MAAS 1948). Ist die August-Beobachtung (06.08., > 25 Vögel in der Kiesgrube Beltinghoven, H. Hurtmann, D. Stiels) auf eine Sammlung außerhalb der Brutplätze zurückzuführen, liegen die übrigen in dem Zeitrahmen, den MILDENBERGER (1984) als Zugperiode für das Rheinland nennt.

Maximum

Beispielhaft für den Durchzug ist die Zahl von rund 185 Vögeln, die am 11.10.2003 im südlichen Stadtgebiet zwischen der Kamphausener Höhe und Gatzweiler in der Feldflur rasteten (H. Hurtmann). Hohe Zahlen werden auch an Gemeinschaftsschlafplätzen erreicht. Bachstelzen, die nicht an einen Brutplatz gebunden sind, suchen diese während des ganzen Jahres auf. Schlafplätze befinden sich vor allem im Röhricht, aber auch in geschützt stehenden Bäumen (GLUTZ & BAUER 1985). W. von Kannen zählte am 27.04.1988 etwa 100 Exemplare, die in das Schilf am Holtmühlenteich einfielen.

Besonderheiten

Nach KNORR (1967) wurde ein Vogel der Unterart *M. a. yarellii* (Trauerbachstelze) am 10.02.1963 in Rheydt am Stockholter Weg beobachtet. Die Trauerbachstelze ist überwiegend auf den Britischen Inseln verbreitet und taucht selten als Durchzügler im Rheinland auf (vgl. MILDENBERGER 1984).

Seidenschwanz (*Bombycilla garrulus*)

(sehr) vereinzelter, unregelmäßiger Rastvogel
XI–IV (V)

Bestand und Vorkommen

Der Seidenschwanz erscheint als Wintergast invasionsartig beinahe alljährlich im Rheinland. Meist werden von November bis März kleinere Trupps von 5–10 Exemplaren festgestellt (MILDENBERGER 1984). Die Meldungen aus Mönchengladbach lassen sich zu neun Einflügen zusammenfassen:

- 1 Belegstück aus M.Gladbach (undatiert) befand sich in der Sammlung von Kunst (MAAS 1948).
- 5 Ex. beobachtete B. Bresser am 02.02.1941 im Wetscheweller Bruch (BETTMANN 1959, vgl. auch MAAS 1948, NEUBAUR 1957).
- 4 Ex. waren es »im März« 1942 im Mönchengladbacher Kaiserpark (Bunter Garten) (MAAS 1948, vgl. auch NEUBAUR 1957).
- 3 Ex. rasteten »im November« 1949 in Odenkirchen (BETTMANN 1959, vgl. auch NEUBAUR 1957).

- 2 Ex. Mitte November 1952 meldete C. Maas aus M.-Gladbach an NEUBAUR (1957).
- 5–6 Ex. im Januar 1958. Zunächst wurden 5 Vögel am 09.01. in Rheydt registriert, am 11.01. ein Exemplar in Wickrath (BETTMANN 1959).
- Im Winter 1965/66 gab es im Rheinland den »bislang wohl größten Einflug unseres Jahrhunderts« (MILDENBERGER 1984). Das schlug sich auch in Mönchengladbach nieder. Zu dieser Zeit gelangen 5 Beobachtungen mit > 40 Individuen (WILLE 1968b). Der mit etwa 20 Ex. größte Trupp rastete am 11.04. an der Neuwerker Kläranlage (BURGHARDT 1970, 1989a, WILLE 1968b). Noch am 01.05. beobachtete S. Burghardt 4 Vögel im Bunten Garten (BURGHARDT 1970, 1989a). Dieser Nachweis ist einer der spätesten im Rheinland überhaupt (vgl. MILDENBERGER 1984).
- »Mitte der 70er Jahre« wurde der Seidenschwanz durch C. Weigel in Ohler festgestellt, die Anzahl ist nicht überliefert (BURGHARDT 1989a).
- 32–35 Ex. wurden im Februar/ März 1996 gezählt. Neben 12–15 Ex. am 03.02. in Hardt (F. Mobers) tauchten am 06.02. 2 Ex. am Güterbahnhof Breitenbachstraße auf (A. van gen Hassend). Nach einer weiteren Beobachtung von 3 Vögeln in Waldhausen (17.02., E. & S. Burghardt) gelang der letzte Nachweis am 09.03. mit 15 Individuen in Odenkirchen (A. Krenzel).

Wasseramsel (*Cinclus cinclus*)

sehr seltener, unregelmäßiger Brutvogel, sehr vereinzelter, unregelmäßiger Gast
I–VI / IX–XII

Bestand und Vorkommen

Die Wasseramsel ist ein Brutvogel der (Mittel-)Gebirge. Im Rheinland etwa sind Vorkommen auf das Bergische Land oder die Eifel beschränkt, wo die Art an schnell fließenden Bächen und Flüssen in einer Höhe ab 100 m ü. NN nistet (WINK 1988). Linksrheinisch wird die Verbreitungsgrenze in der Nordeifel auf einer Linie Aachen – Düren – Euskirchen – Ahrlauf erreicht. Die meisten Brutplätze liegen an den Ober- und Mittelläufen in Höhenlagen über 200 m ü. NN. In das Tiefland gelangen Wasseramseln außerhalb der Brutzeit. Dann streifen sie bis zum Unteren Niederrhein umher (MILDENBERGER 1984). In Mönchengladbach gibt es bis zur Mitte der 1990er Jahre drei Nachweise:

- Vom 27.12.1968–15.01.1969 sah H. Bettmann ständig 1 Ex. an der Niers bei Wickrath (WILLE 1971). Nach HEINEN et al. (1983) konnte der Vogel noch bis zum 20.03. festgestellt werden, der Beobachtungsort wird hier mit »Karotte in Wickrath« angegeben.

- Vom 22.02.–25.02.1978, 1 Ex. an der Karotte in Wickrath (HEINEN et al. 1983).
- Am 28.01.1989, 1 Ex. an der Niers in Höhe Wetschewell (S. Burghardt u. a.).

Im letzten Jahrzehnt brütete die Art bei Wickrath. Nach einer ersten Beobachtung am 09.04.1995 an der Niers am Schlosspark (1 Exemplar, H. Kirfel u. a.) konnte am 26.05.1995 an selber Stelle ein adultes Exemplar beim Füttern von zwei juvenilen Vögeln registriert werden (H. Kirfel). In den Folgejahren fehlen Brutnachweise, dennoch ist zumindest 1996 und 1998 ein Brüten möglich. Mehrfach wurde die Art in beiden Jahren zur Brutzeit nachgewiesen (je 1 Exemplar, April bis Juli, H. Hurtmann, R. Seidel, D. Stiels u. a.). In 1997, 1999, 2000 und 2001 sind allein Meldungen aus den Herbst- und Wintermonaten überliefert (15 Nachweise von je 1 Vogel, R. Brenner, G. Lauscher, G. Maas u. a.). Der letzte Nachweis gelang am 23.12.2001 (L. Ohlig). Angesichts der Verbreitung und der Biotopansprüche ungewöhnlich, kann das Vorkommen wohl mit den Eigenschaften der Niers erklärt werden. Durch die Einleitung von Sümpfungswasser hat sich der Charakter der Oberen Niers gewandelt. Die nachgewiesene Organismengemeinschaft, wie etwa das Vorkommen des Flohkrebses (*Gammarus fossarum*), gleicht den Quellbereichen und obersten Bachabschnitten der Mittelgebirge (NIERSVERBAND 2001).

Außerhalb der Teilstrecke zwischen Wickrath und Wetschewell zeigte sich die Art seit den 1990er Jahren nur sehr sporadisch. Am 14.11. und 26.11.1997 saß ein Vogel an der Niers nahe Schloss Rheydt (A. Bytzek, H. Schmitz).

Foto: H. Hurtmann

Zaunkönig
(*Troglodytes troglodytes*)

sehr häufiger Brutvogel
Rasterfrequenz (1982): 85 %
I–XII

Bestand und Vorkommen

Dass der Zaunkönig auch in der Vergangenheit ein verbreiteter und häufiger Brutvogel gewesen ist, zieht sich wie ein roter Faden durch die lokalen Avifaunen (z. B. BURGHARDT 1970, MAAS 1948). In den 1980er Jah-

ren schätzen BURGHARDT (1989a) und HEINEN et al. (1983) den Gesamtbestand
auf 250–750 BP.

Aus den letzten Jahren liegen für einige Gebiete konkrete Bestandszahlen vor.
Danach fanden sich 1991 im Nierstal von Geneicken bis inkl. Bungtwald 83–90 BP
(vgl. VAN GEN HASSEND et al. 1991), im Nierstal von Wickrath bis Keyenberg waren
es 19 BP (»wahrscheinlich mehr«, JÖBGES 1991). Die Kartierung in der Kiesgrube
Beltinghoven erbrachte zehn BP (HURTMANN 2002a). In Mönchengladbach übersteigt der Zaunkönig als sehr häufiger Brutvogel die Marke von 500 BP.

Angaben zur Siedlungsdichte lassen sich auf der Basis verschiedener Revierkartierungen machen:

- Bistheide: 6,7 BP/10 ha (vgl. HEINEN 1980).
- Kiesgrube Beltinghoven: 4,0 BP/10 ha (vgl. HURTMANN 2002a).
- Geneickener Nierstal, Volksgarten: 2,6–2,8 BP/10 ha (vgl. VAN GEN HASSEND et al.
  1991).
- Mühlenbachtal: 3,4 BP/10 ha (vgl. UNI DÜSSELDORF et al. 1986).
- Wickrather Schlosspark: 10,0 BP/10 ha (vgl. HUBATSCH 1968).
- Oberes Nierstal: 1,2 BP/10 ha (vgl. JÖBGES 1991).

Rastbestand

Inwiefern es nach der Brutzeit Durch- oder Zuzug gibt, ist nicht geklärt.

Ringfunde

Einen Wiederfund nennt NEUBAUR (1957). Genau zu lokalisieren ist er nicht, da der
Fundort mit »zwischen Lüttich und Brüssel« angegeben wird.

Ringnummer unbekannt
O 14.07.1936   M.-Gladbach
+ 01.07.1937   Flämisch Brabant, Belgien   ~110 km SW   Totfund

Heckenbraunelle (*Prunella modularis*)

sehr häufiger Brutvogel, Rastvogel
Rasterfrequenz (1982): 92 %
I–XII

Bestand und Vorkommen

Als »(recht) häufig« bezeichnen MAAS (1948) und BETTMANN (1959) die Heckenbraunelle. Auch in den 1980er Jahren wird sie als häufiger Brutvogel eingestuft.

Foto: H. Hurtmann

BURGHARDT (1989a) und HEINEN et al. (1983) nennen eine Größenordnung von 250–750 Paaren.

Bis heute hat sich die Bestandssituation offenbar nicht signifikant verändert. Der Brutbestand übersteigt 500 Paare im Stadtgebiet deutlich. Konkret nachgewiesen sind rund 50 BP im Nierstal von Geneicken bis inkl. Bungtwald (vgl. VAN GEN HASSEND et al. 1991) und neun (»wahrscheinlich mehr«) im Nierstal von Wickrath bis Keyenberg (JÖBGES 1991). In der Kiesgrube Beltinghoven siedelten acht Paare (HURTMANN 2002a). Untersuchungen in großflächigen Gebieten (Nierstal, Mühlenbachtal) zeigen, dass die Heckenbraunelle nicht die Abundanz von Zaunkönig und Rotkehlchen erreicht.

- Bistheide: 8,3 BP/10 ha (vgl. HEINEN 1980).
- Kiesgrube Beltinghoven: 3,2 BP/10 ha (vgl. HURTMANN 2002a).
- Geneickener Nierstal, Volksgarten: 1,6 BP/10 ha (vgl. VAN GEN HASSEND et al. 1991).
- Mühlenbachtal: 1,1 BP/10 ha (vgl. UNI DÜSSELDORF et al. 1986).
- Wickrather Schlosspark: 6,2 BP/10 ha (vgl. HUBATSCH 1968).
- Oberes Nierstal: 0,6 BP/10 ha (vgl. JÖBGES 1991).

Rastbestand

Im Rheinland zieht ein Teil der Brutpopulation weg (MILDENBERGER 1984) – plausibel, dass dies auch für die hiesigen Brutvögel gilt. In welchem Umfang Durch- oder Zuzug stattfindet, ist unklar.

Phänologie

Mit dem Gesang beginnt die Heckenbraunelle bereits früh im Jahr. HEINEN et al. (1983) notierten den Erstgesang bei n = 6 zwischen dem 17.01. (1974) und dem 14.02. (1979). In den 1990er Jahren hörte H. Hurtmann bereits am 19.12. (2000, Geneicken) den ersten Wintergesang.

Einen Albino beobachteten HEINEN et al. (1983) im Herbst 1970 in Wetschewell.

Rotkehlchen (*Erithacus rubecula*)

sehr häufiger Brutvogel, Rastvogel
I–XII

Bestand und Vorkommen

MAAS (1948) nennt das Rotkehlchen einen »häufigen« Brutvogel, BETTMANN (1959) urteilt ähnlich. BURGHARDT (1989a) und HEINEN et al. (1983) schätzen insgesamt 250–750 Paare.

In der letzten Zeit wird der jährliche Brutbestand bei über 500 Paaren gelegen haben. Bei Kartierungen wurden 1991 im Nierstal von Geneicken bis inkl. Bungtwald knapp 70 BP festgestellt (VAN GEN HASSEND et al. 1991). An der Niers von Wickrath bis Keyenberg waren es im selben Jahr mindestens 17 Paare (JÖBGES 1991). Die Kiesgrube Beltinghoven beherbergte 2001 zehn Paare (HURTMANN 2002a). Diese und weitere Revierkartierungen erbrachten folgende Abundanzen:

- Bistheide: 5,0 BP/10 ha (vgl. HEINEN 1980).
- Kiesgrube Beltinghoven: 4,0 BP/10 ha (vgl. HURTMANN 2002a).
- Geneickener Nierstal, Volksgarten: 2,1–2,2 BP/10 ha (vgl. VAN GEN HASSEND et al. 1991).
- Mühlenbachtal: 2,4 BP/10 ha (vgl. UNI DÜSSELDORF et al. 1986).
- Wickrather Schlosspark: 6,9 BP/10 ha (vgl. HUBATSCH 1968).
- Oberes Nierstal: 1,1 BP/10 ha (vgl. JÖBGES 1991).

Im Vergleich zu den beiden vorgenannten Arten erreicht das Rotkehlchen zwar nicht die hohe Siedlungsdichte des Zaunkönigs, ist aber nahezu überall häufiger als die Heckenbraunelle. Durchweg zeigte sich das in den größeren Gebieten von > 100 ha, die besonders aussagekräftig sind.

Rastbestand

Alle lokalen Autoren gehen von Zuzug aus. BURGHARDT (1989a) nennt eine Größenordnung von 100–1000 Rastvögeln, das wird auch für die letzten Jahre gelten.

Ringfunde

Zugbewegung in Richtung Südwesten zeigen die Daten von HEINEN et al. (1983), GASSLING (1987) und dem Zoologisk Museum Kobenhavn (schriftl.):

Ringnummer unbekannt
O 30.09.1972   Wickrath, Mönchengladbach
+ 16.04.1973   Kampenhout, Flämisch Brabant, Belgien   132 km WSW Fängling

UdSSR – Moskwa – O 153 811
O 19.09.1983   Rybackie, Kaliningrad, Russland
+ 03.10.1983   Rheydt, Mönchengladbach   1060 km SW   Totfund

Copenhagen – 9K57977
O 14.10.1993   Christiansø, Bornholm, Dänemark
+ 24.10.1993   Wickrathberg, Mönchengladbach   749 km SW   Totfund

Nachtigall (*Luscinia megarhynchos*)

Rote Liste: NRW 3
spärlicher Brutvogel, vereinzelter Durchzügler
Rasterfrequenz (1982): 10 %
IV–VIII

Bestand und Vorkommen

Großräumige Rückgänge haben den Brutbestand in NRW auf 4000–6000 Paare
sinken lassen (GRO & WOG 1997). Ein anderes Bild bot sich noch LE ROI (1906),
der die Nachtigall in der Rheinprovinz weit verbreitet und »stellenweise ungemein
zahlreich« fand. Auch für Mönchengladbach galt das. MAAS (1948) schreibt, dass
in den Parkanlagen und auf den Friedhöfen »alljährlich eine stattliche Anzahl«
brütet. Bei einer Exkursion Anfang Mai 1942 zählte er allein im Bunten Garten
und im Gelände des Hauptfriedhofs 14 singende Individuen (MAAS 1942 in NABU
1992). Die Art nehme sogar »in unserem Gebiete von Jahr zu Jahr zu« (MAAS 1948).
Dies hing wohl mit den Lebensraumveränderungen unmittelbar nach dem Zweiten Weltkrieg zusammen. In den stark verwilderten Gärten im Inneren der Stadt
brüteten Nachtigallen im Frühjahr 1947 nur 200 bis 300 m voneinander entfernt,
so BETTMANN (1959). Zugleich notiert er, die Nachtigall sei in Rheydt »recht häufig«, auch wenn ihr Bestand schwanke. »Starke Rückgänge« werden im Rheinland
seit den 1960er Jahren festgestellt (MILDENBERGER 1984). Diese Entwicklung erfasste auch Mönchengladbach. In den 1980ern lag der Gesamtbestand bei rechnerisch
21–70 Paaren (BURGHARDT 1989a, HEINEN et al. 1983). Die Population gehe ständig
zurück, viele altbekannte Brutgebiete seien verwaist, notiert BURGHARDT 1989(a).
   Ab den 90er Jahren war die Art spärlicher Brutvogel (21–50 BP). Die umfassen-

de Kartierung in Wäldern und Parks erbrachte 1998/99 28–32 Paare (HURTMANN 1999b). Die Verbreitung konzentrierte sich auf drei Bereiche: auf den Neuwerk-Donker Raum (17 BP in 1998, HURTMANN 1999b, siehe auch BSKS 2000), auf das Geneickener Nierstal samt Bungtwald (4–5 BP in 1991 und 1998, VAN GEN HASSEND et al. 1991, HURTMANN 1999b) und auf das Hoppbruch (3 BP in 1998, HURTMANN 1999b). Von anderen Orten liegen relevante Daten (nach Mitte Mai, vgl. HUSTINGS et al. 1985) nur sehr vereinzelt vor. Gegenüber den Angaben der frühen Autoren ist das eine klare Abnahme. Bei MAAS (1948) und BETTMANN (1959) erwähnte Gebiete sind heute ohne Vorkommen bzw. weitaus dünner besiedelt. Im Bezirk Wickrath (29 km^2), für den HEINEN et al. (1983) noch eine Spanne von 16–50 Paaren nannten, konnten Ende der 1990er nur noch 1–2 Paare festgestellt werden (vgl. HURTMANN 1999b). Auch hier fehlt die Nachtigall mittlerweile an verschiedenen Orten (vgl. Tab. 66):

Tab. 66: Anzahl von Nachtigall-BP vor und ab den 1990er Jahren auf Vergleichsflächen

Gebiet	Anzahl BP (Jahr); Quelle	
	vor 1990er	ab 1990er
Bistheide	3 (1980); HEINEN (1980)	1 (1996); H. Hurtmann 0 (1999); HURTMANN (1999b) 0 (2004); HURTMANN (2004c)
Wickrather Wald	6–7 (o. J.); HEINEN et al. (1983)	0–1 (1998); HURTMANN (1999b)
Buchholzer Wald	5–6 (o. J.); HEINEN et al. (1983)	0 (1998); HURTMANN (1999b)
Wickrather Schlosspark	2 (1971); HEINEN (1971)	0 (1998); HURTMANN (1999b)
Wickrather Nierstal	5–6 (o. J.); HEINEN et al. (1983)	1 (1991); JÖBGES (1991) 1 (1998); HURTMANN (1999b)
Summe	21–24	1–3

Rastbestand

Den Rastbestand charakterisiert BURGHARDT (1989a) als einziger der Autoren. Er schätzt 10–100 Durchzügler, was auch aktuell gelten dürfte.

Phänologie

Die mittlere Erstankunft fällt im Rheinland in die zweite Aprildekade (MILDENBERGER 1984). HEINEN et al. (1983) nennen erste Daten vom 12.04. (1981) bis zum 21.04. (1978) (n = 5). Seit den 1990er Jahren waren die Eckdaten der 06.04. (2003, G. Maas) und der 28.04. (1995, H. Schmitz) (n = 12). Der Abzug vollzieht sich unauffällig in der ersten und zweiten Augusthälfte (MILDENBERGER 1984). Die späteste Mönchengladbacher Beobachtung stammt aus Wickrath und datiert vom 20.08. (1971, HEINEN et al. 1983).

Ringfunde
Ein als Nestling im Buchholzer Wald beringter Vogel wurde vier Jahre später am Autobahnanschluss Neuwerk tot aufgefunden (HEINEN et al. 1983):

Ringnummer unbekannt
O   12.06.1977   Buchholz, Mönchengladbach (nestjung)
+   11.06.1981   Neuwerk, Mönchengladbach   14 km NNE   Totfund

Blaukehlchen (*Luscinia svecica*)

Rote Liste: NRW 2
sehr vereinzelter, unregelmäßiger Durchzügler
IV / VIII–IX

Bestand und Vorkommen
Einst ein »verbreiteter und lokal häufiger Vogel in allen geeigneten Biotopen« (MILDENBERGER 1984), schmolzen die rheinischen Brutvorkommen im 20. Jahrhundert auf zwei Restpopulationen zusammen. Allein am Unteren Niederrhein und im Kreis Viersen hielt sich die Art mit wenigen Paaren (MILDENBERGER 1984). Aktuell hat sich der Bestand wieder etwas erholt (vgl. GRO & WOG 1997). Im angrenzenden Kreis Viersen erreicht er ca. 50 BP (BSKS 2001), landesweit sind es Mitte der 1990er Jahre 80–100 BP gewesen (GRO & WOG 1997). Durchziehende Blaukehlchen treten im Rheinland in einer Größenordnung von 10–100 Exemplaren auf (MILDENBERGER 1984). Aus Mönchengladbach sind fünf Nachweise überliefert:

- FARWICK (1883 in LE ROI 1906) stellte die Art als »seltenen Durchzügler bei Odenkirchen« fest. Genauere Angaben gehen aus LE ROI (1906) nicht hervor.
- Am 17.04.1958 rastete 1 Ex. in einem Rheydter Garten (BETTMANN 1959).
- Am 23.09.1972 sah H. Ruth 1 Ex. an der Landwehr in Großheide (BURGHARDT 1989a).
- »Ende August« 1985 beobachtete G. Thomas 1 Ex. in einem Garten in Sasserath (BURGHARDT 1989a).
- »Vor einigen Jahren« konnte W. Spengler 1 Ex. der Unterart *L. s. svecica* (»Rotsterniges Blaukehlchen«) an der Niers im Elschenbruch feststellen (BURGHARDT

1989a). Diese Subspezies ist im Rheinland nur selten zu sehen, MILDENBERGER (1984) nennt lediglich neun Nachweise.

Hausrotschwanz (*Phoenicurus ochruros*)

mäßig häufiger Brutvogel, mä-
ßig zahlreicher Rastvogel
Rasterfrequenz (1982): 32 %
(I, II) III–X (XI, XII)

Bestand und Vorkommen

»In unseren Städten und Ortschaften ist die Art häufiger
Brutvogel«, schreibt MAAS 1948
über den Hausrotschwanz. In
den Trümmern der zerstör-
ten Städte fand er nach dem
Zweiten Weltkrieg vermehrte
Brutmöglichkeiten, so dass

Männchen füttert am Nest   Foto: W. Spengler

sich sein Bestand z. B. in Rheydt »erheblich vergrößerte« (BETTMANN 1959). In den 1980er Jahren war der Hausrotschwanz mit 66–250 BP (mäßig) häufig (BURGHARDT 1989a, HEINEN et al. 1983).

Nach wie vor ist der Rotschwanz in den menschlichen Siedlungen vom Einzel-hof bis zur Stadtmitte ein verbreiteter Brutvogel. Die Einstufung in die Kategorie »mäßig häufig« (51–200 BP) wird auch aktuell gelten.

Rastbestand

Den alljährlichen Durchzug beziffert BURGHARDT (1989a) auf 10–100 Exemplare. Aus heutiger Sicht eine vorsichtige Schätzung, die wohl eher die Untergrenze markiert. Zumindest unregelmäßig überwintern einzelne Vögel im Stadtgebiet. Bereits HEINEN et al. (1983) nennen eine Beobachtung aus der ersten Februarhälf-te (3 Exemplare, 1983). Seit den 1990ern gelangen fast in jedem zweiten Winter sporadische Nachweise (jeweils 1 Vogel, E. & S. Burghardt, H. Hurtmann, F. Rust u. a.).

Phänologie

Das Rheinland erreicht der Hausrotschwanz für gewöhnlich im März, ausnahmsweise schon Mitte Februar (MILDENBERGER 1984). Das mittlere Ankunftsdatum ab 1991 ist der 16.03. (n = 11). Die Eckdaten: 02.03. (1999, G. Maas) und 29.03. (1998, H. Hurtmann, D. Stiels).

Gartenrotschwanz (*Phoenicurus phoenicurus*)

Rote Liste: NRW 3
sehr seltener, unregelmäßiger Brutvogel, (sehr) vereinzelter Durchzügler
Rasterfrequenz (1982): 2 %
IV–X

Bestand und Vorkommen

Auf 2000–4000 Paare wird die aktuelle Population in NRW geschätzt, nachdem es einen »starken Bestandseinbruch« in den 1980er Jahren (für das Rheinland: Ende der 60er, MILDENBERGER 1984) gegeben hat (GRO & WOG 1997). Zuvor war der Gartenrotschwanz auch in Mönchengladbach »recht häufig« (vgl. LE ROI 1906). MAAS (1948) und BETTMANN (1959) fanden ihn verbreitet in Wäldern, Parkanlagen, Friedhöfen und Gärten. So siedelten etwa im Wickrather Schlospark 1965 acht Paare (HUBATSCH 1968). Allein für Alt-Gladbach (97 km²) gibt BURGHARDT noch 1970 eine Spanne von 50–200 BP an. HEINEN et al. (1983) weisen jedoch schon auf den starken Bestandsrückgang hin. Von 1969 bis 1979 sei die Population in Wickrath um ca. 70 % (!) geschrumpft. Noch brüteten im Stadtbezirk 6–15 Paare. Auch BURGHARDT beschreibt 1989(a) den »katastrophalen Bestandsrückgang«. Für Alt-Gladbach und Rheydt schätzt er 20–50 Paare. Als Ursachen für den Negativtrend werden Lebensraumzerstörung, der Einsatz von Bioziden und die Zugvogeljagd gesehen (BURGHARDT 1989a, HEINEN et al. 1983).

Seit den 1990er Jahren hat der Gartenrotschwanz nur noch unregelmäßig mit sehr wenigen Paaren (< 5 BP) im Stadtgebiet gebrütet. Beobachtungen nach Mitte Mai, die erst verlässlich auf ein Territorium hinweisen (vgl. HUSTINGS et al. 1985), gibt es nicht aus allen Jahren. Die wenigen bekannten Brutorte waren: Hardter Wald (2 BP in 1991, E. & S. Burghardt, H. van Eys), Rheydt (1 Brutversuch in 1991, H. Schmitz), Wickrathberg (1 BP in 1994 und 1996, I. Schraut), Buchholzer Wald (2 BP in 1998, H. Hurtmann) und Geneicken (1 BP in 1998, G. Lauscher).

Rastbestand

Der Durchzug wird von den früheren Autoren überhaupt nicht beleuchtet. Heute wird die Art (sehr) vereinzelt in Mönchengladbach rasten.

Ringfunde

Ein Durchzügler aus Südschweden wurde 1984 in Wickrath entkräftet gefunden, gepflegt und schließlich wieder freigelassen (GASSLING 1987):

Schweden – Stockholm – AJ 95 145
O 10.06.1984   Asarum, Blekinge län, Schweden (nestjung)
+ 24.08.1984   Wickrath, Mönchengladbach   792 km SW

Besonderheiten

S. Burghardt hörte am 06.06.1998 auf dem Alten Markt Gartenrotschwanz-Gesang, der von einer Fernsehantenne aus vorgetragen wurde. Die Art besiedelt zwar aufgelockerte Randzonen von Großstädten, nicht jedoch Innenstädte (vgl. MILDENBERGER 1984). Das Biotop entspricht eher den Ansprüchen des Hausrotschwanzes. Womöglich imitierte ein Hausrotschwanz (Teile des) Gartenrotschwanz-Gesang(es), eine Hybridisation von Haus- und Gartenrotschwanz kommt auch in Frage (vgl. GLUTZ & BAUER 1988).

Braunkehlchen (*Saxicola rubetra*)

Rote Liste: NRW 2, D 3
ehemaliger Brutvogel, vereinzelter Durchzügler
IV–X

Bestand und Vorkommen

Der ehemals verbreitete und ziemlich häufige Brutvogel ist seit dem Ende der 1950er Jahre stark zurückgegangen (MILDENBERGER 1984). Der Gesamtbestand liegt heute in NRW bei etwa 330 BP (JÖBGES et al. 1997). Fast vollständig geräumt sind die Flachlandbereiche, Vorkommen im Landesteil Nordrhein beschränken sich entsprechend auf die Eifel (41–51 BP, JÖBGES et al. 1997). Die Ursachen für die »katastrophale Abnahme« (MILDENBERGER 1984) sind in erster Linie die Intensivierung der Landwirtschaft, Nutzungsänderung von Flächen (Bebauung, Fichtenaufforstung etc.) und der menschliche Freizeitdruck (JÖBGES et al. 1997).

Auf lokaler Ebene lassen sich Parallelen zur landesweiten Entwicklung ziehen. BETTMANN (1959) fand, dass die Art »gerne in den niersnahen Wiesen brütet«. BURGHARDT gibt 1970 für Alt-Gladbach (97 km²) 1–5 BP an. Im Stadtbezirk Wickrath (29 km²) brütete das Braunkehlchen bis 1979 unregelmäßig (HEINEN et al. 1983). Bekannt wurden Vorkommen an der Bahnlinie Mönchengladbach – Dalheim (3 BP 1970) und von einer Sandgrube am Priorshof (1 BP 1979) (HEINEN et al.

1983). Burghardt kann 1989(a) nur noch das Verschwinden der Art feststellen. Seither kam es zu keiner Wiederbesiedlung.

Rastbestand

Neben den Brutvögeln traten in Mönchengladbach stets Durchzügler auf (z.B. Burghardt 1970, Maas 1948). Über die Größenordnung gibt allein Burghardt (1970, 1989a) Auskunft, er schätzt den Rastbestand auf 100–1000 Exemplare. Diese Zahlen dürften zumindest für die 1980er Jahre zu hoch sein. Im gesamten Rheinland beziffert sich der Durchzug auf 1000–10000 Exemplare (Mildenberger 1984). Auch durch Beobachtungsdaten seit Mitte der 1980er Jahre lässt sich selbst die Untergrenze von 100 Individuen nicht annähernd belegen.

Aus heutiger Sicht ist die Einordnung als vereinzelter Durchzügler (11–100 Exemplare) angemessen. Die Zahl der Rastvögel bewegt sich im unteren Bereich der Schätzung. Von 1991 bis einschließlich 2003 gelangen 36 Nachweise mit 74 Individuen. Im Laufe eines Jahres konnten maximal 13 Vögel gezählt werden (2003, H. Hurtmann, M. Temme u. a.).

Phänologie

Der Durchzug im Frühjahr beginnt in der zweiten Aprildekade und dauert bis Ende Mai. Die Eckdaten: 19.04. (2003, A. & U. van gen Hassend, G. Lauscher) und 31.05. (1991, H. Hurtmann). Im Herbst erstreckt sich der Zug von Ende August bis Mitte Oktober. Das früheste/späteste Datum ist hier: 30.08. (1999, H. Hurtmann) und 15.10. (2001, G. Lauscher). Der Zugverlauf wird anhand aller datierten Nachweise (n = 44) deutlich (Tab. 67):

Tab. 67: Jahreszeitliches Auftreten des Braunkehlchens

Monat	Januar			Februar			März			April			Mai			Juni		
Dekade	I	II	III	I	II	III	I	II	III	I	II	III	I	II	III	I	II	III
Nachweise											2	5	11	8	2			
Individuen											2	6	31	18	3			

Monat	Juli			August			September			Oktober			November			Dezember		
Dekade	I	II	III	I	II	III	I	II	III	I	II	III	I	II	III	I	II	III
Nachweise						1	6	4	3	1	1							
Individuen						2	14	11	5	1	1							

Die Mönchengladbacher Daten liegen im Rahmen der rheinischen (vgl. Mildenberger 1984). Im Vergleich zu anderen Teilen des Rheinlands scheint der Herbstdurchzug hier schwächer ausgeprägt (oder unzureichend dokumentiert?).

Maximum

L. Reyrink zählte acht Exemplare am 04.05.1997 am Schlammbecken der Kläranlage Neuwerk.

Schwarzkehlchen (*Saxicola torquata*)

Rote Liste: NRW 2
ehemaliger Brutvogel, sehr vereinzelter, unregelmäßiger Durchzügler
(I) III / X

Bestand und Vorkommen

Ähnlich selten wie das nah verwandte Braunkehlchen ist das Schwarzkehlchen. In NRW gab es von Mitte der 1960er Jahre bis in die späten 1980er einen kontinuierlichen Bestandsrückgang. Seitdem hat sich die Population leicht erholt, 1993 bezifferte sich der Brutbestand auf landesweit 300–360 Paare (GRO & WOG 1997). Im angrenzenden Kreis Viersen liegt mit 45–50 BP eine der bedeutendsten Teilpopulationen des Landes (BSKS 2001).

Brutvogel war das Schwarzkehlchen auch einst im Stadtgebiet. »Im Gelände der Umgehungsbahn in M.-Gladbach brüten alljährlich mehrere Paare«, notiert MAAS (1948). Der Autor nennt weitere Beobachtungen zur Brutzeit, die Vorkommen an der Kamphausener Höhe, im Rheydter Kaiserpark (Schmölderpark) und am Wickrather Wald wahrscheinlich machen. BETTMANN (1959) fand die Art brütend am Rheydter Stadtwald und am Eisenbahndamm bei Hockstein. Der Bestandsrückgang, den BETTMANN (1959) schon andeutet, setzt sich in den 1960er Jahren fort. BURGHARDT (1970, 1989a) berichtet von letzten Brutzeit-Beobachtungen: In der Neuwerker Donk, an der Bahnlinie nach Neersen, konnte er das Schwarzkehlchen zuletzt 1964 beobachten. Im Jahr 1965 gelang W. Spengler noch ein Nachweis am Bahndamm Mongshof bei Odenkirchen. Seitdem wird das Schwarzkehlchen als ehemaliger Brutvogel bezeichnet (BURGHARDT 1970, 1989a, vgl. auch HEINEN et al. 1983).

Rastbestand

Als Durchzügler kann die Art mit 100–1000 Exemplaren im Rheinland registriert werden (MILDENBERGER 1984). Von den lokalen Autoren spricht allein BURGHARDT (1970, 1989a) explizit von Rastvögeln. Seine Einschätzung, es könnten 10–100 Vögel auf dem Durchzug beobachtet werden, ist aus heutiger Sicht zu hoch. Vielmehr treten Rastvögel nur sehr vereinzelt und sporadisch auf. Aus mehr als drei Jahrzehnten gibt es lediglich fünf Meldungen:

- ■ 1 Ex. sah S. Burghardt am 20.09.1970 im Feld bei Hehn (BURGHARDT 1970).
- ■ 1 ♂ am 20.03.1973 auf einer Ödlandfläche bei Lürrip (S. Burghardt).
- ■ 1 Ex. konnten HEINEN et al. (1983) am 11.01.1975 im damaligen Sumpfgebiet des Wickrather Schlossparks fangen und beringen. Winternachweise sind selten, aus dem Rheinland wurden nur vereinzelt Nachweise aus dieser Jahreszeit bekannt (MILDENBERGER 1984).
- ■ 1 ♀ am 19.03.1980 auf einer Ödlandfläche bei Lürrip (S. Burghardt).
- ■ 1 ♂ am 19.03.1991 zwischen Wetschewell und Geistenbeck (H. Schmitz).

Steinschmätzer (*Oenanthe oenanthe*)

Rote Liste: NRW 1, D 2
ehemaliger Brutvogel, vereinzelter Durchzügler
IV–IX (X)

Bestand und Vorkommen

Der Bestand des Steinschmätzers ist in NRW mittlerweile auf unter 40 BP zusammengeschmolzen (M. Jöbges, schriftl. in GRO & WOG 1997). Vor dem Hintergrund drastischer Rückgänge (vgl. auch MILDENBERGER 1984) verwundert es nicht, dass die Art auch aus Mönchengladbach verschwunden ist. Dabei war der Vogel einst an mehreren Stellen verbreitet. LE ROI (1906) und MAAS (1948) nennen Vorkommen aus Odenkirchen, die bis in die 1960er Jahre bestanden (BURGHARDT 1989a). Auf der Eickener Höhe nistete er alljährlich (MAAS 1948). Am Mülforter Berg und am Hasenberg in Hockstein stellte BETTMANN (1959) mehrfach Bruten fest. Für Alt-Gladbach (97 km²) gab BURGHARDT 1970 insgesamt 1–5 BP an. Letzte Vorkommen fallen in die späten 1970er Jahre. HEINEN et al. (1983) registrierten bis 1979 wiederholt Bruten in zwei Sandgruben bei Wetschewell und am Priorshof nördlich Wickrathhahn.

Rastbestand

Der Durchzug, der im Rheinland mit 1000–10000 Exemplaren ausgeprägt ist (MILDENBERGER 1984), ist bei den lokalen Autoren nur ungenau dokumentiert. BETTMANN (1959) schreibt, dass die Art zur Zugzeit »öfter« beobachtet werden kann. Allein BURGHARDT (1970, 1989a) gibt mit 10–100 Individuen eine Größenordnung an.

Seit 1991 liegen mit einer Ausnahme aus allen Jahren Nachweise von Durchzüglern vor. Die Anzahl der in einem Jahr gemeldeten Exemplare übersteigt zehn Exemplare selten, maximal konnten 22 Steinschmätzer registriert werden (2002, H. Hurtmann, M. Temme u. a.). Der alljährliche Durchzug wird sich im unteren Bereich der Spanne 11–100 Exemplare bewegen.

Phänologie

Die heimischen Brutvögel kehren bereits in der ersten Aprilhälfte zurück, nordische Durchzügler können erst ab Ende April beobachtet werden (MILDENBERGER 1984). Dass seit über zwei Jahrzehnten keine frühen Meldungen mehr aus dem Stadtgebiet vorliegen (letzte in HEINEN et al. 1983), zeigt den Rückgang der rheinischen Brutpopulation. Die Meldungen seit den späten 1980er Jahren (n = 47) verdeutlichen den Zug der Rastvögel (Tab. 68).

Tab. 68: Jahreszeitliches Auftreten des Steinschmätzers von 1988–2003

Monat	Januar			Februar			März			April			Mai			Juni		
Dekade	I	II	III	I	II	III	I	II	III	I	II	III	I	II	III	I	II	III
Nachweise												3	3	9	1			
Individuen												3	15	22	6			

Monat	Juli			August			September			Oktober			November			Dezember		
Dekade	I	II	III	I	II	III	I	II	III	I	II	III	I	II	III	I	II	III
Nachweise						7	12	8	3	1								
Individuen						9	33	16	6	1								

Die Kommentare von MILDENBERGER (1984) zum rheinischen Durchzug lassen sich auf das Stadtgebiet übertragen: »Ende April, meist jedoch erst in der ersten Maidekade, findet reger Durchzug statt. Die letzten Durchzügler erscheinen in der dritten Maidekade. Der Wegzug fällt in die Monate August bis Oktober. Das Maximum wird in den letzten Augusttagen und in der ersten Septemberdekade festgestellt.« Die Mönchengladbacher Eckdaten für den Frühjahrszug: 23.04. (1989, H. Schmitz) und 26.05. (1991, E. & S. Burghardt, E. & K.-H. Greve). Im Herbst waren die Extremwerte der 24.08. (1984, H. Siebmanns) und der 10.10. (2002, H. Hurtmann).

Erddrossel (*Zoothera dauma*)

Ausnahmeerscheinung
I / VII

Bestand und Vorkommen

Die Erddrossel ist in Südost-Asien und westwärts bis in den Ural hinein verbreitet. Als Irrgast wurde sie »in erstaunlicher Frequenz« (GLUTZ & BAUER 1988) in den meisten

Ländern Europas nachgewiesen. Womöglich stehen die Funde im Zusammenhang mit einem westwärts gerichteten Zug bzw. mit einzelnen Überwinterungen in wintermilden Gebieten. Auch die wenigen Frühjahrsnachweise sprechen für Heimzug nach einer Überwinterung im subatlantischen Europa und nicht für Zugprolongation bei der Rückkehr aus einem fernöstlichen Winterquartier (GLUTZ & BAUER 1988). MILDENBERGER (1984) nennt drei Nachweise für das Rheinland. Auch in Mönchengladbach soll die Art Mitte der 1990er Jahre zweimal aufgetaucht sein. Im Folgenden werden die Originalmeldungen aus dem Ornithologischen Bericht zitiert:

- 1 Ex. am 24.07. und 25.07.1995, 2 Exemplare am 29.07.1995 auf einer Wiese in Güdderath (B. & U. Wimmer in BURGHARDT 1996a).
- 24.01.1996 1 Ex. sucht Nahrung an einem Kompostsilo, beobachtet aus 15 m Distanz 19 Minuten lang, Garten an der Maseniusstraße in Rheindahlen (H. & U. Köhnes in BURGHARDT 1996b).

Nachweise in Mitteleuropa gelangen bisher vor allem im Herbst. Die Beobachtungen setzen Anfang September ein und dauern nach einer markanten Spitze im Oktober bis etwa Mitte November. Die wenigen mitteleuropäischen Frühjahrsdaten markieren eine Heimzugperiode zwischen 09. und 23. April (GLUTZ & BAUER 1988). Die Meldungen aus dem Stadtgebiet liegen außerhalb der Hauptzugzeit. Einen anerkannten Nachweis aus dem Juli gibt es aus ganz Europa nicht (vgl. GLUTZ & BAUER 1988). Zu beachten ist, dass Erddrosseln in einiger Hinsicht (juvenilen) Misteldrosseln gleichen und mit ihnen verwechselt werden können.

Die Erddrossel steht als Ausnahmeerscheinung auf der Liste »meldepflichtiger« Arten (GRO & WOG 1996), von denen Beobachtungen gesondert geprüft werden. Die Meldungen wurden an die Avifaunistische Kommission der NWO weitergeleitet, über eine Anerkennung ist aber noch nicht entschieden. Deshalb dürfen die Beobachtungen nicht als gesicherte Nachweise gelten.

Ringdrossel (*Turdus torquatus*)

Rote Liste: NRW R
sehr vereinzelter, unregelmäßiger Durchzügler
IV / X

Bestand und Vorkommen
Im östlichen Teil von NRW hat sich die Ringdrossel in den 1990er Jahren mit 1–2 Paaren als Brutvogel angesiedelt (z. B. DÜSTERHAUS 1995, vgl. auch GRO & WOG 1997). Im

Rheinland ist sie Durchzügler und kann mit 10–100 Exemplaren festgestellt werden (MILDENBERGER 1984). Die lokalen Autoren berichten nur sparsam über die Drossel. Bis zum Ende der 1960er Jahre wurden drei Nachweise von je einem Vogel bekannt (BETTMANN 1959, BURGHARDT 1970, MAAS 1948). Das Bild änderte sich in den 1970er Jahren nur wenig (vgl. BURGHARDT 1989a, HEINEN et al. 1983). Aus den 1980er Jahren gibt es mehr Meldungen. BURGHARDT (1989a) schreibt, dass seit 1980 fast alljährlich Ringdrosseln am Städt. Hauptfriedhof östlich Großheide rasteten. Zugenommen haben die Beobachtungen auch im angrenzenden Kreis Viersen – dort allerdings bereits »in den letzten Jahrzehnten« (HUBATSCH 1996). Allem Anschein nach sind die Veränderungen beim Auftreten methodisch bedingt (vgl. BOELE & NIENHUIS 2004).

In den letzten Jahren lässt sich ein regelmäßiges Auftreten nicht belegen, zwischen 1993 und 1999 fehlen jegliche Meldungen. Seit 1991 gibt es sieben Nachweise mit maximal ca. acht Exemplaren (12.04.1991, Kiesgrube Beltinghoven, H. Hurtmann). Vier Beobachtungen stammen aus der Kiesgrube Beltinghoven (H. Hurtmann, D. Stiels), die anderen gelangen an Schloss Rheydt (5 Exemplare am 22.04.1992, H. Schmitz), in der Bistheide (1 Vogel am 24.04.1999, D. Stiels) und in Wickrathhahn (29./30.04.2002, A. & U. van gen Hassend).

Phänologie
Alle datierten Nachweise (n = 12) ergeben folgendes Zugschema (Tab. 69).

Tab. 69: Jahreszeitliches Auftreten der Ringdrossel

Monat	Januar			Februar			März			April			Mai			Juni		
Dekade	I	II	III	I	II	III	I	II	III	I	II	III	I	II	III	I	II	III
Nachweise										1	3	7						
Individuen										1	10	16						

Monat	Juli			August			September			Oktober			November			Dezember		
Dekade	I	II	III	I	II	III	I	II	III	I	II	III	I	II	III	I	II	III
Nachweise											1							
Individuen											1							

Dass vom Frühjahrszug mehr Meldungen vorliegen als aus dem Herbst, ist typisch (vgl. für das Rheinland MILDENBERGER 1984). Im Herbst verläuft der Zug weiter westlich via Nordsee (BOELE & NIENHUIS 2004). Die Mönchengladbacher Daten liegen im Rahmen des rheinischen Zugablaufs (vgl. MILDENBERGER 1984). Die Eckwerte aus dem Stadtgebiet: 10.04. (1976, BURGHARDT 1989a) und 30.04. (2002, A. & U. van gen Hassend) im Frühjahr sowie am 09.10. (1992, H. Hurtmann) im Herbst.

Foto: H. Hurtmann

Amsel (*Turdus merula*)

sehr häufiger Brutvogel, Rastvogel
Rasterfrequenz (1982): 100 %
I–XII

Bestand und Vorkommen

Ab der Mitte des 19. Jahrhunderts rückte der einstige Waldvogel in die menschlichen Siedlungen vor (MILDENBERGER 1984). Die Zunahme schlug sich auch im Stadtgebiet nieder. MACKES schreibt 1913 für den Neuwerker Raum: »Die Schwarzdrossel hat sich so stark vermehrt, dass sie stellenweise sogar lästig geworden ist.« MAAS (1948) und BETTMANN (1959) sprechen von einem »häufigen Vogel«, der »überall brütet«. Die Population wird in den 1980er Jahren in die höchsten Bestandskategorien eingeordnet. BURGHARDT (1989a) nennt sie einen »gemeinen« Brutvogel (> 500 BP), HEINEN et al. (1983) geben für Wickrath > 250 BP an. Damit war die Amsel einer der häufigsten Vögel Mönchengladbachs.

Der Status hat sich seit den 1990er Jahren nicht geändert. Allein im Nierstal von Geneicken bis einschließlich zum Bungtwald fanden sich 1991 rund 120 Paare (VAN GEN HASSEND et al. 1991). Am Oberen Nierslauf, von Wickrath bis Keyenberg, waren es im selben Jahr 37 Paare (»wahrscheinlich mehr«, JÖBGES 1991). In beiden Gebieten war die Drossel der häufigste Brutvogel. Gleiches gilt für die Kiesgrube Beltinghoven, wo sie 2001 mit 24 Paaren brütete (HURTMANN 2002a).

Besonders hohe Dichten werden nach MILDENBERGER (1984) in aufgelockerten Siedlungen am Rand von Ballungsräumen und in Parklandschaften erreicht. Er nennt Abundanzen von 2,0–40,9 BP/10 ha. In diesem Rahmen bewegen sich auch die in Mönchengladbach ermittelten Daten:

- Bistheide: 8,3 BP/10 ha (vgl. HEINEN 1980).
- Kiesgrube Beltinghoven: 9,6 BP/10 ha (vgl. HURTMANN 2002a).
- Geneickener Nierstal, Volksgarten: 3,5–3,8 BP/10 ha (vgl. VAN GEN HASSEND et al. 1991).
- Mühlenbachtal: 1,9 BP/10 ha (vgl. UNI DÜSSELDORF et al. 1986).

- Wickrather Schlosspark: 9,2 BP/10 ha (vgl. HUBATSCH 1968).
- Oberes Nierstal: 2,3 BP/10 ha (vgl. JÖBGES 1991).

Rastbestand

Neben den Brutvögeln treten auch Rastvögel im Stadtgebiet auf. BURGHARDT (1989) gibt ihre Zahl mit 100–1000 Exemplaren an. Die Größenordnung abzuschätzen ist damals wie heute schwierig. Die hiesigen Brutvögel sind überwiegend Standvögel und ziehen nicht weg (vgl. GLUTZ & BAUER 1988, MILDENBERGER 1984). Wie viele der im Herbst und Winter anwesenden Amseln Durch- oder Zuzügler sind, ist kaum zu klären.

Phänologie

Am 27.11.1999 singt nachmittags eine Amsel laut am Europaplatz vor dem Mönchengladbacher Hauptbahnhof (8°C, H. Hurtmann, D. Stiels). Ebenfalls Wintergesang am frühen Morgen des 09.12.2000 in Geneicken (10°C, H. Hurtmann). In den Städten ist zwischen November und Mitte Februar bisweilen lauter Nacht-, sporadisch – selbst bei Minustemperaturen – auch Taggesang zu hören (GLUTZ & BAUER 1988).

Ringfunde

Zuzug etwa aus Nordosteuropa zeigen Ringfunde in GASSLING (1978) und HEINEN et al. (1983).

Polen – Operation Baltic – F 577 357
O 30.09.1974 Mierzeja Wiślana, Pomorskie, Polen (diesjährig)
+ 01.02.1976 Wickrath, Mönchengladbach   939 km SW Totfund

Ringnummer unbekannt
O 21.01.1979 Maastricht, Niederlande
+ 20.05.1979 Wickrath, Mönchengladbach   59 km NE Totfund

Besonderheiten

Amseln mit weißen Gefiederpartien bis hin zu rein weißen Vögeln mit roten Augen sind in Mönchengladbach mehrfach festgestellt worden. Erste Nachweise finden sich bereits im Jahr 1934 (NEUBAUR 1957) und werden in der Folgezeit von nahezu allen lokalen Autoren genannt. Auch in den 1990er Jahren konnten einige Male Vögel mit überwiegend weißem Gefieder beobachtet werden, so Mitte des Jahrzehnts am Vorster Busch (H. Maas u. a.) oder 2000 im Volksgarten (G. Maas).

Wacholderdrossel (*Turdus pilaris*)

(sehr) seltener Brutvogel, vereinzelter bis mäßig zahlreicher Rastvogel
Rasterfrequenz (1982): 3 %
I–VI (VIII) / X–XII

Bestand und Vorkommen

Aus dem Osten kommend, weitete die Wacholderdrossel ihr Brutareal aus und erreichte in den frühen 1960er Jahren das Rheinland. In der Zeit davor sind nur sehr vereinzelte, vorgeschobene Brutvorkommen bekannt (MILDENBERGER 1984). Beobachtungen von B. Bresser (in BETTMANN 1959) legen nahe, dass es (eine) frühe Brut(en) auch in Mönchengladbach gab. Im Sommer 1952 sah er mehrfach Wacholderdrosseln im Hardter Wald, darunter auch Jungvögel. Lange Zeit blieb die Besiedlung im Stadtgebiet äußerst spärlich. HEINEN et al. (1983) stellten 1972 eine Brut am Wickrather Niersbruch fest, die allerdings erfolglos blieb. Erst ab den 1980er Jahren etablierte sich die Drossel als Brutvogel. In Wickrath hatte 1982 ein Paar sein Nest in einer Pappel am Niersbruch (HEINEN et al. 1983). An der Trabrennbahn bei Neersbroich bildete sich 1983 eine kleine Brutkolonie mit sechs Paaren (BURGHARDT 1989a), womöglich bestand dieses Vorkommen bereits 1982 (vgl. WINK 1988). Seitdem wurden »alljährlich Drosseln zur Brutzeit« im Niersbereich nördlich von Lürrip, sporadisch auch bei Haus Horst beobachtet (BURGHARDT 1989a). Den Bestand für Alt-Gladbach und Rheydt gibt BURGHARDT 1989(a) mit 6–20 Paaren an. Konkrete Brutnachweise gibt es indes nur wenige, da gezielte Kontrollen selten stattfanden. Zumindest für 1990 ist erneut ein Brüten an der Neersbroicher Trabrennbahn belegt (E. & S. Burghardt, H. Diederichsen u.a.). Im Wickrather Raum zählte H. Siebmanns 1986 ein BP, 1990 waren es zwei BP.

Ab den 1990er Jahren war die Art (sehr) seltener Brutvogel. Wie hoch der Bestand alljährlich war, lässt sich anhand der lückenhaften Daten nicht präzise sagen. Zählungen an bekannten Nistorten gab es nur unregelmäßig, verstreute Einzelbruten werden unentdeckt geblieben sein. Umherstreifende Vögel oder späte Durchzügler können mitunter schwer von Brutvögeln unterschieden werden. Einige Angaben über vermeintliche Vorkommen (z.B. an der Niers Höhe Kläranlage Neuwerk 1998, BSKS 1999) müssen deshalb als zu wenig gesichert gelten. Belegen lässt sich ein Maximalbestand von rund zehn Paaren (1994, H. Bender, E. & S. Burghardt, C. von Kannen, B. Klein). Neben dem Vorkommen an der Trabrennbahn (1994: 5 BP, 1997: 1 BP, C. von Kannen, B. Klein) bildete sich eine kleine Kolonie an der Hehner Kirche. Hier zählte S. Burghardt von 1993–1997 stets etwa drei Paare. Weitere Einzelbruten, die sporadisch an verschiedenen Stellen registriert wurden, konzentrieren sich auf das Nierstal (H. Bender, VAN GEN HASSEND et al. 1991, HURTMANN 1999b, JÖBGES 1991).

Eine Aussage zum Bestandstrend ist schwierig zu treffen. Angaben zu den beiden Brutorten in Neersbroich und Hehn sowie die Kartierung 1998 (HURTMANN 1999b) scheinen eine Bestandsabnahme zum Ende der 1990er Jahre hin zu zeigen. Überraschend wäre die Entwicklung nicht, da die Populationen sowohl in den Niederlanden als auch in NRW rückläufig sind (BIJLSMA et al. 2001, MÜLLER et al. 1999).

Brutvogelkartierung 1998/99

Bei der stadtweiten Erfassung in Wäldern und Parks gehörte die Wacholderdrossel zu den meldepflichtigen Arten, von denen alle Zufallsbeobachtungen gezielt zusammengetragen wurden. Es ließ sich lediglich ein Paar nachweisen, das in Geneicken unweit von Schloss Rheydt sein Revier hatte (HURTMANN 1999b).

Rastbestand

Von jeher ist die Wacholderdrossel Durchzügler und Wintergast (vgl. z.B. MAAS 1948, LE ROI 1906). BETTMANN (1959) erläutert, sie überwintere »oft in großen Schwärmen im Niersbruch«. In den 1980er Jahren beziffern HEINEN et al. (1983) und BURGHARDT (1989a) den Rastbestand für das Stadtgebiet gemeinsam auf 100–1000 Exemplare.

Die Größenordnung trifft auch aktuell weitestgehend zu. Die Maximalzahl festgestellter Rastvögel lag bei rund 330 Individuen (1996, H. Bolten, E. & S. Burghardt, F. Rust u. a.). Dass der Zug in jedem Jahr über 100 Exemplare umfasst, ist nicht belegt. Insofern ist die Einordnung als vereinzelter bis mäßig zahlreicher Rastvogel gerechtfertigt.

Phänologie

Anhand der vorliegenden Beobachtungen lässt sich die größte Zugintensität bestimmen. Danach war ab den 1990er Jahren (n = 80, ohne Brutvögel) starker Heimzug von Anfang Februar bis Mitte März spürbar (34 Nachweise mit 940 Exemplaren). Aus dem Rahmen fällt die Angabe, wonach noch am 05.06.1996 20 Individuen am Buchholzer Wald registriert wurden (C. Segger). Der Durchzug im Rheinland ist für gewöhnlich Anfang Mai abgeschlossen (MILDENBERGER 1984). Im Herbst konzentrieren sich die lokalen Meldungen auf den Zeitraum von Mitte Oktober bis Ende November (19 Nachweise mit 213 Exemplaren). Zugbewegungen im Winter (z.B. ca. 150 Vögel am 22.12.1995, S. Burghardt, G. Detert) lassen auf Winterflucht schließen (vgl. MILDENBERGER 1984).

Maximum

Der größte Einzeltrupp wird mit etwa 170 Drosseln angegeben. Sie suchten am 14.02.1997 auf einer niersnahen Wiese im Bungtwald nach Nahrung (H. Hurtmann).

Singdrossel (*Turdus philomelos*)

(sehr) häufiger Brutvogel, (mäßig) zahlreicher Rastvogel
Rasterfrequenz (1982): 77 %
(I) II–XI (XII)

Bestand und Vorkommen

Ein »häufiger Brutvogel, wenn auch nicht so zahlreich wie die Amsel«, war die Singdrossel zur Zeit von MAAS (1948). HEINEN et al. (1983) und BURGHARDT (1989a) nennen für die 1980er Jahre etwaige Größenordnungen. Danach lag der Bestand in Mönchengladbach bei 100–450 BP. Konkrete Zahlen gibt es vom Wickrather Schlosspark, wo die Population in den Untersuchungsjahren 1965, 1969 und 1971 mit 9–10 BP konstant war (HEINEN 1971). Im Mühlenbachtal waren es 1983 18 BP (UNI DÜSSELDORF et al. 1986). Zu einer etwaigen Bestandsveränderung äußert sich BURGHARDT (1989a). Er schätzt, dass die Brutpopulation »in den letzten Jahren merklich zurückgegangen ist«.

Ähnlich wie bei den früheren Autoren bleiben für aktuelle Bestandsangaben allein grobe Schätzungen. Es ist plausibel, die Singdrossel in die Kategorien »häufig« bis »sehr häufig« (201 bis > 500 BP) einzuordnen. Gegenüber den 1980er Jahren lässt sich keine Trendaussage machen, da in beiden Fällen die Datengrundlage unzureichend ist. Aus der letzten Zeit gibt es drei Revierkartierungen mit detaillierten Angaben: Im Geneickener Nierstal fanden VAN GEN HASSEND et al. 1991 knapp 50 BP, im Oberen Nierstal südlich von Wickrath waren es 13 BP (»vermutlich mehr«, JÖBGES 1991). In der Kiesgrube Beltinghoven wurden 2001 acht BP erfasst (HURTMANN 2002a).

MILDENBERGER (1984) gibt für einige Gebiete Siedlungsdichte-Angaben von 0,4 bis 5,5 BP/10 ha wieder. Kleinflächig wurden in Mönchengladbach höhere Abundanzen erreicht. Bei den größeren Gebieten (ab 100 ha) entsprechen die lokalen Daten den rheinischen Vergleichszahlen (0,4–2,2 BP/10 ha):

- Bistheide: 6,7 BP/10 ha (vgl. HEINEN 1980).
- Kiesgrube Beltinghoven: 3,2 BP/10 ha (vgl. HURTMANN 2002a).
- Geneickener Nierstal, Volksgarten: 1,5 BP/10 ha (vgl. VAN GEN HASSEND et al. 1991).
- Mühlenbachtal: 1,7 BP/10 ha (vgl. UNI DÜSSELDORF et al. 1986).
- Wickrather Schlosspark: 7,7 BP/10 ha (vgl. HUBATSCH 1968).
- Oberes Nierstal: 0,8 BP/10 ha (vgl. JÖBGES 1991).

Rastbestand

Zur Zugzeit tritt die Singdrossel mit 100–1000 Exemplaren auf (BURGHARDT 1989a). Diese Größenordnung dürfte auch für die letzten Jahre gelten, womöglich gibt sie allein die Untergrenze an. Dass die Art mitunter überwintert, ist allen lokalen Autoren bekannt. HEINEN et al. (1983) und BURGHARDT (1989a) gehen in diesem Zusammenhang von »vereinzelten« Vögeln aus. Auch das lässt sich auf das letzte Jahrzehnt übertragen. Angesichts der Datenlage stellt sich jedoch die Frage, ob die Drossel regelmäßig überwintert.

Phänologie

Überwinterer erschweren die Aussage, wann die ersten Singdrosseln im Frühjahr hier eintreffen. Die Ankunft fiel seit den 1980er Jahren in die Zeit zwischen Anfang Februar und der ersten Märzdekade. Das früheste Datum war der 07.02. (1990, 1992, S. Burghardt, G. Kühlen), die späteste Erstbeobachtung gelang am 10.03. (1986, H. Siebmanns). Die mittlere Ankunft lag auf dem 21.02. (n = 19).

Ringfunde

Zwei in Mönchengladbach beringte Vögel wurden später am Golf von Biskaya an der französischen Westküste wiedergefunden (NEUBAUR 1957):

Ringnummer unbekannt
O 07.05.1935   Mönchengladbach
+ 03.11.1935   Breuillet, Poitou-Charentes, Frankreich   824 km SW

Ringnummer unbekannt
O 22.05.1936   Mönchengladbach
+ 10.10.1936   Dax, Aquitaine, Frankreich   1003 km SSW

Rotdrossel (*Turdus iliacus*)

(mäßig) zahlreicher Rastvogel
(IX) X–IV

Bestand und Vorkommen

Als alljährlicher Rastvogel ist die Art allen lokalen Autoren bekannt. Dabei sind sowohl regelmäßige Nachweise zur Zugzeit als auch – mit geringerer Individuenzahl – Beobachtungen im Winter vertreten. Nach BETTMANN (1959) konnten Rotdrosseln sogar »im Sommer« nachgewiesen werden. 1924 habe man in dieser Jahreszeit ein Paar inmitten der Rheydter Stadt erlegt. Die Anzahl der Rastvögel ordnet BURGHARDT 1989 (a) in die Kategorie 1000–5000 Exemplare ein.

In dieser Spanne mag sich das Zuggeschehen auch heute abspielen. Eine Einschätzung zu geben ist schwierig, da ein (großer) Teil der Drosseln nachts zieht und die Zahlen im Dunkeln bleiben. Auf der Grundlage der vorhandenen quantifizierten Meldungen ließe sich allein der Status als vereinzelter Rastvogel (11–100 Exemplare) belegen. Wurde die Rotdrossel zur Zugzeit regelmäßig festgestellt, gibt es von Wintergästen (etwa Mitte Dezember bis Mitte Februar, vgl. MILDENBERGER 1984) nur sporadische Meldungen von Einzelvögeln (E. & S. Burghardt, G. Maas, H. Schmitz).

Phänologie

Für gewöhnlich kann man mit ersten Durchzüglern ab Anfang Oktober rechnen (vgl. auch MILDENBERGER 1984). Seit 1991 ergab sich als mittleres Ankunftsdatum der 07.10. (n = 10). Früh begann der Zug offenbar im Jahr 1990, als G. Thomas bereits ab »Mitte September« Drosseln registrierte. Im Frühjahr erstrecken sich die Nachweise bis in die letzte Aprildekade, wobei die größte Zugintensität in den März fällt. Die späteste Beobachtung datiert vom 25.04. und stammt aus dem Geneickener Niersraum (1996, H. Schmitz).

Maximum

Spürbarer Durchzug brachte am 20.10.2002 über der Kiesgrube Beltinghoven innerhalb von 2,75 Stunden rund 135 Exemplare (H. Hurtmann, G. Maas).

Misteldrossel (*Turdus viscivorus*)

spärlicher bis mäßig häufiger Brutvogel, vereinzelter Rastvogel
Rasterfrequenz (1982): 33 %
I–XII

Bestand und Vorkommen

Noch zu Beginn des 20. Jahrhunderts war die Misteldrossel im Rheinland lediglich »sehr sporadischer« Brutvogel, dessen Vorkommen sich auf Wälder beschränkte (LE ROI 1906). Mit der »merklichen Ausbreitung« in der ersten Jahrhunderthälfte (NEUBAUR 1957) erweiterte die Drossel ihr Habitat und besiedelte Parkanlagen und Gärten (vgl. MILDENBERGER 1984). MAAS (1948) und BETTMANN (1950) beschreiben dieses Phänomen für M.-Gladbach und Rheydt. Eine erste Bestandsgröße nennt BURGHARDT (1970) mit 20–50 BP für Alt-Gladbach (97 km²). In den 1980er Jahren geben HEINEN et al. (1983) und BURGHARDT (1989a) 26–65 BP für das Stadtgebiet an.

In den letzten Jahren wird die Misteldrossel spärlicher bis mäßig häufiger Brutvogel (21–200 BP) gewesen sein. Revierkartierungen im Nierstal (480 ha) von VAN GEN HASSEND et al. (1991) und JÖBGES (1991) erbrachten mit 19 BP eine beträchtliche Zahl.

Allerdings kann das Verhalten von Misteldrosseln im Brutgebiet dazu führen, dass die Bestandszahl zu hoch eingeschätzt wird (vgl. Hustings et al. 1985).

Lokale Kartierungen zeigen im Vergleich zu anderen Rheinland-Daten ähnliche Siedlungsdichten. Von kleineren Gebieten (< 40 ha) abgesehen, liegt die Abundanz dort bei 0,1–0,5 BP/10 ha (Mildenberger 1984). In Mönchengladbach waren die größeren Flächen mit 0,3–0,5 BP/10 ha besiedelt.

- Bistheide: 3,3 BP/10 ha (vgl. Heinen 1980).
- Geneickener Nierstal, Volksgarten: 0,4 BP/10 ha (vgl. van gen Hassend et al. 1991).
- Mühlenbachtal: 0,5 BP/10 ha (vgl. Uni Düsseldorf et al. 1986).
- Wickrather Schlosspark: 0,8 BP/10 ha (vgl. Hubatsch 1968).
- Oberes Nierstal: 0,3 BP/10 ha (vgl. Jöbges 1991).

Rastbestand

Der Durchzug der Misteldrossel ist eher unauffällig. Selten lassen sich, wie bei anderen Drosseln, große Verbände beobachten. Heinen et al. (1983) sprechen von 1–5 Wintergästen in Wickrath. Burghardt (1989a) schreibt, die Art überwintere vereinzelt (1–10 Exemplare) – unklar bleibt der Anteil der hiesigen Brutpopulation am Winterbestand. Der Umfang des alljährlichen Durchzugs mag im Bereich von 11–100 Exemplaren liegen.

Phänologie

Misteldrosseln singen bereits mitten im Winter. Erstgesang konnte ab den 1990er Jahren mehrfach im (November) Dezember oder Januar registriert werden (H. Hurtmann, D. Stiels u. a.). Der früheste Wintergesang datiert vom 06.11.2003, als H. Hurtmann einen Vogel im Rheydter Zentrum hörte.

Maximum

E. & S. Burghardt zählten am 26.09.1993 etwa 50 Exemplare in den Feldern östlich von Hardterbroich (Burghardt 1994, S. Burghardt, schriftl.).

Wanderdrossel (*Turdus migratorius*)

Ausnahmeerscheinung

Bestand und Vorkommen

Die in Nordamerika verbreitete Art kommt als seltener Gast nach Europa. Aus dem

Rheinland gibt es bis zwei Nachweise (MILDENBERGER 1984), einer stammt aus Mönchengladbach:

■ »Bei einem niederrheinischen Präparator fand ich 1929 diese Drosselart und erwarb sie. Ich konnte sie als ein ♀ [...] bestimmen. Die Nachforschungen ergaben, dass das Stück im Herbst 1913 [...] bei Rheindahlen [...] geschossen [...] wurde« (KNORR 1967). NEUBAUR (1957) berichtet mit Verweis auf einen von E. Knorr 1931 in den Orn. Mon. Ber. verfassten Artikel von einem »alten männlichen Exemplar«.

Seidensänger (*Cettia cetti*)

Ausnahmeerscheinung
IV–VI

Bestand und Vorkommen

Das Verbreitungsgebiet im Süden Europas reicht von der Iberischen Halbinsel bis weit in den Schwarzmeerraum hinein. Vorkommen gibt es auch im westlichen Mitteleuropa und in England. Im Rheinland ist der Seidensänger eine Ausnahmeerscheinung. MILDENBERGER (1984) nennt vier Beobachtungen, der zweite Rheinland-Nachweis kommt aus Mönchengladbach. Vom Seltenheitsausschuss der GRO ist die Beobachtung anerkannt worden (WOLTERS 1979).

■ Vom 11.04. bis 29.06.1975 hielt sich 1 singendes ♂ in der Niersniederung bei Wickrath auf. Der Vogel wurde gefangen, vermessen, fotografiert und beringt (HEINEN et al. 1976, 1983).

Ringfunde

Der Wickrather Vogel wurde etwa ein Jahr später in Belgien gefangen, wo man ihn in »Bruxelles – 296 402« umberingte (HEINEN et al. 1983, MILDENBERGER 1984).

Helgoland – 9 L 62 916
O 13.04.1975 Wickrath, Mönchengladbach (nicht diesjährig)
+ 17.04.1976 Oud-Heverlee, Flämisch Brabant, Belgien   127 km WSW Fängling

Feldschwirl (*Locustella naevia*)

Rote Liste: NRW 3
sehr seltener, unregelm. Brutvogel, sehr vereinzelter, unregelm. Durchzügler
IV–VII

Bestand und Vorkommen

Inselartig verbreiteter Brutvogel in allen Teilen des Rheinlands ist der Feldschwirl. Spärlich, zum Teil nur sporadisch besiedelt sind die Ballungsräume oder die Börden (MILDENBERGER 1984). In den 1980er Jahren ging der Bestand im Rheinland zurück (GRUMMT & WINK 1991).

Aus dem Stadtgebiet kannte MAAS (1948) den Schwirl von zwei Stellen: Im Nierstal bei Wickrath brütete er »seit vielen Jahren«, im Elschenbruch stellte er ihn 1941 fest. BETTMANN (1959) ergänzt einen weiteren Fundort bei Hockstein. Ob damit alle früheren Vorkommen erwähnt sind, muss offen bleiben. Die Angaben von BURGHARDT (1970) und HEINEN et al. (1983) legen nahe, dass der Feldschwirl bis in die frühen 1970er Jahre regelmäßig brütete. BURGHARDT stuft ihn 1970 für Alt-Gladbach (97 km²) als sehr seltenen Brutvogel (1–5 Paare) ein. HEINEN et al. (1983) notieren, dass die Art bis 1973 stets im Finkenberger Bruch vorkam. Danach wurden bis in die 1980er Jahre sporadische Vorkommen registriert im Finkenberger Bruch (1978, 1980, 1981, HEINEN et al. 1983), an der Bistheide (1980, HEINEN et al. 1980), am Franziskushausgelände nördlich Großheide (1981, BURGHARDT 1989a) und im Mühlenbachtal (1983, UNI DÜSSELDORF et al. 1986).

Mitte des letzten Jahrzehnts kennen BURGHARDT et al. (o. J.) im Stadtgebiet keine Brutvorkommen mehr. Dennoch mag es sehr vereinzelt unregelmäßige Bruten gegeben haben. Beobachtungsdaten deuten zumindest in zwei Fällen auf etablierte Territorien hin: Im Jahr 1995 singt noch am 24.05. ein Exemplar im Niersbruch südlich von Wickrath (H. Kirfel). 1998 konnte vom 04.05.–30.05. ein Schwirl im Elschenbruch vernommen werden (G. Erdtmann, H. Hurtmann, G. Maas).

Rastbestand

Seit den 1980er Jahren ist der Feldschwirl sehr vereinzelter, unregelmäßiger Durchzügler. Von 1981–1990 Jahren liegen vier Meldungen vor (BURGHARDT 1989a, S. Burghardt), seit 1991 sind es drei (G. Lauscher, L. Reyrink, schriftl., D. Stiels).

Phänologie

Mit Feldschwirlen kann im Rheinland ab der zweiten Aprilhälfte gerechnet werden, Hauptdurchzug findet in den letzten Apriltagen und Anfang Mai statt (MILDENBERGER 1984). Die Mönchengladbacher Daten entsprechen diesem Zeitfenster. Früheste Nachweise gelangen am 20.04. (1969, 1981, HEINEN et al. 1983, WILLE 1970a). Das mittlere Ankunftsdatum ist der 02.05. (n = 15) (S. Burghardt u. a., HEINEN et al. 1983, WILLE 1970a).

Schlagschwirl (*Locustella fluviatilis*)

Ausnahmeerscheinung
V–VII

Bestand und Vorkommen

Im östlichen (Mittel-)Europa verbreitet, ist der Schlagschwirl im Rheinland eine Ausnahmeerscheinung. Die Beobachtung eines Vogels bei Wickrath 1980 war der dritte rheinische Nachweis (MILDENBERGER 1984). HEINEN schreibt 1981 dazu (ergänzend HEINEN et al. 1983):

- »In der Zeit vom 24.05.–29.07.1980 wurde im Wetscheweller Bruch 1 Schlagschwirl beobachtet. In diesem Gebiet bewegte sich der Schwirl nur in einer Zone von ca. 150 x 35 m. Der Vogel sang intensiv, wozu er stets drei markante Singwarten nutzte. Die höchste Warte (ein Weidenstrauch) betrug ca. 3 m, vereinzelt sang der Vogel auch in der dichten Bodenvegetation. Die Fluchtdistanz in den ersten zwei Wochen betrug ca. 10 m, danach wurde der Vogel etwas heimlicher, was auf eine evtl. Brut schließen ließ. Einen Brutnachweis konnten wir aber nicht erbringen. Am 13.07. beringten wir den Schwirl.«

Vom Seltenheitsausschuss der GRO wurde die Beobachtung anerkannt (WOLTERS 1982). Ein Brutverdacht wird allerdings z. B. von MILDENBERGER (1984) nicht mehr erwähnt.

Schilfrohrsänger (*Acrocephalus schoenobaenus*)

Rote Liste: NRW 1, D 2
ehemaliger, sehr seltener Brutvogel, sehr vereinzelter, unregelmäßiger Durchzügler
IV–VIII

Bestand und Vorkommen

In den 1960er Jahren, spätestens in den 1970ern, nahm der rheinische Bestand eklatant ab (MILDENBERGER 1984). Zu Bruten kommt es heute nur noch sehr vereinzelt und unregelmäßig (GRO & WOG 1997). In Mönchengladbach war der Rohrsänger bis 1977 (unregelmäßiger?) Brutvogel. Nachweise finden sich bei HUBATSCH (1968), der von zwei Paaren im Wickrather Schlosspark 1965 berichtet. Das war zugleich das letzte Jahr, in dem die Art dort festgestellt werden konnte (B. Bresser in HEINEN et al. 1983). Danach kam es noch zu sehr vereinzelten Bruten (1–5 BP) im Wickrather Raum (HEINEN et al. 1983) und am Knippertzbach westlich von

Genhodder (1976, vgl. WINK 1988). Die letzte Brut wurde 1977 im Niersbruch südlich von Wickrath registriert (HEINEN et al. 1983).

Rastbestand

Parallel zum abnehmenden Brutbestand sank auch die Anzahl der Durchzügler. MILDENBERGER (1984) beziffert den Rastbestand im Rheinland auf 10–100 Individuen. Im Stadtgebiet scheint der Durchzug stets äußerst spärlich gewesen zu sein. Von LE ROI (1906) bis einschließlich BETTMANN (1959) werden keine Nachweise genannt. BURGHARDT (1989a) bezeichnet die Art als unregelmäßigen Durchzügler mit 1–10 Exemplaren und erwähnt eine Beobachtung aus den 1960er Jahren. Ähnlich verhielt es sich im Stadtbezirk Wickrath, wo noch 1980 ein Schilfrohrsänger auftauchte (HEINEN et al. 1983).

Phänologie

Für gewöhnlich erscheint der Rohrsänger in der zweiten Aprildekade in seinen rheinischen Brutgebieten. Der Hauptdurchzug findet Mitte April bis Mitte Mai statt (MILDENBERGER 1984). HEINEN et al. (1983) notierten das Auftreten in Wickrath zwischen dem 06.04. (1980) und dem 01.05. (1977) (n = 4).

Sumpfrohrsänger (*Acrocephalus palustris*)

spärlicher bis mäßig häufiger Brutvogel, vereinzelter Durchzügler
Rasterfrequenz (1982): 32 %
(IV) V–IX (X)

Bestand und Vorkommen

Zu Beginn des 20. Jahrhunderts war die Art in der rheinischen Tiefebene »sowohl an Gewässern als auch in Getreidefeldern […] überall häufig«, schreibt LE ROI (1906). MAAS (1948) zeichnet ein ähnliches Bild. Die Röhrichtvegetation an den Schlössern in Rheydt und Wickrath beherberge ebenso Sumpfrohrsänger wie das Elschenbruch. In vielen Getreidefeldern komme er »alljährlich häufig« vor (vgl. auch BETTMANN 1959). MILDENBERGER (1984) weist indes darauf hin, dass als Nistplatz nur selten das Feld selber diente, vielmehr hätten sich die Brutplätze in der Vegetation am Rand befunden. BURGHARDT ordnet den Rohrsänger 1970 für Alt-Gladbach (97 km²) in die Kategorie »mäßig häufig« (50–200 BP) ein. Die gleiche Größenordnung geben HEINEN et al. 1983 für den Stadtbezirk Wickrath (29 km²) an, wo er flächenhaft vorkam. Im Schlosspark war der Rohrsänger dabei stets mit 3–4 Paaren vertreten (1965, 1969, 1971, HEINEN 1971). Zum Ende der 1980er Jahre deuten Bestandsangaben einen Rückgang an. BURGHARDT fand die Art 1989 (a) in Alt-Gladbach und Rheydt (141 km²) nur noch als spärlichen Brutvogel (20–50 BP). Aus dem Rheinland sind etwa seit den 1970er Jahren Bestandsrückgänge bekannt, die lokal dramatische Ausmaße hatten (vgl. MILDENBERGER 1984).

Der Bestand der letzten Jahre fällt in die Kategorie »spärlicher Brutvogel« (21–50 BP). Er wird im oberen Bereich der Spanne gelegen und die Zahl von 50 BP womöglich (unregelmäßig) überschritten haben. Einen Anhaltspunkt bieten Ergebnisse aus dem Jahr 1998, als zufällig gemachte Beobachtungen gezielt zusammengetragen wurden (vgl. HURTMANN 1999b). Rund 30 Vorkommen wurden gemeldet, wegen potenzieller Durchzügler ließen sich indes nur 17–21 Reviere anerkennen. Aus einigen traditionellen Brutgebieten, wie z. B. der Kiesgrube Beltinghoven, fehlten Daten (beachte aber das Ergebnis der Kartierung 2001, HURTMANN 2002a).

Für einige Gebiete gibt es konkrete Daten, so etwa vom Nierstal zwischen Wickrath und Keyenberg, wo es 1991 rund zehn BP (»wahrscheinlich mehr«) waren (JÖBGES 1991). Im selben Jahr wurden im Niersraum von Geneicken bis einschließlich zum Bungtwald 5–6 BP kartiert (VAN GEN HASSEND et al. 1991). Die Kiesgrube Beltinghoven beherbergte 2001 9–13 BP (HURTMANN 2002a). Diese Zahlen sind, neben einigen anderen, Grundlage für folgende Siedlungsdichte-Angaben:

- Bistheide: 5,0 BP/10 ha (vgl. HEINEN 1980).
- Kiesgrube Beltinghoven: 3,6–5,2 BP/10 ha (vgl. HURTMANN 2002a).
- Geneickener Nierstal, Volksgarten: 0,2 BP/10 ha (vgl. VAN GEN HASSEND et al. 1991).
- Mühlenbachtal: 0,4 BP/10 ha (vgl. UNI DÜSSELDORF et al. 1986).
- Wickrather Schlosspark: 3,1 BP/10 ha (vgl. HUBATSCH 1968).
- Oberes Nierstal: 0,6 BP/10 ha (vgl. JÖBGES 1991).

Die aktuellen Vorkommen konzentrieren sich auf Brachen sowie auf Randbereiche von Abgrabungen, Brennnesselflure und sonstige Ruderalflächen. Von der noch bis in die 1950er Jahre hinein beschriebenen Population in bzw. an Getreidefeldern fehlen im letzten Jahrzehnt jegliche Nachweise – bereits BURGHARDT (1989a) hatte die Felder nicht mehr als Lebensraum genannt. Die Ursache für das auch andernorts beobachtete Räumen des Biotops führen MILDENBERGER (1984) und BIJLSMA et al. (2001) auf Nutzungsänderung und Intensivierung der Landwirtschaft zurück. Verschwinde etwa der artenreiche Randstreifen am Feld als Nistplatz, so fehle auch der Sumpfrohrsänger.

Rastbestand

Der alljährliche Durchzug wird von den den meisten lokalen Autoren nicht beleuchtet. Bei Beringungsarbeiten im Wickrather Nierstal fingen HEINEN et al.

(1983) von 1970–1980 im Mittel 21,8 Exemplare/Jahr. Trat der Sumpfrohrsänger damals womöglich mäßig zahlreich im Stadtgebiet auf, ist seit den 1990er Jahren die Einordnung als vereinzelter Durchzügler angemessen.

Phänologie

Etwa ab der zweiten Maidekade kann mit vermehrtem Auftreten im Rheinland gerechnet werden. Beobachtungen zum Monatsanfang sind selten, Nachweise in der zweiten Aprilhälfte eine Ausnahme (vgl. MILDENBERGER 1984). Seit 1991 errechnet sich als mittleres Ankunftsdatum der 15.05. (n = 13). Die Eckdaten: 28.04. (1998, H. Kirfel) und 31.05. (1991, 1995, H. Hurtmann). Der späteste Nachweis gelang am 12.10. (1974, HEINEN et al. 1983), auch vor dem Hintergrund anderer rheinischer Daten ein bemerkenswertes Datum (vgl. MILDENBERGER 1984).

Ringfunde

In Wickrath konnte ein Rohrsänger kontrolliert werden, der zuvor in den Niederlanden beringt worden war (GASSLING 1979, auch HEINEN et al. 1983).

Niederlande – Arnhem VT – S 778 033
O 01.08.1975   Strijen, Zuid-Holland, Niederlande
+ 08.08.1975 Wickrath, Mönchengladbach   146 km SE Fängling

Teichrohrsänger (*Acrocephalus scirpaceus*)

Rote Liste: NRW 3
(sehr) seltener Brutvogel, vereinzelter Durchzügler
V–X

Bestand und Vorkommen

Der Teichrohrsänger ist eng an Schilf gebunden. Da Röhrichte, insbesondere durch Gewässerausbau und Grundwasserabsenkung, verschwanden, war der Bestand im gesamten Rheinland »stark zurückgegangen« (MILDENBERGER 1984). Mittlerweile gibt es lokal wieder Zunahmen, weil die Art von neu angelegten Feuchtgebieten profitiert (GRO & WOG 1997). Der Bestand wird in NRW aktuell auf 1500–2000 Brutpaare geschätzt (GRO & WOG 1997).

In Mönchengladbach war der Teichrohrsänger bis zum einsetzenden Rückgang als seltener Brutvogel in mindestens sechs Gebieten vertreten. Von Schloss Wickrath kannte MAAS (1948) die Art alljährlich. Bei Kartierungen in den Jahren 1965, 1969 und 1971 waren es 2–3 BP (HEINEN 1971). Am Volksgartenweiher brüteten bis in die 1960er Jahre 1–2 Paare (BURGHARDT 1970, 1989a). Regelmäßig kam der Rohrsänger am Holtmühlenteich vor (BURGHARDT 1970, 1989a, E. Knorr in NEUBAUR 1957). Eine Erfassung der OAG Wickrath im Jahr 1983 ergab sechs BP (UNI DÜSSELDORF et al. 1986). Darüber hinaus fanden sich bei Schloss Rheydt (BETTMANN 1959), bei Haus Horst (vgl. WINK 1988) und im Finkenberger Bruch (JÖBGES 1991) Vorkommen, die ebenfalls bis in die 1980er Jahre hinein bestanden (BURGHARDT 1989a, JÖBGES 1991).

In den 1990er Jahren waren bzw. wurden die meisten der früheren Brutgebiete geräumt. Im Wickrather Schlosspark fehlte der Rohrsänger bereits Anfang der 1980er Jahre (vgl. WINK 1988). Womöglich verschwand er, als die große Schilfzone östlich des Schlosses Mitte der 1970er Jahre einem Rückhaltebecken weichen musste (vgl. HEINEN et al. 1983). Im übrigen Nierstal blieben 1991 die Brutplätze Schloss Rheydt und Finkenberger Bruch verwaist (VAN GEN HASSEND et al. 1991, JÖBGES 1991). Gleiches gilt für Haus Horst. Einzig der Holtmühlenteich beherbergte noch Teichrohrsänger. Wie viele Paare im Gebiet brüteten, ist unbekannt – man mag ihn dort als »sehr selten« einordnen (1–5 BP). Dem Verschwinden vielerorts steht eine Neubesiedlung gegenüber. In der Kiesgrube Beltinghoven hat die Art seit 1993 alljährlich gebrütet. Waren es anfänglich noch zwei Paare (H. Hurtmann, D. Stiels), erbrachte die Revierkartierung 2001 7–9 BP (HURTMANN 2002a). Darüber hinaus sind sporadische Einzelbruten andernorts wahrscheinlich. Der Trend im Stadtgebiet ist somit wieder leicht positiv: Nach einem Bestandsminimum Anfang der 90er Jahre (1–5 BP) wird sich die Population heute im Rahmen von 10–15 Paaren bewegen.

Rastbestand

Im Wickrather Niersbruch fing die OAG Wickrath von 1970–1980 im Jahresmittel 12,4 Vögel. Das Fangergebnis des nah verwandten Sumpfrohrsängers war beinahe doppelt so hoch (HEINEN et al. 1983). Der Teichrohrsänger wird aktuell vereinzelter Durchzügler (11–100 Exemplare) sein.

Phänologie

In der ersten Maihälfte trifft die Art in den rheinischen Brutgebieten ein (MILDENBERGER 1984). HEINEN et al. (1983) notierten Ankunftsdaten zwischen dem 15.05. (1981) und dem 21.05. (1972) (n = 4). Ab den 1990er Jahren sangen die ersten Vögel in der Kiesgrube Beltinghoven zwischen dem 03.05. (1998, H. Hurtmann, D. Stiels) und dem 29.05. (1993, H. Hurtmann, D. Stiels). Im Mittel ergibt sich der 14.05. (n = 10). Der Herbstzug kann sich bis in die ersten Oktobertage hinziehen. Späteste Wegzugdaten aus dem Rheinland reichen bis zum 16.10. (MILDENBERGER 1984). Aus Wickrath gibt es eine Reihe von Oktobermeldungen, HEINEN et al. (1983) führen als spätesten Termin den 14.10. (1972) auf.

Drosselrohrsänger (*Acrocephalus arundinaceus*)

Rote Liste: NRW 1, D 2
ehemaliger Brutvogel, sehr vereinzelter, unregelmäßiger Durchzügler
V–VIII

Bestand und Vorkommen

Der Drosselrohrsänger ist in NRW vom Aussterben bedroht. Nach einem kontinuierlichen Bestandsrückgang in den letzten Jahrzehnten gibt es seit den 1980er Jahren nur noch Einzelbruten, 1993 bezifferte sich der Bestand auf ein BP (GRO & WOG 1997). Dabei war die Art einst stellenweise »recht häufig« (LE ROI 1906). Auch in Mönchengladbach brütete der Rohrsänger, FARWICK (1883 in LE ROI 1906) ist ein Vorkommen an einem Odenkirchener Weiher bekannt. Mit der Trockenlegung des Gewässers ging um die Jahrhundertwende der Brutplatz verloren (R. Lenßen in LE ROI 1906). Nach BETTMANN (1959) soll es auch im Niersbruch »gelegentlich« zu Bruten gekommen sein. Aus den letzten Jahrzehnten sind vier Nachweise bekannt (jeweils 1 Exemplar):

- 27.08.1977, Wickrath, gefangen und beringt (HEINEN et al. 1983).
- 16.05.1982, Wickrather Niersbruch, singend (HEINEN et al. 1983).
- »Mai bis Juni« 1985, Wassergraben von Haus Horst, zwei Wochen lang singend (M. Jöbges in BURGHARDT 1989a).
- 13.06.–08.07.1992, Kiesgrube Beltinghoven, singend (S. Burghardt, A. van gen Hassend, H. Hurtmann).

Drosselrohrsänger ziehen bis in die letzte Maidekade hinein und erneut ab August durch das Rheinland (MILDENBERGER 1984, WINK 1988). Insbesondere der letzte Nachweis fällt eindeutig in die Brutzeit, dennoch kann nicht von einer Brut ausgegangen werden. Unverpaarte ♂♂ singen mitunter wochenlang an einem Ort (HUSTINGS et al. 1985).

Gelbspötter (*Hippolais icterina*)

seltener Brutvogel, vereinzelter Durchzügler
Rasterfrequenz (1982): 13 %
V–IX

Bestand und Vorkommen

R. Lenßen fand den Spötter bei Odenkirchen um 1900 »häufig« (LE ROI 1906). Auch MAAS (1948) und BETTMANN (1959) nennen eine Reihe von Vorkommen in Wäldern,

Parks, Friedhöfen und Gärten, wo die Art ein »durchaus nicht seltener« Brutvogel war. In den 1980er Jahren wird der Gesamtbestand mit etwa 40–100 Paaren angegeben (BURGHARDT 1989a, HEINEN et al. 1983). Im Stadtbezirk Wickrath hatte der Gelbspötter in der Niersniederung einen Verbreitungsschwerpunkt. Den Siedlungsdichteangaben zufolge kamen allein hier 15–20 BP vor (vgl. HEINEN et al. 1983).

Heute werden diese Zahlen bei weitem nicht mehr erreicht. Der Brutbestand mag noch in die Kategorie »selten« (6–20 BP) fallen. Im Jahr 1998 konnten trotz einer »Meldepflicht« und gezielten Kartierungen in Wäldern und Parks nur etwa fünf Paare (± 3) zusammengetragen werden (HURTMANN 1999b). Auch durch Meldungen aus anderen Jahren lässt sich nur schwerlich ein Bestand von mehr als zehn Paaren annehmen. Zwar bleibt über sporadische Zufallsfunde ein Teil der Population unentdeckt, klar ist aber, dass der landesweite Trend auch für Mönchengladbach gilt: Der Gelbspötter ist »merklich zurückgegangen« (GRO & WOG 1997). Insofern dürften die Siedlungsdichten früher Revierkartierungen heute nicht mehr erreicht werden.

- Bistheide: 1,7 BP/10 ha (vgl. HEINEN 1980).
- Kiesgrube Beltinghoven: 0,4 BP/10 ha (vgl. HURTMANN 2002a).
- Mühlenbachtal: 0,5 BP/10 ha (vgl. UNI DÜSSELDORF et al. 1986).
- Wickrather Schlosspark: 1,5 BP/10 ha (vgl. HUBATSCH 1968).
- Oberes Nierstal: 0,3 BP/10 ha (vgl. JÖBGES 1991).

Rastbestand

Der Durchzug wird bei den meisten Autoren nicht behandelt. Allein für Wickrath liegen durch Beringungsarbeiten Daten vor. HEINEN et al. (1983) fingen von 1970–1980 im Schnitt 9,8 Exemplare pro Jahr. Im Stadtgebiet mag der Rastbestand aktuell bei 11–100 Individuen liegen.

Phänologie

Als mittlere Ankunftszeit errechnet sich für Mönchengladbach seit 1974 der 14.05. (n = 14) (HEINEN et al. 1983, H. Hurtmann, D. Stiels, G. Thomas). Die Extremwerte waren der 05.05. (1990, G. Thomas) und der 31.05. (1991, H. Hurtmann). Im Rheinland kommt der Gelbspötter meist in der ersten Maidekade an (MILDENBERGER 1984).

Klappergrasmücke (*Sylvia curruca*)

seltener Brutvogel, vereinzelter Durchzügler
Rasterfrequenz (1982): 7 %
IV–IX

Die Klappergrasmücke scheint einst ein verbreiteter und relativ häufiger Brutvogel gewesen zu sein. MAAS (1948) schreibt, dass sie sich »selbst in den kleinsten Gärten von Ortschaften aufhält, sobald diese nur etwas Hecken und Strauchwerk aufweisen«. Mehrere Paare brüteten alljährlich auch auf Friedhöfen oder in Parkanlagen. Dort fand BETTMANN (1959) ihre Nester ebenso »häufig« wie in Hecken von Obstgärten. Anfang der 1980er Jahre weisen HEINEN et al. (1983) darauf hin, dass die Klappergrasmücke mittlerweile in ihrer Existenz bedroht sei. Der Mönchengladbacher Brutbestand wird in dem Jahrzehnt auf 26–65 BP geschätzt (BURGHARDT 1989a, HEINEN et al. 1983).

Die Klappergrasmücke ist heute die seltenste Art der Gattung *Sylvia*, und zwar sowohl was räumliche Verbreitung als auch Anzahl betrifft. Seit 1991 wurden in kaum einem Jahr von mehr als fünf Orten brutzeitrelevante Beobachtungen gemeldet (nach Mitte Mai, vgl. HUSTINGS et al. 1985). Selbst 1998, als es eine »Meldepflicht« gab, konnten nur 6–11 Paare belegt werden (HURTMANN 1999b). Freilich bleibt eine Dunkelziffer, insgesamt wird man noch von 10–20 Paaren ausgehen können. Bei Revierkartierungen konnte die Art mit folgenden Siedlungsdichten registriert werden:

- Kiesgrube Beltinghoven: 0,4 BP/10 ha (vgl. HURTMANN 2002a).
- Wickrather Schlosspark: 0,8 BP/10 ha (vgl. HUBATSCH 1968).
- Oberes Nierstal: 0,2 BP/10 ha (vgl. JÖBGES 1991).

Rastbestand

Liegen keine Angaben zum Ausmaß des früheren Durchzugs vor, kann für die letzten Jahre der Rastbestand allein geschätzt werden. Er mag in die Kategorie »vereinzelt« (11–100 Exemplare) fallen.

Phänologie

Erste Klappergrasmücken erreichen das Rheinland für gewöhnlich ab Mitte April, das Gros trifft aber erst Ende April und Anfang Mai ein (MILDENBERGER 1984). In Mönchengladbach wurde die erste Grasmücke zwischen dem 12.04. (2001, H. Hurtmann) und dem 05.05 (1990, 2000, H. Hurtmann, G. Lauscher) beobachtet. Als mittleres Ankunftsdatum ergibt sich seit 1971 bei n = 18 der 26.04. (HEINEN et al. 1983, S. Burghardt, H. Hurtmann, G. Lauscher u.a.).

Dorngrasmücke (*Sylvia communis*)

mäßig häufiger Brutvogel, mäßig zahlreicher Durchzügler
Rasterfrequenz (1982): 15 %
IV–VIII

Kaum eine andere Singvogelart zeigte in der Vergangenheit einen derart dramatischen Bestandsrückgang wie die Dorngrasmücke. Im westlichen Mitteleuropa nahm die Population Ende der 1960er Jahre sprunghaft um 50–100% ab (GLUTZ & BAUER 1991). Im Rheinland kam es spätestens 1970 zu einem Bestandsrückgang, der bis 1974 ein »erschreckendes Ausmaß« (MILDENBERGER 1984) annahm. Weiträumig brach der Bestand um 80% ein, aus vielen Biotopen verschwand die Art völlig (MILDENBERGER 1984). Als Ursachen für den Negativtrend wurden unter anderem Dürren in den Durchzugs- und Überwinterungsgebieten, Pestizideinwirkung, Virenbefall und schließlich der Habitatverlust durch Flurbereinigung diskutiert (vgl. GLUTZ & BAUER 1991). Ab Mitte der 1970er Jahre nahm der Bestand zwar wieder zu, doch erreichte die Dorngrasmücke insgesamt nicht mehr den ursprünglichen Bestand (MILDENBERGER 1984), den sie einst als »einer der häufigsten Brutvögel der gesamten Rheinprovinz« (LE ROI 1906) hatte.

Auch wenn Bestandsveränderungen nicht synchron auftreten müssen und kurzfristige Schwankungen von > 50% um das langjährige Mittel »offenbar normal« (GLUTZ & BAUER 1991) sind, lässt sich die geschilderte Entwicklung auch für Mönchengladbach in groben Linien nachzeichnen. MAAS berichtet 1948 davon, dass die »allenthalben bekannte« Grasmücke wegen der Vernichtung von Feldgebüschen und Wiesenhecken »stark abnimmt«. Stellenweise, wie an den Bahnstrecken in M.-Gladbach, komme sie noch »zahlreich« vor. BETTMANN (1959) fand sie besonders in den Schlehdornhecken am Rand der Stadt Rheydt. Vor dem tief greifenden Rückgang zum Ende der 1960er Jahre steht wohl noch die Angabe von BURGHARDT (1970). Er gibt allein für Alt-Gladbach (97 km²) 50–200 Paare an. In den 1980er Jahren erreichte der Bestand mit 11–35 BP in ganz Mönchengladbach ein überaus niedriges Niveau (BURGHARDT 1989a, HEINEN et al. 1983). Die »wenigen Exemplare« fänden sich meist an den Rändern von Abgrabungen.

Die Bestandssituation hat sich gegenüber den 1980er Jahren verbessert. Aktuell ist die Dorngrasmücke mäßig häufiger Brutvogel, in den letzten Jahren wird man den Gesamtbestand bei etwa 100 Territorien ansiedeln können. Durch das gezielte Zusammentragen von Zufallsfunden 1998 sind 43 Reviere belegt (HURTMANN 1999b). Ersetzt man das damalige Ergebnis aus der Kiesgrube Beltinghoven (5 Reviere) durch das Resultat der genaueren Kartierung von 2001 (15 Reviere, HURTMANN 2002a), erhöht sich die Anzahl auf 53 Territorien.

Aussagen über die Brutpaaranzahl sind schwierig zu treffen, da das Territorialsystem in hohem Maße instabil ist. Der Anteil unverpaarter ♂♂ ist »gewöhnlich hoch« (GLUTZ & BAUER 1991), was zu einer Überschätzung des Brutbestands führen kann. Auf der anderen Seite ist der Erfassungsgrad verhältnismäßig gering (JENSEN

1971, BERTHOLD 1976, SPITZNAGEL 1978, alle in GLUTZ & BAUER 1991). Siedlungsdichte-Angaben sind deshalb mit Vorsicht zu genießen. Dennoch können sie einen Hinweis über die Habitatpräferenz liefern:

- ■ Bistheide: 3,3 BP/10 ha (vgl. HEINEN 1980).
- ■ Kiesgrube Beltinghoven: 6,0 BP/10 ha (HURTMANN 2002a).
- ■ Wickrather Schlosspark: 1,5 BP/10 ha (vgl. HUBATSCH 1968).

Brutvogelkartierung 1998/99
Im Jahr 1998 galt es, alle zufällig gemachten Beobachtungen zu melden (HURTMANN 1999b). Über 60 potenzielle Reviere wurden im Stadtgebiet registriert, allerdings konnte etwa ein Viertel aus methodischen Gründen nicht gewertet werden – in diesen Fällen ließen sich Durchzügler nicht ausschließen. Wohl in den meisten Fällen hätte eine weitere Kontrolle nach dem Ausschlussdatum (Mitte Mai, vgl. HUSTINGS et al. 1985) ein Revier ergeben. Die letztendlich 43 Territorien fanden sich schwerpunktmäßig an (still gelegten) Bahnlinien (10 Reviere) und im Bereich von Abgrabungen (9 Reviere). Während der Bestand im Norden Mönchengladbachs verhältnismäßig gut dokumentiert scheint, fehlen von Wickrath bis zur südlichen Stadtgrenze jegliche Nachweise. Dass dort tatsächlich keine Dorngrasmücken vorkommen, ist nur schwer vorstellbar.

Rastbestand
Zum Durchzug liegen sowohl von den früheren Autoren als auch aus neuerer Zeit keine brauchbaren Daten vor. Es ist plausibel, die Dorngrasmücke aktuell als mäßig zahlreichen Durchzügler (101–1000 Exemplare) einzuordnen.

Phänologie
Die Erstbeobachtungen seit 1970 erbrachten als mittlere Ankunftszeit den 28.04. (n = 17). Extremwerte sind der 19.04. (1996, 2000, H. Hurtmann) und der 19.05. (1972, HEINEN et al. 1983). Auffällig ist die Differenz zwischen den Daten aus den 1970er Jahren mit einem durchschnittlichen Ankunftsdatum am 08.05. (n = 4, HEINEN et al. 1983) und denen ab 1991. Hier wurden erste Dorngrasmücken im Mittel am 26.04. beobachtet (n = 12). Der Unterschied dürfte vorrangig methodische Gründe haben – geringe Anzahl berücksichtigter Daten, kleinere Untersuchungsfläche, niedrige Antreffwahrscheinlichkeit beim damaligen Bestandsminimum. Zumindest der neuere Wert gleicht den Ankunftsdaten aus umliegenden Städten und Kreisen (vgl. MILDENBERGER 1984).

Gartengrasmücke (*Sylvia borin*)

häufiger Brutvogel, (mäßig) zahlreicher Durchzügler
Rasterfrequenz (1982): 45 %
IV–IX (X)

Bestand und Vorkommen

Seltener als die nah verwandte Mönchsgrasmücke und im Bereich menschlicher Siedlungen weniger verbreitet, so charakterisieren MAAS (1948) und BETTMANN (1959) das Vorkommen der Gartengrasmücke. Dennoch war sie im Allgemeinen ein »häufiger Brutvogel«, den man etwa in den Mönchengladbacher Parkanlagen oder auf Friedhöfen mit »mehreren Paaren« fand (MAAS 1948). Detaillierte Zahlen sind aus einigen Gebieten überliefert: Im Wickrather Schlosspark (13 ha) ergaben Kartierungen zwischen drei und sechs BP (HEINEN 1971). In der Bistheide (6 ha) waren es vier BP (HEINEN 1980), im Mühlenbachtal (105 ha) 17 BP (UNI DÜSSELDORF et al. 1986). Den Gesamtbestand veranschlagen BURGHARDT (1989a) und HEINEN et al. (1983) auf rund 70–250 BP.

Durch Revierkartierungen sind in neuerer Zeit in drei Gebieten (Gesamtgröße etwa 500 ha) 46 Brutpaare belegt. Im Geneickener Nierstal bis einschließlich Bungtwald (320 ha) wurden 1991 30 BP erfasst (vgl. VAN GEN HASSEND et al. 1991), im selben Jahr kartierte JÖBGES (1991) am Nierslauf südlich von Wickrath (160 ha) zehn BP. In der Kiesgrube Beltinghoven (25 ha) brüteten 2001 sechs Paare (HURTMANN 2002a). Im gesamten Stadtgebiet ist die Gartengrasmücke zumindest ein »häufiger« Brutvogel (201–500 BP).

Die erwähnten Revierkartierungen sind die Basis für folgende Siedlungsdichte-Angaben:

- Bistheide: 6,7 BP/10 ha (vgl. HEINEN 1980).
- Kiesgrube Beltinghoven: 2,4 BP/10 ha (vgl. HURTMANN 2002a).
- Geneickener Nierstal, Volksgarten: 0,9 BP/10 ha (vgl. VAN GEN HASSEND et al. 1991).
- Mühlenbachtal: 1,6 BP/10 ha (vgl. UNI DÜSSELDORF et al. 1986).
- Wickrather Schlosspark: 4,6 BP/10 ha (vgl. HUBATSCH 1968).
- Oberes Nierstal: 0,6 BP/10 ha (vgl. JÖBGES 1991).

Rastbestand

Was für den Brutbestand gilt, trifft auch für den Rastbestand zu: Die Gartengrasmücke ist seltener als die Mönchsgrasmücke. Fangzahlen aus Wickrath von 1970–1980 erbrachten ein Verhältnis von 1 : 3,5 (vgl. HEINEN et al. 1983). Wie auch damals mag die Art heute (mäßig) zahlreich (101–5000 Individuen) durchziehen.

Phänologie

Erste Heimzügler werden im Rheinland in der letzten April- oder ersten Maidekade registriert (MILDENBERGER 1984). Die Mönchengladbacher Daten fallen in diesen Zeitraum. Seit den 1970er Jahren lag die mittlere Erstankunft auf dem 28.04. (n = 19) (HEINEN et al. 1983, S. Burghardt, H. Schmitz, H. Siebmanns u.a.). Die Eckwerte sind der 21.04. (2000, H. Schmitz) und der 05.05. (1983, 2003 H. Hurtmann, H. Siebmanns). Letztbeobachtungen notierten HEINEN et al. (1983) für Wickrath zwischen dem 13.09. (1975) und dem 12.10. (1974) (n = 6). Das Oktober-Datum ist sehr spät, denn im Rheinland ist der Herbstzug in der Regel Mitte September abgeschlossen (MILDENBERGER 1984).

Mönchsgrasmücke
(*Sylvia atricapilla*)

sehr häufiger Brutvogel,
zahlreicher Durchzügler
Rasterfrequenz (1982): 68 %
III–X (XII)

Bestand und Vorkommen

Die Beschreibungen der lokalen Autoren von MAAS (1948) bis BURGHARDT (1989a) zeigen eines: Die Mönchsgrasmücke war stets verbreiteter und (sehr) häufiger Brutvogel. Der Gesamtbestand wird in den 1980er Jahren mit 250–750 Paaren angegeben (BURGHARDT

Männchen füttert am Nest   Foto: W. Spengler

1989a, HEINEN et al. 1983). Konkrete Angaben liegen für einige Einzelgebiete vor. Im Wickrather Schlosspark (13 ha) waren es in den Untersuchungsjahren 1965, 1969 und 1971 zwischen fünf und elf BP (HEINEN 1971). Die OAG Wickrath kartierte 1980 in der Bistheide (6 ha) fünf BP (HEINEN 1980), 1983 im Mühlenbachtal (105 ha) 26 BP (UNI DÜSSELDORF et al. 1986). Eine Tendenz zur Verstädterung konstatiert BURGHARDT 1989(a). Die Grasmücke dringe als Brutvogel nun auch in die Gärten vor. Fraglich ist, ob diese Entwicklung in den 1980er Jahren tatsächlich neu war. Bereits MAAS (1948) berichtet von Bruten in »Anlagen, Gärten und auf Friedhöfen«, auch BETTMANN (1959) notiert Vorkommen in der Stadt.

Die Mönchsgrasmücke ist heute ein sehr häufiger Brutvogel. Ihr Bestand übertrifft den der anderen Grasmücken deutlich. Für drei Gebiete mit einer Gesamtfläche von etwa 500 ha sind aus den letzten Jahren ca. 125 Paare belegt: Nierstal von Geneicken bis einschließlich Bungtwald (320 ha) 90 BP (VAN GEN HASSEND et al. 1991), Nierslauf von Wickrath bis Keyenberg (160 ha) 16 BP (»wahrscheinlich mehr«, JÖBGES 1991), Kiesgrube Beltinghoven (25 ha) 18 BP (HURTMANN 2002a).

Im Rheinland lagen die Abundanzen auf verschiedenen Untersuchungsflächen zwischen 1,0 und 8,0 BP/10 ha (vgl. MILDENBERGER 1984). Die lokalen Revierkartierungen erbrachten Siedlungsdichten von 1,0–8,3 BP/10 ha.

- Bistheide: 8,3 BP/10 ha (vgl. HEINEN 1980).
- Kiesgrube Beltinghoven: 7,2 BP/10 ha (vgl. HURTMANN 2002a).
- Geneickener Nierstal, Volksgarten: 2,7–2,9 BP/10 ha (vgl. VAN GEN HASSEND et al. 1991).
- Mühlenbachtal: 2,5 BP/10 ha (vgl. UNI DÜSSELDORF et al. 1986).
- Wickrather Schlosspark: 5,4 BP/10 ha (vgl. HUBATSCH 1968).
- Oberes Nierstal: 1,0 BP/10 ha (vgl. JÖBGES 1991).

Rastbestand

Zum Durchzug liegen kaum verwertbare Daten vor. Einzig HEINEN et al. (1983) liefern Hinweise zur Größe des Rastbestandes. Bei Beringungsarbeiten im Wickrather Niersbruch war die Mönchsgrasmücke neben dem Zilpzalp die häufigste gefangene Vogelart. Zwischen 1970 und 1980 gingen rund 108 Individuen/Jahr in die Netze. Heute wird die Art zahlreicher Durchzügler (1001–5000 Exemplare) im Stadtgebiet sein.

Phänologie

MILDENBERGER (1984) schreibt über die Ankunft im Rheinland: »Erstbeobachtungen fallen in der Regel in die erste Aprilhälfte, selten in die letzte Märzdekade. Das Gros erscheint Mitte April.« Für Wickrath notierten HEINEN et al. (1983) erste Grasmücken von 1970–1981 zwischen dem 26.03. (1976) und dem 24.04. (1970). Als mittlere Erstankunft errechnet sich der 07.04. (n = 10). Ab den 1990er Jahren sind die Extremwerte für das Stadtgebiet der 19.03. (1997, W. von Kannen) und der 09.04. (1996, H. Schmitz), die Erstbeobachtung gelang durchschnittlich am 31.03. (n = 13).

Angaben über den Wegzug sind dünner gesät. Die acht Letztdaten von HEINEN et al. (1983) reichen vom 24.09. (1972) bis zum 18.10. (1975). Sie liegen im Zeitfenster des rheinischen Zuggeschehens (vgl. MILDENBERGER 1984). Winternachweise gelangen im Stadtgebiet bisher nur ausnahmsweise: Am 13.12.1981 tauchte ein Paar am Futterplatz in Waldhausen auf (BURGHARDT 1989a).

Die OAG Wickrath erbrachte 71 eigene Wiederfänge, was Brutortstreue zeigt (HEINEN et al. 1983). Im Herbst ziehen Mönchsgrasmücken aus dem Rheinland als Südwestzieher überwiegend in den Mittelmeerraum, um dort zu überwintern. Nur wenige fliegen bis in die Afrotropis. Seit dem Ende der 1950er Jahre haben sich außerdem die Britischen Inseln als Winterquartier für Vögel vom Kontinent etabliert (GLUTZ & BAUER 1991). Beide Zugrichtungen spiegeln sich in den Fernfunden wider, die HEINEN et al. (1983) in der Wickrather Avifauna nennen:

Ringnummer unbekannt
O 13.09.1975 Wickrath, Mönchengladbach (diesjährig)
+ 03.03.1980 Bou Nouh, Algerien   1640 km SSW   Fängling

Ringnummer unbekannt
O 21.08.1976 Wickrath, Mönchengladbach (diesjährig)
+ 30.10.1978 Grande Kabylie, Algerien   1643 km SSW   gekäfigt

Ringnummer unbekannt
O 20.08.1977 Wickrath, Mönchengladbach (diesjährig)
+ 13.10.1977 Zaragoza, Aragón, Spanien   1193 km SW   Fängling

Ringnummer unbekannt
O 20.08.1977 Wickrath, Mönchengladbach (diesjährig)
+ 05.08.1978 Lüttich, Lüttich, Belgien   81 km SW   Fängling

Ringnummer unbekannt
O 29.04.1978 Wickrath, Mönchengladbach (diesjährig)
+ 29.05.1978 Grevenbroich-Gustorf, Kreis Neuss   12 km SE   Totfund

Ringnummer unbekannt
O 16.09.1978 Wickrath, Mönchengladbach (diesjährig)
+ 16.12.1978 Eaton B[r]ay, England, Großbritannien 492 km WNW   Totfund

Berglaubsänger (*Phylloscopus bonelli*)

Ausnahmeerscheinung
IV

Bestand und Vorkommen
Das europäische Verbreitungsgebiet liegt in der mediterranen Zone und im südlichen West- und Mitteleuropa. Die Nordgrenze des Areals erreicht in Belgien die Ar-

dennen (GLUTZ & BAUER 1991). MILDENBERGER (1984) nennt erst eine Beobachtung aus dem Rheinland, die zudem nicht ausreichend gesichert sei. In Mönchengladbach gelang 1998 ein Nachweis. Er ist der Avifaunistischen Kommission NRW vorgelegt worden, über eine Anerkennung ist noch nicht entschieden.

- 1 Ex. singt am 24.04. und 28.04. im westlichen Hardter Wald nahe der Leloher Landwehr (H. Hurtmann, G. Maas, G. Seidel). Der Vogel ließ sich mit einer Klangattrappe anlocken und aus nur wenigen Metern längere Zeit gut beobachten.

Waldlaubsänger (*Phylloscopus sibilatrix*)

spärlicher Brutvogel, vereinzelter Durchzügler
Rasterfrequenz (1982): 17 %
IV–VIII

Bestand und Vorkommen

Auch wenn der Waldlaubsänger von jeher seltener war als Zilpzalp und Fitis (vgl. LE ROI 1906), kannten MAAS (1948) und BETTMANN (1959) ihn aus einer Reihe von Wäldern und Parks. Vorkommen gab es demnach im Hardter Wald, im Volksgarten/Elschenbruch sowie am Hauptfriedhof bei Großheide. Auch im Bunten Garten und im Schmölderpark habe der Laubsänger gebrütet. In den 1980er Jahren lag der Bestand bei 26–65 Paaren (BURGHARDT 1989a, HEINEN et al. 1983). Die Revierkartierung im MTB 4804 zeigte 1982 neben einigen oben erwähnten Brutgebieten Reviere im Gerkerather und Genhülsener Wald sowie im Dohrer Busch. Nicht mehr besetzt waren zu dieser Zeit der Volksgarten, der Schmölderpark sowie der Hauptfriedhof mit dem angrenzenden Bunten Garten (vgl. WINK 1988). Konkrete Zahlen existieren aus dem Wickrather und Buchholzer Wald (Tab. 70) sowie vom Mühlenbachtal, wo die OAG Wickrath 1983 sechs BP kartierte (UNI DÜSSELDORF et al. 1986).

In den letzten Jahren war die Art spärlicher Brutvogel (21–50 BP), so dass eine signifikante Bestandsveränderung gegenüber den 1980ern nicht auszumachen ist. Die Brutgebiete, die bereits im vorletzten Jahrzehnt verwaist waren, blieben unbesiedelt. Zudem verschwand die Art zumindest aus dem Genhülsener Wald (u.a. HURTMANN 2004c). Den Gerkerather Wald besiedelte die Art offenbar nur sporadisch. Fehlten 1999 Vorkommen (HURTMANN 1999b), ließen sich 2004 sechs Reviere feststellen (HURTMANN 2004c). In den rezenten Brutgebieten zeigen die wenigen Vergleichsdaten kaum Veränderungen (HEINEN et al. 1983, HURTMANN 1999b, Tab. 70).

Tab. 70: Anzahl von Waldlaubsänger-BP vor und in den 1990er Jahren auf Vergleichsflächen

Gebiet	Anzahl BP < 1990er (Jahr)	Anzahl BP 1990er (Jahr)
Wickrather Wald/Busch	3 (o. J.)	5 (1998)
Buchholzer Wald	7 (o. J.)	8 (1998)
Summe	10	13

Brutvogelkartierung 1998/99

Die Revierkartierung in Wäldern und Parks ergab 32–33 BP. Sie konzentrierten sich auf den Hardter und Buchholzer Wald, die zusammengenommen zwei Drittel der lokalen Population beherbergen (Tab. 71, HURTMANN 1999b). Angaben aus den früheren Brutgebieten Mühlenbachtal, Genhülsener Wald und Dohrer Busch fehlen allerdings.

Tab. 71: Brutpaare des Waldlaubsängers bei der Revierkartierung 1998/99

Gebiet	Anzahl BP	Gebiet	Anzahl BP
Wey/Rasselner Wälder	3	Wickrather Wald	4
Hardter Wald	13–14	Krapp	1
Rheindahlener Wald	2	Buchholzer Wald	8
Wickrather Busch	1	Summe	32–33

Rastbestand

Wie groß der alljährlich stattfindende Durchzug ist, geht aus der lokalen Literatur nicht hervor. Auch für die 1990er Jahre macht die spärliche Datenlage eine konkrete Abschätzung schwierig. Die Einordnung als vereinzelter Durchzügler (11–100 Exemplare) ist plausibel.

Phänologie

Der Waldlaubsänger bezieht in der zweiten Aprilhälfte die rheinischen Brutreviere (MILDENBERGER 1984). In Mönchengladbach konnten erste Exemplare seit 1976 zwischen dem 20.04. (1987, H. Siebmanns) und dem 01.05. (1992, E. & S. Burghardt, H. Hurtmann u. a.) registriert werden (HEINEN et al. 1983, E. & S. Burghardt u. a.). Als mittleres Ankunftsdatum errechnet sich der 25.04. (n = 10).

Zilpzalp (*Phylloscopus collybita*)

sehr häufiger Brutvogel, zahlreicher Rastvogel
Rasterfrequenz (1982): 83 %
(I, II) III–X (XI, XII)

Bestand und Vorkommen

Aus den Beschreibungen von MAAS (1948) und BETTMANN (1959) lässt sich erkennen, dass der Zilpzalp auch damals ein verbreiteter und häufiger Brutvogel war. Schätzungen aus den 1980er Jahren gehen von 250–750 Paaren aus (BURGHARDT 1989a, HEINEN et al. 1983).

Die Population der letzten Jahre lässt sich in die Kategorie »sehr häufig« (> 500 BP) einordnen. Durch Revierkartierungen auf verschiedenen Untersuchungsflächen (Gesamtgröße etwa 500 ha) ist ein Bestand von rund 100 Paaren belegt: Im Geneickener Nierstal (320 ha) zählten VAN GEN HASSEND et al. 1991 69–72 BP, im selben Jahr stellte JÖBGES (1991) im Wickrather Nierstal 16 BP fest. Die Kiesgrube Beltinghoven (25 ha) besiedelten 2001 15 BP (HURTMANN 2002a).

Im Rheinland schwankten die Abundanzen auf Flächen von 15–200 ha zwischen 1,0–9,9 BP/10 ha (MILDENBERGER 1984). Die in Mönchengladbach ermittelten Werte liegen in diesem Rahmen. Im Vergleich zum Fitis erreicht der Zilpzalp in allen untersuchten Gebieten höhere Siedlungsdichten:

- Bistheide: 10,0 BP/10 ha (vgl. HEINEN 1980).
- Kiesgrube Beltinghoven: 6,0 BP/10 ha (vgl. HURTMANN 2002a).
- Geneickener Nierstal, Volksgarten: 2,2–2,3 BP/10 ha (vgl. VAN GEN HASSEND et al. 1991).
- Mühlenbachtal: 2,7 BP/10 ha (vgl. UNI DÜSSELDORF et al. 1986).
- Wickrather Schlosspark: 6,2 BP/10 ha (vgl. HUBATSCH 1968).
- Oberes Nierstal: 1,0 BP/10 ha (vgl. JÖBGES 1991).

Rastbestand

Auch als Rastvogel ist der Zilpzalp deutlich häufiger als der nah verwandte Fitis. Zumindest ergaben die Vogelberingungen im Wickrather Niersbruch ein deutliches Bild zu Gunsten dieser Art, das Verhältnis lag bei etwa 4 : 1. HEINEN et al. (1983) fingen zwischen 1970 und 1980 im Jahresmittel 120 Individuen. Damals wie heute wird der Zilpzalp ein zahlreicher Durchzügler (1001–5000 Exemplare) im Stadtgebiet (gewesen) sein. Darüber hinaus gelangen mehrfach Winterbeobachtungen (vgl. HEINEN et al. 1983, MAAS 1948). Seit den 1990er Jahren sind wohl stets 1–10 Individuen den Winter über im Stadtgebiet geblieben. Im Mönchengladbach – Viersener Grenzraum (Nierssee) überwinterten regelmäßig bis zu sieben Vögel (BSKS 1999–2003).

Die ersten Heimzügler werden im Rheinland in der ersten Märzdekade beobachtet,
frühe Nachweise stammen aus den letzten Februartagen. Die Masse der Brutvögel
trifft jedoch erst um die Monatswende März/April ein (MILDENBERGER 1984). Die
phänologischen Daten aus dem Bezirk Wickrath entsprechen dem Zugschema.
HEINEN et al. (1983) notierten die Ankunft in den Jahren 1971–1981 zwischen dem
01.03. (1975) und dem 03.04. (1971). Als Mittelwert ergibt sich der 17.03. (n = 10).
Seit 1991 konnte der erste Zilpzalp durchschnittlich am 09.03. registriert werden
(n = 12). Die Eckdaten: 01.03. (1997, H. Hurtmann) und 18.03. (1996, H. Schmitz).
Das Extremdatum stammt aus dem Jahr 1990, als bereits am 19.02. ein Zilpzalp an
der Niers bei Rheydt sang (H. Schmitz). Eine Trennung von Überwinterern und
Heimzüglern ist bei frühen Daten indes schwierig. HEINEN et al. (1983) etwa werten einen Vogel vom 11.02. (1983) als Wintergast.

Ringfunde

Insgesamt beringten HEINEN et al. (1983) 1533 Exemplare. Die meisten Wiederfunde (68) stammen aus Wickrath, was Ortstreue belegt. Dass das Hauptüberwinte-
rungsgebiet auf der Iberischen Halbinsel und in Nordafrika liegt (vgl. GLUTZ &
BAUER 1991), unterstreichen die Fernfunde.

Ringnummer unbekannt
O 20.08.1971 Wickrath, Mönchengladbach
+ 10.01.1972 Adra, Andalucia, Spanien   1766 km SSW   erbeutet

Ringnummer unbekannt
O 01.05.1972 Wickrath, Mönchengladbach
+ 17.04.1973 Marzy, Bourgogne, Frankreich   521 km SSW   kontrolliert

Ringnummer unbekannt
O 11.07.1972 Wickrath, Mönchengladbach
+ 17.09.1972 Wassenberg, Kreis Heinsberg   19 km WSW   Fängling

Ringnummer unbekannt
O 09.10.1976 Wickrath, Mönchengladbach
+ 26.12.1976 El-Asnam, as-Salif, Algerien   1660 km SSW   erbeutet

Ringnummer unbekannt
O 01.10.1977 Wickrath, Mönchengladbach
+ 03.11.1977 Tarragona, Cataluna, Spanien   1183 km SSW   geschossen

Ringnummer unbekannt
O 26.08.1978 Wickrath, Mönchengladbach
+ 11.01.1979 Casablanca, Casablanca, Marokko   2258 km SW   Fängling

Fitis (*Phylloscopus trochilus*)

mäßig häufiger Brutvogel, (mäßig) zahlreicher Durchzügler
Rasterfrequenz (1982): 58 %
(III) IV–X

Bestand und Vorkommen

Für MAAS (1948) war der Fitis »von den Laubsängern am häufigsten vertreten«. BETT-
MANN (1959) fand die Art selbst »in den Gärten der Stadt, häufiger aber im Niers-
bruch«. In den 1980er Jahren geben HEINEN et al. (1983) und BURGHARDT (1989a)
gemeinsam rund 70–250 Paare an. Aus dieser Zeit zwei konkrete Bestandszahlen:
In der Bistheide (6 ha) kartierte die OAG Wickrath 1980 fünf BP (HEINEN 1980), im
Mühlenbachtal zählte sie 1983 bei 105 ha 24 BP (UNI DÜSSELDORF et al. 1986).

Etwa mit dem Beginn der 1990er Jahre werden in Mitteleuropa »großräumige
Bestandsabnahmen« registriert (FLADE & SCHWARZ 1996 in NOTTMEYER-LINDEN et
al. 2002), die mit Veränderungen in den Überwinterungsgebieten in Verbindung
gebracht werden (FOPPEN & REIJNEN 1996 in NOTTMEYER-LINDEN et al. 2002). Bemerkbar macht sich der Rückgang auch in der Nachbarschaft Mönchengladbachs
(VAN DER WEELE 2004) und auch das Stadtgebiet selbst ist nach der Einschätzung
von W. von Kannen (mdl.) betroffen. Durch die weit gefassten Bestandskategorien
ist kein Rückgang herzuleiten, die bei BURGHARDT (1989a) angegebene Spanne von
50–200 Paaren wird auch heute noch erreicht. Belegt sind durch Revierkartierungen
im letzten Jahrzehnt auf einer Gesamtfläche von 505 ha 34 BP. Im Nierstal (480 ha)
waren es 1991 23 BP (VAN GEN HASSEND et al. 1991, JÖBGES 1991), in der Kiesgrube
Beltinghoven (25 ha) 2001 elf BP (HURTMANN 2002a). Zähleinheit war das revier-
markierende ♂, was zu einer Unterschätzung des tatsächlichen Brutbestands führen
kann – beim Fitis ist Bigynie »oft« festgestellt worden (GLUTZ & BAUER 1991).

MILDENBERGER (1984) nennt für Flächen im Rheinland Abundanzen von 0,9–
5,7 BP/10 ha. Aus lokalen Untersuchungen ergeben sich folgende Siedlungsdichten:

■ Bistheide: 8,3 BP/10 ha (vgl. HEINEN 1980).
■ Kiesgrube Beltinghoven: 4,4 BP/10 ha (vgl. HURTMANN 2002a).
■ Geneickener Nierstal, Volksgarten: 0,6 BP/10 ha (vgl. VAN GEN HASSEND et al.
  1991).

- Mühlenbachtal: 2,3 BP/10 ha (vgl. UNI DÜSSELDORF et al. 1986).
- Wickrather Schlosspark: 2,3 BP/10 ha (vgl. HEINEN 1971).
- Oberes Nierstal: 0,3 BP/10 ha (vgl. JÖBGES 1991).

Rastbestand

Über die Größenordnung ist bei den lokalen Autoren nur wenig zu erfahren. Einzig HEINEN et al. (1983) nennen Fangzahlen aus den 1970er Jahren. Im Wickrather Niersbruch gingen durchschnittlich 28 Vögel/Jahr in die Netze. Heute mag der Fitis (mäßig) zahlreicher Durchzügler (101–5000 Individuen) sein.

Phänologie

Die Ankunft im Rheinland fällt in die erste Aprilhälfte, im Tiefland erscheinen die ersten Heimzügler regelmäßig in der letzten Märzwoche (MILDENBERGER 1984). Seit 1991 wurde der erste Fitis in Mönchengladbach durchschnittlich am 01.04. entdeckt (n = 11). Die Eckwerte: 26.03. (2002, H. Hurtmann) und 10.04. (1992, H. Hurtmann). Ungewöhnlich früh hörte H. Schmitz die Art im Jahr 1990, als ein Exemplar bereits am 19.03. im Bresges Park sang. Als Letztbeobachtung findet sich bei HEINEN et al. (1983) der 15.10. (1978), was für das Rheinland ein recht spätes Datum ist (vgl. MILDENBERGER 1984).

Ringfunde

Von den in Wickrath beringten Vögeln gibt es elf eigene Wiederfänge, darüber hinaus einen Fernfund (HEINEN et al. 1983):

Ringnummer unbekannt
O 16.04.1976 Wickrath, Mönchengladbach
+ 03.04.1977 La Courneuve, Île-de-France, Frankreich   374 km SW   Totfund

Besonderheiten

Am 22.05.1996 sang ein Mischsänger Fitis x Zilpzalp an der Niers bei Geneicken (H. Hurtmann). Überprüfte Mischsänger erwiesen sich mit wenigen Ausnahmen bisher als »typische« Fitisse (GLUTZ & BAUER 1991).

Wintergoldhähnchen (*Regulus regulus*)

mäßig häufiger Brutvogel, mäßig zahlreicher Rastvogel
I–XII

Bis in die zweite Hälfte des 20. Jahrhunderts kam das Wintergoldhähnchen nur sehr sporadisch in Mönchengladbach vor. Weder FARWICK (1883 in LE ROI 1906) noch MAAS (1948) und BETTMANN (1959) kennen die Art als Brutvogel. Nur R. Lenßen (zitiert in LE ROI 1906) berichtet von Bruten aus dem Odenkirchener Raum. Ende der 1960er Jahre veranschlagt BURGHARDT (1970) den Bestand in Alt-Gladbach (97 km²) auf 50–200 Paare. Die offensichtliche Zunahme ist auf die wachsende Verbreitung von Nadelbäumen (insbesondere Fichten) zurückzuführen, an die das Goldhähnchen eng gebunden ist (BURGHARDT 1989a). In den 1980er Jahren bewegte sich der Gesamtbestand in einer Spanne von 66–250 BP (BURGHARDT 1989a, HEINEN et al. 1983). In diese Kategorie fällt die Population auch heute.

Zur Siedlungsdichte lassen sich nur wenige Angaben machen, da die meisten untersuchten Gebiete Laubwald aufweisen. Der dominiert zwar auch im Mühlenbachtal, doch finden sich im Übergangsbereich zum Beecker Wald (Kreis Heinsberg) Kiefernbestände. Hier kam das Wintergoldhähnchen mit einer Abundanz von 0,8 BP/10 ha vor (vgl. UNI DÜSSELDORF et al. 1986). Das ist im Vergleich zu Nadelwaldforsten gering. MILDENBERGER (1984) schreibt von 4,3–5,2 BP/10 ha auf Untersuchungsflächen mit Fichten.

Rastbestand

Alle Autoren nennen das Wintergoldhähnchen als Rastvogel. So notiert MAAS (1948), alljährlich kämen Trupps von bis zu 20 Exemplaren in die Parkanlagen und auf Friedhöfe. BURGHARDT (1989a) ordnet den Rastbestand in die Kategorie »mäßig zahlreich« (100–1000 Individuen) ein. Dies dürfte nach wie vor zutreffen.

Sommergoldhähnchen (*Regulus ignicapillus*)

mäßig häufiger Brutvogel, mäßig zahlreicher Durchzügler
III–X (XI)

Bestand und Vorkommen

Den frühen Ornithologen ist das Sommergoldhähnchen aus den Mönchengladbacher Wäldern und Parks hinlänglich bekannt (z.B. R. Lenßen in LE ROI 1906). In den 1980er Jahren wird der Gesamtbestand mit 56–215 Paaren angegeben (BURGHARDT 1989a, HEINEN et al. 1983).

Seit den 1990er Jahren lag der Brutbestand in einer Größenordnung von 51–200 Paaren. Vermutlich ist das Sommergoldhähnchen in mehr Gebieten verbreitet als das Wintergoldhähnchen. Es beschränkt sich nicht allein auf Fichten- oder andere

Nadelhölzer, sondern lässt sich auch in Mischbeständen von Nadel- und Laubbäumen finden. Bei Revierkartierungen zeigten sich folgende Siedlungsdichten:

- Hoppbruch: 0,2 BP/10 ha (HURTMANN 1999b).
- Hardter Wald, Südwest: 0,3 BP/10 ha (vgl. HURTMANN 1999b).
- Mühlenbachtal: 0,3 BP/10 ha (vgl. UNI DÜSSELDORF et al. 1986).
- Buchholzer Wald: 0,5 BP/10 ha (HURTMANN 1999b).

Die Angaben spiegeln allein die Untergrenze wider, da ein Teil der Population wegen des nur recht verhaltenen Gesangs unentdeckt geblieben sein dürfte. Die Abundanzen in den untersuchten (Laubmisch-)Wäldern liegen indes weit unter denen, die in Optimalbiotopen erreicht werden. In kleinflächigen (Fichten-)Wäldern siedelten 3,6–6,2 BP/10 ha (MILDENBERGER 1984).

Rastbestand
Der Durchzug ist in Mönchengladbach mit 100–1000 Exemplaren spürbar (BURGHARDT 1989a). Diese Spanne mag auch für die letzten Jahre gelten.

Phänologie
Die früheste Beobachtung datiert vom 10.03. und stammt aus dem Jahr 2003 (H. Hurtmann). Als mittleres Ankunftsdatum seit 1972 ergibt sich der 21.03. (n = 13, HEINEN et al. 1983, H. Hurtmann, G. Maas u.a.). Bei der Berechnung blieb der 30.04. (1973) als Erstbeobachtung außen vor (HEINEN et al. 1983). Das überaus späte Datum ist allein methodisch zu erklären und nicht durch eine derart verzögerte Rückkehr aus den Überwinterungsgebieten. Im Rheinland werden die frühesten Beobachtungen in der ersten Märzhälfte gemacht. Für gewöhnlich erscheinen die Goldhähnchen ab Mitte März in den Brutgebieten, während der ersten Aprildekade wird die Masse der Reviere besetzt (MILDENBERGER 1984). Als letztes Beobachtungsdatum geben HEINEN et al. (1983) den 01.11. (1972) an, was im Rahmen der rheinischen Daten liegt (vgl. MILDENBERGER 1984).

Grauschnäpper (*Muscicapa striata*)

mäßig häufiger Brutvogel, vereinzelter bis mäßig zahlreicher Durchzügler
Rasterfrequenz (1982): 15 %
(IV) V–IX

Bestand und Vorkommen
»Ein häufiger Brutvogel in unseren Gärten, Parkanlagen und Friedhöfen [...], aber

auch an Waldrändern ist der Grauschnäpper«, schreibt Maas 1948. Mit rund 70–250 Paaren war der Schnäpper in den 1980er Jahren ein (mäßig) häufiger Brutvogel (Burghardt 1989a, Heinen et al. 1983).

Die Revierkartierung 1991 im Nierstal (480 ha) dürfte mit zehn BP eher die Untergrenze des Bestandes markieren (van gen Hassend et al. 1991, Jöbges 1991). Insgesamt wird sich der aktuelle Bestand in der Kategorie »mäßig häufig« (51–200 Paare) bewegen.

Auf Untersuchungsflächen im Rheinland schwankte die Abundanz mit Werten von 0,2–7,5 BP/10 ha stark. Blieben die Siedlungsdichten in großen Waldgebieten niedrig, wurden auf kleinen Friedhöfen oder in Parks die meisten Paare pro Flächeneinheit festgestellt (Mildenberger 1984). In Mönchengladbach ergibt sich ein ähnliches Bild:

- Bistheide: 3,3 BP/10 ha (vgl. Heinen 1980).
- Geneickener Nierstal, Volksgarten: 0,2 BP/10 ha (vgl. van gen Hassend et al. 1991).
- Mühlenbachtal: 0,3 BP/10 ha (vgl. Uni Düsseldorf et al. 1986).
- Wickrather Schlosspark: 6,2 BP/10 ha (vgl. Hubatsch 1968).
- Oberes Nierstal: 0,3 BP/10 ha (vgl. Jöbges 1991).

Rastbestand

Im Wickrather Nierstal fingen Heinen et al. (1983) bei Beringungsarbeiten von 1970–1980 im Jahresmittel 22 Exemplare/Jahr. Damals wie heute wird man den Grauschnäpper als vereinzelten bis mäßig zahlreichen Durchzügler bezeichnen können.

Phänologie

Frühestens in der letzten Aprilwoche erscheinen die ersten Vögel im Rheinland, das Gros der Reviere wird jedoch erst in der zweiten Maidekade besetzt (Mildenberger 1984). In Mönchengladbach erfolgte die Ankunft seit 1970 zwischen dem 23.04. (1996, G. Kühlen) und dem 20.05. (1970, Heinen et al. 1983). Die mittlere Erstankunft lag auf dem 06.05. (n = 18). Die bei Heinen et al. (1983) angegebenen Letztdaten mit der spätesten Beobachtung am 23.09. (1972) liegen im Rahmen des rheinischen Zugablaufs (vgl. Mildenberger 1984).

Ringfunde

Die Art zieht im Herbst nach Afrika, das Überwinterungsgebiet des Weitstreckenziehers reicht bis in den südlichsten Teil des Kontinents. Der Weg dorthin führt die mittel- und westeuropäische Population (westlich von 12°E) über die Iberische

Halbinsel (GLUTZ & BAUER 1993). Von dort stammen auch zwei Fernfunde (HEINEN et al. 1983, MILDENBERGER 1984):

Helgoland – 0 837 240
O 26.06.1971 Wickrath, Mönchengladbach (nestjung)
+ Nov. 1972 Bragança, Bragança, Portugal   1443 km SW   erlegt

Ringnummer unbekannt
O 21.05.1972 Wickrath, Mönchengladbach
+ Mai 1973 Heinsberg-Randerath, Kreis Heinsberg   20 km SW

Helgoland – 9 E 14 838
O 18.08.1973 Wickrath, Mönchengladbach (Fängling)
+ 21.10.1973 Vila do Conde, Porto, Portugal   1590 km SW   erlegt

Zwergschnäpper (*Ficedula parva*)

Ausnahmeerscheinung
V

Bestand und Vorkommen

Der Zwergschnäpper ist flächig in Osteuropa verbreitet. In Deutschland beschränkt sich sein Vorkommen auf den Nordosten, auf die östlichen Mittelgebirge und den bayerischen Alpenrand. Im Rheinland taucht der Schnäpper als Ausnahmeerscheinung auf. MILDENBERGER nennt 1984 sieben Nachweise, drei davon aus dem Monat Mai. Aus dem Stadtgebiet liegt eine Meldung vor:

■ 1 ♂ am 03.05.1987 im Schmölderpark (H. & K. Schmitz).

Als Ausnahmeerscheinung gehört der Zwergschnäpper zu den »meldepflichtigen Arten« (GRO & WOG 1996), von denen Nachweise besonders kritisch geprüft werden. Eine Beurteilung durch die Avifaunistische Kommission steht noch aus, weshalb die Meldung noch nicht als Erstnachweis für Mönchengladbach gewertet werden kann.

Halsbandschnäpper (*Ficedula albicollis*)

Rote Liste: D 1
Ausnahmeerscheinung
IV–V

Das Schwergewicht der mitteleuropäischen Verbreitung liegt in Tschechien und der Slowakei, in anderen Ländern Mitteleuropas ist das Vorkommen auf bestimmte Regionen beschränkt. So kommt der Schnäpper in Deutschland überwiegend in Teilen Bayerns und Baden-Württembergs vor (GLUTZ & BAUER 1993). Für das Rheinland führt MILDENBERGER (1984) sechs datierte Nachweise seit 1940 auf, wobei zwei in Mönchengladbach gelangen (je 1 Exemplar, ergänzend BETTMANN 1959):

- Am 14.05.1941 in Hockstein (M. Kamphausen).
- Am 28.04.1953 in Rheydt bei Daniels Höfchen (M. Kamphausen).

Trauerschnäpper (*Ficedula hypoleuca*)

sehr seltener, unregelmäßiger Brutvogel, vereinzelter Durchzügler
IV–IX

Bestand und Vorkommen

Bei den meisten Autoren findet sich der Trauerschnäpper als sehr seltener, unregelmäßiger Brutvogel. MAAS (1948) notiert, dass »während des ganzen Sommers wiederholt Beobachtungen auf Friedhöfen in M.-Gladbach gelangen«. BETTMANN (1959) entdeckte den Schnäpper »vereinzelt brütend« auf dem evangelischen Friedhof in Rheydt. BURGHARDT (1989a) berichtet von Vorkommen auf dem Hauptfriedhof östlich Großheide (1980, 1 BP), im Franziskushausgelände (1980, 2 BP) und im Hardter Wald (80er Jahre, Einzelbruten). Nach B. Klein (in HEINEN et al. 1983) konnte die Art auch 1981 und 1982 »auf einem Friedhof in Mönchengladbach« in einem Nistkasten festgestellt werden. Angesichts der sporadischen Einzelbruten könne man nicht von einer echten Besiedlung sprechen, so das Fazit von BURGHARDT (1989a).

Diese Einschätzung gilt auch heute. Brutzeitrelevante Nachweise (vgl. WINK 1988) von sehr vereinzelten Trauerschnäppern beschränken sich auf den Hardter Wald, aus vielen Jahren fehlen sie auch dort (H. Hurtmann, D. Stiels u. a.). Bei der Revierkartierung 1998 etwa blieben hinreichende Beobachtungen aus (HURTMANN 1999b). In den letzten Jahren dürfte die Anzahl der gelegentlichen Brüter die Kategorie »sehr selten« (1–5 BP) nicht überstiegen haben.

Rastbestand

Im Gegensatz zu den sporadischen Brutvögeln können durchziehende Schnäpper regelmäßig festgestellt werden. Sie waren FARWICK (1883 in LE ROI 1906) ebenso bekannt wie MAAS (1948). BETTMANN (1959) fand die Art zur Zugzeit »nicht selten«. In den 1980er Jahren wird der Rastbestand für Alt-Gladbach und Rheydt mit 100 bis 1000 Exemplaren angegeben (BURGHARDT 1989a). Vor dem Hintergrund der rheinischen Rastzahlen (vgl. MILDENBERGER 1984) wird sich die Anzahl deutlich im unteren Bereich der Spanne bewegt haben. Daten aus Wickrath legen nahe, dass selbst die Untergrenze eine optimistische Schätzung gewesen ist. Die Wickrather Daten stützen sich auf Fangzahlen. Im Rahmen von Beringungsarbeiten zählten HEINEN et al. (1983) von 1970 bis 1980 durchschnittlich 6,9 Vögel/Jahr.

Im letzten Jahrzehnt gibt es aus den meisten Jahren Beobachtungen von Durchzüglern. Sie stammen aus Wäldern, Parkanlagen oder großen Gärten (G. Lauscher, H. Siebmanns, G. Thomas u. a.). In keinem Jahr wurden mehr als fünf Durchzügler gemeldet. Der tatsächliche Rastbestand wird bei 11–100 Vögeln gelegen haben.

Phänologie

Im Rheinland treffen die ersten Vögel ab Mitte April ein. Der Durchzug erstreckt sich für gewöhnlich bis Mitte, selten bis Ende Mai (MILDENBERGER 1984). Die lokalen Daten fallen in diesen Rahmen. Im Stadtbezirk Wickrath notierten HEINEN et al. (1983) als Eckwerte den 20.04. (1974) und den 21.05. (1972) (n = 7). Ab den 1990er Jahren datiert die früheste Ankunft vom 22.04. (1998, G. Erdtmann, H. Siebmanns).

Die spärlichen Angaben über den Wegzug liegen ebenfalls im Zeitfenster der rheinischen Beobachtungen. HEINEN et al. (1983) registrierten am 06.08. (1977) einen Zugvogel (s. Ringfunde), als Letztdatum erwähnen sie den 16.09. (1973). MILDENBERGER (1984) schreibt zum Zugablauf: »Die ersten Wegzügler werden Ende Juli/Anfang August beobachtet [...], der Herbstzug hält bis in die letzte Septemberdekade an.«

Ringfunde

HEINEN et al. (1983) nennen folgende Ringfunde (ergänzend GASSLING 1979):

Ringnummer unbekannt
O 26.04.1975 Wickrath, Mönchengladbach
+ 06.05.1976 Göteborg, Våstra Götaland, Schweden   816 km NNE   Totfund

Niederlande – Arnhem VT – A 180 625
O 21.06.1977 IJhorst, Overijssel, Niederlande (nestjung)
+ 06.08.1977 Wickrath, Mönchengladbach   170 km S   Fängling

Sonnenvogel (*Leiothrix lutea*)

Gefangenschaftsflüchtling
IV

Bestand und Vorkommen

Die Art kommt ursprünglich in einem Gebiet vom westlichen Himalaja bis in das südliche China vor. In der zweiten Hälfte des 19. Jahrhunderts wurde sie erstmals nach Europa eingeführt und wird seitdem von vielen Züchtern gehalten. Frei fliegende Sonnenvögel konnten in NRW mehrfach festgestellt werden, 1992 gelang der Nachweis einer erfolgreichen Brut (KRETZSCHMAR 1999). Aus Mönchengladbach liegt eine Meldung vor:

- »Einige« Ex. (mindestens 3) halten sich im April 1955 im Bresges Park auf (BETTMANN 1959).

Bartmeise (*Panurus biarmicus*)

Rote Liste: NRW R
unregelmäßiger Gast
XI–IV

Bestand und Vorkommen

Nach Einflügen in das Rheinland hat die Bartmeise seit Mitte der 1960er Jahre an mehreren Orten gebrütet (MILDENBERGER 1984). Brutnachweise gelangen unter anderem im Kreis Viersen, zuletzt 1968 (HUBATSCH 1996). In Mönchengladbach trat die Art einmal auf:

- 3 Ex. (1 ♂, 2 ♀) halten sich vom 10.11.1974 bis zum 12.04.1975 im damaligen Sumpfgebiet östlich von Schloss Wickrath auf. Die beiden ♀♀ konnten beringt werden (HEINEN et al. 1983).

Schwanzmeise (*Aegithalos caudatus*)

(mäßig) häufiger Brutvogel, Rastvogel
I–XII

Bestand und Vorkommen

Als »schlechthin häufigen« Brutvogel bezeichnet FARWICK (1883 in LE ROI 1906) die Schwanzmeise im Kreis M.-Gladbach. Die Beschreibungen von MAAS (1948) und BETTMANN (1959) lassen vermuten, dass sich die Situation zu ihrer Zeit nicht wesentlich geändert hatte. In den 1980er Jahren werden für das Stadtgebiet 66–250 Paare veranschlagt (BURGHARDT 1989a, HEINEN et al. 1983).

Seit den 1990er Jahren wird der Brutbestand im oberen Bereich der Kategorie »mäßig häufig« (51–200 BP) gelegen haben, womöglich (leicht) darüber. Durch Kartierungen sind auf einer Gesamtfläche von ca. 500 ha rund 20 Re-

Foto: H. Hurtmann

viere belegt. Im Geneickener Nierstal inklusive Bungtwald (320 ha) waren es 1991 12–13 Territorien (VAN GEN HASSEND et al. 1991), im Wickrather Nierstal (160 ha) mindestens zwei (JÖBGES 1991). Die Beltinghovener Grube (25 ha) beherbergte 2001 3–4 Reviere (HURTMANN 2002a). Daraus ergeben sich folgende Siedlungsdichten (ergänzend frühere Erfassungen):

- Kiesgrube Beltinghoven: 1,2–1,6 BP/10 ha (vgl. HURTMANN 2002a).
- Geneickener Nierstal, Volksgarten: 0,4 BP/10 ha (vgl. VAN GEN HASSEND et al. 1991).
- Mühlenbachtal: 0,7 BP/10 ha (vgl. UNI DÜSSELDORF et al. 1986).
- Wickrather Schlosspark: 0,8 BP/10 ha (vgl. HUBATSCH 1968).
- Oberes Nierstal: 0,1 BP/10 ha (vgl. JÖBGES 1991).

Rastbestand

Dass Schwanzmeisen nach der Brutzeit in Verbänden umherziehen, ist den lokalen Autoren hinlänglich bekannt (z.B. MAAS 1948). Ungeklärt ist dabei bis heute, welchen Anteil Zuzügler ausmachen. Über die Größe des Rastbestandes können entsprechend keine Aussagen gemacht werden.

Ringfunde

Die OAG Wickrath beringte bis zum Beginn der 1980er Jahre 174 Vögel, von einem Exemplar gelang ein Fernfund. Daneben berichten HEINEN et al. (1983) von einem zuvor in Belgien beringten Exemplar.

Ringnummer unbekannt
O 08.10.1972 Wickrath, Mönchengladbach
+ 24.02.1974 Viersen, Kreis Viersen   15 km NNW   Fängling

Ringnummer unbekannt
O 30.11.1980 Antwerpen, Antwerpen, Belgien
+ 22.03.1981 Wickrath, Mönchengladbach   140 km ESE   Fängling

Besonderheiten

Bei einem Paar, das 1998 in Waldhausen erfolgreich brütete, stellte S. Burghardt
ein Individuum mit rein weißem Kopf fest. Schwanzmeisen der hiesigen Unterart
A. c. europaeus haben für gewöhnlich einen schwarzen Scheitelseitenstreif, einen
rein weißen Kopf besitzt die im nördlichen Eurasien beheimatete Unterart *A. c.
caudatus*. Dass an der Brut tatsächlich *A. c. caudatus* beteiligt war, ist nach der Einschätzung von GLUTZ & BAUER (1993) indes unwahrscheinlich. Vielmehr gebe es
entsprechende Färbungsvarianten innerhalb der hiesigen Subspezies. Mischpaare
von streifen- und weißköpfigen Schwanzmeisen treten in NRW »gelegentlich« auf
(NOTTMEYER-LINDEN et al. 2002).

Sumpfmeise (*Parus palustris*)

spärlicher bis mäßig häufiger Brutvogel
Rasterfrequenz (1982): 10 %
I–XII

Bestand und Vorkommen

MAAS (1948) und BETTMANN (1959) ist die Sumpfmeise aus verschiedenen Wäldern,
Parks und von Friedhöfen bekannt, wo sie insgesamt »häufig« brütete. Besiedelt waren etwa der Bunte Garten, der Schmölderpark und der Rheydter Stadtwald. BURG-
HARDT fand die Art 1989(a) im Bunten Garten und auf dem angrenzenden Hauptfriedhof nur noch »vereinzelt«, ohnehin wäre die Sumpfmeise die seltenste Meisenart im Stadtgebiet. Die Meise hat sich im Zentrum verschiedener mitteleuropäischer
Großstädte im Laufe der 1970/80er Jahre aus Grünanlagen zurückgezogen, was mit
dem vergleichsweise schmalen Nahrungsspektrum sowie der zunehmenden Kon-
kurrenz von opportunistischeren Kulturfolgern wie der Kohlmeise in Verbindung
gebracht wird (GLUTZ & BAUER 1993). Der Bestand lag in Mönchengladbach in den
1980er Jahren bei rund 40–100 Paaren (BURGHARDT 1989a, HEINEN et al. 1983).
   Aktuell dürfte die Population die Kategorie »spärlicher Brutvogel« (21–50 BP)

übersteigen, allerdings nicht sehr deutlich. Da kurzfristige Bestandsschwankungen beträchtlich sein können (GLUTZ & BAUER 1993), sind die Revierkartierungen (Tab. 72) allein eine Momentaufnahme.

Tab. 72: Anzahl der Sumpfmeisen-BP auf Untersuchungsflächen

Gebiet	Anzahl BP	BP/10 ha	Jahr; Quelle
Bistheide	2	0,7	2004; HURTMANN (2004c)
Großheide	1	0,4	2004; HURTMANN (2004c)
Geneickener Nierstal, Volksgarten	2	0,1	1991; VAN GEN HASSEND et al. (1991)
Gerkerather Wald	2	0,5	2004; HURTMANN (2004c)
Genhülsener Wald/Viehstraße	6	2,2	2004; HURTMANN (2004c)
Buchholzer Wald	9	0,5	1998; HURTMANN (1999b)

Rastbestand

Angaben über den Zuzug von Sumpfmeisen fehlen in der lokalen Literatur vollständig. Angesichts der ausgesprochenen Standorttreue (GLUTZ & BAUER 1993) dürfte sich der Bestand im Herbst und Winter aus hiesigen Brutvögeln zusammensetzen, Rastvögel fehlten entsprechend.

Weidenmeise (*Parus montanus*)

mäßig häufiger Brutvogel
Rasterfrequenz (1982): 18 %
I–XII

Bestand und Vorkommen

Die Weidenmeise war für MAAS (1948) ein »häufiger Brutvogel in den Auwäldern«, sie komme aber auch in Parkanlagen und auf Friedhöfen vor. BETTMANN (1959) fand die Art in den niersnahen Wäldern Rheydts »wesentlich häufiger« als die nah verwandte Sumpfmeise. In den 1980er Jahren wird der Gesamtbestand auf ca. 70–250 Paare geschätzt (BURGHARDT 1989a, HEINEN et al. 1983).

Für die letzten Jahre bleiben ebenfalls allein grobe Bestandsschätzungen. Die Populationsgröße wird sich in einer Spanne von 51–200 Paaren bewegt haben. Obwohl das Nierstal einen Bestandsschwerpunkt bilden dürfte, erbrachte eine Revierkartierung im Jahr 1991 auf 480 ha lediglich vier Paare (VAN GEN HASSEND et al. 1991, JÖBGES 1991). Der tatsächliche Bestand wird dadurch wohl nicht angemessen widergespiegelt (vgl. auch JÖBGES 1991).

Rastbestand

Abgesehen vom nachbrutzeitlichen Dispersal ist nicht mit Zuzug in das Stadtgebiet zu rechnen.

Haubenmeise (*Parus cristatus*)

spärlicher bis mäßig häufiger Brutvogel
I–XII

Bestand und Vorkommen

Haubenmeisen brüten fast ausschließlich in Nadelwäldern. Seit Beginn des 19. Jahrhunderts konnte sich die Art mit der Ausdehnung des Kiefern- und Fichtenanbaus im Rheinland erheblich ausbreiten (MILDENBERGER 1984). In Mönchengladbach kam sie gegen Ende des 19. Jahrhunderts »häufiger« vor (FARWICK 1883 in LE ROI 1906). MAAS (1948) und BETTMANN (1959) erwähnen mit dem Hardter und Rheindahlener Wald sowie dem Rheydter Stadtwald einige Brutgebiete. Das Hauptvorkommen liege im Hardter Wald, schreibt BURGHARDT 1989 (a). Außerdem finde man die Meise »in geringer Zahl« in Parks oder auf Friedhöfen mit Nadelhölzern. Insgesamt brüteten 21–55 Paare im Stadtgebiet (BURGHARDT 1989a, HEINEN et al. 1983).

Die Haubenmeise ist heute zumindest spärlicher Brutvogel, der Bestand wird im oberen Bereich der Spanne (21–50 BP) liegen. Da ausgeprägte Kiefern- oder Fichtenforste im Stadtgebiet fehlen, beschränkt sich ihre Verbreitung vornehmlich auf die Nadelholzbestände in den Mischwäldern. Die Kartierung in zahlreichen Wäldern und Parks ergab 1998/99 20 Reviere (HURTMANN 1999b), allerdings kann das aus verschiedenen methodischen Gründen kein Anhaltspunkt für die absolute Populationsgröße sein. Nach wie vor ist der Hardter Wald der Verbreitungsschwerpunkt, hier finden sich auch die größten Nadelholzbestände.

Brutvogelkartierung 1998/99

Die sporadische Verbreitung wird durch die Erfassung Ende der 1990er Jahre deutlich, nur in wenigen Wäldern oder Parks wurde die Art überhaupt nachgewiesen (Tab. 73). Im Hardter Wald scheint die ermittelte Zahl zu niedrig. Im Allgemeinen sind geringe Bestandsdichten für die Haubenmeise allerdings nicht untypisch (MILDENBERGER 1984).

Gebiet	Anzahl BP	Gebiet	Anzahl BP
Wey/Rasselner Wälder	2	Hardter Wald	12
Wäldchen bei Kühlenhof	1	Krapp	2
Bunter Garten/Friedhof	1	Buchholzer Wald	2

Rastbestand

Da die Meise ausgesprochener Standvogel ist (vgl. GLUTZ & BAUER 1993), wird im Stadtgebiet nennenswerter Durch- oder Zuzug fehlen.

Tannenmeise (*Parus ater*)

mäßig häufiger Brutvogel, Rastvogel
I–XII

Bestand und Vorkommen

Ähnlich wie die Haubenmeise ist die Tannenmeise eng an das Vorkommen von Nadelhölzern, insbesondere Fichten, gebunden. Nach FARWICK (1883 in LE ROI 1906) fehlte sie noch zum Ende des 19. Jahrhunderts im Kreis Gladbach weitgehend, weil entsprechende Habitate nicht vorhanden waren. Das änderte sich bis zur Mitte des 20. Jahrhunderts, die Tannenmeise blieb allerdings verhältnismäßig selten. MAAS (1948) nennt sehr vereinzelte Vorkommen aus dem Hardter und Buchholzer Wald, für Rheydt vermutet BETTMANN (1959) »gelegentliche Bruten«. Der Bestand stieg bis in die späten 1960er Jahre deutlich an. BURGHARDT schätzt 1970 allein für Alt-Gladbach (97 km²) 50–200 BP. Eine ähnliche Größenordnung veranschlagen BURGHARDT (1989a) und HEINEN et al. (1983) in den 1980er Jahren für die gesamte Stadt.

In den 1990er Jahren lag der Gesamtbestand unverändert in der Spanne von 51 bis 200 Paaren, auch wenn kurzfristige Schwankungen erheblich sein können (vgl. GLUTZ & BAUER 1993). Durch Kartierungen belegt ist ein Bestand von 40 Revieren (HURTMANN 1999b). Das Verbreitungsmuster hat sich gegenüber dem vorletzten Jahrzehnt nicht wesentlich verändert. Der Hardter Wald beherbergt das Hauptvorkommen, Brutmöglichkeiten nutzt die Tannenmeise, stärker noch als die Haubenmeise, in Parks und auf Friedhöfen mit Nadelhölzern.

Brutvogelkartierung 1998/99

Die Erfassung in zahlreichen Waldgebieten und Parks gibt allein einen Eindruck vom Mindestbestand (Tab. 74). Insbesondere im Hardter Wald dürften methodische Gründe zu einer Unterschätzung geführt haben (vgl. HURTMANN 1999b).

Tab. 74: Brutbestand der Tannenmeise 1998/99

Gebiet	Anzahl BP	Gebiet	Anzahl BP
Franziskushausgelände	2	Rheindahlener Wald	1
Neuwerker Friedhof	2	Wickrather Wald	3
Bunter Garten/Friedhof	2	Kamphausener Höhe	1
Hardter Wald	29	Summe	40

Rastbestand

Dass Tannenmeisen als Zuzügler auftreten, davon berichtet bereits FARWICK (1883 in LE ROI 1906) für den Kreis Gladbach. Auch spätere Autoren erwähnen umherstreifende Vögel im Winter (z.B. MAAS 1948). Unklar bleibt dabei die Rolle der heimischen Brutvögel. Neben nachbrutzeitlichem Dispersal kommt es in Abständen von mehreren Jahren in Mitteleuropa zu invasionsartigen Einflügen aus Osteuropa und Russland (BIJLSMA et al. 2001). MILDENBERGER (1984) geht für das Rheinland sogar von regelmäßigem Zuzug aus. Insofern sind Rastvögel für Mönchengladbach wahrscheinlich, das Ausmaß des (alljährlichen) Zuzugs kann allerdings nicht abgeschätzt werden.

Foto: H. Hurtmann

Blaumeise (*Parus caeruleus*)

sehr häufiger Brutvogel, Rastvogel
Rasterfrequenz (1982): 65 %
I–XII

Bestand und Vorkommen

Als allgemein verbreitet und »recht häufig« bezeichnen MAAS (1948) und BETTMANN (1959) die Blaumeise. Ähnlich urteilen in den 1980er Jahren HEINEN et al. (1983) und BURGHARDT (1989a). Sie schätzen den Bestand auf 250–750 Paare, der nicht zuletzt wegen der zahlreichen Nistkästen so hoch sei. Im Wickrather

Schlosspark verdoppelte sich nach dem Anbringen von Nistkästen die Population von elf BP (1965) auf 22 BP (1968) (HEINEN et al. 1983).

Die früheren Einschätzungen gelten heute unverändert. Zwar ist die Blaumeise nicht so häufig wie die Kohlmeise, doch liegt auch ihr Bestand bei deutlich über 500 Paaren. Allein im Nierstal und in der Kiesgrube Beltinghoven fanden sich auf ca. 500 ha über 50 Brutpaare (VAN GEN HASSEND et al. 1991, HURTMANN 2002a, JÖBGES 1991). Unter anderem hieraus resultieren folgende Siedlungsdichten:

- Bistheide: 3,3 BP/10 ha (vgl. HEINEN 1980).
- Kiesgrube Beltinghoven: 1,2 BP/10 ha (vgl. HURTMANN 2002a).
- Geneickener Nierstal, Volksgarten: 1,2 BP/10 ha (vgl. VAN GEN HASSEND et al. 1991).
- Mühlenbachtal: 1,4 BP/10 ha (vgl. UNI DÜSSELDORF et al. 1986).
- Wickrather Schlosspark: 8,5 BP/10 ha (vgl. HUBATSCH 1968).
- Oberes Nierstal: 0,6 BP/10 ha (vgl. JÖBGES 1991).

Rastbestand

Bei der Blaumeise lassen sich alle Abstufungen vom Standvogel bis zum Zug- und Invasionsvogel finden (GLUTZ & BAUER 1993). Auch wenn keiner der lokalen Autoren von einem Rastbestand spricht, ist bis heute von Durch- und Zuzüglern in Mönchengladbach auszugehen.

Ringfunde

HEINEN et al. (1983) beringten in Wickrath 663 Vögel, die meisten Wiederfunde stammen aus dem Stadtbezirk selbst. Die Lebendfunde außerhalb von Wickrath kamen aus Belgien, wohin ein großer Teil der nord- und westdeutschen Blaumeisen zieht (vgl. GLUTZ & BAUER 1993).

Ringnummer unbekannt
O 08.10.1972 Wickrath, Mönchengladbach
+ 14.10.1972 Maaseik, Limburg, Belgien   43 km WSW   Fängling

Ringnummer unbekannt
O 02.01.1975 Wickrath, Mönchengladbach
+ 30.07.1977 Hückelhoven, Kreis Heinsberg   15 km WSW   in Gewölle

Ringnummer unbekannt
O 01.10.1977 Wickrath, Mönchengladbach
+ 25.04.1978 Duisburg – Mülheim   ca. 46 km NE   Totfund

Ringnummer unbekannt
O 08.10.1977 Wickrath, Mönchengladbach
+ 02.04.1978 Koksijde, West-Vlaanderen, Belgien 262 km W   Fängling

Kohlmeise (*Parus major*)

sehr häufiger Brutvogel, Rastvogel
Rasterfrequenz (1982): 87 %
I–XII

Bestand und Vorkommen

»Bei uns überall in Wäldern und Feldgehölzen zu Hause, brütet aber auch gern in Parkanlagen, Friedhöfen, Gärten und Alleen«, notiert MAAS (1948) zur Kohlmeise. Als allgemein verbreitet und sehr häufig wird sie auch in den 1980er Jahren eingestuft. In Alt-Gladbach und Rheydt (141 km²) brüte diese »mit Abstand häufigste Meisenart« mit über 500 Paaren (BURGHARDT 1989a), für den Bezirk Wickrath beziffern HEINEN et al. (1983) den Bestand auf 51–250 Paare.

Die früheren Beschreibungen können auf die aktuelle Situation übertragen werden. Nach wie vor ist die Kohlmeise häufigster Vertreter ihrer Gattung, die keinen Raum unbesiedelt lässt. Im Nierstal und in der Kiesgrube Beltinghoven (Gesamtgröße ca. 500 ha) wurden über 100 BP kartiert (VAN GEN HASSEND et al. 1991, HURTMANN 2002a, JÖBGES, 1991). Die langfristige Bestandsentwicklung ist auf lokaler Ebene nicht untersucht. Angesichts der festgestellten Verstädterung (MILDENBERGER 1984) lässt sich vermuten, dass die Population auch in Mönchengladbach zugenommen hat. Bestandsfördernd wirken die vielen hundert Nistkästen in Wäldern, Parks und Gärten, die das Angebot an Brutplätzen erheblich erweitern. Weitere künstliche Nistmöglichkeiten findet die Art auch in Mauerlöchern, hohlen Metallpfählen oder anderen Rohrkonstruktionen (HEINEN et al. 1983, HURTMANN 2002a).

Bei Kartierungen im Rheinland wurden Abundanzen von 0,7–32,6 BP/10 ha festgestellt (MILDENBERGER 1984). Daten aus Mönchengladbach liegen im unteren Bereich dieser Spanne:

- Bistheide: 3,3 BP/10 ha (vgl. HEINEN 1980).
- Kiesgrube Beltinghoven: 2,4 BP/10 ha (vgl. HURTMANN 2002a).
- Geneickener Nierstal, Volksgarten: 2,6–2,8 BP/10 ha (vgl. VAN GEN HASSEND et al. 1991).
- Mühlenbachtal: 2,2 BP/10 ha (vgl. UNI DÜSSELDORF et al. 1986).
- Wickrather Schlosspark: 10,8 BP/10 ha (vgl. HUBATSCH 1968).
- Oberes Nierstal: 0,9 BP/10 ha (vgl. JÖBGES 1991).

Im Vergleich zur Blaumeise erreichte die Kohlmeise in nahezu allen Gebieten höhere Siedlungsdichten (Tab. 75).

Tab. 75: Relation von Kohl- und Blaumeisen-BP auf Untersuchungsflächen

Gebiet	Kohl- : Blaumeise	Quelle
Bistheide	1,0 : 1	HEINEN (1980)
Kiesgrube Beltinghoven	2,0 : 1	HURTMANN (2002a)
Geneickener Nierstal, Volksgarten	2,3 : 1	VAN GEN HASSEND et al. (1991)
Wickrather Schlosspark	1,3 : 1	HUBATSCH (1968)
Oberes Nierstal	1,4 : 1	JÖBGES (1991)
Mühlenbachtal	1,5 : 1	UNI DÜSSELDORF et al. (1986)

Rastbestand

Vom Zuzug aus nördlichen Regionen schreibt bereits MAAS (1948). Das Zugverhalten der Art ist allerdings großräumig, regional und lokal stark differenziert (vgl. GLUTZ & BAUER 1993). Über den zeitlichen Ablauf bzw. das Ausmaß von Durchzug und Winterrast ist in Mönchengladbach bis heute nichts Genaues bekannt.

Ringfunde

Von einer im Baltikum beringten Kohlmeise gelang ein Wiederfund in Wickrath (GASSLING 1978):

UdSSR – Estonia Matsalu – 83 106
O 03.06.1973 Tallinn, Harju, Estland
+ 22.10.1973 Wickrath, Mönchengladbach   1477 km SW   Fängling

Kleiber (*Sitta europaea*)

häufiger Brutvogel
I–XII

Bestand und Vorkommen

»Nicht gerade häufig« war der Kleiber im späten 19. Jahrhundert im Kreis M.-Gladbach (FARWICK 1883 in LE ROI 1906). Zur Zeit von MAAS (1948) und BETTMANN (1959) scheint die Art in Wäldern und Parks recht verbreitet gewesen zu sein, aus vielen Gebieten nennen die Autoren Brutzeit-Beobachtungen. In den 1980er Jahren wird der Gesamtbestand auf rund 70–250 Paare geschätzt (BURGHARDT 1989a, HEINEN et al. 1983).

Foto: H. Hurtmann

349

Heute ist der Kleiber ein häufiger Brutvogel (201–500 BP). Durch Revierkartierungen sind in den letzten Jahren auf rund 580 ha mindestens 40 Paare belegt (Tab. 76). Darüber hinaus besetzten im Laufe der 1990er Jahre bis zu 57 Brutpaare die NABU-Nistkästen in zahlreichen Parks und Wäldern (1996, HURTMANN 2002b).

Tab. 76: Anzahl der Kleiber-BP auf Untersuchungsflächen

Gebiet	Anzahl BP	BP/10 ha	Jahr; Quelle
Bistheide	3	1,1	2004; HURTMANN (2004c)
Geneickener Nierstal, Volksgarten	16	0,5	1991; VAN GEN HASSEND et al. (1991)
Gerkerather Wald	13	3,3	2004; HURTMANN (2004c)
Genhülsener Wald/Viehstraße	5	1,9	2004; HURTMANN (2004c)
Oberes Nierstal	mind. 2	mind. 0,1	1991; JÖBGES (1991)

Wahrscheinlich ist die Population gegenüber früheren Jahrzehnten angewachsen, ähnlich wie in großen Teilen des Rheinlands (WINK 1995) oder in den Niederlanden (BIJLSMA et al. 2001). Innerhalb der 1990er Jahre ist auf der Basis von Nistkastenkontrollen im Hoppbruch (115 ha) und im Gelände der Hardterwald-Klinik (17 ha) kein eindeutiger Trend zu erkennen (HURTMANN 2002b). Für das Klinikgelände ist aus 2000 keine Angabe verfügbar (Abb. 32).

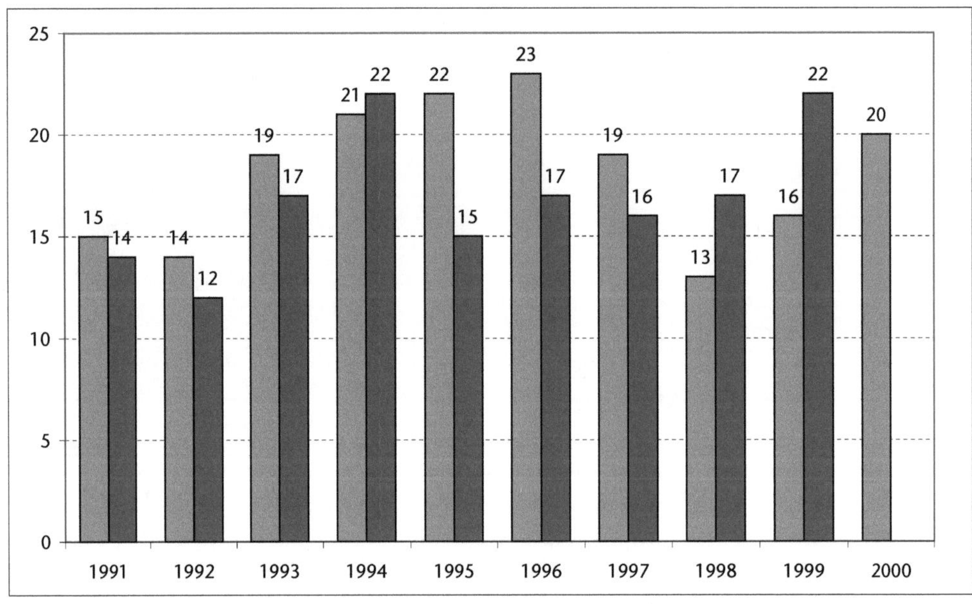

Abb. 32: Kleiber-BP im Hoppbruch (hell) und der Hardterwald-Klinik (dunkel) in den 1990ern

Kleiber sind ganzjährig standorttreu, mit Zuzug in den Herbst- und Wintermonaten ist nicht zu rechnen (vgl. GLUTZ & BAUER 1993).

Gartenbaumläufer (*Certhia brachydactyla*)

häufiger Brutvogel
Rasterfrequenz (1982): 27 %
I–XII

Bestand und Vorkommen

MAAS (1948) und BETTMANN (1959) beschreiben den Gartenbaumläufer als allgemein verbreiteten und »häufigen« Brutvogel. HEINEN et al. (1983) und BURGHARDT schätzen den Bestand in den 1980er Jahren auf rund 70–250 Paare.

In den letzten Jahren war die Art häufiger Brutvogel (201–500 BP), eine signifikante Veränderung gegenüber den 1980ern ist jedoch nicht zu vermuten. Siedlungsdichte-Angaben dürften wegen methodischer Schwierigkeiten meist nur die Untergrenze angeben:

- Geneickener Nierstal, Volksgarten: 0,5 BP/10 ha (vgl. VAN GEN HASSEND et al. 1991).
- Mühlenbachtal: 0,5 BP/10 ha (vgl. UNI DÜSSELDORF et al. 1986).
- Wickrather Schlosspark: 3,8 BP/10 ha (vgl. HUBATSCH 1968).
- Oberes Nierstal: 0,3 BP/10 ha (vgl. JÖBGES 1991).

Rastbestand

Gartenbaumläufer sind Stand- und Strichvögel, deren Wanderungen nur einen sehr beschränkten Umfang haben (vgl. GLUTZ & BAUER 1993). Insofern ist in Mönchengladbach nicht mit nennenswertem Durch- oder Zuzug zu rechnen.

Beutelmeise (*Remiz pendulinus*)

Rote Liste: NRW R
sehr seltener, unregelmäßiger Brutvogel, sehr vereinzelter, unregelmäßiger Durchzügler
IV–VI / X

Bestand und Vorkommen

In Mitteleuropa war die Beutelmeise von jeher in Polen, Ungarn und westwärts bis zum Neusiedler See bzw. bis in das Wiener Becken hinein verbreitet. In den letzten Jahrzehnten dehnte sie ihr Areal in Richtung Westen aus (GLUTZ & BAUER 1993). So kam es im Rheinland 1966 und 1967 zu ersten Ansiedlungsversuchen, eine erfolgreiche Brut wurde jedoch erst 1987 festgestellt. Nach einer stetigen Bestandszunahme schätzen GIESSING & SUDMANN (1994) den Bestand für den Landesteil Nordrhein auf 20–30 Paare, im gesamten Bundesland lag er bei 50–70 Bruten (GRO & WOG 1997). In Mönchengladbach trat die Art 1996 erstmals auf, 1997 gelang ein Brutnachweis:

- Am 23.04.1996, 2 Ex. in der Kiesgrube Beltinghoven (H. Hurtmann).
- Am 20.04.1997 wurde 1 Paar in der Kiesgrube Beltinghoven beim Nestbau beobachtet. Im Folgenden konnten Nestbau, Brut und Füttern der Jungvögel registriert werden (MAAS & HURTMANN 1998). Das Nest befand sich ca. 3 m hoch in einer etwa 8 m großen Weide (*Salix spec.*), unmittelbar am Gewässerrand. Flügge wurden 3 juv. (E. & S. Burghardt, G. & H. Maas u. a.).
- Am 03.10.2003, 2 Ex. an der Kiesgrube Beltinghoven (H. Hurtmann).

Pirol (*Oriolus oriolus*)

Rote Liste: NRW 2
sehr seltener Brutvogel, (sehr) vereinzelter Durchzügler
(IV) V–VIII

Bestand und Vorkommen

Durch eine langfristige Abnahme ist der Bestand in NRW auf 500–600 Paare gesunken (GRO & WOG 1997). Anders sah die Situation noch zur Zeit von MAAS (1948) aus, als der Pirol ein »häufiger Brutvogel in den Pappel- und Erlenbeständen der Flussläufe« war. Auch in Parks oder auf Friedhöfen habe man sein Nest gefunden, so etwa im Bunten Garten und auf dem Hauptfriedhof. Aus der Beschreibung von BETTMANN (1959) geht hervor, dass die Art in Rheydt ebenfalls weit verbreitet und häufig war, offenbar mit einem Schwerpunkt im Niersbruch. Parallel zur negativen Entwicklung im Rheinland (vgl. MILDENBERGER 1984) konstatiert BURGHARDT 1970, dass die Art in Alt-Gladbach (97 km²) »nur noch sehr vereinzelt« brüte. Die Wickrather Niersniederung hingegen blieb als geeigneteres Biotop zumindest bis in die frühen 1980er Jahre flächendeckend besiedelt (vgl. HEINEN et al. 1983). Mit Vorkommen im Wickrather und Buchholzer Wald beziffern HEINEN et al. (1983)

die Population im Bezirk Wickrath (29 km²) auf insgesamt 6–15 BP. Mit dem völligen Verschwinden aus Alt-Gladbach und Rheydt rechnet BURGHARDT 1989 (a). »In den nächsten Jahren« würden die verbliebenen Einzelpaare die letzten Brutplätze wie die Neuwerker Donk, das Hoppbruch und das Elschenbruch aufgegeben.

Ursachen für den Rückgang sind Habitatverlust bzw. -verschlechterung und der Einsatz von Bioziden, diskutiert wird ebenso der Einfluss von direkter Verfolgung und von Klimaschwankungen (GLUTZ & BAUER 1993). In Mönchengladbach scheinen diese Faktoren nicht unmittelbar gegeben: Die Pappel- und Erlenwälder entlang der Niers bestehen nach wie vor, die lokalen Klimabedingungen sind für die thermophile Art günstig (vgl. WINK 1988). Dennoch hat sich der Negativtrend fortgesetzt. Errechnete sich in den 1980er Jahren ein Bestand von 7–20 Paaren, lag er seit den 1990ern bei höchstens fünf BP (vgl. auch BURGHARDT et al. o. J.). Sicher belegen lassen sich wegen potenzieller Durchzügler maximal zwei BP. Die verbliebenen Reviere beschränkten sich auf die Wälder am Nierslauf. Während der Wickrather Raum und das Elschenbruch unregelmäßig besiedelt wurden, beherbergte der Gladbach-Viersener Grenzraum an der Kläranlage Neuwerk zumindest bis einschließlich 2002 1–2 Vorkommen (BSKS 2000–2003, H. Hurtmann).

Rastbestand

BURGHARDT veranschlagt 1970 für Alt-Gladbach 1–10 Durchzügler. Diese Größenordnung wird heute für das gesamte Stadtgebiet zutreffen, womöglich liegt die Anzahl sporadisch darüber.

Phänologie

BETTMANN (1959) notierte als Extremdatum den 19.04., was vor dem Hintergrund der rheinischen Zugdaten ungewöhnlich früh ist. Der Pirol erscheint normalerweise erst um die Monatswende April/Mai, meist in der ersten Maidekade (MILDENBERGER 1984). In diesem Rahmen liegen die Angaben von HEINEN et al. (1983), die die Ankunft von 1971–1978 zwischen dem 05.05. (1971) und dem 11.05. (1972) registrierten (n = 4). Seit 1991 gelangen erste Nachweise durchschnittlich am 02.05. (n = 8), die Eckdaten waren der 28.04. (1995, G. Kühlen) und der 09.05. (2003, H. Hurtmann).

Ringfunde

Durch GASSLING (1980b) ist ein Ringfund überliefert:

Niederlande – Leiden – K 180 943
O 28.06.1963 Stein, Limburg, Niederlande (diesjährig)
+ 25.08.1963 Odenkirchen, Mönchengladbach   52 km ENE Totfund

Neuntöter (*Lanius collurio*)

Rote Liste: NRW 3
ehemaliger Brutvogel, sehr vereinzelter, unregelmäßiger Durchzügler
V–? (XI)

Bestand und Vorkommen

Im Rheinland weit verbreitet (NEUBAUR 1957, LE ROI 1906), stieg der Bestand zwischen 1935 und 1955 stark an. Mitte bis Ende der 1950er Jahre setzte ein Rückgang ein, der die Population bis zu den späten 1970ern im Landesteil Nordrhein auf 150–200 Paare sinken ließ (MILDENBERGER 1984). Als Ursachen für den Negativtrend werden Klimawandel, die Zerstörung von Biotopen und der Einsatz von Bioziden gesehen (GLUTZ & BAUER 1993, MILDENBERGER 1984). In den 1990er Jahren ist eine positive Entwicklung zu beobachten, 1995 werden für NRW 3000–5000 Paare veranschlagt. Nach wie vor fehlt der Neuntöter aber in vielen ehemaligen Brutgebieten (GRO & WOG 1997).

In groben Zügen lässt sich der landesweite Bestandstrend für Mönchengladbach nachzeichnen. Als die Population in den 1940er Jahren zunahm, fand MAAS (1948) die Art im Allgemeinen »häufig«. Brutzeit-Beobachtungen gab es aus zahlreichen Gebieten der Stadt, mehrere Paare brüteten regelmäßig am Hauptfriedhof östlich Großheide und auf der Eickener Höhe. Mitte der 1970er Jahre war der Neuntöter in Mönchengladbach ausgestorben. Bis zum Anfang des Jahrzehnts hatte die Art noch im Elschenbruch gebrütet, im Hardter Wald gab es letzte Vorkommen 1963 (BURGHARDT 1989a).

Rastbestand

In den letzten drei Jahrzehnten trat der Neuntöter noch sporadisch als Durchzügler auf, drei Nachweise liegen vor:

- 1 ♀ oder Jungvogel wurde am 20.11.1976 (!) von S. Burghardt an der Niers nahe der Korschenbroicher Straße beobachtet (BURGHARDT 1989a). MILDENBERGER (1984) nennt aus dem Rheinland den 15.10. als spätestes Beobachtungsdatum.
- 1 ♂ am 18.05.1996 in einem Garten in Sasserath (G. Thomas).
- 1 Ex. am 22.05.2003 am Galgenberg auf der Kamphausener Höhe (G. Lauscher).

Schwarzstirnwürger (*Lanius minor*)

Rote Liste: NRW 0, D 0
ehemals sehr vereinzelter und unregelmäßiger Durchzügler

Die Art hatte ihr Areal in Europa im Laufe des 19. und 20. Jahrhunderts zunächst deutlich ausgedehnt, danach schrumpfte die Brutverbreitung enorm – Mitteleuropa ist heute weitgehend geräumt (GLUTZ & BAUER 1993). In Nordrhein-Westfalen gilt der Schwarzstirnwürger seit 1885 als ausgestorben (SCHACHT 1885 in GRO & WOG 1997). Aus Mönchengladbach gibt es eine Meldung:

■ Im Jahr 1880 erlegte R. Lenßen ein juveniles Ex. bei Odenkirchen (LE ROI 1906). Ein Brutvorkommen ist unwahrscheinlich, da sich die damalige Verbreitung auf das südliche Rheinland konzentrierte (vgl. LE ROI 1906).

Raubwürger (*Lanius excubitor*)

Rote Liste: NRW 1, D 1
sehr vereinzelter, unregelmäßiger Rastvogel
X–II

Bestand und Vorkommen

Als Brutvogel ist der Raubwürger in NRW vom Aussterben bedroht. Der landesweite Bestand liegt bei 60–100 Paaren, das Hauptvorkommen findet sich im Hochsauerlandkreis (GRO & WOG 1997). Durchzügler und Wintergäste können im Rheinland in einer Größenordnung von 100–10000 Exemplaren beobachtet werden (MILDENBERGER 1984).

Rastvögel wurden sporadisch auch im Stadtgebiet nachgewiesen. Bei LE ROI (1906) heißt es, der Raubwürger trete im Kreis M.-Gladbach »nicht häufig« auf. BETTMANN (1959) berichtet von »vereinzelten« Beobachtungen in Rheydt, die vornehmlich zur Zugzeit und seltener im Winter gelangen. Im Stadtbezirk Wickrath ließ sich die Art einmal registrieren (HEINEN et al. 1983). BURGHARDT (1989a) notiert neben zwei Nachweisen aus den 1960er Jahren, dass bis 1978 regelmäßig ein Exemplar in den Weiden nahe Schloss Rheydt überwintert habe. Seitdem gibt es einen Nachweis:

■ 1 Ex. am 27.10.1991 auf einer Pferdekoppel bei Großheide (E. & S. Burghardt).

Rotkopfwürger (*Lanius senator*)

Rote Liste: NRW 0, D 1
ehemaliger Brutvogel

Nach LE ROI (1906) war der Rotkopfwürger im Rheinland »sehr sporadisch verbreitet, doch häufiger als der Schwarzstirnwürger«. In der ersten Hälfte des 20. Jahrhunderts gingen viele Brutplätze in der Niederrheinischen Tiefebene verloren, die Verbreitungsgrenze verschob sich nach Süden (MILDENBERGER 1984). Das letzte Vorkommen in NRW datiert aus dem Jahr 1961 (RISTOW 1971 in GRO & WOG 1997). Die Hauptursache für die negative Bestandsentwicklung scheint klimabestimmt. Zu einer verringerten Regenerationsfähigkeit trugen allerdings auch Habitatverlust und Biozideinsatz bei (GLUTZ & BAUER 1993).

Im Stadtgebiet war die Art zumindest bis um die Wende vom 19. zum 20. Jahrhundert Brutvogel. Bei LE ROI (1906) heißt es: »FARWICK bezeichnet ihn 1883 für den Kreis M.-Gladbach als nicht häufig und vermutlich im Gebiete brütend. Nach R. Lenßen brütet er in der Tat bei Odenkirchen, wo er gegen früher seltener geworden ist. Auch bei M.-Gladbach kommt er vor.«

Eichelhäher (*Garrulus glandarius*)

(mäßig) häufiger Brutvogel, vereinzelter bis mäßig zahlreicher Rastvogel
Rasterfrequenz (1982): 20 %
I–XII

Bestand und Vorkommen

MAAS (1948) und BETTMANN (1959) bezeichnen den Eichelhäher unisono als »häufigen« Brutvogel. In den 1980er Jahren urteilen HEINEN et al. (1983) und BURGHARDT (1989a) ähnlich. Ihnen zufolge lag der Gesamtbestand in einer Größenordnung von rund 60–215 Paaren.

Es ist plausibel, dass der Eichelhäher nach wie vor mäßig häufiger Brutvogel ist (51–200 BP). Die Bestandszahl wird sich im oberen Bereich der Spanne bewegen. Im Nierstal (480 ha) und der Kiesgrube Beltinghoven (25 ha) konnten bei Revierkartierungen rund 20 Paare festgestellt werden (VAN GEN HASSEND et al. 1991, HURTMANN 2002a, JÖBGES 1991). Da die Art schwierig zu erfassen ist, dürften die Zahlen den absoluten Bestand nur annähernd widerspiegeln. Das gilt auch für die folgenden Siedlungsdichte-Angaben.

- Kiesgrube Beltinghoven: 0,8–1,2 BP/10 ha (vgl. HURTMANN 2002a).
- Geneickener Nierstal, Volksgarten: 0,4–0,5 BP/10 ha (vgl. VAN GEN HASSEND et al. 1991).
- Mühlenbachtal: 0,9 BP/10 ha (vgl. UNI DÜSSELDORF et al. 1986).

- Wickrather Schlosspark: 1,5 BP/10 ha (vgl. HUBATSCH 1968).
- Oberes Nierstal: 0,2 BP/10 ha (vgl. JÖBGES 1991).

Rastbestand

Die Anzahl der Durchzügler und Wintergäste variiert im Rheinland stark. In einigen Jahren kommt es zu Invasionen, die regional oder lokal begrenzt sein können. Ansonsten läuft der Zug nahezu unbemerkt ab (GLUTZ & BAUER 1993, MILDENBERGER 1984). Entsprechend groß wird die Spanne der Rastvögel in Mönchengladbach sein. Von den lokalen Autoren kaum beleuchtet, dürfte das Zuggeschehen in die Kategorien vereinzelt bis mäßig zahlreich (11–1000 Exemplare) fallen. Ein verstärktes Auftreten wurde zuletzt im Herbst 1996 registriert (H. Hurtmann).

Besonderheiten

Bis zur Unterschutzstellung 1987 gehörte die Verfolgung durch den Menschen mit Sicherheit zu den größten Verlustfaktoren unter adulten Vögeln (vgl. NOTTMEYER-LINDEN et al. 2002). Innerhalb von zehn Jahren, in den Jagdjahren von 1977/78 bis 1986/87 wurden im Stadtgebiet offiziell 1858 Tiere erlegt, durchschnittlich 186 pro Jagdjahr (LÖBF, schriftl.). Eine Bejagung der seitdem besonders geschützten Art bleibt über Ausnahmeregelungen möglich. Die Streckenzahl lag in den 1990er Jahren bei bis zu 30 Exemplaren (LÖBF, schriftl.).

Elster (*Pica pica*)

sehr häufiger Brutvogel
I–XII

Bestand und Vorkommen

Der Elsternbestand schwankte in der ersten Hälfte des 20. Jahrhunderts erheblich. BETTMANN (1959) überliefert, dass um das Jahr 1911 von einem Aussterben gesprochen wurde. Das deckt sich mit Aussagen von LE ROI (1906), wonach die Art in der Rheinprovinz »stellenweise infolge starker Nachstellungen an Zahl sehr abgenommen hat«. Für die Zeit nach dem Ersten Weltkrieg konstatiert BETTMANN (1959) zunächst

Foto: H. Hurtmann

eine »sichtbare« Bestandszunahme, dann wiederum eine Abnahme. Der Trend habe sich erneut während und nach dem Zweiten Weltkrieg gewendet, als die Population »erheblich« anwuchs. So kommt MAAS 1948 zu dem Urteil, die Elster sei eine »recht häufige« Vogelart. Der Gesamtbestand wird in den 1980er Jahren mit rund 60–215 Paaren angegeben (BURGHARDT 1989a, HEINEN et al. 1983). Obwohl menschliche Siedlungen nicht gemieden wurden (MAAS 1948), scheinen die Innenstadtbereiche lange unbesiedelt gewesen zu sein (z. B. BETTMANN 1959). BURGHARDT schreibt 1989(a), die Elster sei »seit einigen Jahren« zum Stadtvogel geworden.

Verglichen mit den Zahlen aus den 1980er Jahren ist ein Bestandsanstieg im Laufe des letzten Jahrzehnts nicht zu übersehen. Verlässliche Angaben liefert die Kartierung von 2003 (G. Maas, schriftl.). Auf mehreren im Stadtgebiet verteilten Probeflächen mit einer Gesamtgröße von 56,1 km² fanden sich 213 Brutreviere. Aus der statistischen Hochrechnung ergibt sich mit einem 90 %igen Vertrauensbereich ein Gesamtbestand von 606–953 BP. Um welchen Faktor die Population angewachsen ist, kann anhand der Daten nicht bestimmt werden. Die Vergleichszahlen aus dem vorletzten Jahrzehnt sind Schätzungen und damit eine zu ungenaue Grundlage. Mit 3,5–5,6 BP/km² ist die Abundanz in Mönchengladbach nicht ungewöhnlich hoch, in verschiedenen deutschen Großstädten gibt es aktuell vielerorts höhere Siedlungsdichten (vgl. KOOIKER & BUCKOW 1999).

Auffällig ungleich besiedelt waren die beiden Habitattypen »Stadt« und »Land«. Während im menschlichen Siedlungsbereich 8,11 BP/km² brüteten, waren es in der Feldflur und im Wald nur 0,95 BP/km². Obwohl beide Typen im Stadtgebiet etwa gleich stark vertreten sind (vgl. STADT MÖNCHENGLADBACH 2001), beherbergt der menschliche Siedlungsraum rund 90 % der Elsternpaare. Die Ursachen für das deutliche Verbreitungsmuster, das auch in anderen nordrhein-westfälischen Untersuchungen festgestellt wurde (z. B. PENNEKAMP & BELLEBAUM 2003, WÜRFELS 1998), sind die besseren Lebensbedingungen, die die Elster in der Stadt findet. Hier ist der Jagddruck durch den Menschen und durch natürliche Feinde wie die Aaskrähe niedriger, die Nahrungs- und Nistgelegenheiten hingegen sind besser als in der freien Feldflur (vgl. KOOIKER & BUCKOW 1999). Die Stadt-Land-Differenz beispielhaft anhand einiger Probeflächen (G. Maas, schriftl.):

- Eicken, 139 ha, zu 100 % Habitat »Stadt«, Innenstadt mit geschlossener Wohnbebauung, Villenviertel mit bewaldeten Gärten, Sportanlage: 1,4 BP/10 ha.
- Geistenbeck, 140 ha, zu 92 % Habitat »Stadt«, geschlossene Wohnbebauung, teilweise mit (Klein-)Gärten, Bahnanlage, Park mit Buchenhochwald: 1,4 BP/10 ha.
- Geneicken, 380 ha, zu 74 % Habitat »Stadt«, Wohnbebauung häufig mit angrenzenden Gärten, Niersgrünzug, Äcker, Kleingarten- und Sportanlage: 1,6 BP/10 ha.

- Hehn, 205 ha, zu 79 % Habitat »Land«, Ackerflächen, Straßendorf, Autobahn-
  abschnitt ohne Randbäume, mit Bäumen umschlossene Gewerbefläche: <0,1
  BP/10 ha.
- Wickrathhahn-Buchholz, 456 ha, zu 84 % Habitat »Land«, strukturarme Ackerflächen, geschlossenes Waldstück, Dörfer, Neubaugebiet: < 0,1 BP/10 ha.

Auch in der Brutzeit können größere Ansammlungen beobachtet werden. Im
Odenkirchener Tierpark kamen in den 1990er Jahren regelmäßig etwa 50 Exemplare zusammen, um dort nach Nahrung zu suchen (N. Oellers, mdl.). Territoriale
Elstern nutzen gemeinsame Nahrungsgebiete, die außerhalb des eigenen Brutre-
viers liegen. Jungvögel streifen bis zur Etablierung eines eigenen Reviers im ersten
oder zweiten Lebensjahr in Gruppen umher (vgl. SOVON 2002).

Rastbestand

Als echte Standvögel bleiben adulte Elstern für gewöhnlich ganzjährig in ihrem Territorium. Junge Vögel ziehen ungerichtet umher, meist nicht mehr als
wenige Kilometer vom Geburtsort entfernt (vgl. LWVT & SOVON 2002). Mit
nennenswertem Zu- oder Durchzug ist in Mönchengladbach entsprechend nicht
zu rechnen.

Maximum

Im Herbst und Winter werden die Schlafgruppen der jungen Vögel mit territori-
alen Elstern aus der Nachbarschaft ergänzt. In der älteren Literatur sind Gesellschaften mit bis zu 35 Tieren überliefert (HEINEN et al. 1983). Ein größerer Schlafplatz, der zumindest von den späten 1980er bis zur Mitte der 1990er Jahre immer
wieder genutzt wurde, lag im Bresges Park. Dort zählte H. Schmitz bis zu 82 Vögel (16.01.1993). Im Gelände des Franziskushauses östlich Großheide kamen am
24.02.1995 in einer mehrjährigen Laubbaumpflanzung ca. 100 Elstern zusammen
(H. Hurtmann). Die wachsenden Schlafgemeinschaften sind ein Indiz für die aktuelle Bestandszunahme.

Besonderheiten

Nach der offiziellen Statistik sind in den Jagdjahren 1991/92 bis 2000/01 im Stadtgebiet 5345 Elstern erlegt worden, das sind mehr als 530 Tieren pro Jahr (LÖBF,
schriftl.). Damit wäre die Bejagung nach der Unterschutzstellung 1987 mittels Aus-
nahmegenehmigungen noch intensiver praktiziert worden als zuvor – bis 1986/87
waren es durchschnittlich knapp 400 Vögel gewesen (n = 10, LÖBF, schriftl.). Fraglich allerdings, ob die von den Jagdberechtigten gemeldeten Zahlen tatsächlich
der Anzahl der getöteten Tiere entsprechen. Ein Vertreter aus der Mönchenglad-

bacher Jägerschaft berichtete gegenüber G. Maas, dass Streckenangaben zur Elster jagdpolitisch motiviert seien. Dadurch, dass hohe Zahlen präsentiert würden, könnte gegenüber den Behörden weiterer Handlungsbedarf dokumentiert werden. So gerieten einmal erteilte Sondergenehmigungen nicht in Gefahr, der Rabenvogel bliebe als bejagbares Objekt erhalten. Diese Aussage deckt sich mit Erkenntnissen aus der hiesigen Elsternkartierung. Die hohen Abschusszahlen sind kaum in Einklang zu bringen mit der niedrigen Siedlungsdichte in der freien Landschaft. Auch bei Untersuchungen im Xantener Raum kam J. Mooij (mdl.) zu dem Ergebnis, dass die Jagdstrecke wohl zu hoch angegeben würde.

Tannenhäher (*Nucifraga caryocatactes*)

Rote Liste: NRW R
sehr vereinzelter bis mäßig zahlreicher, unregelmäßiger Rastvogel
VIII–II

Bestand und Vorkommen

Die dickschnäblige Unterart *N. c. caryocatactes* ist seit Mitte der 1990er Jahre Brutvogel in der Eifel (WEISHAUPT 1996 in GRO & WOG 1997). Darüber hinaus treten in allen Landesteilen dünnschnäblige Tannenhäher (*N. c. macrorhyncos*) invasionsartig auf. Sie stammen aus dem sibirischen Raum, den sie bei hoher Individuendichte und mangelnder Nahrung verlassen (GLUTZ & BAUER 1993).

Für Mönchengladbach erwähnt LE ROI (1906) knapp, dass die Art als Invasionsgast an verschiedenen Stellen beobachtet wurde, so in Odenkirchen, Viehstraße bei Rheindahlen und Rheydt (vgl. auch BETTMANN 1959). Datiert sind fünf Einflüge:

- Im Jahr 1911 1 Ex. bei Buchholz (NEUBAUR 1957).
- Am 12.02.1942 1 Ex. in einem Wickrather Garten (MAAS 1948).
- Im Jahr 1968 konnten während eines »starken Einflugs« (BURGHARDT 1989a) zwischen August 1968 und Januar 1969 wiederholt Vögel im gesamten Stadtgebiet beobachtet werden. In Wickrath zählten HEINEN et al. (1983) in dieser Zeit 48 Individuen.
- Im Herbst 1977 vereinzelt Häher in Wickrath (5 Ex., HEINEN et al. 1983) und in Alt-Gladbach (1 Ex., BURGHARDT 1989a). Wie bei der Invasion 1968 verendeten Vögel trotz des vielfältigen Nahrungsangebots nach einiger Zeit an Entkräftung (HEINEN et al. 1983).
- Am 01.02.1998 1 Ex. an einem Futterhaus bei Hardt (H. Maas).

Dohle (*Corvus monedula*)

häufiger Brutvogel,
(sehr) zahlreicher Rastvogel
I–XII

Dohle an Nisthöhle   Foto: H. Hurtmann

Bestand und Vorkommen

Um 1900 brütete die Dohle an vielen Orten im Rheinland zahlreich, so auch in M.-Gladbach (LE ROI 1906). Stellenweise hatte sie noch im späten 19. Jahrhundert im Stadtgebiet gefehlt, Odenkirchen etwa wurde erst um 1870 besiedelt (FARWICK 1883 in LE ROI 1906). Als MAAS (1948) und BETTMANN (1959) den lokalen Bestand beschrieben, hatte sich die Art in den Ruinen und Trümmern der zerbombten Städte erheblich ausgebreitet (vgl. auch MILDENBERGER 1984). In den 1980er Jahren wird die Population mit rund 70–250 Paaren angegeben (BURGHARDT 1989a, HEINEN et al. 1983). In Wickrath fanden sich die größten (Baumbrüter-)Kolonien in den alten Buchenbeständen des Priorshofs (15–20 BP) und in den Lindenalleen des Wickrather Schlossparks (10–15 BP) (HEINEN et al. 1983).

Ohne dass sich ein Bestandsanstieg belegen ließe, wird die Population heute in die Kategorie »häufig« (201–500 BP) eingestuft. Der mit Abstand größte Teil brütet in bzw. an Gebäuden (Kirchtürme, Kamine von Wohnhäusern etc.), Baumbrüter beschränken sich auf wenige Altholzbestände. An geeigneten Stellen kommt es zu kolonieartigem Brüten. So stellten VAN GEN HASSEND et al. 1991 an Schloss Rheydt 14 BP fest, an Schloss Wickrath besteht die Baumbrüterkolonie nach wie vor. Im Odenkirchener Tierpark kamen im zeitigen Frühjahr stets 50–100 Exemplare zusammen (N. Oellers, mdl.), um dort von der Tierfütterung zu profitieren. Diese Anzahl legt einen Bestand von mindestens 25–50 BP im Odenkirchener Raum nahe (vgl. GLUTZ & BAUER 1993, HUSTINGS et al. 1985). Ähnlich lassen sich für den Bereich an der Venner Kirche 20–25 BP vermuten (2003, H. Hurtmann, G. Maas). Nicht selten nutzt die Art auch Nistkästen (z. B. BURGHARDT 1998). Im Franziskushausgelände (26 ha) schwankte die Anzahl der Brutpaare in Nisthilfen von 1991 bis 2000 ohne erkennbaren Trend zwischen zwei BP (2000) und acht BP (1995) (Ø 6,1, n = 9) (HURTMANN 2002b).

Rastbestand

Als Durchzügler und Wintergast ist die Dohle allen lokalen Autoren bekannt. BURG-

HARDT schätzt 1970 zunächst eine Größenordnung von 1000–5000 Exemplaren, Ende der 1980er Jahre reduziert er die Angabe auf 100–1000 Individuen (BURGHARDT 1989a). Zumindest die letzte Schätzung dürfte zu niedrig angesetzt sein. Unmittelbar an der Stadtgrenze, am Nierssee, suchten im Winter 1990/91 maximal etwa 8000 Dohlen einen Gemeinschaftsschlafplatz zusammen mit Saat- und Rabenkrähen auf (KLEIN et al. 1991 in HUBATSCH 1996). Unklar ist, welchen Anteil die heimischen Brutvögel daran ausmachen. Auch im letzten Jahrzehnt bestand dieser Schlafplatz fort, z. B. im Winter 1996/97 mit maximal 9000–10000 Dohlen (G. Sennert in BSKS 1998). Dieses Ausmaß wurde zuletzt nicht mehr erreicht. Das Wintermaximum lag in 1998/99 bei 2900 Vögeln (G. Sennert in BSKS 2000) und 2001/02 bei 600 Dohlen (G. Sennert in BSKS 2003) – sinkende Zahlen als Folge milderer Witterung?

Besonderheiten

Die in Nordosteuropa verbreitete Unterart *C. m. soemmerringii* (»Halsbanddohle«) konnte bisher einmal nachgewiesen werden. Am 02.11.1955 sah M. Kamphausen ein Exemplar in Rheydt (BETTMANN 1959). Vögel dieser Unterart dürften häufiger als Wintergast auftreten, als es die Einzelbeobachtung vermuten lässt.

Saatkrähe (*Corvus frugilegus*)

mäßig häufiger Brutvogel, zahlreicher Rastvogel
I–XII

Bestand und Vorkommen

Bereits um 1885 war eine Saatkrähen-Kolonie in Odenkirchen bekannt (MATSCHIE 1887 in LE ROI 1906). Während MAAS (1948) von keiner Brutansiedlung zu berichten weiß, schreibt BETTMANN (1959): »Die Saatkrähe brütet bald hier, bald dort außerhalb des bebauten Rheydter Stadtgebietes.« Allerdings würden die Kolonien meist unmittelbar nach ihrem Entstehen vom Menschen zerstört. Davon unberührt blieb die Ansiedlung in einem Altbuchenwald der Neuwerker Donk (Hommelsbruch). Zumindest seit den späten 1950er Jahren bestehend (B. Hurtmann, mdl.), ist ihre Entwicklung sowie die der anderen Kolonien im Stadtgebiet ab 1965 lückenlos belegt (Abb. 33, BURGHARDT o. J., EBER 1968, REYRINK 1993). Die Population lässt sich in groben Zügen bis Mitte der 1980er Jahre auf zwei Großkolonien eingrenzen: Bis zu 63 Paare brüteten im Hommelsbruch (BURGHARDT 1989a). Nach dem Maximum 1965 sank die Nesterzahl ab 1972 wegen Holzeinschlag stetig (1974: 11 BP), 1975 wurde die Kolonie aufgegeben (BURGHARDT 1989a, BURGHARDT o. J.).

Die Krähen übersiedelten in ein Wäldchen der nahen Kläranlage Neuwerk, wo sich die für lange Zeit größte Kolonie etablierte. Seit 1972 brüteten hier maximal 47 BP (1978), durchschnittlich waren es 32,6 BP/Jahr (bis 1985, n = 14, vgl. REYRINK 1993). Daneben kam es außerhalb des Neuwerker Raums zur Gründung von meist kleineren Nebenkolonien, die aber nie lange bestanden. So siedelten von 1968–1971 bis zu elf Paare an Haus Erholung im Hans-Jonas-Park (BURGHARDT O. J.). In Waldhausen waren es 1973/74 drei bzw. neun BP, in Hehnerholt 1973 neun BP. BURGHARDT 1989(a) führt das Scheitern der Neuansiedlungen auf Abschüsse zurück.

Mitte der 1980er Jahre lässt sich eine deutliche Zäsur in der Bestandsentwicklung erkennen. War bis dato die Population konstant bis rückläufig, setzte 1986 ein deutlicher Positivtrend ein. Gegenüber dem langjährigen Mittel seit 1965 (43,4 BP, n = 21) wuchs die Population bis 1990 um 36 % an. Nicht eine Zunahme in der Kolonie am Klärwerk führte zu der Steigerung, es bildeten sich vielmehr neue, starke Kolonien bei Neuwerk, so z. B. an der Trabrennbahn (maximal 23 BP, L. Reyrink, schriftl.). Damit entsprach die Mönchengladbacher Entwicklung genau der in NRW (vgl. SCHOLZ 1997). Eine Erklärung für den Trend könnte der wirksamere Schutz (der Nester) sein, der mit der Aufnahme der Saatkrähe in die Artenschutzverordnung 1982 erfolgt ist.

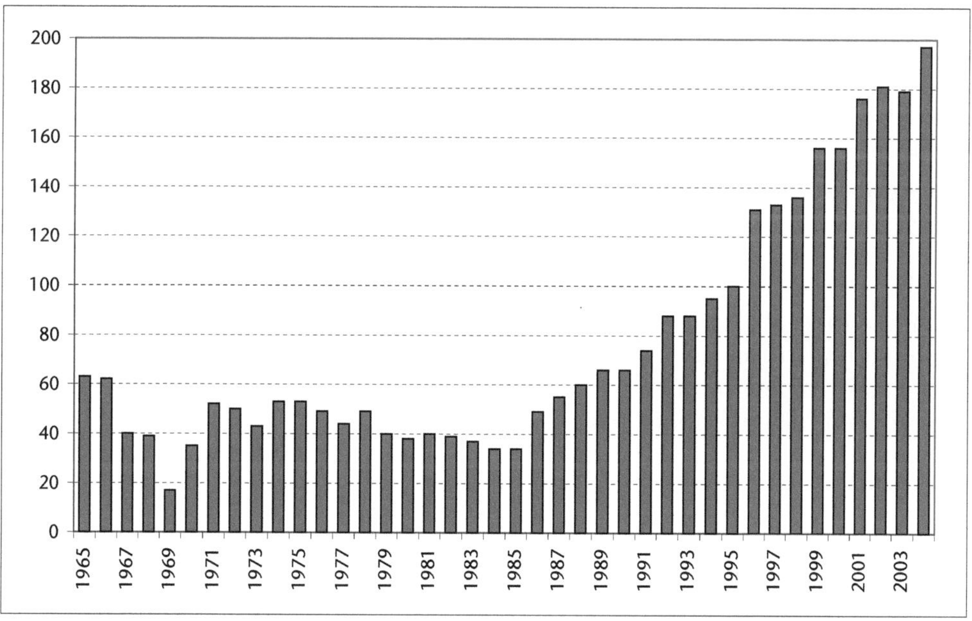

Abb. 33: Entwicklung des Saatkrähenbestandes 1965–2004

In den letzten Jahren hielt die positive Tendenz an. Aktuell liegt die Zahl bei knapp 200 Brutpaaren. Die Nester beschränken sich weitgehend auf den Neuwerker Raum mit einer Kernzone im nördlichen Neersbroich. Einen kleinen »Außenposten« wählten die Saatkrähen in 2001 am Mönchengladbacher Hauptbahnhof (Tab. 77, L. Reyrink, schriftl.). Dort, wo Kolonien (zeitweise) aufgegeben wurden, waren entweder Brutbäume gefällt (Klärwerk, Trabrennbahn Ost) bzw. der direkte Brutbereich gestört worden (Krefelder Straße 765, L. Reyrink, schriftl.).

Tab. 77: Entwicklung des Saatkrähenbestandes 1991–2004

Kolonie	1991	1992	1993	1994	1995	1996	1997	1998	1999	2000	2001	2002	2003	2004
Gruppenklärwerk I	17	3	5	1	2	3	0	0	0	0	0	0	0	0
Trabrennbahn	0	0	2	4	7	5	7	12	2	1	1	0	0	0
Krefelder Str. Stadtgrenze	3	17	38	26	34	43	46	76	106	91	82	76	73	71
Krefelder Str. 765	23	28	26	35	26	39	32	0	0	7	7	13	19	8
Krefelder Str., westl. »real«	0	0	0	0	0	0	0	0	0	0	0	3	2	0
Krefelder Str. 379	0	7	7	28	30	41	48	37	15	19	25	35	22	24
Hundeübungsplatz	11	26	10	1	1	0	0	0	18	14	20	11	3	11
Trabrennbahn Ost	20	7	0	0	0	0	0	0	0	0	0	0	0	0
Autobahn Nellen & Quack	0	0	0	0	0	0	0	11	15	24	36	43	60	83
Bahndamm Güterstraße	0	0	0	0	0	0	0	0	0	0	5	0	0	0
Summe	74	88	88	95	100	131	133	136	156	156	176	181	179	197

Rastbestand

Von »großen Scharen in unseren Feldern und Wiesen im Herbst und Winter« berichtet MAAS (1948), doch quantitative Angaben zum Rastbestand gibt es erst aus den 1980er Jahren. BURGHARDT schätzt 1989 (a) 1000–5000 Durchzügler und Wintergäste. HEINEN et al. (1983) erwähnen einen Schlafplatz im Rheydter Stadtwald, den im Winter allabendlich bis zu 650 Exemplare aufsuchten. Die Einschätzung von BURGHARDT (1989a) trifft auch für die letzten Jahre weitgehend zu. Ein großer Schlafplatz lag unmittelbar an der Stadtgrenze, am Nierssee. G. Sennert zählte dort seit den späten 1990ern 750–> 5500 Individuen (BSKS 1998–2003).

Aaskrähe (*Corvus corone*)

mäßig häufiger Brutvogel, mäßig zahlreicher Rastvogel
Rasterfrequenz (1982): 13 %
I–XII

Bestand und Vorkommen

Zur Zeit von MAAS (1948) brütete die Art »häufig« in Wäldern. Nach BETTMANN (1959) »wagte sie sich gelegentlich, ihren Horst in hohen Bäumen inmitten der Stadt zu errichten«. In den 1980er Jahren wird die Population auf 21–55 BP beziffert (BURGHARDT 1989a, HEINEN et al. 1983). BURGHARDT (1989a) weist darauf hin, dass die Krähe ihre Verbreitung auf Parkanlagen und Friedhöfe ausdehne. Diese Entwicklung ist in den benachbarten Niederlanden ebenfalls ab den 1980er Jahren verstärkt beobachtet worden (BIJLSMA et al. 2001).

Foto: H. Hurtmann

Der Bestand der letzten Jahre dürfte in der Spanne von 51–200 Paaren gelegen haben. Die Einstufung in eine höhere Kategorie wird durch den allgemein positiven Trend im Rheinland gestützt (vgl. WINK 1995). Im Geneickener Nierstal samt Bungtwald und in der Wickrather Niersniederung (480 ha) brüteten 1991 insgesamt 7–8 Paare (VAN GEN HASSEND et al. 1991, JÖBGES 1991). Neben den Brutvögeln können das gesamte Jahr über Nichtbrüter beobachtet werden, die sich oft zu Trupps zusammenschließen. Die Anzahl der nicht brutreifen oder ohne Revier gebliebenen Vögel mag in etwa so groß sein wie die Zahl der Brutvögel (vgl. GLUTZ & BAUER 1993). Ihr Bestand beliefe sich demnach auf bis zu 400 Exemplare.

Rastbestand

Der Zu- oder Durchzug wird von den lokalen Autoren kaum beleuchtet. Aussagen darüber sind allerdings auch schwierig zu treffen, da der Anteil der Rastvögel am Gesamtbestand nicht bekannt ist. Als Wintergäste wegen ihres anderen Aussehens klar erkennbar sind allein Aaskrähen der Unterart *C. c. cornix* (»Nebelkrähe«). Um 1900 traten Nebelkrähen in großen Schwärmen auf, in den 1950er Jahren nahm ihre Zahl merklich ab (BETTMANN 1959). Obwohl Nebelkrähen im Mönchengladbach-Viersener Raum im Vergleich zu anderen Regionen des Rheinlands noch relativ häufig vorkamen (MILDENBERGER 1984), reichte ihre Anzahl in den 1960ern über 100 Exemplare nicht mehr hinaus (BURGHARDT 1970, vgl. auch WILLE 1973).

Ab Mitte der 1970er Jahre liegen nur noch sehr vereinzelte Meldungen von der östlichen Unterart vor, das Maximum lag bei vier Individuen (30.12.1980, BURGHARDT 1989a). Die letzte Nebelkrähe wurde am 07.01.1990 in Großheide beobachtet (E. & S. Burghardt, H. Diederichsen). Wie sich der Rastbestand der hiesigen Unterart *C. c. corone* (»Rabenkrähe«) entwickelt hat, ist unklar. Heute wird er in die Kategorie »mäßig zahlreich« (101–1000 Exemplare) fallen. Im Genhülsener Wald kamen bei Dämmerung im Winter 2002/03 mindestens 350 Vögel zusammen (12.02., W. von Kannen). Am Schlafplatz Nierssee zählten P. Kolshorn und G. Sennert 100 (08.01.1999) bzw. 120 (01.12.2000) Aaskrähen (BSKS 2000, 2001).

Besonderheiten

Der Aaskrähe »stellten Jäger und Bauern mit gleichem Eifer nach« (BETTMANN 1959), was örtliche Bestandsentwicklungen zumindest kurzfristig stark beeinflussen kann (vgl. GLUTZ & BAUER 1993). Allein in den Jagdjahren 1974/75 bis 1986/87 wurden im Stadtgebiet rund 2180 Vögel erlegt, pro Jahr im Schnitt 168 (LÖBF, schriftl.). Im Jahr 1987 wurde die Art gemäß Bundesnaturschutzgesetz unter besonderen Schutz gestellt, ihre Tötung war nicht mehr erlaubt. Eine Bejagung fand indes über Ausnahmeregelungen statt, die Mönchengladbacher Jagdstrecke blieb konstant: Von 1988/89 bis 2000/01 wurden im Mittel 166 Vögel pro Jahr erlegt (LÖBF, schriftl.). Unter adulten Aaskrähen dürfte die Bejagung durch den Menschen zu den größten bestandsreduzierenden Faktoren gehören (vgl. NOTTMEYER-LINDEN et al. 2002) – vorausgesetzt die gemeldete Jagdstrecke entspricht der tatsächlich erlegten Anzahl (siehe »Besonderheiten« im Artkapitel der Elster).

Übersommernde Nebelkrähen konnten im Stadtgebiet sehr sporadisch festgestellt werden. Im frühen 20. Jahrhundert »kam es vor, dass einzelne Nebelkrähen bei uns blieben und im Bonnenbroicher Wald brüteten« (BETTMANN 1959). Aus der zweiten Hälfte des letzten Jahrhunderts sind zwei Übersommerer belegt: im Juli 1971 im Mennrather Feld (BURGHARDT 1989a) und vom 28.04.–30.07.1972 bei Wickrath (BURGHARDT 1989a, HEINEN et al. 1983).

Star (*Sturnus vulgaris*)

sehr häufiger Brutvogel, sehr zahlreicher Rastvogel
Rasterfrequenz (1982): 85 %
I–XII

Bestand und Vorkommen

Die lokalen Autoren bezeichnen den Star durchweg als allgemein verbreiteten und sehr häufigen Brutvogel. BURGHARDT (1989a) ordnet den Bestand in die höchste Kategorie (> 500 BP) ein, HEINEN et al. (1983) schätzen für Wickrath 51–250 Paare. Dort sei der Star »von Jahr zu Jahr zahlreicher anzutreffen«. Kartierungen liefern aus einzelnen Gebieten konkrete Angaben: Im Wickrather Schlosspark (13 ha) wurden 1971 14 Paare festgestellt (10,8 BP/10 ha, HEINEN 1971), im Mühlenbachtal (105 ha) waren es 1983 30 Paare (2,9 BP/10 ha, UNI DÜSSELDORF et al. 1986).

Auch in den letzten Jahren war die Art ein sehr häufiger Brutvogel, über etwaige Bestandstrends ist nichts bekannt. In den angrenzenden Niederlanden hat der Star in einigen Biotopen (Wald, Naturgebiete) seit Mitte der

Foto: H. Hurtmann

8oer Jahre »allmählich« abgenommen (BIJLSMA et al. 2001), in Westfalen wird aktuell sogar von einem »deutlichen« Rückgang gesprochen (NOTTMEYER-LINDEN et al. 2002).

Rastbestand

»In den Wintern 1934/35 und 1935/36 übernachteten große Schwärme [...] in den Efeuwänden der Städte M.-Gladbach und Rheydt. Ich beobachtete einen Trupp, der eine Länge von etwa 400 Metern hatte« (MAAS 1948). Solche Massenschlafplätze werden bis heute sporadisch bekannt. BURGHARDT (1970) berichtet von einem Schlafplatz in einem ca. 1 ha großen Gehölz, in dem von September bis Ende Oktober 1966 schätzungsweise 50000 Exemplare zusammenkamen (vgl. auch BURGHARDT 1989a). »Tausende« sammelten sich zuletzt im September 1997 in dem Laubbaumbestand der Straßenmeisterei bei Beltinghoven (S. Burghardt). Auch der Zwischenzug im späten Frühjahr bringt größere Trupps. So beobachtete H. Hurtmann am 28.05.1999 »Hunderte« in der Kiesgrube Beltinghoven, überwiegend Jungvögel.

Ringfunde

Neben Wiederfunden von zwei Mönchengladbacher Staren (NEUBAUR 1957) ist eine Ablesung eines in Belgien beringten Vogels überliefert (GASSLING 1979).

Ringnummer unbekannt
O 31.05.1928 M.-Gladbach
+ 23.07.1938 Maaseik, Limburg, Belgien   43 km WSW

Ringnummer unbekannt
O 18.05.1935 M.-Gladbach
+ 28.12.1935 Saint-Amand, Basse-Normandie, Frankreich 580 km WSW

Belgien – Bruxelles – 7 Z 89 179
O 02.02.1977 Lüttich, Lüttich, Belgien
+ 15.01.1978 Wickrath, Mönchengladbach   81 km NE   Fängling

Foto: H. Hurtmann

Haussperling (*Passer domesticus*)

sehr häufiger Brutvogel
Rasterfrequenz (1982): 100 %
I–XII

Bestand und Vorkommen

Um 1900 war der Haussperling neben der Feldlerche der häufigste Vogel im Rheinland (LE ROI 1906). Die Beschreibungen der lokalen Autoren klingen ähnlich: Der Haussperling wird durchweg als allbekannt und sehr häufig eingestuft – HEINEN et al. (1983) bezeichnen ihn zum Beispiel als die häufigste Brutvogelart in Wickrath. Allein die alten Lagerhallen der Fa. Spier beherbergten bis 1978 als »größte Brutpopulation« 40–50 Paare. Eine »oft zitierte Übervermehrung« sei aber nicht zu beobachten. Vor dem Hintergrund einer angeblichen »Übervermehrung« liest sich das Thema Bestandsentwicklung bei BURGHARDT (1989a) völlig anders. Er erwähnt einen Rückgang in Alt-Gladbach und Rheydt.

Nach wie vor ist die Art sehr häufiger Brutvogel, die genaue Bestandsgröße ist nicht untersucht. Hinweise können aktuelle Siedlungsdichte-Angaben aus anderen nordrhein-westfälischen Großstädten liefern. Rechnet man die Abundanz von Bielefeld (LASKE et al. 1991 in SKIBBE & SUDMANN 2002), Düsseldorf (LEISTEN 2002) und Köln (SKIBBE & SUDMANN 2002) (Ø 1,49–2,73 BP/10 ha) um, ergibt sich für Mönchengladbach ein Bestand von rund 2530–4650 Paaren. Gesicherte Angaben über einen Trend fehlen, allerdings wird selbst in der Öffentlichkeit über einen

Rückgang diskutiert (z. B. RP vom 16.01.1999: »Wo sind die Spatzen geblieben?«) – der von BURGHARDT (1989a) erwähnte Trend hätte sich fortgesetzt. Überraschend wäre diese Entwicklung nicht, auch andernorts wird von einem Rückgang berichtet (vgl. ELSNER & ABS 2001, GLUTZ & BAUER 1997, LEISTEN 2002). Eine wesentliche Ursache dafür sei, dass durch eine veränderte Landwirtschaft bzw. durch zunehmende Versiegelungen innerhalb der Städte Nahrungsquellen wegfielen. Außerdem würden durch Gebäuderenovierungen und eine veränderte Architektur Bruträume knapp (GLUTZ & BAUER 1997).

Besonderheiten
Albinotische Haussperlinge werden häufiger erwähnt. So beobachtete E. Knorr einen weißen Vogel 1936 im Botanischen Garten (NEUBAUR 1957), BETTMANN (1959) und HEINEN et al. (1983) nennen drei weitere.

Feldsperling (*Passer montanus*)

mäßig häufiger Brutvogel, Rastvogel
Rasterfrequenz (1982): 33 %
I–XII

Bestand und Vorkommen
Nicht so häufig wie der Haussperling, aber außerhalb der Kernstadt allenthalben verbreitet und dort in »großen Mengen« brütend, so charakterisieren MAAS (1948) und BETTMANN (1959) den Feldsperling. Das Nistkastenangebot brachte in Parks und auf Friedhöfen hohe Siedlungsdichten (z. B. MAAS 1948). BURGHARDT schätzt 1970 allein für Alt-Gladbach (97 km²) einen Bestand von 200–500 Paaren. Ab Mitte der 1970er Jahre setzte ein Rückgang ein (BURGHARDT 1989a), beispielhaft dafür ist die Entwicklung im Franziskushausgelände östlich von Großheide. Nach der Anbringung von Nistkästen 1964 stieg die Population von zunächst vier BP (1964) auf maximal 31 BP (1973), danach folgte ein stetiger Rückgang auf letztendlich ein BP (1986) (BURGHARDT 1987). Der Negativtrend ist charakteristisch: Lokale, in Nistkästen brütende Bestände sind seit Mitte der 1970er und nochmals ab Ende der 1980er Jahre im westlichen Mitteleuropa drastisch zurückgegangen (GLUTZ & BAUER 1997). Vor dem zweiten Bestandseinbruch steht die Angabe von HEINEN et al. (1983) für den Bezirk Wickrath (29 km²). Sie gehen von 51–250 Paaren aus und berichten von »größeren Scharen (bis zu mehreren hundert) in den Getreidefeldern im Sommer und Herbst«. In Alt-Gladbach und Rheydt (141 km²) lag der Bestand in den späten 1980er Jahren bei nur noch 50–200 Paaren (BURGHARDT 1989a).

Bei der Rasterkartierung 1982 stellten G. Erdtmann und H. Schwarthoff im MTB 4804 ein deutliches Verbreitungsmuster fest. Im nordöstlichen Quadranten mit den Siedlungskernen von Mönchengladbach und Rheydt sowie dem Niersgrünzug fanden sie keine Feldsperlinge. Im übrigen Teil des MTB, im ländlichen Raum um Hehn, Wickrath und Odenkirchen herum, kam die Art mit einer Rasterfrequenz von 44 % verbreitet vor.

In den letzten Jahren lag der Gesamtbestand bei 51–200 BP. Während über die Populationsentwicklung in Nisthilfen vielfach ein guter Überblick besteht (vgl. HURTMANN 2002b), ist die Bestandsgröße von Sperlingen in Naturhöhlen weitgehend unbekannt. Dabei beherbergen sie einen nicht unbedeutenden Teil der Population. JÖBGES (1991) fand 1991 in Streuobstwiesen und Grünlandbereichen bei Wickrath sieben BP. Daten von Nistkastenkontrollen legen aktuell einen weiteren Rückgang nahe (vgl. Tab. 78, HURTMANN 2002b).

Tab. 78: Anzahl der Feldsperling-BP in Nistkästen auf dem Hauptfriedhof

Jahr	1988	1989	1990	1991	1993	1995	1996	1997
Anzahl BP	47	46	37	28	14	2	1	2

Der Negativtrend war auch bei kleineren Teilpopulationen von ± 5 BP spürbar. So verschwanden im Laufe der 1990er Jahre z. B. die bis zu drei BP am Pongser Friedhof und im Odenkirchener Tierpark (HURTMANN 2002b). Auf der anderen Seite kam es an verschiedenen Stellen zu (zwischenzeitlichen) Neuansiedlungen. In der Bistheide siedelten ab 1996 3–9 BP (R. Fikert u. a.), bei der Revierkartierung 2004 ließen sie sich allerdings nicht mehr feststellen (HURTMANN 2004c). An der Kamphausener Höhe fand G. Lauscher ab 1998 6–9 BP.

Rastbestand

Feldsperlinge sind in West- und Mitteleuropa vorwiegend Standvögel, gerichteter Wegzug über größere Distanzen kann aber in allen Teilen Mitteleuropas beobachtet werden (GLUTZ & BAUER 1997). Insofern ist geringfügiger Zuzug auch für Mönchengladbach wahrscheinlich.

Maximum

Meldungen von größeren Trupps (> 50 Exemplare) nach der Brutzeit liegen aus den 1990er Jahren nicht mehr vor (vgl. noch HEINEN et al. 1983). Das Maximum wurde im letzten Jahrzehnt im Winter erreicht. Nach einer längeren Dauerfrostperiode mit Temperaturen von bis zu -17°C zählten S. Burghardt und K.-H. Greve am 12.01.1997 etwa 100 Individuen in den Feldern südlich von Engelsholt. Die Feldsperlinge waren mit Lerchen und Finken (insgesamt 1000 Vögel) vergesellschaftet.

Buchfink (*Fringilla coelebs*)

sehr häufiger Brutvogel,
(sehr) zahlreich Rastvogel
Rasterfrequenz (1982): 100 %
I–XII

Bestand und Vorkommen

Schon zur Mitte des 20. Jahrhunderts war der Buchfink einer der häufigsten Singvögel, der überall im Stadtgebiet anzutreffen war (BETTMANN 1959, MAAS 1948). In den 1980er Jahren wird er von BURGHARDT (1989a) in die oberste Häufigkeitskategorie (> 500 BP) eingestuft. HEINEN et al. (1983) schätzen für Wickrath ergänzend 51–250 Paare. Konkrete Zahlen gibt es unter anderem vom Wick-

Weibchen   Foto: H. Hurtmann

rather Schlosspark (16 BP in 1971, HEINEN 1971) und vom 160 ha großen Mühlenbachtal (33 BP in 1983, UNI DÜSSELDORF et al. 1986).

Die Art gehört nach wie vor in die Kategorie der sehr häufigen Brutvögel (> 500 BP). Im Geneickener Nierstal inklusive Bungtwald (320 ha) kartierten VAN GEN HASSEND et al. 1991 knapp 120 Paare. Im selben Jahr brüteten im Nierstal südlich von Wickrath (160 ha) 23 Paare (»wahrscheinlich mehr«, JÖBGES 1991). Mit einigen anderen Erfassungen ergaben sich daraus folgende Siedlungsdichten:

- Bistheide: 6,7 BP/10 ha (vgl. HEINEN 1980).
- Kiesgrube Beltinghoven: 0,4 BP/10 ha (vgl. HURTMANN 2002a).
- Geneickener Nierstal, Volksgarten: 3,5–3,8 BP/10 ha (vgl. VAN GEN HASSEND et al. 1991).
- Mühlenbachtal: 3,1 BP/10 ha (vgl. UNI DÜSSELDORF et al. 1986).
- Wickrather Schlosspark: 9,2 BP/10 ha (vgl. HUBATSCH 1968).
- Oberes Nierstal: 1,4 BP/10 ha (vgl. JÖBGES 1991).

Rastbestand

Zur Zugzeit und im Winter können neben den einheimischen Buchfinken auch Rastvögel beobachtet werden (z.B. MAAS 1948). Fangergebnisse der OAG Wickrath von 1970–1980 erbrachten im Oberen Nierstal nur geringe Zahlen (Ø 18 Exemplare pro Jahr, vgl. HEINEN et al. 1983) und spiegeln den tatsächlichen Rastbestand nicht in Ansätzen wider. BURGHARDT (1989a) schätzt 1000–5000 Durchzügler, was vor dem Hintergrund der rheinischen Zahlen plausibel ist (vgl. MILDENBERGER 1984). Möglich ist, dass die Marke von 5000 Vögeln heute übertroffen wird.

Phänologie

In der zweiten und dritten Februardekade können im Rheinland die ersten singenden Buchfinken registriert werden (MILDENBERGER 1984). Seit 1991 lag dieser Termin in Mönchengladbach deutlich früher. Erstgesang wurde im Mittel am 09.02. festgestellt (n = 9), die Eckdaten waren der 30.01. (2001, H. Hurtmann) und der 20.02. (2000, H. Hurtmann).

Ringfunde

Durch die OAG Wickrath ist ein Fernfund überliefert (HEINEN et al. 1983, MILDENBERGER 1984).

Helgoland – 0 981 006
O 09.10.1971 Wickrath, Mönchengladbach
+ 10.10.1971 Tongeren, Limburg, Belgien   72 km SW   Fängling

Bergfink (*Fringilla montifringilla*)

mäßig zahlreicher Durchzügler, vereinzelter Wintergast
(IX) X–IV (V–VII)

Bestand und Vorkommen

MAAS (1948) kannte den Bergfink als alljährlichen, mitunter »zahlreichen« Rastvogel. In jedem Winter könne man auf dem Hauptfriedhof bis zu 30 Exemplare zählen, im Bunten Garten beobachtete er maximal 100 Individuen. BETTMANN (1959) berichtet von »starken Schwärmen«, die sporadisch in Rheydt auftauchten. Die Häufigkeitsangaben in den 1980er Jahren klaffen stark auseinander. Während BURGHARDT (1989a) von 1000–5000 Durchzüglern und 10–100 Wintergästen ausgeht, sprechen HEINEN et al. (1983) für Wickrath von nur 16–50 Exemplaren.

Der Zug erfolgt auf breiter Front, er konzentriert sich im Rheinland aber auf die

Mittelgebirgsregionen (MILDENBERGER 1984). Insofern ist der Durchzug in Mönchengladbach nicht allzu stark ausgeprägt, er mag heute in die Kategorie »mäßig zahlreich« (101–1000 Exemplare) fallen. Das Stadtgebiet gehört auch nicht zu den bevorzugten Überwinterungsgebieten. Ausgedehnte Buchenwälder, die Massen von Bucheckern als Nahrung bieten könnten, fehlen. Die Truppgrößen, die noch von MAAS (1948) und BETTMANN (1959) beschrieben werden, sind seit den 1990er Jahren nicht mehr erreicht worden. Womöglich ist der Bergfink noch vereinzelter Wintergast mit 11–100 Exemplaren. Die wenigen Beobachtungen aus den Wintermonaten deuten auf die Untergrenze der Kategorie hin.

Nachweise aus dem späten Frühjahr oder gar Übersommerungen sind selten (vgl. MILDENBERGER 1984), aus Mönchengladbach gibt es drei Beobachtungen (jeweils 1 ♂):

■ vom 09.06.–14.06.1962 auf dem Hauptfriedhof, singend (BURGHARDT 1989a).
■ vom 02.07.–13.07.1968 im Franziskushausgelände (BURGHARDT 1989a).
■ am 16.05.1971 bei Wickrath (HEINEN et al. 1983).

Phänologie

Für gewöhnlich treten Bergfinken ab Ende September auf, um bis April wieder aus dem Rheinland abzuziehen (MILDENBERGER 1984). Fällt die lokale Erstbeobachtung auf den 29.09. (2001, H. Hurtmann), so konnten Bergfinken vielfach erst ab der zweiten Oktoberhälfte registriert werden. Dass die Erstbeobachtung lange auf sich warten lässt, zeigt den schwachen Durchzug. Mönchengladbach wird erst dann vom Zug berührt, wenn er im Rheinland den Höhepunkt erreicht (vgl. MILDENBERGER 1984). Der späteste Nachweis seit 1991 datiert vom 20.04. (1992, S. Burghardt u. a.).

Girlitz (*Serinus serinus*)

spärlicher Brutvogel, (sehr) vereinzelter Rastvogel
Rasterfrequenz (1982): 33 %
(I, II) III–X (XI, XII)

Bestand und Vorkommen

Ursprünglich in den Mittelmeerländern Brutvogel, breitete sich der Girlitz im 19. Jahrhundert rasch in Richtung Norden aus. Den Landesteil Nordrhein erreichte er mit vorgeschobenen, inselartigen Vorkommen bereits um 1880. Vielfach wurden die Brutinseln nach kurzer Zeit wieder aufgegeben, bis zu einer dauerhaften und großflächigen Besiedlung dauerte es noch einige Jahrzehnte (vgl. MILDENBERGER 1984). In den 1950er Jahren lag die nördliche Verbreitungsgrenze im Rheinland bei Heinsberg und setzte sich westlich von M.-Gladbach in Richtung Krefeld fort (NEUBAUR 1957).

Erste Brutnachweise gab es nach BETTMANN (1959) um das Jahr 1900 herum in Rheydt. Spätestens in den 1940er Jahren hatte sich der Girlitz vollends etabliert. MAAS (1948) berichtet davon, dass die Art »bei uns ein häufiger Brutvogel« ist, sie brüte z. B. »alljährlich zahlreich« auf dem Hauptfriedhof (vgl. auch BETTMANN 1959). Ende der 1960er Jahre schätzt BURGHARDT (1970) für Alt-Gladbach (97 km²) 20–50 Paare. Der Bestand im gesamten Stadtgebiet wird in den 1980er Jahren mit 66–250 BP angegeben (BURGHARDT 1989a, HEINEN et al. 1983). Besiedelt wurden vornehmlich kleinere Ortschaften wie Hehn oder die Ränder der Kernstadt, so z. B. Giesenkirchen (vgl. WINK 1988).

Im Wickrather und Geneickener Nierstal (480 ha) kartierten VAN GEN HASSEND et al. (1991) und JÖBGES (1991) 1991 vier Paare. Insgesamt scheint die frühere Bestandsgröße in den 1990er Jahren, zumal in den späten, nicht mehr erreicht zu werden. Heute wird die Population in der Spanne von 21–50 Paaren liegen. Die Frage, ob ein langfristiger Negativtrend eingesetzt hat, ist nicht nur wegen der geringen Datenmenge kaum zu beantworten. Die Art ist bekannt für kurzfristige und starke Bestandsschwankungen (z. B. GLUTZ & BAUER 1997).

Rastbestand

Der Girlitz ist in Mitteleuropa Kurzstreckenzieher. Im Rheinland überwintern allerdings regelmäßig 10–100, in manchen Wintern womöglich bis zu 1000 Exemplare (MILDENBERGER 1984). Aus Mönchengladbach nennt bereits MAAS (1948) Winterbeobachtungen, datiert sind maximal 20 Vögel (03.01.1936). BURGHARDT (1970, 1989a) geht von 10–100 Überwinterern aus. Im letzten Jahrzehnt konnte diese Größenordnung einige Male bestätigt werden, fast aus jedem zweiten Winter gibt es Beobachtungen von kleineren Trupps (E. & S. Burghardt, H. Hurtmann, D. Stiels).

Maximum

Am 11.01.1992 suchten 23 Exemplare in einem verwilderten Garten in Neersbroich nach Nahrung. Der Trupp konnte hier auch noch am 24.01. beobachtet werden (H. Hurtmann).

Grünling (*Carduelis chloris*)

(sehr) häufiger Brutvogel, (mäßig) zahlreicher Rastvogel
Rasterfrequenz (1982): 62 %
I–XII

Bestand und Vorkommen

Häufiger und verbreiteter Brutvogel war der Grünling schon bei MAAS (1948) und BETTMANN (1959). In den 1980er Jahren wird sein Bestand mit rund 250–750 Paaren angegeben (BURGHARDT 1989a, HEINEN et al. 1983). Bei der Rasterkartierung 1982 zeigten sich größere Verbreitungslücken im Südwest-Quadranten des MTB 4804, der weniger stark von menschlichen Siedlungen geprägt ist (WINK 1988).

Auch im letzten Jahrzehnt war der Grünling ein (sehr) häufiger Brutvogel. Die Ausdehnung von Wohngebieten und Gärten lässt erwarten, dass der Bestand mit den neuen Lebensräumen angewachsen ist (vgl. SOVON 2002). Konkrete Bestandszahlen liegen nur wenige vor, sie stammen zugleich nicht aus Optimalbiotopen. Im Nierstal (480 ha) wurden 1991 21 BP festgestellt (VAN GEN HASSEND et al. 1991, JÖBGES 1991). Daraus ergeben sich mit einigen anderen Kartierungen folgende Abundanzen:

- Geneickener Nierstal, Volksgarten: 0,5 BP/10 ha (vgl. VAN GEN HASSEND et al. 1991).
- Mühlenbachtal: 0,1 BP/10 ha (vgl. UNI DÜSSELDORF et al. 1986).
- Wickrather Schlosspark: 3,8 BP/10 ha (vgl. HUBATSCH 1968).
- Oberes Nierstal: 0,4 BP/10 ha (vgl. JÖBGES 1991).

Rastbestand

Im Herbst und Winter treffe man Grünlinge in »größeren Gesellschaften« an, darunter auch Zuzügler, so MAAS (1948). HEINEN et al. (1983) berichten von Ansammlungen mit bis zu 250 Exemplaren. Der Grünling wird heute (mäßig) zahlreicher Rastvogel sein (101–5000 Exemplare), wobei die Anzahl von Jahr zu Jahr stark schwanken dürfte (vgl. LWVT & SOVON 2002).

Maximum

An einem Schlafplatz in Wickrathberg zählten HEINEN et al. (1983) am 21.10.1979 250 Vögel. In den letzten Jahren war das Maximum bei etwa 70–80 Exemplaren erreicht: Der Trupp rastete am 23.11.2002 in der Kiesgrube Beltinghoven (W. von Kannen).

Ringfunde

Die in Mönchengladbach abgelesenen Grünlinge sind alle in Belgien beringt worden (GASSLING 1979, HEINEN et al. 1983, WILLE 1970b). Dort stellen Vögel aus Deutschland und den Niederlanden das Hauptkontingent an Rastvögeln (GLUTZ & BAUER 1997).

Belgien – Nr. 7 V 94 179
O 15.10.1963   Antheit, Lüttich, Belgien (Jungvogel)
+ 04.07.1969   Rheydt, Mönchengladbach   110 km NE Totfund

Belgien – Bruxelles – 12 V 63 871
O 24.02.1974   Watermael, Brüssel, Belgien (vorjährig)
+ 22.05.1976   Wickrath, Mönchengladbach   145 km ENE   Fängling

Ringnummer unbekannt
O 26.10.1980   Lüttich, Lüttich, Belgien
+ 15.01.1981   Wickrath, Mönchengladbach   81 km NE   Totfund

Foto: H. Hurtmann

Stieglitz (*Carduelis carduelis*)

mäßig häufiger Brutvogel,
(mäßig) zahlreicher Rastvogel
Rasterfrequenz (1982): 8 %
I–XII

Bestand und Vorkommen

Als verbreitet, aber nicht häufig bezeichnen MAAS (1948) und BETTMANN (1959) den Stieglitz. In den 1980er Jahren geben HEINEN et al. (1983) und BURGHARDT (1989a) einen Gesamtbestand von 26–65 Paaren an.

Im letzten Jahrzehnt wird der Stieglitz mit alljährlich 51–200 Paaren gebrütet haben. Der rheinlandweite Trend legt nahe, dass der Stieglitz seine Verbreitung Anfang der 1990er gegenüber Mitte der 1970er Jahre ausgedehnt hat (WINK 1995). Für die wärmeliebende Art, die in nasskalten Brutperioden erhebliche Bestandseinbußen hinnehmen muss (SOKOLOWSKI 1962 in GLUTZ & BAUER 1997), dürften die wärmeren und trockeneren 1990er Jahre günstig gewesen sein.

Rastbestand

Der Durch- oder Zuzug wird von den lokalen Autoren kaum beleuchtet. Allein HEINEN et al. (1983) nennen für Wickrath eine Größenordnung von 51–250 Wintergästen. Wie viele Rastvögel in Mönchengladbach auftreten, ist auch nicht einfach zu klären, da die Strichbewegungen der heimischen Brutvögel vom eigentlichen Zug schwer zu unterscheiden sind. Es ist für die letzten Jahre plausibel, von einem zahlreichen Durchzügler (1001–5000 Exemplare) und einem mäßig zahlreichen Wintergast (101–1000 Vögel) zu sprechen.

Phänologie

Ab Ende Juli erscheinen Stieglitze in Familienverbänden oder kleinen Flügen außerhalb des engeren Brutgebiets (MILDENBERGER 1984). In der Kiesgrube Beltinghoven konnte bereits am 16.07.1997 ein Verband von 14 Exemplaren beobachtet werden (H. Hurtmann).

Maximum

Trupps von über 40 Individuen sind selten. K. Forßmann zählte am 14.01.1998 ca. 50 Exemplare am Nordrand des Mönchengladbacher Flugplatzes (BSKS 1999). Am Wickrathberger Ortsrand waren es am 03.01.1999 deutlich mehr: G. Lauscher schätzte den Trupp auf 150–200 Stieglitze.

Ringfunde

Vögel aus Mitteleuropa ziehen größtenteils in Richtung SW weg. In Belgien kontrollierte Durchzügler stammen vor allem aus Deutschland, den Niederlanden und Großbritannien (GLUTZ & BAUER 1997). Insofern ist der bei HEINEN et al. (1983) genannte Fund durchaus typisch:

Ringnummer unbekannt
O 23.08.1975 Wickrath, Mönchengladbach
+ 23.10.1975 Tongeren, Limburg, Belgien   72 km SW   Fängling

Erlenzeisig (*Carduelis spinus*)

Rote Liste: NRW R
zahlreicher Rastvogel
(VII, IX) X–III (IV, V)

Bestand und Vorkommen

Der Erlenzeisig ist als arealbedingt seltene Art mit 500–1000 Paaren Brutvogel in NRW. Sein Bestand schwankt stark in Abhängigkeit vom Zapfenangebot der Fichte (GRO & WOG 1997). Dass der Zeisig in Mönchengladbach gebrütet hat, ist nicht belegt. Darauf hinweisen könnten indes Brutzeit-Beobachtungen, die es sehr vereinzelt in den 1990er Jahren gab (H. Hurtmann, H. Schmitz).

Rastbestand

Als regelmäßiger Durchzügler und Wintergast ist der Erlenzeisig allen Autoren bekannt. Auffällig ist, dass MAAS (1948) und BETTMANN (1959) nur vergleichsweise kleine Trupps mit maximal 30 Individuen erwähnen. Ob die Zahlen damals tatsächlich niedriger waren als im weiteren Verlauf, muss aber offen bleiben. MILDENBERGER (1984) schreibt für das Rheinland zwar von alljährlichen Schwankungen, nicht aber von einem gerichteten Trend. Ende der 1970er Jahre konnten HEINEN et al. (1983) im Finkenberger Bruch mehrfach Trupps von ca. 200 Exemplaren beobachten, im Winter 1980/81 und 1981/82 waren es sogar bis zu 500 Erlenzeisige. Für Alt-Gladbach und Rheydt schätzt BURGHARDT (1989a) 1000–5000 Durchzügler und 100–1000 Wintergäste.

Die Zahl der rastenden Zeisige anzugeben ist schwierig, da die Vögel selbst bei reichlichem Nahrungsangebot sehr unstet sind und größere Strecken umherziehen. Das erschwert zugleich die Unterscheidung von Durchzüglern und Wintergästen. Ab den 1990er Jahren fehlen zwar Trupps von mehreren hundert Exemplaren, doch waren größere Verbände von bis zu 150 Vögeln keine Seltenheit. Insgesamt mögen sich die Rastzahlen von Oktober bis März im Rahmen von 1001–5000 Individuen bewegt haben. Die Zeisige können im Stadtgebiet überall angetroffen werden, das von Erlenbrüchen gesäumte südliche Nierstal und das Mühlenbachtal sind aber Verbreitungsschwerpunkte (vgl. bereits BURGHARDT 1989a, HEINEN et al. 1983).

Phänologie

Wann die ersten Erlenzeisige auftauchen, ist stark von Menge und Verteilung der Hauptnahrung in den Brutgebieten und von der dortigen Populationsdichte abhängig. Insofern kann die Ankunft im Stadtgebiet von Jahr zu Jahr recht verschieden sein. In einigen Jahren gelangen erste Nachweise bereits Anfang Juli (1995, 1996, H. Schmitz), potenzielle Brutvögel erschweren die Interpretation allerdings. Im Mittel lag die Erstbeobachtung seit 1971 auf dem 11.09. (n = 19, HEINEN et al. 1983, H. Schmitz, H. Siebmanns u. a.). Letzte Beobachtungen fallen nicht selten in den Monat April, die spätesten Nachweise (von Durchzüglern?) stammen vom 03.05. (1998, H. Hurtmann) und 26.05. (1993, H. Schmitz).

Ringfunde

Mönchengladbach ist Durchzugsgebiet für Vögel, die in England überwintern. Das legen Ringfunde aus HEINEN et al. (1983) nahe (vgl. auch GLUTZ & BAUER 1997):

Ringnummer unbekannt
O 15.10.1972   Wickrath, Mönchengladbach
+ 05.04.1973 Mansfield, England, Großbritannien   266 km NW Fängling

Ringnummer unbekannt
O 10.03.1973   Wickrath, Mönchengladbach
+ 24.02.1974 Southampton, England, Großbritannien 548 km W   Fängling

Bluthänfling
(*Carduelis cannabina*)

mäßig häufiger Brutvogel,
(mäßig) zahlreicher Rastvogel
Rasterfrequenz (1982): 18 %
I–XII

Bestand und Vorkommen

MAAS (1948) nennt den Bluthänfling einen »häufigen« Brutvogel der (teilweise) offenen Landschaft. Auf dem neuen Teil des Hauptfriedhofs etwa brüte er »zahlreich«. HEINEN et al. (1983) und BURGHARDT (1989a) geben in den 1980er Jahren einen Gesamtbestand von 66–250 Paaren an. Inwiefern sich der allgemeine Rückgang in Westeuropa seit den 1970er

Foto: W. Spengler

Jahren (HAGEMEIJER & BLAIR 1997 in NOTTMEYER-LINDEN et al. 2002) im Stadtgebiet niedergeschlagen hat, ist nicht nachvollziehbar.

Im letzten Jahrzehnt war der Hänfling mäßig häufiger Brutvogel (51–200 BP). Der Bestand wird aber nicht im oberen Bereich der Spanne gelegen haben. Im Geneickener und Wickrather Nierstal sowie in der Kiesgrube Beltinghoven (insgesamt rund 500 ha) wurden 1991 bzw. 2002 6–7 Paare kartiert (VAN GEN HASSEND et al. 1991, HURTMANN 2002a, JÖBGES 1991).

Rastbestand

Angaben zum Durch- bzw. Zuzug sind allein durch BURGHARDT (1989a) überliefert, der von 100–1000 Rastvögeln ausgeht. Diese Größenordnung gilt auch heutzutage, könnte mitunter auch übertroffen werden.

Phänologie

Seit 1991 fallen Beobachtungen von Trupps mit mehr als 10 Exemplaren (n = 30) in das von BIJLSMA et al. (2001) für die Niederlande beschriebene Zugschema. Nach den Wintergästen konnten bis in die erste Maidekade hinein rastende Verbände beobachtet werden (H. Hurtmann, D. Stiels u. a.). Nach der Brutzeit erschien der erste Trupp Anfang August (G. Maas, H. Maas), zunächst wohl noch umherstreifende Vögel aus der Region. Am deutlichsten war der Herbstzug im Oktober ausgeprägt (H. Hurtmann, D. Stiels).

Maximum

Rund 300 Hänflinge zählten S. Burghardt und K.-H. Greve am 12.01.1997 in den Feldern südlich von Engelsholt. Auf einer Brache in den Winkelner Feldern rasteten am 10.03.1998 etwa 200 Exemplare (S. Burghardt).

Ringfunde

Die rheinischen Brutvögel sind zum Teil Strich-, zum Teil Zugvögel (MILDENBERGER 1984). NEUBAUR (1957) berichtet von einem belgischen Wiederfund:

Ringnummer unbekannt
O   11.08.1936   M.-Gladbach
+   02.11.1938   Ampsin, Lüttich, Belgien   110 km SW

Berghänfling (*Carduelis flavirostris*)

(sehr) vereinzelter, unregelmäßiger Wintergast
XI–III

Bestand und Vorkommen

Mit 100–1000 Exemplaren ist der Berghänfling zumindest am Unteren Niederrhein regelmäßiger Wintergast. Aus den übrigen Regionen des Landesteils Nordrhein liegen Einzelbeobachtungen vor, deren Zahl von Nord nach Süd abnimmt (MILDENBERGER 1984). Aus Mönchengladbach sind neun Beobachtungen überliefert:

- 3 Ex. »im Winter 1940« im Bunten Garten (MAAS 1948).
- 1 Paar am 15.11.1955 an Birken im Schmölderpark (BETTMANN 1959).
- Bis zu 15 Ex. vom 20.02.–16.03.1968 im Bereich des Bunten Gartens (S. Burghardt in BURGHARDT 1970).
- 3 Ex. am 17.02.1969 im Bunten Garten (BURGHARDT 1970).
- 10 Ex. im Januar 1973 über mehrere Tage auf einer Brache bei Lürrip (BURGHARDT 1989a).
- Maximal 30 Ex. im Februar 1974 im gleichen Gelände bei Lürrip (BURGHARDT 1989a).
- Ein Trupp von ca. 50 Ex. am 11.01.1975 in einer Samen tragenden Birke eines Waldhausener Gartens (BURGHARDT 1989a).
- Etwa 20 Ex. am 18.01.1975 in einer Birke am Konrad-Adenauer-Platz (Stadtmitte) (S. Burghardt in BURGHARDT 1989a).
- 20 Ex. am 26.01.1975 in einem Waldhausener Garten (BURGHARDT 1989a).

Birkenzeisig (*Carduelis flammea*)

(sehr) seltener, unregelmäßiger Brutvogel, (sehr) vereinzelter bis mäßig zahlreicher
Rastvogel
I–XII

Bestand und Vorkommen

Der Birkenzeisig ist in die beiden Arten Alpenbirkenzeisig (*Carduelis cabaret*) und
Taigabirkenzeisig (*Carduelis flammea*) aufgegliedert worden, die bis vor kurzem
noch als Unterarten galten. Auf diese Unterscheidung wird hier verzichtet, zumal
sie sich in Deutschland bisher nicht durchsetzen konnte (DSK 2001). Die vorliegenden Daten ließen eine Trennung auch überhaupt nicht zu und angesichts der
Schwierigkeit, beide Arten im Feld zu unterscheiden, dürfte das auch in der Zu-
kunft kaum gelingen. Allerdings kann man auf der Grundlage von MILDENBER-
GER (1984) grob einordnen: *C. f. cabaret* (»Alpenbirkenzeisig«) trat als Brutvogel
in Mönchengladbach auf, als Durchzügler und Wintergast ist auch *C. f. flammea*
(»Taigabirkenzeisig«) nachgewiesen worden.

Bis weit in die 1980er Jahre war der Birkenzeisig als Brutvogel unbekannt (BURG-
HARDT 1989a, HEINEN et al. 1983). Das änderte sich im Jahr 1990: Von Mitte Mai
bis Mitte August konnte S. Burghardt am alten Friedhof in Lürrip mehrfach 1–2
Exemplare registrieren. Obwohl ein direkter Brutnachweis fehlt, wird man angesichts der damaligen Ausbreitung in NRW von einer ersten Besiedlung ausgehen
können (vgl. GLUTZ & BAUER 1997). In den darauf folgenden Jahren gelangen vielfach brutzeitrelevante Beobachtungen (Ende Mai bis Ende Juli) bzw. direkte Brutnachweise. So ließen sich bis einschließlich 1994 alljährlich 1–3 BP feststellen (E.
& S. Burghardt, A. van gen Hassend u. a.). Mitte der 1990er Jahre schätzen BURG-
HARDT et al. (o. J.) den Gesamtbestand schon auf etwa zehn Paare. Vor dem Hintergrund der weiteren Entwicklung scheint diese Zahl hoch angesetzt. Schließlich
nahmen die Beobachtungen deutlich ab, Brutnachweise oder -verdacht gab es
allein noch 1996 (1 BP, E. & S. Burghardt) und 1999 (1–2 BP, A. van gen Hassend,
G. Maas) – trotz »Meldepflicht« im Jahr 1998 (vgl. HURTMANN 1999b). Auch im
angrenzenden Kreis Viersen wurde in den späten 1990er Jahren ein Rückgang
vermutet (BSKS 1999), in den Niederlanden ist diese Entwicklung belegt (BIJLSMA
et al. 2001).

Rastbestand

Als Durchzügler und Wintergast trat die Art bis in die späten 1970 Jahre sehr unregelmäßig und in geringer Zahl auf (z. B. BURGHARDT 1989a, HEINEN et al. 1983).
Wegen der damaligen Verbreitung von *C. f. cabaret* (»Alpenbirkenzeisig«) wird es

sich insbesondere bei den frühen Beobachtungen (z. B. MAAS 1948) um *C. f. flammea* (»Taigabirkenzeisig«) gehandelt haben (vgl. GLUTZ & BAUER 1997). Ab Mitte der 1980er Jahre nahm die Anzahl der Nachweise und Individuen zu (BURGHARDT 1989a).

Im letzten Jahrzehnt wurden bis 1997 nahezu regelmäßig Einzelvögel und Trupps mit maximal 16 Exemplaren registriert. Bis dato war der Birkenzeisig mäßig zahlreicher Durchzügler und Wintergast. Seit 1998 gibt es nur sehr sporadisch Nachweise, die Art trat noch (sehr) vereinzelt auf. Vielleicht hängen die rückläufigen Zahlen mit der Abnahme von *C. f. cabaret* im nördlichen Brutareal zusammen.

Maximum

Etwa 100 Birkenzeisige sah M. Jöbges im November 1986 in Neuwerk (BURGHARDT 1989a).

Fichtenkreuzschnabel (*Loxia curvirostra*)

ehemaliger Brutvogel?, vereinzelter bis mäßig zahlreicher, unregelmäßiger Rastvogel I–XII

Bestand und Vorkommen

MILDENBERGER (1984) vermutet, dass die Art ziemlich regelmäßig in den ausgedehnten Fichtenwäldern der rheinischen Mittelgebirge brütet. In den übrigen Landschaften des Rheinlands sei sie wohl nur in ausgesprochenen Invasionsjahren Brutvogel. Womöglich hat der Fichtenkreuzschnabel auch in Mönchengladbach gebrütet. Am 12.05.1984 beobachtete S. Burghardt im Gelände des Franziskushauses ein Paar mit einem Jungvogel (BURGHARDT 1989a). Da der Jungvogel schon flügge war, könnte es sich indes auch um einen umherstreifenden Familienverband gehandelt haben – für einen Brutnachweis reicht die Beobachtung nicht aus. Vor dem Hintergrund, dass »die Fichten in dieser Zeit überdurchschnittlichen Zapfenbehang aufwiesen« (BURGHARDT 1989a) und das Jahr 1983 zuvor eine große Invasion gebracht hatte, ist ein Brutvorkommen allerdings wahrscheinlich (vgl. GLUTZ & BAUER 1997).

Rastbestand

Als Rastvögel erschienen Fichtenkreuzschnäbel um 1900 sporadisch im Rheinland, so auch im Kreis M.-Gladbach (LE ROI 1906). Die lokalen Autoren schreiben später, dass die Art in Abständen von mehreren Jahren mitunter »in größerer Zahl« im Stadtgebiet auftauchte (z. B. BURGHARDT 1970, MAAS 1948). Während MAAS (1948) und BETTMANN (1959) noch ausschließlich Winterbeobachtungen erwähnen, liegen ab den 1960er Jahren auch Meldungen aus anderen Jahreszeiten vor (BURGHARDT 1989a, WILLE 1968b). Starke Einflüge wurden 1983 und 1990 festgestellt (BURGHARDT 1989a, E. & S. Burghardt, A. van gen Hassend u. a.).

Ab dem letzten Jahrzehnt konzentrieren sich die Nachweise auf 1991, 1993 und 2002. Die Beobachtungen von 1991 stehen im Zusammenhang mit der Invasion 1990/91. Von Mitte September bis Anfang März war der Kreuzschnabel eine alltägliche Erscheinung (BURGHARDT 1991b, 1991c). Im Jahr 1993 wurden zwischen dem 10.07.–04.12. vielfach Exemplare registriert (S. Burghardt, H. Hurtmann, D. Stiels u. a.), 2002 vom 01.11.–23.12. (H. Hurtmann, R. Seidel). Die jeweils gemeldete Individuenzahl, so etwa 60 Exemplare in 1991, gibt die Anzahl nicht angemessen wieder. Tatsächlich trat der Fichtenkreuzschnabel »mäßig zahlreich« auf. Neben dem konzentrierten Vorkommen in den genannten Jahren liegen weitere sehr vereinzelte Nachweise von bis zu elf Vögeln vor (E. & S. Burghardt, H. Hurtmann).

Phänologie

Die Beobachtungen seit Mitte der 1960er Jahre (n = 36) zeigen, dass der Fichtenkreuzschnabel in allen Monaten auftreten kann und Einflüge nicht an bestimmte Zeitfenster gebunden sind.

Maximum

Der größte gemeldete Trupp umfasste etwa 50 Exemplare und wurde am 26.06.1983 im Hardter Wald beobachtet (BURGHARDT 1989a).

Kiefernkreuzschnabel (*Loxia pytyopsittacus*)

vereinzelter, unregelmäßiger Rastvogel

Bestand und Vorkommen

Der Kiefernkreuzschnabel ist eine der wenigen endemischen Vogelarten Europas. Das Brutgebiet ist auf Fennoskandien und Teile Nordwest-Russlands beschränkt. Gegenwärtig ist die Art seltener und unregelmäßiger, aber wohl auch öfter nicht erkannter Zug- und Wintergast, dessen Frequenz in Deutschland von Mecklenburg-Vorpommern und Niedersachsen nach Süden hin rasch nachlässt (GLUTZ & BAUER 1997). Ein Einflug erreichte 1866 das Stadtgebiet:

■ Nach R. Lenßen (in LE ROI 1906) erschienen im Sommer 1866 bei Odenkirchen etwa 30 Ex., von denen 2 Vögel erlegt wurden.

Die Beobachtung wird von LE ROI (1906) angezweifelt. Er bringt den Trupp mit Fichtenkreuzschnäbeln in Verbindung, die im Juni und Juli 1866 »in großer Menge« in Westfalen auftraten. MILDENBERGER (1984) führt die Mönchengladbacher Beobachtung nicht als gesicherten Nachweis auf, anders GLUTZ & BAUER (1997). Zu beachten ist, dass das Brutgebiet der Art noch in der ersten Hälfte des 19. Jahrhunderts bis nach Mitteldeutschland reichte (vgl. GLUTZ & BAUER 1997).

Gimpel (*Pyrrhula pyrrhula*)

mäßig häufiger Brutvogel, vereinzelter bis mäßig zahlreicher Rastvogel
Rasterfrequenz (1982): 12 %
I–XII

Bestand und Vorkommen

In vielen baumbestandenen Lebensräumen brütet der Gimpel, allerdings kommt er nirgendwo häufig vor. Diese Charakterisierung von MAAS (1948) und BETTMANN (1959) führen die späteren Autoren fort. HEINEN et al. (1983) und BURGHARDT (1989a) geben für das Mönchengladbacher Stadtgebiet rund 40–100 Paare an.

Aktuell wird der Brutbestand auf 51–200 Paare geschätzt. Ob es eine Zu- oder Abnahme gegeben hat, ist unklar. Mit Revierkartierungen wird die Anzahl brütender Vögel durchweg stark unterschätzt (HUSTINGS et al. 1985). Untereinander sind Siedlungsdichte-Angaben indes vergleichbar, da das Problem bei allen Erfassungen gleichermaßen besteht:

- Kiesgrube Beltinghoven: 0,4 BP/10 ha (vgl. HURTMANN 2002a).
- Geneickener Nierstal, Volksgarten: 0,2 BP/10 ha (vgl. VAN GEN HASSEND et al. 1991).
- Mühlenbachtal: 0,7 BP/10 ha (vgl. UNI DÜSSELDORF et al. 1986).
- Wickrather Schlosspark: 2,3 BP/10 ha (vgl. HEINEN 1971).
- Oberes Nierstal: 0,1 BP/10 ha (vgl. JÖBGES 1991).

Rastbestand

Im Herbst und Winter kommen Zuzügler in das Stadtgebiet. Das Ausmaß hängt u. a. von den Witterungs- und Nahrungsbedingungen in den nördlichen und östlichen Brutgebieten ab (vgl. BIJLSMA et al. 2001, GLUTZ & BAUER 1997). Die Einordnung in die Kategorien »vereinzelt« bis »mäßig zahlreich« (11–1000 Exemplare) ist heute angemessen. Gelegentlich treten auch Wintergäste der Unterart *P. p. pyrrhula* auf. MAAS (1948) nennt drei Nachweise aus den Wintern 1936, 1940 und 1942, BETTMANN (1959) ergänzt einen aus dem Jahr 1955. Seit den 1960ern wurden keine

Beobachtungen mehr bekannt, sicherlich auch weil eine gezielte Suche ausblieb.

Maximum

Trupps sind im Winter zu sehen, sie bestehen aber meist aus nur wenigen Vögeln.
Verbände von bis zu zehn Exemplaren sind durch MAAS (1948) überliefert.

Kernbeißer (*Coccothraustes coccothraustes*)

spärlicher bis mäßig häufiger Brutvogel,
vereinzelter bis mäßig zahlreicher Rastvogel
I–XII

Bestand und Vorkommen

Verbreitet, aber stets »sehr vereinzelt« kam
der Kernbeißer im späten 19. Jahrhundert
in Mönchengladbach vor (FARWICK 1883
in LE ROI 1906, LE ROI 1906). Ähnliches
ist auch bei MAAS (1948) und BETTMANN
(1959) zu lesen. In den 1980er Jahren wird

Foto: W. Spengler

die Population auf 21–55 Paare geschätzt (BURGHARDT 1989a, HEINEN et al. 1983). Die
größte Bestandsdichte vermutet BURGHARDT (1989a) im Bunten Garten und auf dem
angrenzenden Hauptfriedhof.

Anzeichen dafür, dass sich die Bestandssituation gegenüber früher fundamental
verändert hat, gibt es nicht. Nach wie vor ist der Kernbeißer zumindest spärlicher
Brutvogel, womöglich übersteigt die Population mittlerweile auch die Marke von
50 Paaren. Im Rheinland war der Bestand Anfang der 1990er Jahre gegenüber 1976
höher (WINK 1995). In den benachbarten Niederlanden gab es ab Mitte der 1980er
Jahre ein »auffallendes Wachstum« (BIJLSMA et al. 2001). Angesichts methodischer
Probleme sind die Erfassungen aus den 1990er Jahren ungenau. Das Geneickener
Nierstal samt Bungtwald (320 ha) wird mehr als zwei Paare beherbergen (vgl. VAN
GEN HASSEND et al. 1991), Gleiches gilt für den 160 ha großen Wickrather Niers-
raum (ein BP in 1991, JÖBGES 1991).

Rastbestand

Rastvögel treten nach BURGHARDT (1989a) in einer Größenordnung von 10–100
Exemplaren auf, was auch heute noch zutrifft. Ihr Vorkommen kann in Abhängig-

keit vom Nahrungsangebot in den nördlichen und östlichen Verbreitungsgebieten von Jahr zu Jahr stark schwanken (GLUTZ & BAUER 1997).

Maximum

Am späten Nachmittag des 11.02.1997 sitzen 16 Exemplare in den Fichten- und Tannenwipfeln im Gelände des Hauptfriedhofes, am 15.02. sammeln sich dort erneut zwölf Individuen (E. & S. Burghardt). Kernbeißer nächtigen im Winterhalbjahr und bis zur Reviergründung in Schlafgemeinschaften.

Ringfunde

Zuzug aus Nordosteuropa ist durch einen Ringfund belegt (GASSLING 1978):

UdSSR – Moskwa – P 112 246
O 15.06.1968 Kaliningrad, Kaliningrad, Russland
+ 05.02.1974 Wickrath, Mönchengladbach   1025 km SW   Fängling

Schneeammer (*Plectrophenax nivalis*)

sehr vereinzelter, unregelmäßiger Wintergast
XI–II

Bestand und Vorkommen

Im Rheinland kann die Schneeammer als Wintergast mit 1–10 (100) Exemplaren beobachtet werden. Während aus der ersten Hälfte des 20. Jahrhunderts nur wenige Meldungen vorliegen, wurde die Art spätestens seit den 1960er Jahren fast alljährlich beobachtet (MILDENBERGER 1984). Aus Mönchengladbach liegen drei Nachweise vor:

- 2 Ex. am 05.01.1894 bei Sasserath, 1 Vogel wurde erlegt (LE ROI 1906).
- 8 Ex. am 09.02.1970 in den Feldern zwischen Wickrathberg und Wanlo (HEINEN et al. 1983).
- 10 Ex. am 19.11.1970, Wickrathberger Felder (HEINEN et al. 1983).

Goldammer (*Emberiza citrinella*)

mäßig häufiger Brutvogel, Rastvogel
Rasterfrequenz (1982): 33 %
I–XII

386

Für MAAS (1948) war die Goldammer ein »sehr häufiger Brutvogel«, der »allerorts« strukturreiches Offenland oder Waldränder besiedelte (vgl. auch BETTMANN 1959). Seit Anfang der 1970er Jahre nahm der Bestand in vielen Landschaften der Niederrheinischen Tiefebene ab. Ursachen hierfür waren primär die Flurbereinigung und die Intensivierung der Landwirtschaft (MILDENBERGER 1984). Der Negativtrend spiegelte sich auch in Mönchengladbach wider, unklar ist aber, wann er einsetzte. BURGHARDT bezeichnet die Art 1970 in Alt-Gladbach (97 km²) als mäßig häufig (50–200 BP) – wohl bereits ein Rückgang gegenüber früher (vgl. MAAS 1948). Dokumentiert ist ein (weiterer) Rückgang in den 1980er Jahren: HEINEN et al. (1983) und BURGHARDT (1989a) schätzen den Gesamtbestand auf allein noch ca. 40–100 BP. Allgemein verbreitet fanden G. Erdtmann und H. Schwarthoff die Ammer im Rheindahlener/Wickrather Raum, in dem südwestlichen Quadranten des MTB 4804 lag die Rasterfrequenz bei 73 % (vgl. WINK 1988).

Heute ist die Goldammer mäßig häufiger Brutvogel (51–200 BP), der Bestand wird im oberen Bereich der Spanne liegen. Gegenüber den 1980er Jahren wäre das eine deutliche Zunahme, allerdings basieren beide Angaben auf Schätzungen und sind entsprechend vage. Eine Bestandssteigerung im Laufe der 1990er Jahre ist allerdings wahrscheinlich. Zunehmende Anpflanzungen im Rahmen von Ausgleichsmaßnahmen oder die beginnende Umsetzung des Landschaftsplans haben in Teilen der Feldflur die Brutmöglichkeiten verbessert. Größere Bedeutung haben nach wie vor auch Abgrabungen. Aus einigen (Naturschutz-)Gebieten liegen konkrete Zahlen vor (Tab. 79):

Tab. 79: Anzahl der Goldammer-BP auf Untersuchungsflächen

Gebiet	Anzahl BP	BP/10 ha	Jahr; Quelle
Bistheide	12	4,3	2004; HURTMANN (2004c)
Großheide	5	2,2	2004; HURTMANN (2004c)
Kiesgrube Beltinghoven	10	4,0	2001; HURTMANN (2002a)
Geneickener Nierstal, Volksgarten	2	0,1	1991; VAN GEN HASSEND et al. (1991)
Gerkerather Wald	7	1,6	2004; HURTMANN (2004c)
Oberes Nierstal	5	0,3	1991; JÖBGES (1991)

Rastbestand

Zuzug ist nach der Brutzeit nicht auszuschließen, zumal Mönchengladbach noch im Überwinterungsraum skandinavischer Goldammern liegt (vgl. GLUTZ & BAUER 1997). Auch mitteleuropäische Vögel streifen umher. Die Anzahl der alljährlichen Rastvögel wird im Stadtgebiet aber nicht erheblich sein.

Maximum

Im Spätherbst und Winter bilden sich größere Trupps. HEINEN et al. (1983) berichten von einem Schwarm mit 150 Goldammern, der am 04.02.1979 in den Feldern am Priorshof rastete. Seit 1991 war die Höchstzahl bei rund 40 Individuen erreicht (H. Hurtmann, M. Thissen).

Ortolan (*Emberiza hortulana*)

Rote Liste: NRW 1, D 2
sehr vereinzelter, unregelmäßiger Durchzügler
IV

Bestand und Vorkommen

Nach einem drastischen Bestandsrückgang ist die Population in NRW Mitte der 1990er Jahre auf 50–60 singende ♂♂ geschrumpft, zehn Jahre zuvor waren es noch 300–400 Reviere (GRO & WOG 1997). In Mönchengladbach tauchte die Art zweimal als Durchzügler auf:

■ LE ROI berichtet 1906 davon, dass »bei Neuwerk einzelne Zugvögel erlegt wurden«.
■ Jagdaufseher H. Raßmanns beobachtete im April 1970 1 Ex. am Ortsrand von Winkeln (BURGHARDT 1970, 1989a).

Rohrammer (*Emberiza schoeniclus*)

sehr seltener Brutvogel, mäßig zahlreicher Rastvogel
Rasterfrequenz (1982): 3 %
I–XII

Bestand und Vorkommen

Als Charaktervogel der gewässernahen Verlandungsvegetation konzentrierten sich die Vorkommen auf das Nierstal und den Holtmühlenteich. BETTMANN (1959) fand die Rohrammer »nicht selten« im Wetschewell und in der Umgebung von Schloss Rheydt. In der Wickrather Niersniederung kam sie mit rund 15 Paaren vor (vgl. HEINEN et al. 1983), davon 4–5 BP im Finkenberger Bruch (JÖBGES 1991) und 2–5 BP im Wickrather Schlosspark (HEINEN 1971). Am Holtmühlenteich erbrachte eine Kartierung 1983 6 BP (UNI DÜSSELDORF et al. 1986). Mit sporadischen, sehr vereinzelten Revieren andernorts (vgl. BURGHARDT 1989a) war die Ammer bis zu den 1980er Jahren in der Summe ein spärlicher Brutvogel (20–50 Paare). Danach verschwand die Art aus dem Wickrather Nierstal (JÖBGES 1991) und aus anderen Gebieten. Die letzten Mönchengladbacher Vorkommen lagen Ende des Jahrzehnts am Holtmühlenteich (1–5 BP, BURGHARDT 1989a).

Sichere Hinweise, dass das Nierstal seit den 1990er Jahren wieder besiedelt worden wäre, fehlen. So blieb zunächst der Holtmühlenteich das einzige Brutgebiet, wo stets mehrere Paare gebrütet haben dürften. Zunächst 1991, dann seit 1996 vielfach, wurden außerdem in der Kiesgrube Beltinghoven 1–3 Reviere festgestellt (H. Hurtmann, G. & H. Maas u. a.). Zusammenfassend wird man für die letzten Jahre einem Bestand von alljährlich 1–5 Paaren annehmen können.

Rastbestand

Als Durchzügler trat die Rohrammer im Stadtgebiet um 1900 »häufig« auf (R. Lenßen in LE ROI 1906). MAAS (1948) schreibt von »großen Gesellschaften«, die in den Gestütssenken bei Wickrath rasteten. Ende der 1980er Jahre schätzt BURGHARDT (1989a) eine Größenordnung von 100–1000 Durchzüglern. Der untere Bereich dieser Spanne scheint auch heute realistisch. Auf dem Zug werden überwiegend Einzelvögel oder kleinere Gruppen von < 5 Exemplaren beobachtet, Trupps von mehr als zehn Individuen sind selten. Als Rastplätze werden neben den Bruthabitaten auch Felder genutzt. Winternachweise liegen aus einigen Jahren vor, was für das Rheinland allerdings auch nicht ungewöhnlich ist (vgl. MILDENBERGER 1984).

Phänologie

Die Auswertung der aktuellen datierten Nachweise (n = 118) lässt Zugzeiten zwar nicht trennscharf erkennen, da auch die heimischen Brutvögel das Bild beeinflussen. Dennoch werden die Hauptzugphasen deutlich (Tab. 80):

Tab. 80: Jahreszeitliches Auftreten der Rohrammer 1991–2004

Monat	Januar			Februar			März			April			Mai			Juni		
Dekade	I	II	III	I	II	III	I	II	III	I	II	III	I	II	III	I	II	III
Nachweise		2		3	3	2	4	12	8	6	8	4	4	2	2			2
Individuen		21		6	3	3	23	45	24	16	14	7	6	2	2			2

Monat	Juli			August			September			Oktober			November			Dezember		
Dekade	I	II	III	I	II	III	I	II	III	I	II	III	I	II	III	I	II	III
Nachweise	1	2	1		1				5	6	18	1	5	6	4	2	3	1
Individuen	1	2	1		1				7	7	52	1	9	9	4	4	4	2

Nach vereinzelten Winternachweisen beginnt im Februar die Phase mit stetigen Zugbeobachtungen. Mitte März wird, sowohl was Nachweise als auch rastende Vögel anbelangt, ein Maximum erreicht, was den rheinischen Daten entspricht (vgl. MILDENBERGER 1984). Das Ende des Heimzugs ist schwer zu bestimmen, da sich Durchzug und die Besetzung der Brutgebiete überschneiden. Der Wegzug ist ab Ende September spürbar, der Hauptzug fällt in den Oktober (ähnlich: MILDENBERGER 1984).

Maximum

Im Februar 1975 suchten jeden Abend ca. 150 Exemplare einen Schlafplatz in der Schilfzone des Finkenberger Bruchs auf (HEINEN et al. 1983). Ebenfalls ein Schlafplatz mit immerhin 65 Vögeln befand sich 1974 auf einem vergrasten Kahlschlag im Buchholzer Wald (HEINEN et al. 1983). Ab den 1990er Jahren lag die Höchstzahl mehrfach bei rund 20 Ammern, zuletzt am 18.10.2003 (H. Hurtmann, D. Kemper).

Ringfunde

Am Schlafplatz im Finkenberger Bruch beringte die OAG Wickrath im Winter 1975 65 Vögel. Zwei wurden beim darauf folgenden Herbstzug in Sachsen-Anhalt kontrolliert (HEINEN et al. 1983):

Ringnummer unbekannt
O 16.02.1975   Wickrath, Mönchengladbach
+ 16.10.1975   Aschersleben, Aschersleben-Staßfurt   355 km ENE Fängling

Ringnummer unbekannt
O 22.02.1975   Wickrath, Mönchengladbach
+ 16.10.1975   Aschersleben, Aschersleben-Staßfurt   355 km ENE Fängling

Foto: W. Spengler

Grauammer (*Miliaria calandra*)

Rote Liste: NRW 2, D 2
sehr seltener Brutvogel, ehemals vereinzelter bis mäßig zahlreicher Rastvogel
Rasterfrequenz (1982): 7 %
I–XII

Bestand und Vorkommen

Seit den 1970er Jahren hat die Grauammer wegen der Intensivierung der Landwirtschaft erhebliche Bestandseinbußen hinnehmen

müssen (z. B. MILDENBERGER 1984). Die Population ist in NRW auf 400–600 Paare zusammengeschmolzen (GRO & WOG 1997). Mönchengladbach ist von diesem Negativtrend nicht ausgenommen. R. Lenßen (in LE ROI 1906) fand die Ammer um 1900 bei Odenkirchen »häufig«. Auch MAAS (1948) spricht von einem vielerorts verbreiteten und »stellenweise häufigen« Brutvogel. Allein für Alt-Gladbach (97 km²) schätzt BURGHARDT (1970) 20–50 Paare, wobei der Bestand im Allgemeinen stark geschwankt haben dürfte (vgl. BETTMANN 1959, MILDENBERGER 1984). In den 1980er Jahren veranschlagen HEINEN et al. (1983) und BURGHARDT (1989a) für das gesamte Stadtgebiet eine Population von 11–35 BP. Bei der Rasterkartierung 1982 im MTB 4804 lagen Vorkommen bei Herdt, Merreter, Wickrathhahn und östlich von Herrath (vgl. WINK 1988). Mit dem »katastrophalen Bestandsrückgang« verschwand die Ammer u. a. in den Feldern zwischen Winkeln, Hardt und Rasseln (BURGHARDT 1989a).
Seit den 1990er Jahren beschränken sich sämtliche Nachweise auf ein bis drei kleine Restvorkommen. Die Felder südlich von Schelsen beherbergten ein BP (H. Hurtmann, D. Stiels), ebenso die Kamphausener Höhe (G. Lauscher). Gegen Mitte der 1990er Jahre war zudem ein Revier im Stadtbezirk Wickrath bekannt, zumindest 1996 lag es bei Wanlo (BURGHARDT et al. o. J., H. Hurtmann). Ob die Territorien jeweils regelmäßig besetzt waren, ist unbekannt. Die Kontrolle sämtlicher Agrarflächen im Rahmen der Kiebitzkartierung 2002 erbrachte lediglich ein Vorkommen auf der Kamphausener Höhe (MAAS 2002).

Rastbestand

Im Herbst und Winter schließen sich Grauammern zu Trupps zusammen. So konnte MAAS (1948) alljährlich einen kleinen Trupp von 6–8 Exemplaren am Hauptfriedhof östlich von Großheide beobachten. BETTMANN (1959) berichtet von »ganzen Gesellschaften«, die auf Telefonleitungen rasteten. Neben Durchzüglern oder Wintergästen dürften auch einheimische Brutvögel darunter gewesen sein (vgl. MILDENBERGER 1984). Ein traditioneller Gemeinschaftsschlafplatz mit bis zu 650 Exemplaren befand sich in den 1970er Jahren in einem Schilfgebiet am Wickrather Schlosspark. Die Anzahl der Grauammern schwankte im Laufe der Jahre, veränderte sich aber auch während eines Winters in Abhängigkeit von Temperatur und Witterung (HEINEN et al. 1983). Die Maximalzahlen der einzelnen Winter gehen aus Tab. 81 hervor (HEINEN et al. 1983, KLEIN 1980b):

Tab. 81: Höchstzahlen von Grauammern am Schlafplatz in Wickrath 1970/71–1979/80

Jahr	Max.	Jahr	Max.	Jahr	Max.	Jahr	Max.	Jahr	Max.
1970/71	650	1972/73	250	1974/75	200	1976/77	50	1978/79	150
1971/72	350	1973/74	150	1975/76	70	1977/78	250	1979/80	130

Anfang der 1980er Jahre wurde der Schlafplatz aufgegeben (W. Heinen, mdl.). Einen weiteren Schlafplatz mit 50–80 Grauammern entdeckte die OAG Wickrath in der Schilfzone des Holtmühlenteichs (UNI DÜSSELDORF et al. 1986). Dieser Platz wurde offenbar nur 1982/83 genutzt, weitere Kontrollen blieben hier erfolglos (W. Heinen, mdl.). Aus den letzten Jahren gibt es keine Hinweise mehr auf Durchzügler oder Wintergäste, auch ein Zeichen für den Bestandsrückgang.

Anhang

1 Literaturverzeichnis

AMEN, L. (1993): Weißstörche (*Ciconia ciconia*) überwintern und übersommern an Rhein und Erft. Charadrius 29: 98-104.

ARBEITSGEMEINSCHAFT HYDROGEOLOGIE UND UMWELTSCHUTZ (1986): Schutzwürdige Biotope in Mönchengladbach. Bd. 6.1. Gerkerather Wald. Aachen.

ARBEITSGEMEINSCHAFT WIESENVOGELSCHUTZ DER BIOLOGISCHEN STATIONEN NRW (2000): Brutbestände von Bekassine, Uferschnepfe, Großem Brachvogel und Rotschenkel 1999 in Nordrhein-Westfalen. Charadrius 36: 201-211.

ARBEITSGEMEINSCHAFT WILDGÄNSE (1993): Ergebnisse der Gänsezählungen im Winter 1991/92. Charadrius 29: 145-150.

ARBEITSGRUPPE GREIFVÖGEL (1996): Die Bestandsentwicklung und der Bruterfolg des Baumfalken (*Falco subbuteo*) in Nordrhein-Westfalen von 1972-1994. Charadrius 32: 8-23.
- (2000): Die Bestandsentwicklung und der Bruterfolg des Wespenbussards (*Pernis apivorus*) in Nordrhein-Westfalen von 1972-1998 mit Angaben zu Revierverhalten, Mauser und Beringungsergebnissen. Charadrius 36: 58-79.

BAUER, H.-G., P. BERTHOLD, P. BOYE, W. KNIEF, P. SÜDBECK & K. WITT (2002): Rote Liste der Brutvögel Deutschlands. Berichte zum Vogelschutz 39: 13-60.

BETTMANN, H. (1950): Zur Verstädterung einiger Vogelarten in Rheydt. Ornithologische Mitteilungen 2: 196-197.
- (1959): Die Vogelwelt des Stadtkreises Rheydt. Rheydter Jahrbuch 3: 1-83.
- (1971): Großtrappe (*Otis tarda*) im Rheinland. Ornithologische Mitteilungen 23: 75.

BEZZEL, E. (1985): Kompendium der Vögel Mitteleuropas. Bd. 1. Wiesbaden.

BIBBY, C.J., N.D. BURGESS & D.A. HILL (1995): Methoden der Feldornithologie. Bestandserfassung in der Praxis. Radebeul.

BIJLSMA, R.G., F. HUSTINGS & C.J. CAMPHUYSEN (2001): Algemeene en schaarse vogels van Nederland. Avifauna van Nederland 2. Haarlem/Utrecht.

BIOLOGISCHE STATION KRICKENBECKER SEEN (BSKS) (Hrsg.) (1998): Ornithologischer Jahresbericht 1997. Nettetal.
- (1999): Ornithologischer Jahresbericht 1998. Nettetal.
- (2000): Ornithologischer Jahresbericht 1999. Nettetal.
- (2001): Ornithologischer Jahresbericht 2000. Nettetal.
- (2002): Ornithologischer Jahresbericht 2001. Nettetal.
- (2003): Ornithologischer Jahresbericht 2002. Nettetal.

BLÜHDORN, I. (2001): Zum Brutbestand des Kiebitzes (*Vanellus vanellus*) im nördlichen Münsterland 1999 im Vergleich zu 1972/73 und 1989/90. Vogelwelt 122: 15-28.

BOELE, A. & J. NIENHUIS (2004): Beflijsters in Nederland: gejaagd door de wind, in: SOVON-Nieuws, 17e jaargang, nr. 1: 3-5.

BOLTEN, H. & M. THISSEN (1997): Achtjährige Nistkastenkontrolle im Gelände der Hardterwaldklinik 1989-1996. Steinbrecher 2/97: 22-23.

BROMBACH, H. (1992): Erweitert der Austernfischer (*Haematopus ostralegus*) sein Brutareal? Charadrius 28: 111-112.

BRUNE, J., E. GUTHMANN, M. JÖBGES & A. MÜLLER (2002): Zur Verbreitung und Bestandssituation des Rotmilans (*Milvus milvus*) in Nordrhein-Westfalen. Charadrius 38: 122-138.

BURGHARDT, S. (1970): Artenliste der Vögel des Stadtkreises Mönchengladbach (unpubl.).
- (o. J.): [Bestandsentwicklung der Saatkrähe in Mönchengladbach von 1968-1975] (unpubl.).
- (1986): Vogellisten für die Bereiche Mühlenbach, Knippertzbach, Bresges Park, Volksgarten, Hoppbruch und Neuwerk (unpubl.).
- (1987): Vogelschutz in der Praxis. Jubiläumsheft zum 50-jährigen Bestehen des DBV Mönchengladbach. Mönchengladbach.
- (1989a): Artenliste der Vögel des Stadtkreises Mönchengladbach. Mönchengladbach.
- (1989b): Ornithologischer Sammelbericht. Steinbrecher 2/89.
- (1990a): Ornithologischer Sammelbericht. Steinbrecher 1/90.
- (1990b): Ornithologischer Sammelbericht. Steinbrecher 2/90.
- (1991a): Ornithologischer Sammelbericht. Steinbrecher 1/91.
- (1991b): Fichtenkreuzschnabel. Steinbrecher 1/91.
- (1991c): Ornithologischer Sammelbericht. Steinbrecher 2/91.
- (1992a): Ornithologischer Sammelbericht. Steinbrecher 1/92.
- (1992b): Ornithologischer Sammelbericht. Steinbrecher 2/92.
- (1993a): Ornithologischer Sammelbericht. Steinbrecher 1/93.
- (1993b): Ornithologischer Sammelbericht. Steinbrecher 2/93.
- (1994): Ornithologischer Sammelbericht. Steinbrecher 1/94: 24-30.
- (1995a): Ornithologischer Bericht. Steinbrecher 1/95.
- (1995b): Ornithologischer Bericht. Steinbrecher 2/95.
- (1996a): Ornithologischer Bericht. Steinbrecher 1/96.
- (1996b): Ornithologischer Bericht. Steinbrecher 2/96: 23-30.
- (1998): Ornithologischer Arbeitsbericht 1997 für Alt-Gladbach (unpubl.).

BURGHARDT, S., K.-H. GREVE, H. KIRFEL, M. SASUM, H. SCHMITZ, H. SIEBMANNS & W. SPENGLER (o. J., etwa 1995): Bestandsangaben über gefährdete Arten in der Stadt Mönchengladbach. Artenliste im Rahmen der Bestandsermittlung gefährdeter Arten in NRW (unpubl.).

BURGHARDT, S. & H. HURTMANN (1997a): Ornithologischer Bericht. Steinbrecher 1/97: 25-33.
- (1997b): Ornithologischer Bericht. Steinbrecher 2/97: 26-35.

CONRAD, B. & M. JÖBGES (1999): Weißstorchenzucht und -auswilderung – ein Beitrag zur Rettung oder eher ein Problem für die Wildpopulation? LÖBF-Mitteilungen 2/1999: 27-32.

DEUTSCHE SELTENHEITSKOMMISSION (DSK) (2001): Neue Meldeliste der Deutschen Seltenheitskommission und der Avifaunistischen Landeskommissionen. Limicola 15: 265-288.

DEUTSCHER WETTERDIENST (DWD) (2003a): Ausgabe der Klimadaten. Normalwerte der Periode 1961-1990 für die Station 10400 (Flugwetterwarte Düsseldorf), in: http://www.dwd.de/de/FundE/Klima/KLIS/daten/online/nat/ausgabe_normwerte.htm (Stand: 12.02.2003).
- (2003b): Ausgabe der Klimadaten. Monatswerte von 1991-2003 für die Station 10400 (Flugwetterwarte Düsseldorf), in: http://www.dwd.de/de/FundE/Klima/KLIS/daten/online/nat/ausgabe_monatswerte.htm (Stand: 20.02.2003).

DÜSTERHAUS, B. (1995): Erster Brutnachweis der Ringdrossel (*Turdus torquatus* L.) in Nordrhein-Westfalen. Charadrius 31: 133-136.

Eber, G. (1968): Der Saatkrähenbestand im Nordrhein-Gebiet von 1965-1967. Charadrius 4: 32-39.

Elsner, J. & M. Abs (2001): Zum Bestand frei lebender Haussperlinge (*Passer domesticus* L.) in zwei zoologischen Gärten des Ruhrgebietes. Charadrius 37: 23-33.

Engländer, H. & D. Prestel (1990): 46. Ornithologischer Sammelbericht für das Rheinland. Charadrius 26: 205-210.
■ (1991): 47. Ornithologischer Sammelbericht für das Rheinland. Charadrius 27: 31-44.

Engländer, H., D. Prestel & C. Wolf (1992): 49. Ornithologischer Sammelbericht für das Rheinland. Charadrius 28: 47-53.

Engländer, H. & H. Weitz (1982): 30. Ornithologischer Sammelbericht für das Rheinland. Charadrius 18: 113-123.
■ (1983): 32. Ornithologischer Sammelbericht für das Rheinland. Charadrius 19: 152-165.

Gassling, K.-H. (1976): Funde im Ausland beringter Vögel im Rheinland (3. Forts.). Charadrius 12: 69-82.
■ (1978): Funde im Ausland beringter Vögel im Rheinland (4. Forts.). Charadrius 14: 57-63.
■ (1979): Funde im Ausland beringter Vögel im Rheinland (5. Forts.). Charadrius 15: 35-42.
■ (1980a): Funde im Ausland beringter Vögel im Rheinland (6. Forts.). Charadrius 16: 77-83.
■ (1980b): Funde im Ausland beringter Vögel im Rheinland (7. Forts.). Charadrius 16: 140-153.
■ (1982): Funde im Ausland beringter Vögel im Rheinland (8. Forts.). Charadrius 18: 34-38.
■ (1987): Funde im Ausland beringter Vögel im Rheinland (11. Forts.). Charadrius 23: 226-232.
■ (1991): Funde von im Ausland beringten Vögeln im Rheinland (14. Forts.). Charadrius 27: 215- 219.

Geiter, O. (2001): Neozoen – Farbberingte Kanadagänse. Steinbrecher 1/01: 20-23.

Gesellschaft Rheinischer Ornithologen (GRO) & Westfälische Ornithologen-Gesellschaft (WOG) (1996): Seltenheitskommission Nordrhein-Westfalen gegründet. Charadrius 32: 89-91.
■ (1997): Rote Liste der gefährdeten Vogelarten Nordrhein-Westfalens. Charadrius 33: 30-116.

Giessing, B. & S.R. Sudmann (1994): Ausbreitung der Beutelmeise (*Remiz pendulinus*) im nördlichen Rheinland. Charadrius 30: 166-172.

Glutz von Blotzheim, U.N. & K.M. Bauer (1966): Handbuch der Vögel Mitteleuropas. Bd. 1. Frankfurt/M.
■ (1968): Handbuch der Vögel Mitteleuropas. Bd. 2. Frankfurt/M.
■ (1969): Handbuch der Vögel Mitteleuropas. Bd. 3. Frankfurt/M.
■ (1980): Handbuch der Vögel Mitteleuropas. Bd. 9. Wiesbaden.
■ (1982): Handbuch der Vögel Mitteleuropas. Bd. 8. Wiesbaden.
■ (1985): Handbuch der Vögel Mitteleuropas. Bd. 10. Wiesbaden.
■ (1988): Handbuch der Vögel Mitteleuropas. Bd. 11. Wiesbaden.
■ (1991): Handbuch der Vögel Mitteleuropas. Bd. 12. Wiesbaden.
■ (1993): Handbuch der Vögel Mitteleuropas. Bd. 13. Wiesbaden.
■ (1997): Handbuch der Vögel Mitteleuropas. Bd. 14. Wiesbaden.

Glutz von Blotzheim, U.N., K.M. Bauer & E. Bezzel (1971): Handbuch der Vögel Mitteleuropas. Bd. 4. Frankfurt/M.
■ (1973): Handbuch der Vögel Mitteleuropas. Bd. 5. Frankfurt/M.

■ (1975): Handbuch der Vögel Mitteleuropas. Bd. 6. Wiesbaden.

■ (1977): Handbuch der Vögel Mitteleuropas. Bd. 7. Wiesbaden.

GRUMMT, M. & M. WINK (1991): Veränderung des Brutvogelbestandes im Rheinland: Vergleich der Rasterkartierungen 1975 und 1990. Charadrius 27: 105-112.

VAN GEN HASSEND, A. (1991): Ornithologische Bestandserfassung entlang der Niers. Steinbrecher 1/92: 25-29.

VAN GEN HASSEND, A., C. VON KANNEN, B. KLEIN & W. SPENGLER (1991): Brutvogelkartierung [in der Niersaue im Bereich des Plangebietes 2, Bungtwald bis Geneicken] (unpubl.).

HAUPT, H. (2000): Welche Gründe gibt es für eine landesweite Jagd auf Rabenkrähe und Elster? Charadrius 36: 101-103.

HEIDE, G. (1971): Bodentypen und Bodennutzung am Niederrhein. Der Niederrhein. Zeitschrift für Heimatpflege und Wandern 38: 115-118.

HEINEN, W. (1971): [Tabelle über die Ergebnisse der Brutbestandsaufnahmen im Wickrather Schlosspark 1965, 1969 und 1971] (unpubl.).

■ (1972): Neue Brutnachweis des Flussuferläufers (*Actitis hypoleucos*). Charadrius 8: 28.

■ (1980): Ornithologisches Gutachten Bistheide 1980 (unpubl.).

■ (1981): Dritter Nachweis des Schlagschwirls (*Locustella fluviatilis*) für das Rheinland. Charadrius 17: 71-72.

HEINEN, W., P. MÄURER & H. FINKEN (1978): Sibirischer Häher gräbt Wespennest aus. Charadrius 14: 27.

HEINEN, W., P. MÄURER, H. FINKEN & J. ROHN (1983): Wickrather Natur und Vogelwelt. Mönchengladbach.

HEINEN, W., P. MÄURER & W. VON KANNEN (1976): Nachweis eines Seidensängers bei Wickrath. Charadrius 12: 34.

HELLEBREKERS, A.W. (2002): De Koekoek wordt zwaar overschat, in: SOVON-Nieuws, 15e jaargang, nr. 3: 16-17.

HENNES, R. (1990): Hinweise zur Methodik der Bestandserfassung des Rebhuhns (*Perdix perdix*). Charadrius 26: 1-5.

HERKENRATH, P. (1995): Artenliste der Vögel Nordrhein-Westfalens. Charadrius 31: 101-108.

HÖLKER, M. & M. JÖBGES (1995): Brutbestand und Verbreitung der Rohrweihe (*Circus aeruginosus* L.) in Nordrhein-Westfalen im Jahre 1993. Charadrius 31: 201-210.

DEL HOYO, J. A. ELLIOTT & J. SARGATAL (Hrsg.) (1992): Handbook of the Birds of the World. Vol. 1. Barcelona.

HUBATSCH, H. (1968): Die Brutvögel des Schloßparkes Wickrath bei Rheydt. Charadrius 4: 48-49.

■ (1993): Die Graureiher des Rheinlandes von 1980 bis 1990. Charadrius 29: 129-136.

HUBATSCH, H. & K. HUBATSCH (1987): Nachweise seltener Vögel im Rheinland IV. Charadrius 23: 233-235.

HUBATSCH, K. (1984): Beobachtung eines Wellenläufers (*Oceanodroma leucorhoa*) am Niederrhein. Charadrius 20: 53.

■ (1993): Nachweise seltener Vögel im Rheinland VII. Charadrius 29: 29-30.

■ (1996): Die Vögel des Kreises Viersen. Beitr. zur Avifauna Nordrhein-Westfalens. Bd. 34. Bergheim.

HÜPPELER, S. (2000): Nilgänse (*Alopochen aegyptiacus*) – Neubürger in der Avifauna Nordrhein-Westfalens. Charadrius 36: 8-24.

HURTMANN, H. (1997): Steinkauzkartierung 1996. Steinbrecher 1/97: 20-24.

■ (1998a): Erfassung der Wasservögel 1997 im Stadtkreis Mönchengladbach. Mönchengladbach.

■ (1998b): Ornithologischer Bericht. Steinbrecher 1/98: 21-30.

■ (1998c): Ornithologischer Bericht. Steinbrecher 2/98: 28-36.

■ (1999a): Ornithologischer Bericht. Steinbrecher 1/99: 30-39.

■ (1999b): Kartierung der Waldvögel 1998 mit Ergänzungen aus dem Jahr 1999 in der Stadt Mönchengladbach. Mönchengladbach.

■ (1999c): Ornithologischer Bericht. Steinbrecher 2/99: 29-39.

■ (2000): Ornithologischer Bericht. Steinbrecher 2/00: 31-39.

■ (2001a): Ornithologischer Bericht. Steinbrecher 1/01: 28-36.

■ (2001b): Ornithologischer Bericht. Steinbrecher 2/01: 24-34.

■ (2001c): Kartierung von Wasservogel-Brutbeständen. Steinbrecher 2/01: 15-24.

■ (2002a): Ornithologische Bestandserfassung in der Kiesgrube Beltinghoven 2001. Mönchengladbach.

■ (2002b): Ergebnisse der Nistkastenkontrollen durch den NABU in Mönchengladbach von 1991-2000 (unpubl.).

■ (2002c): Ornithologischer Bericht. Steinbrecher 1/02: 24-31.

■ (2002d): Ornithologischer Bericht. Steinbrecher 2/02: 34-43.

■ (2003a): Ornithologischer Bericht. Steinbrecher 1/03: 26-34.

■ (2003b): Ornithologischer Bericht. Steinbrecher 2/03: 28-35.

■ (2004a): AG Ornithologie: Elstern- und Waldohreulenkartierung. Steinbrecher 1/04: 23-24.

■ (2004b): Ornithologischer Bericht. Steinbrecher 1/04: 30-37.

■ (2004c): Ornithologische Bestandserfassung in den Naturschutzgebieten Großheide, Bistheide, Gerkerather Wald, Viehstraße und Erlenbruch Sittard. Mönchengladbach (unpubl.).

■ (2004d): Ornithologischer Bericht. Steinbrecher 2/04: 30-35.

■ (2005a): Ornithologischer Bericht. Steinbrecher 1/05: 29-36.

■ (2005b): Wasservögel in Mönchengladbach. Erfassung der Brut- und Rastbestände 2004 (unpubl.).

HURTMANN, H. & D. STIELS (2000): Ornithologischer Bericht. Steinbrecher 1/00: 26-32.

HUSTINGS, M.F.H., R.G.M. KWAK, P.F.M. OPDAM & M.J.S.M. REIJNEN (1985): Vogelinventarisatie. Achtergronden, richtlijnen en verslaglegging. Wageningen.

JÖBGES, M. (1989): Erfahrungen bei der Auswilderung von Schleiereulen. Steinbrecher 2/89: 6-8.

■ (1991): Ornithologische Bestandserfassung im Bereich des Plangebietes 1 [Wickrath bis Keyenberg] in der Niersaue (unpubl.).

JÖBGES, M. & B. CONRAD (1999): Verbreitung und Bestandssituation des Ziegenmelkers (*Caprimulgus europaeus*) und der Heidelerche (*Lullula arborea*) in Nordrhein-Westfalen. LÖBF-Mitteilungen 2/1999: 33-40.

JÖBGES, M. & H. KÖNIG (2001): Urwaldspecht im Eichenwald. Brutbestand, Verbreitung und Habitatnutzung des Mittelspechts in Nordrhein-Westfalen. LÖBF-Mitteilungen 2/2001: 12-27.

JÖBGES, M., S. PLEINES, W. STICHMANN & H. HUBATSCH (1998a): Brutbestand und Verbreitung des Graureihers (*Ardea cinerea*) in Nordrhein-Westfalen. LÖBF-Mitteilungen 3/1998: 68-74.

Jöbges, M., J. Sartor, F. Schnurbus & M. Heeren (1997): Aktuelle Untersuchungen zur Verbreitung, Bestandsentwicklung und Habitatpräferenz des Braunkehlchens (*Saxicola rubetra*) in Nordrhein-Westfalen. Charadrius 33: 124-137.

Jöbges, M., R. von Selle & J. Wegge (1998b): Zum Vorkommen und Bestand des Wendehalses (*Jynx torquilla*) in Nordrhein-Westfalen. Charadrius 34: 126-135.

Junker-Bornholdt, R., K.-H. Schmidt & K. Richarz (2001): Traditionelle Artenhilfsmaßnahmen, in: Richarz, K., E. Bezzel & M. Hormann (Hrsg.): Taschenbuch für Vogelschutz. Wiebelsheim: 63-83.

von Kannen, C., B. Klein & T. Verjans (1993): Kartierung der Brutvögel im Stadtgebiet Korschenbroich. Korschenbroich.
- (1994): Kartierung der Brutvögel im Stadtgebiet Korschenbroich mit einem Beitrag über die heimischen Fledermausvorkommen. Korschenbroich.

Klein, B. (1990): Brutnachweis des Birkenzeisigs (*Carduelis flammea*) in Kleinenbroich, Kr. Neuss. Charadrius 26: 124.
- (1994): Ausbreitung der Hohltaube (*Columba oenas*) durch Anbringung von Nistkästen von 1980-1990 in Korschenbroich, Kr. Neuss. Charadrius 30: 60.

Klein, H.P. (1979): Ornithologischer Sammelbericht für das Rheinland vom 16.3. bis 15.9.1978. Charadrius 15: 78-85.
- (1980a): 26. Ornithologischer Sammelbericht für das Rheinland vom 16.3.1979 bis 15.9.1979. Charadrius 16: 60-76.
- (1980b): 27. Ornithologischer Sammelbericht für das Rheinland vom 16.9.1979 bis 15.3.1980. Charadrius 16: 153-164.
- (1981): 28. Ornithologischer Sammelbericht für das Rheinland vom 16.3.1980 bis 15.9.1980. Charadrius 17: 52-64.

Klostermann, J. (1996): Tektonischer Bau und Zeitlichkeit der Tektonik im Alt-Tertiär der Venloer Scholle, in: Klostermann, J. & S. Kronsbein (Hrsg.): Der Raum Maas-Schwalm-Nette. Landes- und naturkundliche Beiträge. Krefeld: 211-222.

Knorr, E. (1967): Die Vögel des Kreises Erkelenz. Schriftenreihe des Landkreises Erkelenz. Bd. 2. Neuss.

Kooiker, G. & C.V. Buckow (1999): Die Elster. Ein Rabenvogel im Visier. Wiebelsheim.

Kretzschmar, E. (1999): »Exoten« in der Avifauna Nordrhein-Westfalens. Charadrius 35: 1-15.

Kretzschmar, E., S. Glinka & A. Müller (1999): 4. Ornithologischer Sammelbericht für Nordrhein-Westfalen. Charadrius 35: 125-134.

Kretzschmar, E. & F. Ostermann (1999): Erster deutscher Brutnachweis der Rotschulterente (*Callonetta leucophrys*) in Dortmund. Charadrius 35: 16-19.

Landelijke Werkgroup Vogeltrektellen (LWVT) & Samenwerkende Organisaties Vogelonderzoek Nederland (SOVON) (2002): Vogeltrek over Nederland 1976-1993. Haarlem.

Landesamt für Datenverarbeitung und Statistik Nordrhein-Westfalen (LDS) (1990): Statistisches Jahrbuch Nordrhein-Westfalen 1990. Düsseldorf.
- (1998): Statistisches Jahrbuch Nordrhein-Westfalen 1998. Düsseldorf.
- (2000): Statistisches Jahrbuch Nordrhein-Westfalen 2000. Düsseldorf.

Landesamt für Wasser und Abfall Nordrhein-Westfalen (LWA) (1992): Gewässergütebericht '91. Düsseldorf.

LANDSCHAFTSVERBAND RHEINLAND (LVR) (Hrsg.) (1984a): Schutzwürdige Biotope in Mönchengladbach. Bd. 1. Finkenberger Bruch. Köln.
- (1984b): Schutzwürdige Biotope in Mönchengladbach. Bd. 2. Niersbruch. Köln.
- (1984c): Schutzwürdige Biotope in Mönchengladbach. Bd. 3. Hoppbruch. Köln.
- (1984d): Schutzwürdige Biotope in Mönchengladbach. Bd. 4. Knippertzbachtal. Köln.
- (1987a): Schutzwürdige Biotope in Mönchengladbach. Bd. 6.2. Gerkerather Wald. Köln.
- (1987b): Schutzwürdige Biotope in Mönchengladbach. Bd. 7. Donk. Köln.
- (1987c): Schutzwürdige Biotope in Mönchengladbach. Bd. 8. Volksgarten/Bungtwald/Elschenbruch. Köln.
- (1987d): Schutzwürdige Biotope in Mönchengladbach. Bd. 9. Bistheide/Großheide. Köln.

LEISTEN, A. (2002): Die Vogelwelt der Stadt Düsseldorf. Schriftenreihe der Biologischen Station Urdenbacher Kämpe. Bd. 3. Duisburg.

LOSKE, K.-H., S. GLINKA & M. JÖBGES (1999): Bestandserfassung und Verbreitung der Uferschwalbe (*Riparia riparia*) 1998 in NRW. LÖBF-Mitteilungen 2/1999: 51-59.

LÜCKER, L. (1970): Die Niersniederung bei Neersen als Brut- und Rastplatz für Limikolen. Charadrius 6: 135-140.

MAAS, C. (1948): Die Vogelwelt unserer Heimat. Mönchengladbach.

MAAS, G. (2002): Die Kiebitzzählung 2002 in Mönchengladbach. Mönchengladbach.

MAAS, H. & H. HURTMANN (1998): Erste Brut der Beutelmeise in Mönchengladbach. Steinbrecher 1/98: 30-33.

MACKES, K. (Hrsg.) (1913): Aus dem alten Neuwerk. Mönchengladbach.

MADGE, S. & H. BURN (1989): Wassergeflügel. Hamburg.

MALKUSCH, J. (1969): Das Leben im Naturschutzgebiet Volksgarten-Bungtwald der Gemarkung Mönchengladbach. Niederrheinische Landeskunde. Schriften zur Natur und Geschichte des Niederrheins. Bd. 6. Krefeld.

MEBS, T. (1988a): Ergebnisse der Bestandserhebung der Schleiereule (*Tyto alba*) in Nordrhein-Westfalen 1987 (unpubl.).
- (1988b): Ergebnisse der Bestandserhebung Steinkauz (*Athene noctua*) in Nordrhein-Westfalen 1987 (unpubl.).
- (o. J., etwa 1991) Ergebnisse der Bestandserhebung Schleiereule (*Tyto alba*) in Nordrhein-Westfalen 1990 (unpubl.).

MEBS, T. & A. ROTHLÄNDER (o. J., etwa 1994): Die Bestandsentwicklung der Schleiereule (*Tyto alba*) in Nordrhein-Westfalen im Zeitraum der Jahre 1991 bis 1993 (unpubl.).

MICHELS, C. (1982): Biotopkataster Nordrhein-Westfalen. Meldebögen zur Biotopkartierung NW der Landesanstalt für Ökologie, Landschaftsentwicklung und Forstplanung (LÖLF) (unpubl.).

MILDENBERGER, H. (1982): Die Vögel des Rheinlandes. Bd. 1. Beitr. zur Avifauna des Rheinlandes. H. 16-18. Düsseldorf.
- (1984): Die Vögel des Rheinlandes. Bd. 2. Beitr. zur Avifauna des Rheinlandes. H. 19-21. Düsseldorf.

MINISTERIUM FÜR UMWELT, RAUMORDNUNG UND LANDWIRTSCHAFT DES LANDES NORDRHEIN-WESTFALEN (MURL) (1989): Klima-Atlas von Nordrhein-Westfalen. Düsseldorf.
- (1999): Richtlinie für naturnahe Unterhaltung und naturnahen Ausbau der Fließgewässer in Nordrhein-Westfalen. Düsseldorf.

■ (2000): Gewässergütebericht 2000. 30 Jahre Gewässerüberwachung in Nordrhein-Westfalen. Essen.

MÜLLER, A. & H. ILLNER (2001): Erfassung des Wachtelkönigs in Nordrhein-Westfalen 1998 bis 2000. LÖBF-Mitteilungen 2/2001: 36-51.

MÜLLER, A., E. KRETZSCHMAR & S. GLINKA (1999): Avifaunistischer Jahresbericht 1998 für Nordrhein-Westfalen. Charadrius 35: 135-175.

MÜLLER, A., E. KRETZSCHMAR, S. GLINKA & R. KOOPMANN (2000): Avifaunistischer Jahresbericht 1999 für Nordrhein-Westfalen. Charadrius 36: 143-200.

NATURSCHUTZBUND DEUTSCHLAND, STADTVERBAND MÖNCHENGLADBACH (NABU) (Hrsg.) (1992): Aus unserer Vereinschronik: Frühwanderung am Sonntag, dem 03.05.1942 durch den Kaiserpark und die Friedhöfe in M.-Gladbach. Steinbrecher 2/92.

■ (2005): Greifvogelschutz in MG, in: http://online-club.de/~gerhard.maas/art-greife.htm (Stand: 26.01.2005).

NEUBAUR, F. (1957): Beiträge zur Vogelfauna der ehemaligen Rheinprovinz. Decheniana. Verhandlungen des Naturhistorischen Vereins der Rheinlande und Westfalens. Bd. 110. Bonn.

NIEHUS, F.-J. & M. SCHWÖPPE (2001): Die Trauerseeschwalbe: eine vom Aussterben bedrohte Art. LÖBF-Mitteilungen 2/2001: 28-35.

NIERSVERBAND (2001): Niers 1999/2000. Bericht über die Beschaffenheit der Niers. Viersen.

NORDRHEIN-WESTFÄLISCHE ORNITHOLOGENGESELLSCHAFT (NWO) (2000): Mitteilungen aus der Avifaunistischen Kommission für NRW, in NWO: Mitteilungen Nr. 11 der Nordrhein-Westfälischen Ornithologengesellschaft. Bonn: 5-9.

NOTTMEYER-LINDEN, K., J. BELLEBAUM, A. BUCHHEIM, C. HUSBAND, M. JÖBGES & V. LASKE (2002): Die Vögel Westfalens. Ein Atlas der Brutvögel von 1989 bis 1994. Beitr. zur Avifauna Nordrhein-Westfalens. Bd. 37. Bonn.

ORNITHOLOGISCHE ARBEITSGEMEINSCHAFT WICKRATH (o.J., etwa 1988): Veränderung des Schwalbenbestandes im Stadtbezirk Wickrath 1968 bis 1988 (unpubl.).

PENNEKAMP, A. & J. BELLEBAUM (2003): Siedlungsdichte und Bestandsentwicklung der Elster *Pica pica* am Nordrand des Ruhrgebiets: Ergebnisse einer großflächigen Nestkartierung. Charadrius 39: 126-137.

PFENNIG, H.G. (1995): Erfolgreiche Nistkastenbrut des Sperlingskauzes (*Glaucidium passerinum*) im Ebbegebirge. Charadrius 31: 126-129.

PLACHTER, H. (1991): Naturschutz. Stuttgart.

PRZYGODDA, W. (1985): Nachweise seltener Vögel im Rheinland III. Charadrius 21: 177-181.

■ (1988): Die Vögel von Essen und Mülheim an der Ruhr. Beitr. zur Avifauna des Rheinlandes. H. 29. Düsseldorf.

REINERS, H. (1994): Naturräumliche Grundlagen, in: LÖHR, W. (Hrsg.): Loca desiderata. Mönchengladbacher Stadtgeschichte, Bd. 1. Mönchengladbach.

REYRINK, L. (1993): Umsiedlung der Saatkrähenkolonie auf dem Gelände des Niersverbandes in Mönchengladbach-Neuwerk. Endbericht zur Begleituntersuchung 1990-1993. Nettetal.

■ (1995): Die Bestände der Wasservögel am Nierssee 1991-1994. Nettetal.

RHEINISCHE POST (RP) vom 02.03.1979: Mit Kanonen auf Spatzen? Mönchengladbach.
- vom 23.11.1985: Neue Heimat für zwei Schleiereulen. Mönchengladbach.
- vom 16.01.1999: Wo sind die Spatzen geblieben? Mönchengladbach.
- vom 20.09.2003: Es gibt keine Elsternplage. Mönchengladbach.

RHEINWALD, G., M. WINK & H.-E. JOACHIM (1984): Die Vögel im Großraum Bonn mit einem Atlas der Brutverbreitung. Bd. 1. Beitr. zur Avifauna des Rheinlandes. H. 22-23. Düsseldorf.
- (1987): Die Vögel im Großraum Bonn mit einer Kartierung der Brutverbreitung. Bd. 2. Beitr. zur Avifauna des Rheinlandes. H. 27-28. Düsseldorf.

LE ROI, O. (1906): Die Vogelfauna der Rheinprovinz. Verhandlungen des Naturhistorischen Vereins der preußischen Rheinlande und Westfalens 63: 1-325.

LE ROI, O. & H. GEYR VON SCHWEPPENBURG (1912): Beiträge zur Ornis der Rheinprovinz. Erster Nachtrag zur »Vogelfauna der Rheinprovinz«. Verhandlungen des Naturhistorischen Vereins der preußischen Rheinlande und Westfalens 69: 1-150.

SAMENWERKENDE ORGANISATIES VOGELONDERZOEK NEDERLAND (SOVON) (2002): Atlas van de Nederlandse Broedvogels 1998-2000. Nederlandse Fauna 5. Leiden.

SCHOLZ, M. (1976): Saatkrähenkolonien im Gebiet Nordrhein. Stand 1976 (unpubl.).
- (1977): Saatkrähenkolonien in Nordrhein. Stand 1977 (unpubl.).
- (1978): Der Saatkrähenbestand in Nordrhein-Westfalen. Natur- und Landschaftskunde in Westfalen 14: 73-78.
- (1980): Saatkrähenkolonien im Landesteil Nordrhein. Stand 1980 (unpubl.).
- (1981): Saatkrähenkolonien im Landesteil Nordrhein. Stand 1981 (unpubl.).
- (1982): Saatkrähenkolonien im Landesteil Nordrhein. Stand 1982 (unpubl.).
- (1983): Saatkrähenkolonien im Landesteil Nordrhein. Stand 1983 (unpubl.).
- (1984): Saatkrähenkolonien im Landesteil Nordrhein. Stand 1984 (unpubl.).
- (1985): Saatkrähenkolonien im Landesteil Nordrhein. Stand 1985 (unpubl.).
- (1986): Saatkrähenkolonien im Landesteil Nordrhein. Stand 1986 (unpubl.).
- (1987): Saatkrähenkolonien im Landesteil Nordrhein. Stand 1987 (unpubl.).
- (1988): Saatkrähenkolonien im Landesteil Nordrhein. Stand 1988 (unpubl.).
- (1997): Zur Bestandsentwicklung der Saatkrähe (Corvus frugilegus) in Nordrhein-Westfalen von 1956-1997. Charadrius 33: 209-213.

SCHREURS, T. (1963): Vogelwelt an niederrheinischen Gewässern. Gewässer und Abwässer. Eine limnologische Schriftenreihe 32: 7-43.

SKIBBE, A. & S.R. SUDMANN (2002): Bestandsaufnahme des Haussperlings (Passer domesticus) in Köln im Jahr 2002. Charadrius 38: 180-184.

SONNEBORN, D. & W. DAUS (1995): Brutnachweis des Sperlingskauzes (Glaucidium passerinum) im Kreis Siegen-Wittgenstein. Charadrius 31: 130-132.

SPITTLER, H. (1985): Die Grauganseinbürgerung in Nordrhein-Westfalen. Ein erfolgreicher Beitrag zur Erhaltung einer gefährdeten Wildart. Niedersächsischer Jäger 30: 179-184.

STADT MÖNCHENGLADBACH (1979): Mönchengladbach in Zahlen. Mönchengladbach.
- (1983): Flächennutzungsplan Mönchengladbach. Erläuterungsbericht. Mönchengladbach.
- 3(1987): Braunkohle und Sümpfung. Auswirkungen des Braunkohlentagebaus auf die Stadt Mönchengladbach. Mönchengladbach.
- (1991): Niederschrift über die Sitzung des Ausschusses für Umweltschutz, Grünflächen und Landwirtschaft am 14. Januar 1991.

■ (1995): Landschaftsplan. Mönchengladbach.

■ (1996): Statistisches Handbuch 1991-1995. Mönchengladbach.

■ (1998): Statistisches Handbuch 1993-1997. Mönchengladbach.

■ (2001): Statistisches Handbuch 1996-2000. Mönchengladbach.

■ (2003): Statistisches Handbuch 1998-2002. Mönchengladbach.

STADTPANORAMA vom 17.01.1991: Sanfter Taubentod. Stadt will keine Blausäure mehr einsetzen. Mönchengladbach.

STIELS, D. (2000): Rauch- und Mehlschwalbe in Mönchengladbach. Steinbrecher 2/00: 18-24.

SUDMANN, S.R. (2002): Ergebnisse des Wasservogelmonitorings in Nordrhein-Westfalen im Winter 2000/01. Charadrius 38: 189-218.

SUDMANN, S.R. & M. JÖBGES (2001): Landesweite Erfassung von Zwerg- und Haubentaucher, Höckerschwan, Teich- und Blässhuhn in NRW, in: NWO: Mitteilungen Nr. 12 der Nordrhein-Westfälischen Ornithologengesellschaft. Bonn.

■ (2002): Brutbestand und Verbreitung von Zwergtaucher (*Tachybaptus ruficollis*), Haubentaucher (*Podiceps cristatus*), Höckerschwan (*Cygnus olor*), Teichhuhn (*Gallinula chloropus*) und Blässhuhn (*Fulica atra*) in Nordrhein-Westfalen 2001. Charadrius 38: 99-121.

SUDMANN, S.R., C. SUDFELDT, S. GLINKA, M. JÖBGES, A. MÜLLER & G. ZIEGLER (2002): Methodenanleitung zur Bestandserfassung von Wasservogelarten in Nordrhein-Westfalen. Teil 1: Brutbestände. Charadrius 38: 25-92.

SUDMANN, S.R., M. BOSCHERT & H. ZINTL (2003): Hat die Flussseeschwalbe (*Sterna hirundo*) an Flüssen noch eine Überlebenschance? Charadrius 39: 48-57.

TECHNISCHE UNIVERSITÄT HANNOVER, INSTITUT FÜR LANDSCHAFTSPFLEGE UND NATURSCHUTZ (1978a): Ökologische Planung Mönchengladbach. Bd. 1. Bedingungen für eine ökologisch integrierte Flächennutzung.

■ (1978b): Ökologische Planung Mönchengladbach. Bd. 2. Einzeluntersuchungen ökologischer und raumstruktureller Probleme.

UMMELS, J. (2001): Populatieontwikkeling van de Kerkuil (*Tyto alba*) in Limburg in de periode 1967-2000. Limburgse Vogels 13: 13-16.

UNIVERSITÄT DÜSSELDORF, BOTANISCHES INSTITUT & ORNITHOLOGISCHE ARBEITSGEMEINSCHAFT WICKRATH [2](1986): Schutzwürdige Biotope in Mönchengladbach. Bd. 5. Mühlenbachtal. Düsseldorf.

VOSLAMBER, B. & K. KOFFIJBERG (2002): Trend bij watervogels: herbivoren nog steeds in de lift? in: SOVON-Nieuws, 15e jaargang, nr. 4: 3-4.

WASSMANN, R. (1999): Ornithologisches Taschenlexikon. Wiesbaden.

VAN DER WEELE, J. (2004): De Fluiter in Limburg; een toontje lager... Limburgse Vogels 14: 23-27.

WEGNER, P. (1994): Die Wiederkehr des Wanderfalken (*Falco peregrinus*) in Nordrhein-Westfalen. Charadrius 30: 2-14.

WEISS, J. (1998): Die Spechte in Nordrhein-Westfalen. Charadrius 34: 104-125.

WESTDEUTSCHE ZEITUNG (WZ) vom 02.03.1979: Radikalkur gegen das Taubenfüttern. Saftiges Bußgeld für Tierfreunde. Mönchengladbach.

WILLE, U. (1967): Kurze faunistische Mitteilungen. Charadrius 3: 36-49.
- (1968a): Ringfunde von im Ausland beringter Vögel in Nordrhein-Westfalen (1. Fortsetzung). Charadrius 4: 124-128.
- (1968b): Kurze faunistische Mitteilungen. Charadrius 4: 201-208.
- (1969): Kurze faunistische Mitteilungen. Charadrius 5: 41-49.
- (1970a) Kurze faunistische Mitteilungen. Charadrius 6: 98-104.
- (1970b): Funde im Ausland beringter Vögel in Nordrhein-Westfalen (2. Fortsetzung). Charadrius 6: 105-109.
- (1971): Jahresübersicht 1969/70. Charadrius 7: 17-27.
- (1972): Ornithologische Jahresübersicht 1970/71 für das Rheinland. Charadrius 8: 97-106.
- (1973): Ornithologische Jahresübersicht 1971/72 für das Rheinland. Charadrius 9: 113-127.

WILLE, V. (1998): Ergebnisse der Gänsezählungen am Niederrhein der Winter 1994/95 bis 1996/97. Charadrius 34: 75-89.

WINK, M. (1988): Die Vögel des Rheinlandes. Bd. 3. Beitr. zur Avifauna des Rheinlandes. H. 25-26. Düsseldorf.
- (1995): Bio-Monitoring mittels Rasterkartierung: Zur Bestandsentwicklung der Brutvogelarten im Rheinland zwischen 1976 und 1991. Charadrius 31: 72-81.

WOLTERS, H.E. (1979): Nachweise seltener Vogelarten aus dem Rheinland. Charadrius 15: 17-21.
- (1982): Nachweise seltener Vogelarten aus dem Rheinland II. Charadrius 18: 52-55.

WÜRFELS, M. (1998): Entwicklung der Siedlungsdichte der Elster (*Pica pica*) von 1992 bis 1996 im Bereich der Habichtbrutplätze und auf weiteren Probeflächen in Köln. Charadrius 34: 90-96.

2 Abkürzungsverzeichnis

ad.	adult
BP	Brutpaar
BSKS	Biologische Station Krickenbecker Seen
DBV	Deutscher Bund für Vogelschutz
DGK	Deutsche Grundkarte
DSK	Deutsche Seltenheitskommission
dt.	deutsch
Ew	Einwohner
Ex.	Exemplar
GRO	Gesellschaft Rheinischer Ornithologen
ha	Hektar
juv.	juvenil
k. A.	keine Angabe
Kap.	Kapitel
KJ	Kalenderjahr
lat.	latein
LÖBF	Landesanstalt für Ökologie, Bodenordnung und Forsten
LSG	Landschaftsschutzgebiet
LWVT	Landelijke Werkgroep Vogeltrektellen
Max.	Maximum
MG	Mönchengladbach
MTB	Messtischblatt
NABU	Naturschutzbund Deutschland
NL	Niederlande
NN	Normalnull
NSG	Naturschutzgebiet
NWO	Nordrhein-Westfälische Ornithologengesellschaft
OAG	Ornithologische Arbeitsgemeinschaft
RP	Rheinische Post
SOVON	Samenwerkende Organisaties Vogelonderzoek Nederland
VIE	Viersen
WOG	Westfälische Ornithologen-Gesellschaft
WZ	Westdeutsche Zeitung

3 Erläuterung verwendeter Fachausdrücke

Die meisten Definitionen stammen aus dem Ornithologischen Taschenlexikon von WASS-MANN (1999), in einigen Fällen sind sie durch den Autor verändert bzw. ergänzt worden.

abiotische Faktoren: Unbelebte Faktoren, ursächliche Einflüsse von Teilen der unbelebten Natur (z. B. Klima, Boden) auf Lebewesen.

Abundanz: Bestands- oder Individuendichte. Häufigkeit einer Art auf einer Fläche, meist als Anzahl der Individuen oder Paare in Bezug auf eine Flächeneinheit angegeben, z. B. 1 Paar/km².

adult: Geschlechtsreifer, erwachsener Vogel.

Afrotropis: (= Afrotropische Region; veraltet: Äthiopis) Faunenregion der sog. Alten Welt. Sie umfasst Afrika südlich der Sahara, Südarabien und Madagaskar.

Albino: Weißling; Individuum, dem (wahrscheinlich) angeboren, vollständig oder teilweise (Teilalbino) Pigmente in Haut, Federn und Augen fehlen, und das dadurch weiße oder helle Bereiche im normalerweise artspezifisch gefärbten Äußeren aufweist.

anthropogen: Vom Menschen geschaffen bzw. beeinflusst.

Areal: (Brut-)Verbreitungsgebiet, Siedlungsgebiet einer systematischen Einheit (z. B. Art, Gattung, Familie); gelegentlich auch als Siedlungsgebiet einer Gruppe, z. B. einer Population verstanden.

Artendiversität: Mannigfaltigkeit, Vielfalt an Arten in einem Lebensraum.

Artmonographie: Beschreibung, die von einer einzelnen Art handelt.

Ausgleichsfläche: Unvermeidliche Eingriffe in Natur und Landschaft müssen vom Verursacher kompensiert werden. Die Maßnahmen werden auf A. oder Ersatzflächen umgesetzt, auf denen der ökologische Wert gesteigert wird, z. B. durch die Pflanzung von Hecken.

Avifaunistische Kommission: Gremium, das sich um fundierte Daten bei seltenen => ornithologischen Beobachtungen bemüht. Bestimmungen von Ausnahmeerscheinungen werden von der A. auf Nachvollziehbarkeit hin überprüft. In NRW ist die Kommission bei der Nordrhein-Westfälischen Ornithologengesellschaft (NWO) angesiedelt.

Beizfalke: Falknersprache. Abgerichteter Falke, der zu Jagdzwecken genutzt wird.

Bigamie: Zusammenleben eines Tieres mit zwei Partnern.

Bigynie: Sonderform der Bigamie. Zusammenleben eines Männchens mit zwei Weibchen während der Fortpflanzungsperiode.

biotische Faktoren: Belebte Faktoren. Wirkungen von Teilen der belebten Natur auf Lebewesen (z. B. Feinde, Konkurrenten, Partner, Nahrung) bzw. auch auf unbelebte Stoffe.

Biozide: Sammelbezeichnung für alle chemischen Stoffe, die Lebewesen aufgrund ihrer Giftwirkung töten. Die Bezeichnung »Pestizide« wird oft synonym gebraucht. Bekannte B. sind Herbizide gegen sog. Unkräuter, Insektizide gegen Insekten, Fungizide gegen Pilze.

Dekade: Zehnzahl, hier: Zeitraum von zehn Tagen.

Dismigration: Zerstreuungswanderung. Ortswechsel von Individuen (meist Jungvögeln) einer Art, die eine Ausbreitung in der Regel in verschiedene Richtungen zur Folge hat und zu einer Vergrößerung des Verbreitungsgebietes einer Art führen kann.

Dispersal: Die Ausbreitung von Individuen einer Population von einem Ausgangsraum in verschiedene andere Räume.

Einbürgerung: Fremdansiedlung. Das beabsichtigte Ausbringen bzw. Ansiedeln von Arten in ein Gebiet, wo sie zuvor nicht vorkamen, z. B. Fasane in Mitteleuropa.

endemisch: Bezeichnung für Arten oder andere => Taxa, die ausschließlich in einem bestimmten Verbreitungsgebiet vorkommen (z. B. auf einer bestimmten Insel).

Fallwild: Jagdlicher Ausdruck. Im Gegensatz zum erlegten Tier alles aus sonstiger Ursache tot aufgefundenes (»gefallenes«) Wild. Nach der Todesursache kann natürlich verendetes F. und durch direkte menschliche Einwirkung (z. B. im Straßenverkehr) zu Tode gekommenes F. weiter unterschieden werden. Aufgefundene F. wird in die Jagdstrecke eingerechnet.

Fennoskandien: Region Nordeuropas, die neben Skandinavien (Norwegen, Schweden) auch Finnland und einen angrenzenden Teil Russlands bis zu einer Linie Ostsee – Weißes Meer beinhaltet.

flügge: Bezeichnung für einen flugfähigen Jungvogel. Meist sind die Jungvögel voll befiedert, es gibt jedoch Ausnahmen; diese meist bei Nestflüchtern (z. B. bei Hühnervögeln), die schon fliegen können, wenn sie noch nicht voll befiedert sind.

Gradation: Besondere Ausprägung einer Schwankung. Bezeichnung für den gesamten Ablauf einer sehr starken Vermehrung einer Population vom Beginn der Vermehrung über die Massenvermehrung bis zum Zusammenbruch.

Habitat: Begriff, der den engeren Lebensraum, d.h. den Wohnort bzw. Standort, einer Art bezeichnet und alle auf eine Art wirkenden => biotischen und => abiotischen Faktoren umfasst.

Habitatpräferenz: Bevorzugung bestimmter Lebensräume durch eine Art, Population oder Individuen.

heterotroph: anders ernährend, von organischen Stoffen ernährend. Tiere, Pilze und manche Bakterien sind h. Sie nehmen organische Nahrung auf, um daraus Energie und Aufbaustoffe zu gewinnen.

Hybridisation: Kreuzung von Individuen mit deutlich verschiedener genetischer Ausstattung (genetisch unterschiedlicher Elternformen), d.h. oft von Vertretern zweier Arten oder Unterarten.

immatur: Heranwachsend. Ein Jungvogel im Stadium zwischen jung (=> juvenilis) und erwachsen (=> adult).

Jahresvogel: Sammelbezeichnung für Vogelarten, die sich (mehr oder weniger) ganzjährig in einem bestimmten Raum aufhalten.

juvenil: Jungvogel im Jugendkleid, in der Regel vor Erreichen des Immaturkleides.

Kalenderjahr: Mit dem K. wird häufig das Alter von Vögeln angegeben. Ein Vogel aus dem diesjährigen, aktuellen Brutzyklus ist im 1. K. (im Gegensatz dazu: Lebensalter).

Kartierung: Erfassung von Lebewesen oder ökologisch bedeutsamen Faktoren und Darstellung der Ergebnisse auf Karten, z. B. im Rahmen von Brutvogel-Bestandserfassungen.

Komfortgewässer: Gewässer, die Vögel zur Steigerung des Wohlbefindens aufsuchen. Sie werden zum bequemen Ruhen oder zur Körperpflege genutzt.

Leitart: Eine Art mit Vorkommensschwerpunkt in einem bestimmten Lebensraum. Eine L. kann auch Leitform für mehrere (in der Regel wenige) Biotoptypen sein und in diesen weder zu den häufigsten Arten zählen noch in besonders hoher Dichte auftreten. Wichtig ist die Bevorzugung der jeweiligen Biotoptypen.

Limikolen: Schlammläufer, Watvögel. Bezeichnung für Vögel der Ordnung Charadriiformes, die sich meist durch lange Beine, einen langen Hals und einen mehr oder weniger langen Schnabel auszeichnen.

Mauser: Gefiederwechsel, Federwechsel, »Kleiderwechsel« bei Vögeln.

Meckern: Lautmalerischer Ausdruck für das an das Meckern einer Ziege erinnernde Fluggeräusch der abgespreizten, vibrierenden Schwanzfedern einer Bekassine während des Balzfluges.

Messtischblatt: Topographische Karte im Maßstab 1: 25000, umfasst 130 km².

Minutenfeld: Teilbereich der topographischen Karte. Ein Karten- oder => Messtischblatt ist durch ein Gitternetz in 60 M. von je 2,17 km² (1,18 x 1,84 km) unterteilt. Bei einer => Rasterkartierung verdeutlicht die Anzahl der besiedelten M. die Verbreitung einer Art.

Monitoring: Erfassung von Arten, über deren Vorkommen oder Häufiger- bzw. Seltenerwerden der Zustand der Landschaft charakterisiert werden kann. Außerdem können weitere biologische Informationen über einzelne Arten und Lebensgemeinschaften gewonnen werden.

Neozoon (Mehrzahl Neozoen): Tier, das vom Menschen in historischer Zeit, d.h. definitionsgemäß nach dem Jahr 1500, in ein Gebiet vorsätzlich oder unabsichtlich eingebracht worden ist und mittlerweile Bestandteil der Fauna dieses Gebietes ist.

Nestflüchter: Vögel, die befiedert aus dem Ei schlüpfen und bereits nach sehr kurzem Aufenthalt im Nest dieses verlassen. Sie befinden sich meist in einem Stadium relativ großer physiologischer Selbstständigkeit. So verfügen sie früh über gut entwickelte Sinnesorgane und Motorik.

Nestling: Jungvogel, der sich noch im Nest aufhält und noch nicht => flügge ist.

nitrophil: Stickstoff liebend. N. Pflanzen bevorzugen höhere Stickstoffkonzentrationen im Bodensubstrat.

Ornithologie: Vogelkunde. Lehre, Wissenschaft von den Vögeln und ihrer Lebensweise.

ornithologisch: die => Ornithologie betreffend.

Phänologie: Erscheinungslehre. Wissenschaft von den jahreszeitlich bedingten Erscheinungsformen bei Lebewesen. In der Vogelwelt zählt dazu z.B. die Erforschung des jahreszeitlichen Auftretens in Abhängigkeit von angeborenem (Zug-)Verhalten und von Witterungseinflüssen.

phänotypisch: die Erscheinungsform betreffend. Bezieht sich auf die Summe aller sichtbaren (auch inneren) Strukturen, die mit anatomischen, morphologischen und physiologischen Methoden dargestellt werden können und auf der Ausprägung der Erbausstattung beruhen.

pullus (Mehrzahl pulli): Junges Küken, frisch geschlüpfter bzw. noch nicht flugfähiger => Nestling. Im weiteren Sinne auch für => Nestflüchter im frühen Jugendstadium gebraucht, die noch nicht => flügge sind.

Rasterfrequenz: Ergebnis einer => Rasterkartierung, das Aufschluss über die Verbreitung einer Art gibt. Kommt eine Art etwa in allen untersuchten => Minutenfeldern einer topographischen Karte vor, beträgt die R. 100 %.

Rasterkartierung: qualitative Kartierungsmethode, bei der insbesondere Brutvögel nach den Feldern eines über den Landschaftsausschnitt gelegten Gitternetzes erfasst werden. Ergebnis sind sog. Rasterkarten oder => Rasterfrequenzen, die den Anteil der besiedelten Gitterfelder wiedergeben.

Reproduktionsrate: Fortpflanzungsrate, Vermehrungsrate. In der => Ornithologie wird darunter meist die Anzahl der flüggen Jungvögel pro weiblichem Elter oder pro Brutpaar in einer Fortpflanzungsperiode verstanden.

Revierpaar: Paar, das ein => Territorium in Besitz genommen hat, aber – etwa wegen Nahrungsmangel – nicht brütet. Im Zusammenhang mit => Kartierungen wird zudem häufig dann von einem R. gespochen, wenn ein Revier zwar offensichtlich besetzt ist, ein direkter Brutnachweis (Nestfund, fütternde Altvögel etc.) aber nicht erbracht werden konnte.

Ruderalflächen: Ödland, Fläche im frühen Stadium der => Sukzession. Häufig mit typischen Pflanzen der Hochstaudenvegetation.

Sekundärlebensraum: Vom Menschen gestalteter Lebensraum, der sich aufgrund seiner Entwicklung (wieder) für eine Besiedlung eignet, z. B. verlandende Klärteiche, Kiesgruben.

Seltenheitskommission: Bezeichnung für => Avifaunistische Kommission. Die rheinische S. bei der GRO wurde nach dem Zusammenschluss mit der WOG zur landesweiten Gesellschaft von der Kommission der NWO abgelöst.

Standvogel: Jahresvogel. Sammelbezeichnung für Vogelarten, die sich (mehr oder weniger) ganzjährig in einem bestimmten Raum aufhalten.

Strichvögel: Sammelbezeichnung für Vogelarten, die insbesondere in Abhängigkeit von den Witterungsbedingungen ihr Aufenthaltsgebiet wechseln.

Subspezies: Unterart. Vertreter von Populationen einer Spezies (Art), die äußerlich unterscheidbar sind und in unterschiedlichen geographischen Räumen vorkommen.

Sukzession: Die Ablösung einer Gemeinschaft von Lebewesen durch eine andere im Laufe der Zeit.

Tagzieher: Sammelbezeichnung für alle Zugvögel, die überwiegend, fast ausschließlich oder oft tagsüber ziehen. Viele T. sind Kurzstreckenzieher.

Taxa: Mehrzahl von => Taxon.

Taxon: Allgemeine Bezeichnung für die in der Systematik der Lebewesen jeweils verwendete Kategorie, z. B. Klasse, Familie, Gattung.

thermophil: Wärme liebend.

Territorialität: Eigenschaft, ein Territorium in Besitz zu nehmen, es zu halten bzw. gegen Konkurrenten zu verteidigen, einschließlich aller damit zusammenhängenden Verhaltensweisen.

Territorium: Gegenüber anderen verteidigter Wohnbereich. Die in der Vogelwelt häufigste

Form ist das T., das vom ♂ insbesondere durch Gesang markiert und gegenüber anderen ♂♂ verteidigt wird und in dem die Nahrungsaufnahme, die Fortpflanzung und die Brutpflege stattfindet.

Urbanisierung: Verstädterung. Einwanderung von Arten in den vom Menschen dicht besiedelten Raum.

Winterflüchter: Vögel, deren Zugverhalten von der Intensität des Winters abhängt. Bei milder Witterung harren sie im (Brut-)Gebiet aus, um es bei stark einsetzendem Frost und Schnee zu verlassen (=> Strichvögel).

Zugprolongation: Vorstoß, über das Ziel hinaus wandern. Eine Wanderung, die im Rahmen einer Rückwanderung über das Ursprungs- bzw. Brutgebiet hinaus führt und somit das Ausbreitungsgebiet der Art erweitern kann. Die Ursachen für das Weiterwandern können in Witterungsbedingungen liegen.

4 Artenverzeichnis